21 世纪高等学校计算机应用技术规划教材

C#.NET 程序设计案例教程

崔晓军　主编

陈　斌　倪礼豪　副主编

清华大学出版社
北　京

内 容 简 介

本书以 Visual Studio 2010 为开发平台，针对新一代面向对象、使用简单、表达力丰富的 C♯编程语言，从初学者角度出发，通过通俗易懂的语言和大量生动典型的实例，由浅入深、循序渐进地介绍使用 C♯进行 Windows 应用程序开发的常用技术和方法。为贯彻"项目驱动、案例教学、理论实践一体化"的教学理念，每章内容均由学习目标、典型项目及分析、必备知识、拓展知识、单元实训和习题所构成，便于在教学过程中将知识讲解和技能训练有机结合。

书中内容的编排前后贯通、由浅入深；语言叙述力求通俗易懂，避免使用晦涩的专业术语，从而营造轻松、自然的学习环境；特别注重理论与实践的结合，随时通过适量的具体应用示例，对所学的知识加以巩固提高。每章后面布置了相应的习题和实训项目，从而更好地融"教、学、练"于一体，使学习者快速入门并具备良好的 C♯编程实战技能。为方便教学，本书提供所有配套教学资源包。

本书可作为高职高专院校计算机和相关专业的教材，也可作为本科、中职学校和培训班的 C♯教学用书，对于程序开发爱好者，本书也有较高的参考价值。

本书封面贴有清华大学出版社防伪标签，无标签者不得销售。
版权所有，侵权必究。举报：010-62782989，beiqinquan@tup.tsinghua.edu.cn。

图书在版编目(CIP)数据

C♯.NET 程序设计案例教程/崔晓军主编.—北京：清华大学出版社，2013(2022.8重印)
21 世纪高等学校计算机应用技术规划教材
ISBN 978-7-302-31840-8

Ⅰ.①C… Ⅱ.①崔… Ⅲ.①C语言－程序设计－教材 Ⅳ.①TP312

中国版本图书馆 CIP 数据核字(2013)第 066306 号

责任编辑：魏江江　王冰飞
封面设计：杨　兮
责任校对：白　蕾
责任印制：曹婉颖

出版发行：清华大学出版社
　　　　网　　址：http://www.tup.com.cn, http://www.wqbook.com
　　　　地　　址：北京清华大学学研大厦 A 座　　　邮　　编：100084
　　　　社 总 机：010-83470000　　　　　　　　　邮　　购：010-62786544
　　　　投稿与读者服务：010-62776969, c-service@tup.tsinghua.edu.cn
　　　　质量反馈：010-62772015, zhiliang@tup.tsinghua.edu.cn
　　　　课件下载：http://www.tup.com.cn, 010-83470236
印 装 者：北京建宏印刷有限公司
经　　销：全国新华书店
开　　本：185mm×260mm　　印　张：28.5　　字　数：695 千字
版　　次：2013 年 8 月第 1 版　　　　　　　　　印　次：2022 年 8 月第 8 次印刷
印　　数：7501～7800
定　　价：49.50 元

产品编号：040529-01

出版说明

随着我国改革开放的进一步深化,高等教育也得到了快速发展,各地高校紧密结合地方经济建设发展需要,科学运用市场调节机制,加大了使用信息科学等现代科学技术提升、改造传统学科专业的投入力度,通过教育改革合理调整和配置了教育资源,优化了传统学科专业,积极为地方经济建设输送人才,为我国经济社会的快速、健康和可持续发展以及高等教育自身的改革发展做出了巨大贡献。但是,高等教育质量还需要进一步提高以适应经济社会发展的需要,不少高校的专业设置和结构不尽合理,教师队伍整体素质亟待提高,人才培养模式、教学内容和方法需要进一步转变,学生的实践能力和创新精神亟待加强。

教育部一直十分重视高等教育质量工作。2007年1月,教育部下发了《关于实施高等学校本科教学质量与教学改革工程的意见》,计划实施"高等学校本科教学质量与教学改革工程(简称'质量工程')",通过专业结构调整、课程教材建设、实践教学改革、教学团队建设等多项内容,进一步深化高等学校教学改革,提高人才培养的能力和水平,更好地满足经济社会发展对高素质人才的需要。在贯彻和落实教育部"质量工程"的过程中,各地高校发挥师资力量强、办学经验丰富、教学资源充裕等优势,对其特色专业及特色课程(群)加以规划、整理和总结,更新教学内容、改革课程体系,建设了一大批内容新、体系新、方法新、手段新的特色课程。在此基础上,经教育部相关教学指导委员会专家的指导和建议,清华大学出版社在多个领域精选各高校的特色课程,分别规划出版系列教材,以配合"质量工程"的实施,满足各高校教学质量和教学改革的需要。

本系列教材立足于计算机公共课程领域,以公共基础课为主、专业基础课为辅,横向满足高校多层次教学的需要。在规划过程中体现了如下一些基本原则和特点。

(1) 面向多层次、多学科专业,强调计算机在各专业中的应用。教材内容坚持基本理论适度,反映各层次对基本理论和原理的需求,同时加强实践和应用环节。

(2) 反映教学需要,促进教学发展。教材要适应多样化的教学需要,正确把握教学内容和课程体系的改革方向,在选择教材内容和编写体系时注意体现素质教育、创新能力与实践能力的培养,为学生的知识、能力、素质协调发展创造条件。

(3) 实施精品战略,突出重点,保证质量。规划教材把重点放在公共基础课和专业基础课的教材建设上;特别注意选择并安排一部分原来基础比较好的优秀教材或讲义修订再版,逐步形成精品教材;提倡并鼓励编写体现教学质量和教学改革成果的教材。

(4) 主张一纲多本,合理配套。基础课和专业基础课教材配套,同一门课程可以有针对不同层次、面向不同专业的多本具有各自内容特点的教材。处理好教材统一性与多样化,基本教材与辅助教材、教学参考书,文字教材与软件教材的关系,实现教材系列资源配套。

（5）依靠专家，择优选用。在制定教材规划时依靠各课程专家在调查研究本课程教材建设现状的基础上提出规划选题。在落实主编人选时，要引入竞争机制，通过申报、评审确定主题。书稿完成后要认真实行审稿程序，确保出书质量。

繁荣教材出版事业，提高教材质量的关键是教师。建立一支高水平教材编写梯队才能保证教材的编写质量和建设力度，希望有志于教材建设的教师能够加入到我们的编写队伍中来。

21 世纪高等学校计算机应用技术规划教材

联系人：魏江江 weijj@tup.tsinghua.edu.cn

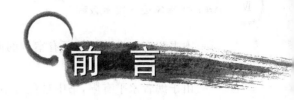

　　本书是浙江省高校重点建设教材项目(项目编号：2010291)的研究成果，是中央财政支持重点建设专业(计算机网络技术专业)的建设成果，是实践环节系统化设计的实验成果。

　　自微软 2000 年提出.NET 战略后，支持.NET 平台的 NET Framework 版本不断升级，随着微软.NET Framework 4.0 版本的发布，.NET 技术越来越成熟，作为.NET 开发的首选，语言 C♯语言也越来越受到人们的青睐，Visual C♯是一个功能强大、使用简单的语言，既可以进行传统的 C/S 模式的应用程序开发，也可以进行基于 Web 的 B/S 模式的应用程序开发。虽然 Web 应用程序发展和普及的速度很快，但由于 C/S 模式的应用程序开发速度快、安全性能高等特点，在许多中小型企业信息管理中仍得到广泛应用，C/S 模式的应用程序所拥有的模块化、可视化编程和事件驱动编程的特性，也一直为广大程序员所喜爱。

　　本书基于 Visual Studio 2010 开发环境，通过通俗易懂的语言和大量生动典型的实例，由浅入深、循序渐进地介绍使用 C♯进行 Windows 应用程序开发的常用技术和方法。与市场上其他的 C♯教程相比，本书具有以下特点：

　　(1) 零基础要求，针对初学者量身定制。

　　在介绍 Visual C♯语言编程基础时，强调结构化程序设计思想的学习，适合于将 C♯作为程序设计入门语言的教学需求。在介绍 Visual C♯语言的基础上，分不同的应用领域构建不同的案例，可以根据教学的学时灵活选取进行学习。

　　(2) 精心构建案例，便于教学准备和实施。

　　全书每一章节均设计了丰富翔实的案例，应用案例的顺序安排充分考虑分布的知识点要循序渐进、逐步深入。应用案例既有针对单个知识点的小型案例，也有综合多个知识点的典型项目。典型项目案例首先是任务目标，然后是实现功能分析及设计思路，在此基础上介绍项目的实现过程，便于学生在理解的基础上举一反三。

　　(3) 面向教学环节，理论和实践融合，适合理实一体化教学。

　　面向教学环节，合理设计教材内容，基于点的实例和基于面的项目相结合。将教师的知识讲解和操作示范与学生的技能训练设计在同一教学单元，每章后面布置了相应的习题和实训项目，融"教、学、练"于一体，体现"做中学、学中做、学以致用"的教学理念。

　　(4) 教学内容编排符合模块化的思想，适合分层次教学。

　　本书各章内容均由学习目标、典型项目及分析、必备知识、拓展知识、单元实训和习题所构成。每章的多个典型项目由浅入深顺序设计，基本知识点作为必备知识，深入学习的内容作为拓展知识供教学选用。

　　本书由崔晓军、陈斌、倪礼豪编著，其中，崔晓军编写第 1、3、4、5 章，陈斌编写第 2、7 章，倪礼豪编写第 6、8、9 章，全书由崔晓军统稿。

本书配有教学课件和所有案例的源代码文件,需要者可以在清华大学出版社网站免费下载或联系编者。

由于编者水平有限,书中难免有不足与疏漏之处,敬请广大读者和同仁提出宝贵意见和建议。编者联系邮箱:cxjxhy@yeah.net。

编 者

2013 年 5 月

目 录

第1章 初识 Visual C# 1
本章学习目标 1
1.1 典型项目及分析 1
 典型项目一：安装 Visual Studio 2010 1
 典型项目二：创建第一个 C#控制台应用程序 7
 典型项目三：创建第一个 C# Windows 窗体应用程序 9
1.2 必备知识 12
 1.2.1 认识.NET 与 C# 12
 1.2.2 Visual Studio 2010 集成开发环境 16
 1.2.3 C#源程序的基本结构 18
1.3 拓展知识 20
 1.3.1 开发环境的定制 20
 1.3.2 Visual Studio 2010 帮助系统及学习资源 23
1.4 本章小结 26
1.5 单元实训 26
习题 1 27

第2章 C#语言基础 28
本章学习目标 28
2.1 典型项目及分析 28
 典型项目一：计算圆面积 28
 典型项目二：简易计算器的实现 31
2.2 必备知识 35
 2.2.1 变量与常量 35
 2.2.2 C#语言的基本数据类型 36
 2.2.3 运算符和表达式 40
2.3 拓展知识 42
 2.3.1 C#语言的复杂数据类型 42
 2.3.2 常用函数 52
2.4 本章小结 54
2.5 单元实训 54
习题 2 55

第3章 C♯流程控制 ... 57

本章学习目标 ... 57
3.1 典型项目及分析 ... 57
  典型项目一：算术练习器 ... 57
  典型项目二：倒计时器 ... 60
  典型项目三：图形输出 ... 64
  典型项目四：歌德巴赫猜想 ... 66
3.2 必备知识 ... 68
  3.2.1 if 分支选择语句 ... 68
  3.2.2 switch…case 多分支选择语句 ... 74
  3.2.3 for 循环控制语句 ... 78
  3.2.4 while 循环控制语句 ... 82
  3.2.5 do…while 循环控制语句 ... 85
  3.2.6 foreach 语句 ... 87
3.3 拓展知识 ... 89
  3.3.1 跳转语句 ... 89
  3.3.2 异常处理 ... 96
3.4 本章小结 ... 102
3.5 单元实训 ... 102
习题 3 ... 104

第4章 C♯面向对象编程基础 ... 107

本章学习目标 ... 107
4.1 典型项目及分析 ... 107
  典型项目一：商品销售管理器 ... 107
  典型项目二：创建与操作窗口 ... 109
  典型项目三：窗体继承 ... 113
  典型项目四：图形面积计算 ... 117
4.2 必备知识 ... 121
  4.2.1 面向对象的基本概念 ... 121
  4.2.2 类和对象 ... 123
  4.2.3 字段和属性 ... 131
  4.2.4 方法 ... 135
  4.2.5 静态成员 ... 145
  4.2.6 继承 ... 148
4.3 拓展知识 ... 154
  4.3.1 接口 ... 154
  4.3.2 多态 ... 158

　　　　4.3.3　委托与事件 ……………………………………………… 161
　4.4　本章小结 ………………………………………………………… 166
　4.5　单元实训 ………………………………………………………… 167
　习题 4 ………………………………………………………………… 169

第 5 章　Windows 窗体与控件 ………………………………………… 171
　本章学习目标 ………………………………………………………… 171
　5.1　典型项目及分析 ………………………………………………… 171
　　　典型项目一：简单文件管理器 ………………………………… 171
　　　典型项目二：简易记事本 ……………………………………… 179
　5.2　必备知识 ………………………………………………………… 186
　　　5.2.1　Windows 窗体 …………………………………………… 186
　　　5.2.2　文本编辑控件 …………………………………………… 193
　　　5.2.3　选择控件 ………………………………………………… 198
　　　5.2.4　列表选择控件 …………………………………………… 205
　　　5.2.5　容器控件 ………………………………………………… 212
　　　5.2.6　菜单与工具栏控件 ……………………………………… 215
　　　5.2.7　对话框 …………………………………………………… 224
　5.3　拓展知识 ………………………………………………………… 231
　　　5.3.1　计时器组件 ……………………………………………… 231
　　　5.3.2　图形控件 ………………………………………………… 234
　　　5.3.3　进度条控件 ……………………………………………… 236
　　　5.3.4　打印组件 ………………………………………………… 237
　　　5.3.5　鼠标和键盘事件 ………………………………………… 239
　5.4　本章小结 ………………………………………………………… 249
　5.5　单元实训 ………………………………………………………… 249
　习题 5 ………………………………………………………………… 252

第 6 章　文件操作 ……………………………………………………… 253
　本章学习目标 ………………………………………………………… 253
　6.1　典型项目及分析 ………………………………………………… 253
　　　典型项目一：文件和文件夹的管理——简单资源管理器的实现 ……… 253
　　　典型项目二：文件的 I/O 操作——注册表编辑器 …………… 276
　6.2　必备知识 ………………………………………………………… 295
　　　6.2.1　System.IO 命名空间和文件操作类 ……………………… 296
　　　6.2.2　文件基本操作 …………………………………………… 297
　　　6.2.3　文件夹基本操作 ………………………………………… 301
　　　6.2.4　文本文件的读写 ………………………………………… 305
　6.3　拓展知识 ………………………………………………………… 307

6.4 本章小结 ……………………………………………………………………………… 309
6.5 单元实训 ……………………………………………………………………………… 309
习题 6 ……………………………………………………………………………………… 311

第 7 章　数据库操作 ……………………………………………………………………… 314

本章学习目标 ……………………………………………………………………………… 314
7.1 典型项目及分析 ……………………………………………………………………… 314
　　典型项目：学生选课与课程成绩管理系统的设计与实现 …………………………… 314
7.2 必备知识 ……………………………………………………………………………… 340
　　7.2.1 ADO.NET 概述 …………………………………………………………………… 340
　　7.2.2 使用 SqlConnection 类连接数据库 …………………………………………… 344
　　7.2.3 使用 SqlCommand 对象操作数据库 …………………………………………… 346
　　7.2.4 使用 SqlDataReader 对象读取数据 …………………………………………… 350
　　7.2.5 使用 DataSet 和 SqlDataAdapter 对象查询数据 …………………………… 352
　　7.2.6 DataGridView 控件 ……………………………………………………………… 356
7.3 拓展知识 ……………………………………………………………………………… 358
　　7.3.1 BindingSource 控件 ……………………………………………………………… 358
　　7.3.2 BindingNavigator 控件 ………………………………………………………… 362
　　7.3.3 LINQ 组件 ………………………………………………………………………… 366
7.4 本章小结 ……………………………………………………………………………… 371
7.5 单元实训 ……………………………………………………………………………… 371
习题 7 ……………………………………………………………………………………… 372

第 8 章　网络通信编程 …………………………………………………………………… 374

本章学习目标 ……………………………………………………………………………… 374
8.1 典型项目及分析 ……………………………………………………………………… 374
　　典型项目一：即时聊天工具的设计与实现（一） …………………………………… 374
　　典型项目二：即时聊天工具的设计与实现（二） …………………………………… 385
8.2 必备知识 ……………………………………………………………………………… 393
　　8.2.1 TCP/IP 概述 ……………………………………………………………………… 393
　　8.2.2 .NET 网络编程基础 ……………………………………………………………… 400
　　8.2.3 Socket 类 ………………………………………………………………………… 404
　　8.2.4 TcpClient 类和 TcpListener 类 ………………………………………………… 410
　　8.2.5 UdpClient 类 ……………………………………………………………………… 413
8.3 拓展知识 ……………………………………………………………………………… 415
8.4 本章小结 ……………………………………………………………………………… 422
8.5 单元实训 ……………………………………………………………………………… 423
习题 8 ……………………………………………………………………………………… 424

第 9 章　多媒体应用 ……………………………………………………………… 426

本章学习目标 ……………………………………………………………………… 426
9.1　典型项目及分析 ……………………………………………………………… 426
　　典型项目一：GIF 动画播放器的设计与实现 ………………………………… 426
　　典型项目二：MP3 播放器的设计与实现 …………………………………… 429
9.2　必备知识 ……………………………………………………………………… 435
　　9.2.1　ImageAnimator 类——动画设计 …………………………………… 435
　　9.2.2　Windows Media Player 控件的使用 ………………………………… 436
9.3　拓展知识 ……………………………………………………………………… 436
9.4　本章小结 ……………………………………………………………………… 442
9.5　单元实训 ……………………………………………………………………… 442
习题 9 ……………………………………………………………………………… 443

第 1 章 初识 Visual C#

本章学习目标

（1）了解 Visual C♯ 2010 的特点。
（2）学会安装 Visual Studio 2010。
（3）熟悉 Visual Studio 2010 的集成开发环境。
（4）学会创建 Visual C♯ Windows Forms 应用程序。
（5）学会创建 Visual C♯ 控制台应用程序。
（6）掌握 C♯ 程序的基本结构。
（7）掌握定制 Visual C♯ 2010 开发环境的方法。

1.1 典型项目及分析

典型项目一：安装 Visual Studio 2010

【项目任务】

在自己所用的计算机上成功安装 Visual Studio 2010 软件，完成安装后启动 Visual Studio 2010。

【学习目标】

掌握 Visual Studio 2010 的安装过程，学会自行安装 Visual Studio 2010，并掌握一般软件的安装方法与步骤。

【知识要点】

（1）Visual Studio 2010 开发环境的安装要求。
（2）Visual Studio 2010 的安装步骤。
（3）启动 Visual Studio 2010 的方法。

【实现步骤】

（1）获取 Visual Studio 2010 的安装文件。

Visual Studio 2010 开发环境并不是免费的，但是微软的官方网站提供了一个试用版下载，可以供开发人员免费试用 90 天。因此，我们可以从微软的官方网站 http://www.microsoft.com/downloads/zh-cn/default.aspx 下载安装文件；此外，也可以从其他网站下载 Visual Studio 2010 中文版。获取安装文件后，可以开始具体的安装过程了。

(2) 启动 Visual Studio 2010 的安装程序。

由于下载的安装文件通常是 ISO(光盘映像)文件,因此需要使用 Daemon Tools 等虚拟光驱工具软件将其加载到虚拟光盘,或者将 ISO 文件解压缩到硬盘上。运行安装光盘中的 Setup.exe 文件,应用程序会自动跳转到如图 1-1 所示的"Microsoft Visual Studio 2010 安装程序"窗口。

图 1-1 "Microsoft Visual Studio 2010 安装程序"窗口

(3) 单击第一个安装选项"安装 Microsoft Visual Studio 2010",弹出如图 1-2 所示的 Visual Studio 2010 安装向导窗口。

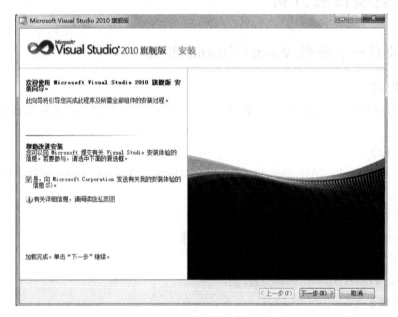

图 1-2 Visual Studio 2010 安装向导窗口

(4) 单击"下一步"按钮,弹出如图 1-3 所示的"Microsoft Visual Studio 2010 旗舰版 安装程序-起始页"窗口。

(5) 选中"我已阅读并接受许可条款。"单选按钮,单击"下一步"按钮,弹出如图 1-4 所示的"Microsoft Visual Studio 2010 旗舰版 安装程序-选项页"窗口,用户可以选择要安装的功能及安装路径,一般使用默认设置即可。

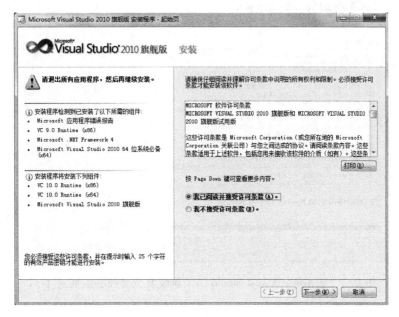

图 1-3 "Microsoft Visual Studio 2010 旗舰版 安装程序-起始页"窗口

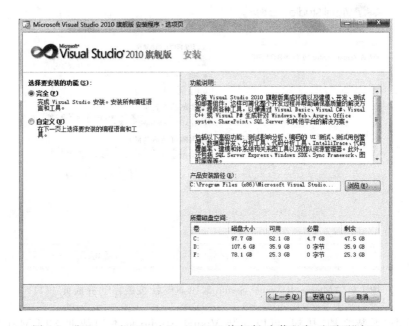

图 1-4 "Microsoft Visual Studio 2010 旗舰版 安装程序-选项页"窗口

(6)选择好产品安装路径后,单击"安装"按钮,进入如图 1-5 所示的"Microsoft Visual Studio 2010 旗舰版 安装程序-安装页"窗口,显示正在安装的组件。

(7)安装完毕后,单击"下一步"按钮,弹出如图 1-6 所示的"Microsoft Visual Studio 2010 旗舰版 安装程序-完成页"窗口。

图1-5 "Microsoft Visual Studio 2010 旗舰版 安装程序-安装页"窗口

图1-6 "Microsoft Visual Studio 2010 旗舰版 安装程序-完成页"窗口

(8) 单击"安装文档"按钮,可以安装 Visual Studio 的本地帮助文档 MSDN,弹出如图 1-7 所示的"Help Library 管理器-Microsoft Help 查看器 1.0"对话框。

(9) 设置本地内容位置后,单击"确定"按钮,弹出如图 1-8 所示的"从磁盘安装内容"对话框。

(10) 单击需要安装的内容后面的"添加"按钮后,单击"更新"按钮,开始"更新本地库",更新完成后单击"完成"按钮,弹出如图 1-9 所示的 Help Library 管理器安装完成页对话框。

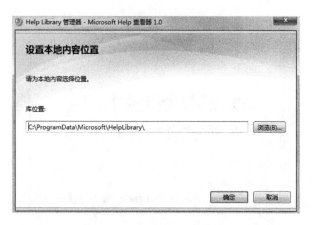

图 1-7　设置本地内容位置

图 1-8　设置安装内容

图 1-9　Help Library 管理器安装完成页

（11）单击"退出"按钮完成帮助文档库的安装，弹出如图 1-10 所示的"Microsoft Visual Studio 2010 安装程序"窗口。

（12）单击"退出"按钮，完成 Visual Studio 开发环境和帮助文档库的安装。

图 1-10 "Microsoft Visual Studio 2010 安装程序"窗口

(13) 启动 Visual Studio 2010。

选择"开始"→"程序"→Microsoft Visual Studio 2010→Microsoft Visual Studio 2010 选项,如果是第一次使用 Visual Studio 2010 开发环境,会弹出"选择默认环境设置"对话框,在该对话框中选择"Visual C♯开发设置",单击"启动 Visual Studio"按钮即可进入如图 1-11 所示的 Visual Studio 2010 开发环境起始页。

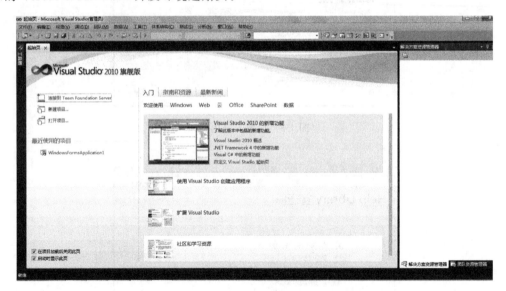

图 1-11 Visual Studio 2010 开发环境起始页

如果下次启动 Visual Studio 2010 时不希望出现起始页,可以取消选中窗口左下角的"启动时显示此页"复选框,直接进入 Visual Studio 2010 主界面。

说明:

(1) Visual Studio 2010 开发环境的安装要求计算机的软硬件配置达到一定要求,一般情况要求 CPU 主频至少 1GHz,内存至少 1GB,硬盘剩余空间 3GB 以上,具体配置要求可参阅相关文档。

（2）安装步骤(5)中的两个安装选项"完全"和"自定义"分别指安装 Visual Studio 2010 所有的组件和根据自己的需要选择性安装。

（3）MSDN 帮助文档库既可以在安装 Visual Studio 2010 的同时安装，也可以单独进行安装。

（4）卸载 Visual Studio 2010 有两种方法：①在如图 1-10 所示对话框中选择"更改或移除 Microsoft Visual Studio 2010"选项；②通过"控制面板"→"添加或删除程序"功能实现。

典型项目二：创建第一个 C♯ 控制台应用程序

【项目任务】

创建一个 C♯ 控制台程序，该程序的功能是显示一行欢迎词"相信你一定能学好 C♯！"。

【学习目标】

了解什么是控制台应用程序，学会创建和运行控制台应用程序，初步掌握控制台应用程序的基本结构和 C♯ 基本语法。

【知识要点】

（1）控制台应用程序的概念。

（2）利用 Visual Studio 2010 开发环境创建控制台应用程序。

（3）控制台应用程序的编码、生成与运行方法。

【实现步骤】

（1）启动 Visual Studio 2010。

（2）新建一个项目。

选择"文件"→"新建"→"项目"命令，弹出如图 1-12 所示的"新建项目"对话框。

图 1-12　"新建项目"对话框

（3）在该对话框中选择"控制台应用程序"，在"名称"文本框中修改项目名称为"xm1-2"，项目存放位置采用默认值，单击"确定"按钮，进入如图1-13所示的编码窗口。

图1-13　控制台应用程序编码窗口

（4）在编码窗口中的Main方法中添加一行代码，加入代码后的Main方法如下所示：

```
static void Main(string[] args)
{
    Console.WriteLine("相信你一定能学好C#!"); //在屏幕上输出一行
}
```

（5）按Ctrl+F5键运行该程序，控制台输出结果如图1-14所示。按任意键可以结束该程序的运行，返回到编码窗口。

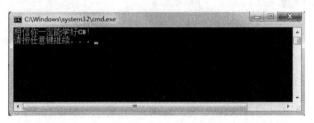

图1-14　控制台应用程序运行结果

（6）选择"文件"→"全部保存"命令或者单击工具栏中的"全部保存"按钮，将运行成功的项目保存到指定的位置。

说明：

（1）控制台应用程序是指没有图形化的用户界面，Windows使用命令行方式与用户交互，文本输入输出都是通过标准控制台实现的程序，类似于标准的C语言程序。

（2）控制台应用程序既可以利用Visual Studio 2010开发环境创建，也可以直接通过记事本编写，但使用Visual Studio 2010开发环境创建控制台应用程序更简单方便。

(3) 一个控制台应用程序至少包含一个 Program.cs 文件,用于存放 C♯ 源程序。每个 C♯ 源程序都必须含有且只能含有一个 Main() 方法,用于指示编译器从此处开始执行程序。Program.cs 文件中的 using、namespace、class 等关键字是系统保留关键字,在后续章节中会详细介绍。

(4) 控制台应用程序的输入和输出功能是由 Console 类的不同方法来实现的。

Console.WriteLine() 方法和 Console.Write() 方法用于在输出设备上输出,区别在于 WriteLine() 方法在输出后自动换行而 Write() 方法不换行。

Console.ReadLine() 方法和 Console.Read() 方法用于从键盘读入数据,返回值都是字符串类型,它们的区别也是 ReadLine() 方法换行而 Read() 方法不换行。

(5) C♯ 是一个区分大小写的语言,所有的语句都以分号作为结束。

典型项目三:创建第一个 C♯ Windows 窗体应用程序

【项目任务】

编写一个 C♯ Windows 窗体应用程序,程序运行时当用户单击窗体上的"显示"按钮后,在窗体中的文本框中显示"欢迎进入 Visual C♯ 2010 的世界!",如果单击"退出"按钮,则关闭窗口,退出应用程序。

【学习目标】

了解 Windows 窗体应用程序的特点,学会创建和运行 Windows 窗体应用程序,初步掌握 Windows 窗体应用程序的基本结构和开发步骤。进一步加深对 Visual Studio 2010 开发环境的了解。

【知识要点】

(1) Windows 窗体应用程序与控制台应用程序的区别。
(2) 创建和运行 Windows 窗体应用程序的方法。
(3) 工具箱、属性窗口、解决方案管理器等组件的功能。
(4) 控件属性的设置。
(5) 代码编写。

【实现步骤】

(1) 启动 Visual Studio 2010。
(2) 新建一个项目。

选择"文件"→"新建"→"项目"命令,弹出如图 1-12 所示的"新建项目"对话框。

(3) 在该对话框中选择"Windows 窗体应用程序",在"名称"文本框中修改项目名称为"xm1-3",项目存放位置采用默认值,单击"确定"按钮,进入如图 1-15 所示的窗体设计界面。

(4) 设计界面。

① 单击"工具箱",在弹出的"工具箱"窗口标题栏上右击,在快捷菜单中选中"停靠"命令,将"工具箱"停靠在窗体左侧,便于使用。

② 从"工具箱"中找到 TextBox 控件,将其拖动到窗体上,或者直接双击该控件也可。相同的操作,再在窗体上添加两个 Button 控件,并将这些控件调整到合适的位置,完成后的窗体如图 1-16 所示。

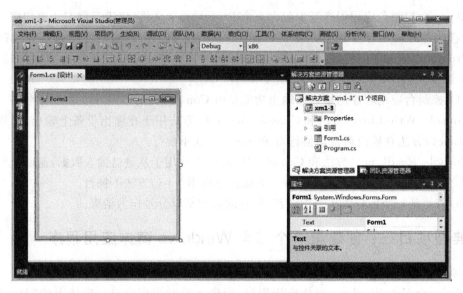

图 1-15　Windows 窗体应用程序的窗体设计界面

③ 修改窗体和控件的属性。

在窗体上空白处右击，在弹出的快捷菜单中选择"属性"命令，将属性窗口中的 Text 属性值设置为"我的第一个窗体应用程序"。选中文本框 TextBox1，在属性窗口中将其 ReadOnly 属性值设置为"True"，同样的操作，将按钮控件 Button1 和 Button2 的 Text 属性值分别设置为"显示"和"退出"，设置好属性值后的窗体如图 1-17 所示。

图 1-16　添加控件后的窗体

图 1-17　设置属性值后的窗体

可以看到，窗体中的文本框变成了灰色，表明该文本框是只读的，在程序运行的过程中，用户不能改变其中的文本。

(5) 编写代码。

完成窗体界面设计之后，接下来就要编写程序代码。首先双击"显示"按钮，打开代码编辑窗口。在 Button1 的 Click 事件中（即光标所在的位置）加入以下代码：

```
textBox1.Text = "欢迎进入 Visual C# 2010 的世界!";
```

该代码的含义是在文本框控件 TextBox1 中显示"欢迎进入 Visual C# 2010 的世界!"信息。

然后，单击"Form1[设计]"选项卡，切换到界面设计窗口，再双击"退出"按钮，以同样的方法在 Button2 的 Click 事件中加入以下代码：

```
Application.Exit();
```

该代码的含义是关闭窗体并结束应用程序的运行。

输入完成后的代码窗口如图 1-18 所示。

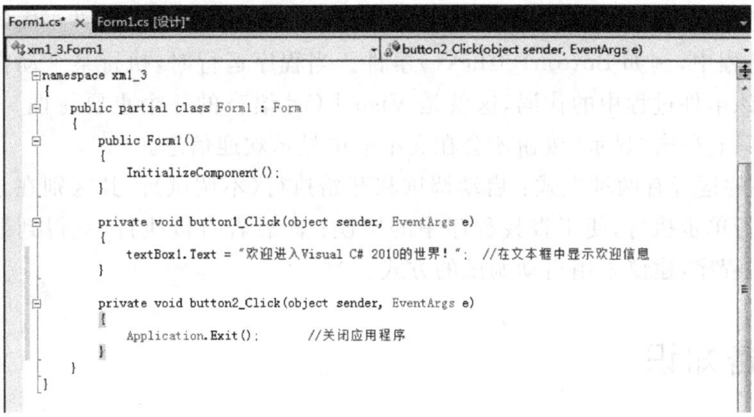

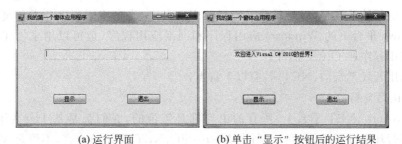

图 1-18　输入完成后的代码窗口

（6）保存。

在窗体和代码都设计完成后，应当保存文件，以防止调试或运行程序时发生死机等意外而造成数据丢失。保存文件可以选择"文件"→"保存"或"全部保存"命令，或者单击工具栏上的相应按钮实现。

（7）运行程序。

应用程序的前期设计和编码工作完成以后，下一步就是调试和运行程序了。运行程序的方法有 3 种：①选择"调试"→"启动调试"命令；②单击工具栏上的 ▶ 按钮；③按 F5 键。试运行后，出现如图 1-19(a)所示的界面。单击"显示"按钮后，运行结果如图 1-19(b)所示。

(a) 运行界面　　　　(b) 单击"显示"按钮后的运行结果

图 1-19　程序运行界面

最后，单击"退出"按钮，窗体关闭并结束整个应用程序的运行。

说明：

（1）Windows 窗体应用程序即通常所说的 Windows 应用程序，它使用图形用户界面开发工具进行设计，允许以图形方式进行人机交互。与控制台应用程序相比，窗体应用程序更加直观、可视化，能够加快开发进度，控制软件质量。因此，本文后续章节所有程序均采用

Windows 窗体应用程序进行示例。

（2）Windows 窗体应用程序的开发包括界面设计、代码编写两个步骤。界面设计是在设计视图中实现的，主要是从工具箱中添加相关的控件到窗体上，并通过属性窗口修改相关控件的属性。代码编写是在代码视图中实现的，可以通过双击窗体上某个控件，或者按 F7 键进入代码视图。

（3）为使程序能够执行操作和响应用户交互，必须为程序编写代码。代码一般是书写在某个事件过程中，例如 Button1_Click()事件。当程序运行时，执行某个动作触发该事件时，才会执行该事件过程中的代码，这就是 Visual C♯语言的一个重要特性——事件驱动。正如本例中，只有单击"显示"按钮才会在文本框中显示欢迎信息。

（4）程序的运行有两种方式：启动调试和开始执行(不调试)。其区别在于前者可以设置断点，并进行单步执行，便于查找程序中的错误；而后者直接执行，只得到最终结果。对于比较复杂的程序，建议采用启动调试的方式。

1.2 必备知识

1.2.1 认识 .NET 与 C♯

1. Microsoft .NET 平台

.NET 其实是个笼统的说法，广义上是指 Microsoft 公司的 .NET 战略，狭义上是指 .NET 平台及其应用。

Microsoft .NET 战略是将互联网本身作为构建新一代操作系统的基础，对互联网和操作系统的设计思想进行合理延伸。这样，开发人员必将创建出摆脱设备硬件束缚的应用程序，以便轻松实现互联网连接。Microsoft .NET 无疑是当今计算机技术通向计算时代的一个非常重要的里程碑。

Microsoft Visual Studio.NET 平台是 Microsoft 公司为适应 Internet 高速发展的需要，而隆重推出的新的开发平台，是目前最流行的 Windows 平台应用程序开发环境，可以用来创建 Windows 平台下的 Windows 应用程序和网络应用程序，也可以用来创建网络服务、智能设备应用程序和 Office 插件。

作为通用开发平台的 .NET，具有以下特点：

（1）多语言支持。

在 Microsoft .NET 平台上，所有的语言都是等价的，它们都是基于公共语言运行库（CLR）的运行环境进行编译运行。所有 Microsoft .NET 支持的语言，不管是 Visual Basic .NET、Visual C++、C♯，还是 Java Script .NET，都是平等的。用这种语言编写的代码都被编译成一种中间代码，在公共语言运行库中运行。在技术上某种语言与其他语言相比没有很大的区别，用户可以选择自己熟悉的编程语言进行操作。在本书中使用 C♯ 进行编程，因为 C♯ 是一种优秀的程序开发语言，它简洁、高效且便于使用，主要用于 Microsoft .NET 框架中面向组件的领域。

（2）多平台支持。

Microsoft .NET 的另一个重要特点就是多平台支持。不过相对于 Java 技术能够跨越

UNIX、Linux 和 Windows 等众多平台而言，目前 Microsoft .NET 的跨平台性仅限于各种 Windows 操作系统，如 Windows 98、Windows NT、Windows 2000、Windows XP、Windows Vista 和 Windows 7 等。

（3）软件变服务。

伴随着 ASP 产业的兴起，软件正逐渐从产品形式向服务形式转化，这是整个 IT 行业的大势所趋。在 .NET 中，最终的软件应用是以 Web 服务的形式出现并在 Internet 发布的。Web 服务是一种包装后的可以在 Web 上发布的组件，.NET 通过 WSDL 协议来描述和发布这种 Web 服务信息，通过 DISCO 协议来查找相关的服务，通过 SOAP 协议进行相关的简单对象传递和调用。

微软的 .NET 战略意味着：微软公司以及在微软平台上的开发者将会制造服务，而不是制造软件。在未来几年之内，微软将陆续发布有关 .NET 的平台和工具，用于在因特网上开发 Web 服务。那时，工作在 .NET 上的用户、开发人员和 IT 工作人员都不再购买软件、安装软件和维护软件。取而代之的是，他们将定制服务，软件会自动安装，所有的维护和升级也会通过互联网进行。

（4）基于 XML 的共同语言。

XML 是从 SGML 语言演化而来的一种标记语言。作为元语言，它可以定义不同种类应用的数据交换语言。在 .NET 体系结构中，XML 作为一种应用间无缝接合的手段，用于多种应用之间的数据采集与合并，用于不同应用之间的互操作和协同工作。

具体而言，.NET 通过 XML 语言定义了简单对象访问协议（SOAP）、Web 服务描述语言（WSDL）、Web 服务发现协议（DISCO）。SOAP 协议提供了在无中心分布环境中使用 XML 交换结构化有类型数据的简单轻量的机制。WSDL 协议定义了服务描述文档的结构，如类型、消息、端口类型、端口和服务本身。DISCO 协议定义了如何从资源或者资源集合中提取服务描述文档、相关服务发现算法等。

（5）融合多种设备和平台。

随着 Internet 逐渐成为一个信息和数据的中心，各种设备和服务已经或正在接入和融入 Internet，成为其中的一部分。.NET 谋求与各种 Internet 接入设备和平台的一体化，主要关注无线设备和家庭网络设备及相关软件、平台方面。

（6）新一代的人机界面。

新一代人机界面主要体现在智能与互动两个方面。.NET 包括通过自然语音、视觉、手写等多种模式的输入和表现方法，基于 XML 的可编辑复合信息架构——通用画布，个性化的信息代理服务，使机器能够更好地进行自动处理的智能标记等技术。

2．.NET 框架

.NET 框架是 .NET 的核心部分，C#同 Visual Basic、C++等开发语言一起被集成到 Microsoft .NET 框架中，以统一的用户界面和安全机制提供给开发人员。.NET 框架提供了软件开发的框架，使开发更具工程性、简便性和稳定性。

Visual Studio .NET 在 .NET 框架支持下才能由用户开发出各种各样的程序。.NET 框架从上至下由应用程序开发技术、Microsoft .NET Framework 类库、基类库和公共语言运行库（CLR）4 个部分组成，其中每个较高的层都使用一个或多个较低的层。

1）应用程序开发技术

应用程序开发技术位于框架的最上方，是应用程序开发人员开发的主要对象。它包括 ASP .NET 技术和 WinFroms 技术等高级编程技术。

2）Microsoft .NET Framework 类库

Microsoft .NET Framework 类库是一个综合性的类集合，用于应用程序开发的一些支持性的通用功能。开发人员可以使用它开发多种模式的应用程序，可以是命令行形式，也可以是图形界面形式的应用。Microsoft .NET Framework 中主要包括以下类库：数据库访问（ADO .NET 等）、XML 支持、目录服务（LDAP 等）、正则表达式和消息支持。

3）基类库

基类库提供了支持底层操作的一系列通用功能。Microsoft .NET 框架主要覆盖了集合操作、线程支持、代码生成、输入输出（I/O）、映射和安全等领域的内容。

4）公共语言运行库（CLR）

公共语言运行库是 Microsoft .NET Framework 的基础内容，也是 Microsoft .NET 程序的运行环境，用于执行和管理任何一种针对 Microsoft .NET 平台的所有代码。CLR 可以为应用程序提供很多核心服务，如内存管理、线程管理和远程处理等，并且还强制实施代码的安全性和可靠性管理。

3. Visual C♯ 概述

C♯ 的来源可以追溯至 FORTRAN 和 Algol，最初 C♯ 并不叫 C♯，它有个更酷的名字，叫做 COOL。微软从 1998 年 12 月开始了 COOL 项目，直到 1999 年 7 月，COOL 被正式更名为 C♯。在英文中♯被读作 Sharp，意味"锋利"，表明微软是希望能把 C♯ 锻造成一把无比锋利的刀。

微软在经历了与 Sun 关于 Visual JC++ 的大规模口水仗后，不得不舍弃原有的 Visual JC++ 项目，转而提出了 CLR，也就是公共语言运行时的概念。2000 年 6 月 26 日，微软在奥兰多举行的"职业开发人员技术大会"（PDC 2000）上发布了新的语言 C♯。C♯ 语言取代了 Visual JC++，但语言本身深受 Java、C 和 C++ 的影响。

作为 Microsoft 首推的开发语言，C♯ 在带来对应用程序的快速开发能力的同时，并没有牺牲 C 与 C++ 程序员所关心的各种特性。它忠实地继承了 C 和 C++ 的优点。如果你对 C 或 C++ 有所了解，你会发现它是那样的熟悉。即使你是一位新手，C♯ 也不会给你带来任何其他的麻烦，快速应用程序开发（Rapid Application Development，RAD）的思想与简洁的语法将会使你迅速成为一名熟练的开发人员。

C♯ 是专门为 .NET 平台量身定做的语言，这从根本上保证了 C♯ 与 .NET 框架的完美结合。在 .NET 运行库的支持下，.NET 框架的各种优点在 C♯ 中表现得淋漓尽致。现在看看 C♯ 的一些突出的特点，相信在以后的学习过程中，将会深深体会到"♯"——"SHARP"的真正含义。

（1）简洁的语法。

C♯ 中几乎不再用 C++ 中流行的指针，整型数据 0 和 1 也不再是布尔值，C♯ 使用统一的类型系统，摒弃了 C++ 中多变的类型系统。

（2）精心的面向对象设计。

C♯ 具有面向对象的语言所应有的一切特性：封装、继承与多态性，并且通过精心地面向对象设计,从高级商业对象到系统级应用,C♯是建造广泛组件的绝对选择。

借助于从 VB 中得来的丰富的 RAD 经验,C♯具备了良好的开发环境。结合自身强大的面向对象功能,C♯使得开发人员的生产效率得到极大的提高。对于公司而言,软件开发周期的缩短将能使它们更好地应付网络经济的竞争。

(3) 与 Web 的紧密结合。

强大的 Web 服务器端组件和 XML 技术使其能设计功能更完善的企业级分布式应用系统。

(4) 完整的安全性与错误处理。

C♯的先进设计思想可以消除软件开发中的许多常见错误,其提供了包括类型安全在内的完整的安全性能;其异常处理结构可以减轻编程人员的工作量,同时更有效地避免错误的发生。

(5) 版本处理技术。

C♯提供内置的版本支持来减少开发费用,使用 C♯将会使开发人员更加轻易地开发和维护各种商业用户。

(6) 灵活性和兼容性。

在简化语法的同时,C♯并没有失去灵活性。如果需要,C♯允许将某些类或者类的某些方法声明为非安全的,这样就能够使用指针、结构和静态数组,它还使用 delegates(委托)来模拟指针的功能。C♯不支持类的多继承,但是通过对接口的继承,可以获得这一功能。

作为一种新兴的编程语言,C♯在编程语言排行榜上稳步上升,图 1-20 是 2011 年 6 月 Tiobe 发布的编程语言排行榜。

Position Jun 2011	Position Jun 2010	Delta in Position	Programming Language	Ratings Jun 2011	Delta Jun 2010	Status
1	2	↑	Java	18.580%	+0.62%	A
2	1	↓	C	16.278%	-1.91%	A
3	3	=	C++	9.830%	-0.55%	A
4	6	↑↑	C#	6.844%	+2.06%	A
5	4	↓	PHP	6.602%	-2.47%	A
6	5	↓	(Visual) Basic	4.727%	-0.93%	A
7	10	↑↑↑	Objective-C	4.437%	+2.07%	A
8	7	↓	Python	3.899%	-0.20%	A
9	8	↓	Perl	2.312%	-0.97%	A
10	20	↑↑↑↑↑↑↑↑↑↑	Lua	2.039%	+1.55%	A

图 1-20 编程语言排行榜(2011 年 6 月)

4. C♯、.NET 与 Visual Studio

.NET 框架是 Microsoft 公司推出的一个全新的开发平台,目前的最新版本是 4.0。Visual Studio 则是 Microsoft 公司为了配合.NET 战略推出的集成开发环境(IDE),同时它也是目前开发 C♯应用程序最好的工具。而 C♯就其本身而言只是基于.NET 框架的程序开发语言中的一种,尽管它是用于生成面向.NET 环境的代码,但它本身不是.NET 的一部分。

在安装 Visual Studio 的同时,.Net Framework 也会自动安装上。安装过程中可以选择安装 C♯、VB 或者 C++,也可以选择将它们都安装上。

C♯、.NET 与 Visual Studio 各个主要版本的对应关系如表 1-1 所示。

表 1-1 C♯、.NET 与 Visual Studio 版本的对应关系

集成开发环境版本	开发平台版本	C♯语言版本
Visual Studio 2002	.NET Framework 1.0	C♯ 1.0
Visual Studio 2003	.NET Framework 1.1	C♯ 1.1
Visual Studio 2005	.NET Framework 2.0	C♯ 2.0
Visual Studio 2008	.NET Framework 3.5	C♯ 3.5
Visual Studio 2010	.NET Framework 4.0	C♯ 4.0

1.2.2 Visual Studio 2010 集成开发环境

Visual Studio 2010 是微软公司于 2010 年发布的 .NET 开发工具，用于生成 ASP.NET Web 应用程序、XML Web Services、桌面应用程序和移动应用程序。所有微软的 Visual Studio 语言 Visual C♯、Visual Basic 和 Visual C++都共享这个公共的开发环境。开发者使用相同的集成开发环境（Integrated Developer Environment，IDE），方便进行工具共享，并能轻松地创建混合语言解决方案。作为微软推出的当前最新的 .NET 开发环境，Visual Studio 2010 集成了 LINQ 技术、WPF 编程、WCF 技术、WF 技术和 Ajax 集成，并且针对各个语言也做了一些功能改进，详细信息可参考 MSDN 文档。本小节主要介绍 Visual Studio 2010 集成环境的使用。

1. "Visual Studio 集成开发环境"主界面

Visual Studio 2010 开发环境的主窗口由标题栏、菜单栏、标准工具栏、代码编辑器/Windows 窗体设计器以及停靠或自动隐藏在左侧、右侧、底部的工具箱、解决方案资源管理器、属性窗口等共同组成。可以使用的工具窗口、菜单和工具栏取决于正在处理的项目或文件类型。C♯开发所需要的大部分工具窗口都可以从"视图"菜单打开，通过按 Ctrl＋Tab 键可以快速访问所有打开的工具窗口或文件。Visual Studio 2010 主界面的基本外观如图 1-21 所示。

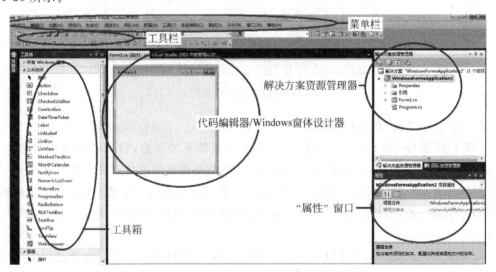

图 1-21 "Visual Studio 集成开发环境"主界面

下面对 Visual Studio 2010 开发环境的主要部分进行简单介绍。

2."代码编辑器/Windows 窗体设计器"窗口

在 Visual Studio 2010 集成开发环境中最常用的两个主窗口分别为代码编辑器和 Windows 窗体设计器。代码编辑器主要用于编辑代码，窗体设计器用于对 Windows 窗体进行可视化设计。

如果当前项目是 Windows 窗体应用程序，可以通过以下几种方法实现两个窗体之间的切换：

（1）按 F7 键显示代码编辑器，按 Shift+F7 键显示窗体设计器。

（2）选择"视图"→"代码"或"设计器"命令。

（3）单击该主窗口上方的窗体标签。

只有在 Windows 窗体设计视图中，才可以将控件从"工具箱"直接拖动到窗体上。

3."解决方案资源管理器"窗口

Visual Studio 2010 提供了解决方案和项目两类容器，用于帮助用户有效地管理开发工作中所用到的项目，如外部库的引用、文件夹、源文件等，一个解决方案中可能包含几个项目，一个项目通常是一个完整的程序模块。

解决方案资源管理器位于 IDE 右上方。如果在 IDE 中已经创建了方案或项目，则项目中的所有文件将在"解决方案资源管理器"窗口中以分层树视图的形式显示。通过解决方案资源管理器，可以打开文件进行编辑，向项目中添加新文件，以及查看并修改解决方案、项目和文件的属性等。

如果集成环境中没有出现"解决方案资源管理器"窗口，可通过执行"视图"→"解决方案资源管理器"命令显示该窗口。

解决方案资源管理器中用粗体显示的项目是启动项目，即程序执行的开始点。可以在任意项目上右击，在弹出的快捷菜单中选择"设为启动项目"命令，将该项目设置为启动项目。

"解决方案资源管理器"窗口上方有如下几个按钮。

（1）"属性"：显示当前选定对象的特定性质。

（2）"显示所有文件"：显示当前方案中包含的所有文件夹和文件。

（3）"刷新"：刷新当前方案的状态。

（4）"查看代码"：为选定的文件打开代码编辑窗口。

（5）"视图设计器"：为选定的文件打开窗体设计器。

（6）"查看类图"：显示当前项目中包含的所有类、方法、字段、属性和事件等信息。

4."工具箱"窗口

工具箱位于 IDE 的左侧，是 Visual Studio 2010 的重要工具，每一位开发人员都必须对它非常熟悉。工具箱提供了进行 Windows 窗体应用程序开发所必需的控件。通过工具箱，开发人员可以方便地进行可视化的窗体设计，简化程序设计的工作量，提高工作效率。

"工具箱"窗口如图 1-22 所示，共有 12 个栏目。单击某个栏目将显示该栏目下的所有控件。当需要某个控件时，可以通过双击该控件直接将控件添加到窗体上，也可以先单击该控件，再将

图 1-22　"工具箱"窗口

其拖动到设计窗体上。工具箱面板中的控件可以通过工具箱右键菜单来控制,例如实现控件的排序、删除和显示方式等。

根据当前正在使用的设计器或编辑器的不同,"工具箱"中可用的选项卡和控件也会有所变化。如果没有出现"工具箱"窗口,可通过执行"视图"→"工具箱"命令来显示该窗口。

5. "属性"窗口

"属性"窗口位于 IDE 的右下方,主要用来查看、设置项目、类和控件的各种特性。在 Windows 窗体的"设计"视图下,在"属性"窗口中可以设置控件的属性并链接用户界面控件的事件。在某个控件上右击,在弹出的快捷菜单中选择"属性"命令,则在"属性"窗口中会显示该控件的所有属性。

"属性"窗口上方有如下几个按钮。

(1) "按分类顺序":将属性窗口中的属性按分类顺序排列。

(2) "字母顺序":将属性窗口中的属性按字母顺序排列。

(3) "属性":从事件列表切换到属性列表。

(4) "事件":窗口将显示被选择窗体或控件的事件列表。

如果集成环境中没有出现该窗口,可通过执行"视图"→"属性"命令来显示该窗口。

6. "类视图"窗口

"类视图"以树形结构显示 Visual Studio 当前项目中的类和类型的层次信息。在"类视图"中,可以对类的层次结构浏览、组织和编辑。如果双击"类视图"中的某一个类名称,将打开该类定义的代码视图,并定位在该类定义的开始处;如果双击类中的某一成员,将打开该类定义的代码视图,并定位在该成员声明处。

如果集成环境中没有出现该窗口,可通过执行"视图"→"类视图"命令来显示该窗口。

7. "编译器、调试器和错误列表"窗口

Visual Studio 提供了一套可靠的生成和调试工具。在编译项目之前,可以在项目设计器中设置编译器选项。在编译时,只需选择"生成"下相应的命令,IDE 就会调用 C#编译器。生成过程是调试过程的开始,它可以帮助用户检测编译时错误(包含不正确的语法、写错的关键字和输入的不匹配)。如果应用程序编译成功,则在状态栏中显示"生成成功"的消息。如果存在编译错误,则将在设计器窗口的下方出现带有错误说明的"错误列表"窗口。双击某个错误提示行可以转到源代码中相应的问题行,按 F1 键可以查看该项错误的帮助文档。

调试器可以显示为多种类型的窗口,随着应用程序的运行而显示变量的值和类型信息。在调试器中调试时,可以使用代码编辑窗口指定在某一行暂停执行,也可以逐语句或逐过程执行代码。

1.2.3 C#源程序的基本结构

使用 C#可以创建以下 3 种常用的应用程序:控制台应用程序、Windows 窗体应用程序和 Web 应用程序(ASP.NET 程序)。对于所有的应用程序而言,C#语言所编写的代码总是保存为后缀为 cs 的文件,例如典型项目二中的 Program.cs 和典型项目三中的 Form.cs。

一个 C#源程序的结构大体可以分为命名空间、类、方法、语句和注释等,图 1-23 描述

了一个基本的 C#程序结构。

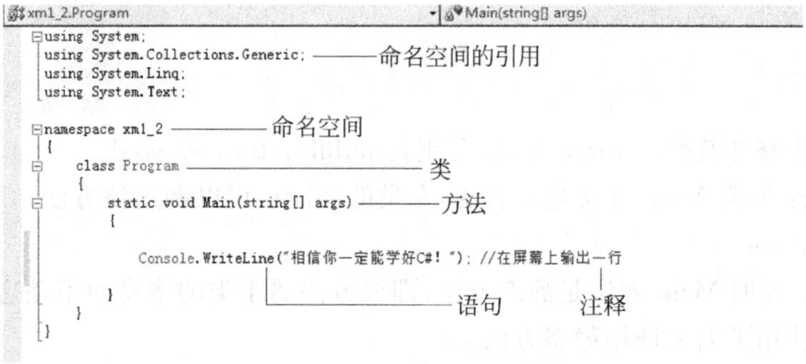

图 1-23 C#源程序的基本结构

1. 命名空间

C#程序是利用命名空间组织起来的,它提供了一个逻辑上的层次结构体系。命名空间既用作程序的"内部"组织系统,也用作向"外部"公开的组织系统(即一种向其他程序公开自己拥有的程序元素的方法)。如果要调用某个命名空间中的类或者方法,首先需要使用using 指令引入命名空间,using 指令将命名空间名所标识的命名空间内的类型成员导入当前编译单元中,从而可以直接使用每个被导入的类型的标识符,而不必加上它们的完全限定名。

using 指令的基本形式如下:

using 命名空间名;

2. 类

类是一种数据结构,它可以封装数据成员、方法成员和其他的类。类是创建对象的模板,C#中所有的语句都必须包含在类中。因此,类是 C#语言的核心和基本构成模块。C#支持自定义类,使用 C#编程,实质上就是编写自己的类来描述实际需要解决的问题。

使用任何新的类之前必须声明它,一个类一旦被声明,就可以当做一种新的类型来使用。在 C#中通过使用 class 关键字来声明类,声明形式如下:

[类修饰符] class　[类名][基类或接口]
{
　　[类体]
}

在 C#中,类名是一种标识符,必须符合标识符的命名规则。类名要能够体现类的含义和用途,而且一般采用首字母大写的名词,也可以采用多个词构成的组合词。类修饰符及基类在定义时可以省略。

3. 类的方法

在 C#中,程序功能是通过执行类中所定义的方法来实现的,在一个类中可以自定义多个不同的方法。但是一个类中只能有一个 Main 方法,它是程序的入口点,即程序的执行总是从 Main()方法开始的。每新建一个项目,系统都会自动生成一个 Main 方法。默认的

Main 方法代码如下：

```
static void Main(string[] args)
{
}
```

可以用 3 个修饰符修饰 Main 方法，分别是 public、static 和 void。

（1）public：说明 Main 方法是公有的，在类的外面也可以调用该方法。Main 方法默认访问级别为 private。

（2）static：说明 Main 方法是静态方法，即该方法属于类的本身而不是这个类的特定对象。必须直接使用类名来调用静态方法。

（3）void：此修饰符说明 Main 方法无返回值。

其他的方法将会在第 4 章中详细介绍。

4．C#语句

语句是构成所有 C#程序的基本单位，语句中可以声明局部变量或常数、调用方法、创建对象或将值赋给某个对象，语句通常以分号终止。

项目二中的语句"Console.WriteLine("相信你一定能学好 C#!");"的作用是输出"相信你一定能学好 C#!"的字样。

5．注释

注释语句的作用是对某行或某段代码进行说明，方便对代码的理解与维护，程序运行时不执行注释部分的内容。注释可以分为行注释和块注释两种。行注释都是以"//"开头，将后面的文本作为注释信息。如果注释的行数较少，一般使用行注释。对于连续多行的大段注释，则使用块注释，块注释以"/*"开头，以"*/"结束，注释信息放在其中。

在 Visual Studio 2010 中对代码进行注释时，可以通过单击工具栏中的 ≣ 按钮实现，取消注释时，可以通过单击工具栏中的 ≌ 按钮实现。如果对一段代码整体进行注释，可以在其上方输入"///"，这时会在相应位置自动插入以下注释语句，开发人员只需要在其中填写注释的文字即可。

```
/// <summary>
///
/// </summary>
```

6．语句书写规则

（1）C#语言区分大小写。

（2）所有语句都以分号作为结束。

（3）书写代码时，注意尽量使用缩进来表示代码的层次结构。

1.3 拓展知识

1.3.1 开发环境的定制

用户可以定制 Visual Studio 的很多界面元素，如窗口和工具栏，以便更高效地工作。

本小节将介绍如何定制开发环境。

1．设计窗口的定制

设计窗口主要指"属性"窗口、"解决方案资源管理器"窗口和"工具箱"窗口等用于程序设计的功能窗口，它提供了构建复杂应用程序的功能。不同开发人员的设计环境可以定制个性化的设计窗口。

设计窗口可处于如下 4 种主要状态。

（1）关闭：窗口不可见。

（2）浮动：窗口在 IDE 上浮动。

（3）停靠：窗口紧贴 IDE 的边缘，"属性"窗口和"解决方案资源管理器"窗口默认是停靠的。

（4）自动隐藏：窗口是停靠的，但不使用时自动隐藏。"工具箱"窗口默认自动隐藏。

1）显示和隐藏设计窗口

设计窗口被关闭时，它不出现在设计环境中。要显示被关闭或隐藏的窗口，可从"视图"菜单中选择对应菜单项。例如，如果"解决方案资源管理器"窗口没有显示在设计环境中，可以通过选择菜单"视图"→"解决方案资源管理器"（或者按键盘快捷键 Ctrl＋W，S）来显示它。需要使用设计窗口却找不到时，可使用"视图"菜单来显示。要关闭某个设计窗口，只需单击窗口的"关闭"按钮，这和关闭普通窗口一样。

2）浮动设计窗口

浮动的设计窗口是浮动在工作空间的可见窗口，就像典型的应用程序窗口，可通过拖动将其放到任意地方。浮动窗口除可移动外，还可通过拖动边框来修改其大小。要使窗口浮动，可单击停靠窗口的标题栏，然后拖动使其离开当前停靠的边缘。

3）停靠设计窗口

默认情况下，可见窗口是停靠的。停靠窗口紧靠着工作区域或其他窗口的两边、顶部或底部。要使浮动窗口变为停靠窗口，拖动窗口的标题栏到设计窗口的边缘，放在要停靠窗口的地方。拖动窗口时，屏幕上将出现一个菱形指南针（如图 1-24 所示）。在菱形指南针的某

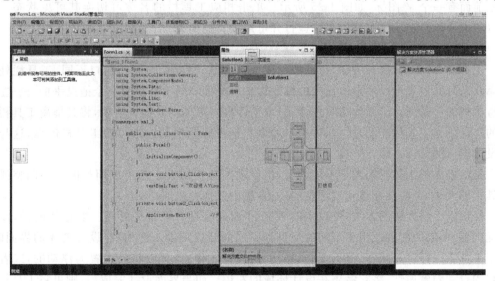

图 1-24　菱形指南针使停靠窗口更容易

个图标上移动鼠标,将显示一个蓝色矩形,指示此时如果松开鼠标,窗口将停靠,这是停靠窗口的简便方法。也可以直接将窗口拖到一边,这时也将出现同样的蓝色矩形。这个矩形将"跟踪"停靠的位置,如果此时松开鼠标,窗口也将停靠。

注意,可以通过拖曳停靠窗口上远离停靠边的边框来调整窗口的大小。如果两个窗口停靠在同一边,拖曳二者之间的边框将放大一个窗口而缩小另一个窗口。如果希望不管浮动窗口被拖到什么位置都不会停靠,可右击窗口的标题栏,在弹出的快捷菜单中选择"浮动"命令。要使窗口能够停靠,右击标题栏并选择"可停靠"命令。

4) 自动隐藏设计窗口

Visual Studio 窗口能够在不使用时自动隐藏。虽然开始时用户对此不太习惯,但这是一种比较高效的工作方式,工作空间将空出很多,并且只要将鼠标指向设计窗口它就自动打开。设为自动隐藏的窗口总是停靠的,浮动窗口不能设为自动隐藏。当窗口自动隐藏时,它显示为停靠边缘上的一个选项卡,就像最小化的应用程序放在 Windows 任务栏中一样。

在设计环境的左边,有一个标题为"工具箱"的竖直选项卡。该选项卡代表一个自动隐藏的窗口。要显示自动隐藏的窗口,将鼠标移动到代表窗口的选项卡。将鼠标指向选项卡时,Visual Studio 将显示该设计窗口,让用户能够使用其功能。将鼠标从窗口移开时,窗口将自动隐藏,这就是名称"自动隐藏"的由来。要使窗口自动隐藏,可右击其标题栏,然后在弹出的快捷菜单中选择"自动隐藏"命令。

2. 工具栏的定制

工具栏是几乎所有 Windows 程序中用于快速执行功能的最主要组件。每个工具栏按钮都有对应的菜单项,工具栏中的按钮其实是与之对应的菜单项的快捷方式。用户能够定制现有的工具栏,甚至可以根据工作方式创建自己的工具栏。

1) 显示和隐藏工具栏

开发人员最常使用的工具栏是标准工具栏、文本编辑器和调试工具栏。要显示或隐藏某个工具栏,可以选择"视图"→"工具栏"命令,将显示一个可用工具栏列表。当前显示的工具栏前面有一个 ✓ 图标,如图 1-25 所示。单击相应工具栏的名称可切换其可见状态。也可以右击任何已显示的工具栏来快速打开可用工具栏列表。

2) 停靠工具栏及调整其大小

工具栏如同设计窗口一样,可以停靠或取消停靠。然而,与设计窗口不同,工具栏处于停靠状态时并没有可以单击或拖曳的标题栏。每个停靠的工具栏有一个拖曳手柄——左端垂直排列的一系列点。要使工具栏浮动(取消停靠),可单击并拖曳手柄,将其拖离工具栏停靠的边缘。当工具栏浮动时,将有一个标题栏,拖曳标题栏到边缘可使工具栏停靠,这与停靠设计窗口的方法一样。

虽然停靠的工具栏的大小不能改变,但浮动工具栏的大小是可以调整的。要调整浮动工具栏的大小,可将鼠标移到要调整的一边,单击并拖曳边框。

使用以上所介绍的方法,可以定制 Visual Studio 设计环境的外观。要记住的是,没有最优配置,不同的配置适用于不同的项目和不同的开发阶段。例如,在设计窗体的界面时,希望工具箱保持可见状态,但不要妨碍我们的设计工作,就可以将其设置为浮动的,或者关闭它的自动隐藏属性,将它停靠在设计环境的左边。而当界面设计完成后,则可将工具箱停靠并设置为自动隐藏,使之不妨碍我们的代码编辑工作。随着开发人员技能的提高,每个人

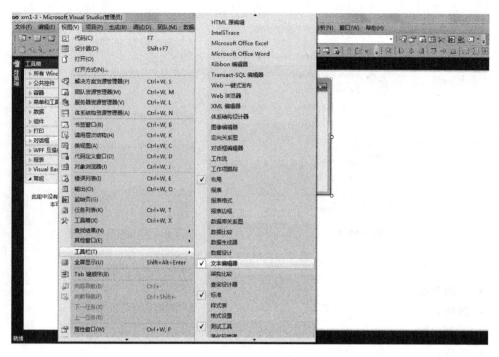

图 1-25 可用工具栏列表

都能定制适合自己的个性化的设计环境,提高自己的开发效率。

1.3.2 Visual Studio 2010 帮助系统及学习资源

1. Visual Studio 2010 帮助系统

Visual Studio 2010 提供了一个强大的帮助工具——MSDN。MSDN 是开发人员在开发项目过程中最好的帮手,它包括对 Visual Studio 和 C♯语言各个方面知识的讲解,并附有示例代码。

典型项目一中演示了在安装 Visual Studio 2010 的同时安装 MSDN,当然 MSDN 也可以单独安装。MSDN 默认为完全安装,用户也可以根据需要进行自定义安装,比如只安装 C♯帮助等。但推荐使用完全安装,因为在实际开发过程中,有可能用到系统的一些 API 函数或者其他语言的类库,可以使用 MSDN 直接查找到其用法。

启动 MSDN 的方法有两种:

(1) 单击"开始"→"所有程序"→Microsoft Visual Studio 2010→"Microsoft Visual Studio 2010 文档"。

(2) 选择 Visual Studio 主窗口中的"帮助"→"查看帮助"命令。

启动后的 MSDN 主界面如图 1-26 所示。

Visual Studio 帮助文档提供了一些资源,供用户了解如何使用 Visual Studio 来创建桌面应用程序和 Web 应用程序。资源列表如下所示:

- 欢迎使用 Visual Studio 2010;
- 文档;

图 1-26　MSDN 主界面

- 新增功能；
- 演练；
- 示例代码；
- 训练；
- 论坛；
- "如何实现"视频；
- Channel 9 视频；
- MSDN 开发中心；
- 模式和实践；
- 提供反馈。

此外，MSDN 还为使用者提供了强大的搜索功能，可以提供对本地帮助、MSDN Online、CodeZone 社区等许多文档库的详细搜索。使用者只要在窗口左侧上方的搜索框中输入搜索的内容提要，单击"搜索"按钮后，搜索的结果就会以概要的方式呈现在主界面中。

用户还可以通过选择 Visual Studio 2010 主窗口中的"帮助"→"管理帮助设置"命令来对帮助系统进行设置，比如选择联机帮助还是本地帮助、联机检查更新等。帮助库的设置界面如图 1-27 所示。

虽然 MSDN 提供了强大的帮助功能，但是用户在开发过程中可能随时需要提供对正在执行的工作相关的帮助信息，因此 Visual Studio 2010 提供了动态帮助功能。当用户在设计环境中进行工作时，按 F1 键，系统会直接显示与用户正在执行的工作相关的帮助主题，这被称为上下文帮助。例如，在编写代码时，要显示关于任何 Visual C♯语法或关键字的帮助信息，只要在代码编辑器中输入相应的文本，将光标放在文本中的任何位置，然后按 F1 键；也可以使用"帮助"菜单获得帮助。

2．学习资源

1) 微软支持

在初学者学习 VS.NET 的过程中，有疑问首先要向 Microsoft 求助。如果你不懂得利用 Microsoft 提供的庞大的学习资源，我要告诉你，你很不幸，你舍近求远了。

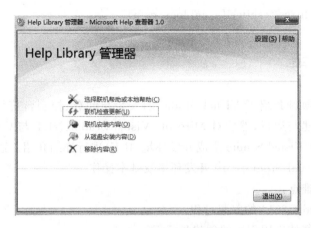

图 1-27　帮助库管理器

首先，你所安装的 MSDN 比所有 VS.NET 书籍详细。假如你要学习正则表达式，在 VS.NET 2010 中单击"帮助"，再单击"搜索"，然后输入"正则"，回车，就会找到 N 个主题，你可以慢慢研究。

此外，在线中文 MSDN（http://msdn.microsoft.com/zh-cn/bb188199.aspx）中的"Visual Studio 2010 天天向上学习资源"是一个 VS 2010 中文在线学习平台，汇集了目前所有最新关于 VS 2010 的微软官方中文资料，通过视频教学的方式及丰富的学习内容，帮你在第一时间了解 VS 2010 的特性及价值。

微软教程下载地址（http://www.microsoft.com/china/msdn/events/webcasts/shared/webcast/downloadarchive.aspx）为你提供全部课程的相关下载，并不断更新。你可以通过单击"日期"、"系列"、"主题"、"讲师"方便地进行课程归类排序。

为什么选择 VS.NET，为什么看好 VS.NET，看看 Microsoft 的 Help 文档有多详尽就知道了。如果你不去利用 Microsoft 提供的庞大的 Help 资源，是不是有点对不起盖茨呢？

2）CSDN（http://www.csdn.net）

CSDN 是全球最大的中文 IT 社区，提供了丰富的 IT 资讯、教程和下载资源等，更为强大的是它的论坛功能，在论坛上云集了众多的软件爱好者。只要你善于利用搜索功能，你在开发中遇到的多数问题都可以在文档和论坛中找到答案。如果你在开发过程中遇到疑难，而你又认为 BillGates 帮不上你的忙，那么，你就上 CSDN 吧，一定会让你满意的。

CSDN 使用的两大技巧：第一招是"搜索大法"，遇到问题，首先是在 CSDN 的文档和论坛进行搜索，看有无类似答案。第二招是"提问大法"，只要有礼貌、有诚意地在论坛提问，一定有许多人乐于回答你的问题。

3）其他中文学习网站

有不少网站开辟 VS.NET 专栏，常去看看，必有收获。下面仅列出中文的相关网站：

- pconline 跟我学 NET 专区（http://www.pconline.com.cn/pcedu/empolder/net）；
- 中国 DotNet 俱乐部（http://www.chinaaspx.com）；
- IT168 技术专区（http://tech.it168.com）；
- 中文 C# 技术站（http://www.chinacs.net）；
- 赛迪网的 NET 专区（http://tech.ccidnet.com/pub/column/c340.html）；

- C♯进行时(http://shiweifu.cnblogs.com)。

1.4 本章小结

本章通过典型项目介绍了 Visual Studio 的安装与卸载、控制台应用程序和 Windows 窗体应用程序的创建与运行,然后对 Mirosoft Visual Studio.NET 与 C♯ 的特点进行了简要介绍,对 Mirosoft Visual Studio 集成开发环境(IDE)进行详细介绍。通过本章的学习,读者可以初步了解 Visual Studio 2010 开发环境及基本操作。

本章的重点及难点:
(1) Visual Studio 2010 的安装过程。
(2) Windows 窗体应用程序的创建与运行。
(3) C♯程序的基本结构。
(4) Visual Studio 开发环境的定制。

1.5 单元实训

实训目的:
(1) 掌握使用 Visual Studio 2010 创建控制台应用程序的步骤。
(2) 掌握使用 Visual Studio 2010 创建 Windows 窗体应用程序的步骤。
(3) 理解并体会应用程序的执行过程。
(4) 熟悉 C♯程序的基本结构。
(5) 熟练掌握 Visual Studio 2010 开发环境中各个窗口的使用。

实训参考学时:
2 学时

实训内容:
(1) 创建一个控制台应用程序,程序执行时显示以下内容:

```
**********************************************
            欢迎进入 C♯ 的世界!
**********************************************
```

(2) 创建一个 Windows 窗体应用程序,要求窗体标题栏显示的文本为"我的第一个窗体程序",窗体背景为粉红色,单击"显示"按钮后弹出的消息框如图 1-28 所示。

(3) 按照以下要求完成 Visual Studio 开发环境的定制:
- 将"工具箱"移动到 IDE 的右边使它停靠在那里。
- 将"解决方案资源管理器"变为浮动状态。
- 将"属性"窗口停靠在 IDE 的左边,并使它自动隐藏。

图 1-28 程序运行结果

- 工具栏上只保留"标准"和"布局"工具。

实训难点提示：

（1）控制台应用程序采用 Console.WriteLine( )方法进行输出，该方法一次输出一行的信息。如果要输出 3 行信息，需要 3 条 Console.WriteLine( )语句。

（2）窗体的背景颜色设置通过修改其 BackColor 属性值实现。

（3）C♯中通过 MessageBox.Show( )方法显示消息框，MessageBox.Show( )语句最简单的形式如下：MessageBox.Show("显示信息")；

实训报告：

（1）简述 Windows 窗体应用程序创建及运行的主要步骤。

（2）简述设计窗口的几种不同状态的区别。

（3）简述 Visual Studio 开发环境各个窗口的作用。

（4）总结本次实训的完成情况并撰写实训体会。

习题 1

一、选择题

1. 在.NET 中不能使用的语言是（　　）。
   A. C♯　　　　　　B. PASCAL　　　　C. VB　　　　　　D. VC++
2. （　　）可以帮助用户进行可视化的窗体设计。
   A. 工具箱　　　　　　　　　　　　　B. 类视图
   C. 解决方案资源管理器　　　　　　　D. 动态帮助
3. 导入命名空间使用关键字（　　）。
   A. Main　　　　　　B. Using　　　　　C. System　　　　D. Console

二、填空题

1. 在 C♯程序中，程序的执行总是从_____方法开始的。

2. 在 C♯程序中，单行注释用_____引导。

3. 在 C♯程序中，注释分为单行注释和_____。

4. 关键字 class 的含义是_____。

5. 要添加控件到窗体中，应该使用_____设计窗口。

6. 要修改项目的属性，必须在_____设计窗口中选择项目。

7. 要修改对象的属性，应该使用_____设计窗口。

三、问答题

1. 简述 Visual Studio 2010 的安装过程。

2. Visual Studio 2010 开发环境的主要组成部分有哪些？

第 2 章 C#语言基础

本章学习目标
(1) 理解变量和常量。
(2) 理解 C#语言的基本数据类型。
(3) 掌握运算符和表达式。
(4) 掌握数组、字符串的使用。
(5) 掌握一些 C#的常用函数。

2.1 典型项目及分析

典型项目一：计算圆面积

【项目任务】

设计一个程序,在文本输入框中输入一个数,代表圆的半径。并通过单击"计算"按钮进行计算,在另一个文本输入框中显示出该圆的面积。

【学习目标】

掌握使用基本数据类型进行简单计算的方法；掌握数据类型转换的方法；掌握标签(Label)控件、文本输入框(TextBox)控件、按钮(Button)控件等基本控件的使用方法。

【知识要点】

(1) 工具箱、属性窗口、解决方案管理器等组件的功能。
(2) 文本输入框(TextBox)控件的 Enabled 属性的设置。
(3) 代码编写。

【实现步骤】

(1) 启动 Visual Studio 2010。
(2) 新建一个项目。
选择"文件"→"新建"→"项目"命令,弹出"新建项目"对话框。
(3) 在该对话框中选择"Windows 窗体应用程序",项目存放位置采用默认值,单击"确定"按钮,进入如图 2-1 所示的窗体设计界面。
(4) 设计界面。
① 单击"工具箱",在弹出的"工具箱"窗口标题栏上右击,在快捷菜单中选择"停靠"命

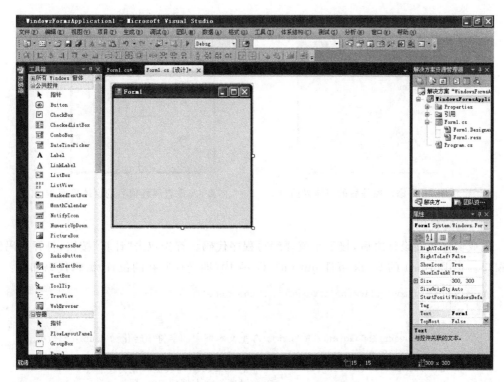

图 2-1 计算圆面积程序界面

令,将"工具箱"停靠在窗体左侧,便于使用。

② 按照之前所学的方法,为窗体添加两个文本框(TextBox)控件、两个标签(Label)控件、一个按钮(Button)控件,并将这些控件调整到合适的位置,设计效果如图 2-2 所示。

③ 修改窗体和控件的属性。

添加控件后,对窗体和各个控件的属性进行设置,按表 2-1 所示,为窗体和各个控件设置相关属性。

标签 Label 控件的 AutoSize 属性设置为 True 后,标签 Label 会根据内容自动调整大小。Visual Stdio 2010 之前的版本中,标签 Label 的 AutoSize 属性默认为 False,需要手动改。2010 版本的默认值已经改为 True。

表 2-1 设置窗体和控件属性

对　　象	属　　性	属　性　值
窗体 Form1	Text	计算圆面积
标签 Label1	Text	半径:
	AutoSize	True
标签 Label2	Text	面积:
	AutoSize	True
文本输入框 TextBox1	Name	txtR
文本输入框 TextBox2	Name	txtS
	Enabled	False
按钮 Button1	Text	计算

设置好属性值后的窗体如图 2-3 所示。

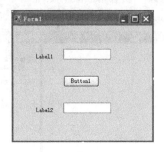

图 2-2　添加控件后的窗体界面　　　　图 2-3　设置属性值后的窗体界面

（5）编写代码。

完成窗体界面设计之后，接下来就要编写程序代码。首先双击"计算"按钮，打开代码编辑窗口。在 Button1 的 Click 事件 button1_Click 中（即光标所在的位置）编辑代码如下：

```
private void button1_Click(object sender, EventArgs e)
{
    double r,s;
    r = Convert.ToDouble(txtR.Text); //把文本框中的字符串转化为 double 型数据
    s = 3.14159 * r * r;
    txtS.Text = s.ToString();        //把 double 型的数据转化为字符串，
                                     //赋值给文本框的 Text 属性
}
```

该代码的含义是获取文本框控件 txtR 中的值，转化为 double 型数据，然后计算出对应的圆面积，把计算结果转化为字符串放入文本框 txtS 中。

（6）保存。

在窗体和代码都设计完成后，应当保存文件，以防止调试或运行程序时发生死机等意外而造成数据丢失。保存文件可以选择"文件"→"保存"或"全部保存"命令，或者单击工具栏上的相应按钮实现。

（7）运行程序。

应用程序的前期设计和编码工作完成以后，下一步就是调试和运行程序了。运行程序的方法有 3 种：①选择"调试"→"启动调试"命令；②单击工具栏上的 ▶ 按钮；③按 F5 键。试运行后，出现如图 2-4 所示的界面。输入半径数据，单击"计算"按钮，运行结果如图 2-5 所示。在程序运行后，由于文本框 txtS 的 Enabled 属性为 False，它的外观会变成灰色，可以看到用户不能改变其中的文本。

图 2-4　运行界面　　　　图 2-5　输入半径，单击"计算"按钮的运行结果

典型项目二：简易计算器的实现

【项目任务】

编写一个简易计算器，具有简单的运算功能，能进行两个操作数的加、减、乘、除计算。

【学习目标】

初步掌握 Windows 窗体应用程序的基本结构和开发步骤。学会使用各种表达式和运算符，熟悉各种数据类型的使用；掌握不同数据类型之间进行类型转换的方法；熟练使用字符串类型。

【知识要点】

(1) 掌握数据类型转换的方法。
(2) 掌握 Label 控件的使用。
(3) 掌握 Button 控件的使用。
(4) 掌握 TextBox 控件的使用。
(5) 熟悉字符串的处理。

【实现步骤】

(1) 启动 Visual Studio 2010。
(2) 新建一个项目。

选择"文件"→"新建"→"项目"命令，弹出"新建项目"对话框。在该对话框中选择"Windows 窗体应用程序"，在"名称"文本框中修改项目名称为"简易计算器"，项目存放位置采用默认值，单击"确定"按钮。

(3) 设计界面。

① 单击"工具箱"，在弹出的"工具箱"窗口标题栏上右击，在快捷菜单中选择"停靠"命令，将"工具箱"停靠在窗体左侧，便于使用。

② 从"工具箱"中找到 TextBox 控件，将其拖动到窗体上或者直接双击该控件也可。相同的操作再在窗体上添加 16 个 Button 控件，并将这些控件调整到合适的位置，完成后的窗体如图 2-6 所示。

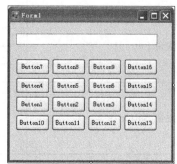

图 2-6 添加控件后的窗体界面

添加控件后，对窗体和各个控件的属性进行设置，如表 2-2 所示。

表 2-2 设置窗体和控件属性

对　　象	属　　性	属　性　值
窗体 Form1	Text	简易计算器
按钮 Button1～Button10	Name	Button1～Button9 分别对应 btn1～btn9 Button10 对应 btn0
	Text	Button1～Button9 分别对应 1～9 Button10 对应 0
	Size-width	35
	Size-height	30

续表

对　象	属　性	属　性　值
文本输入框 TextBox1	Name	txtDisplay
	Text	0
	TextAligh	Right
	ReadOnly	True
按钮 Button11	Name	btnCE
	Text	清0
	Size-width	35
	Size-height	30
按钮 Button12	Name	btnEqual
	Text	=
	Size-width	35
	Size-height	30
按钮 Button13	Name	btnDiv
	Text	/
	Size-width	35
	Size-height	30
按钮 Button14	Name	btnMul
	Text	*
	Size-width	35
	Size-height	30
按钮 Button15	Name	btnSub
	Text	－
	Size-width	35
	Size-height	30
按钮 Button16	Name	btnAdd
	Text	＋
	Size-width	35
	Size-height	30

文本框的 TextAligh 属性设置为 Right，是让它里面的数据右对齐。因为计算器的显示屏的数字都是右对齐的。

设置好属性值后的窗体如图 2-7 所示。

可以看到，窗体中的文本框变成了灰色，表明该文本框是只读的，在程序运行的过程中，用户不能改变其中的文本。

（4）编写代码。

完成窗体界面设计之后，接下来就要编写程序代码。首先定义几个需要用到的变量，在类的首部加入以下代码：

图 2-7　设置属性值后的窗体界面

```
private long n1, n2, result;//定义3个long型的变量,分别表示操作数1、操作数2、运算结果
private string op;         //定义一个string型的变量,表示运算符
bool startSecond = false;  //定义一个标志变量,用来判断输入的是否是第2个操作数的第一位
```

该代码的含义已写在代码注释里。

然后,单击"Form1.cs[设计]"选项卡,切换到界面设计窗口,再双击按钮 1 ,进入该按钮的 Click 事件 btn1_Click 中,编辑以下代码:

```csharp
private void btn1_Click(object sender, EventArgs e)
{
    if (txtDisplay.Text == "0" || startSecond == true) {
        txtDisplay.Text = "1";
        startSecond = false;
    }
    else
    {
        txtDisplay.Text += "1";
    }
}
```

该代码的含义是如果显示屏里是 0,或者是输入第 2 个操作数的第一个数字,那么这个时候单击按钮 1 ,显示屏显示"1",并把标志变量 startSecond 设置为 False,表示已经输入了第 2 个操作数的第一个数字,否则显示屏在原有数字后面追加"1"。

再单击"Form1.cs[设计]"选项卡,切换到界面设计窗口,再双击按钮 2 ,进入该按钮的 Click 事件 btn2_Click 中,编辑以下代码:

```csharp
private void btn2_Click(object sender, EventArgs e)
{
    if (txtDisplay.Text == "0" || startSecond == true)
    {
        txtDisplay.Text = "2";
        startSecond = false;
    }
    else
    {
        txtDisplay.Text += "2";
    }
}
```

该代码的含义是如果显示屏里是 0,或者是输入第 2 个操作数的第一个数字,那么这个时候单击按钮 2 ,显示屏显示"2",并把标志变量 startSecond 设置为 False,表示已经输入了第 2 个操作数的第一个数字,否则显示屏在原有数字后面追加"2"。

用同样的办法完成编辑按钮 3 、 4 、 5 、 6 、 7 、 8 、 9 、 0 的 Click 事件的代码,这里不再一一叙述。

再切换到界面设计窗口,双击按钮 清0 ,进入该按钮的 Click 事件中,编辑以下代码:

```csharp
private void btnCE_Click(object sender, EventArgs e)
{
    txtDisplay.Text = "0";
}
```

该代码的含义是清空显示屏的内容,重设为"0"。

再切换到界面设计窗口,双击按钮 + ,进入该按钮的 Click 事件中,编辑以下代码:

```csharp
private void btnAdd_Click(object sender, EventArgs e)
{
    op = "+";                              //设置运算符为"+"
    n1 = long.Parse(txtDisplay.Text);      //把显示屏里的数字从字符串型转化为long型,
                                           //并赋值给变量n1
    startSecond = true;                    //设置标志变量startSecond的值为True,表示接下
                                           //来就要输入第2个操作数的第一个数字了
}
```

该代码的含义见代码注释。

再切换到界面设计窗口,双击按钮 - ,进入该按钮的 Click 事件中,编辑以下代码:

```csharp
private void btnSub_Click(object sender, EventArgs e)
{
    op = "-";                              //设置运算符为"-"
    n1 = long.Parse(txtDisplay.Text);      //把显示屏里的数字从字符串型转化为long型,
                                           //并赋值给变量n1
    startSecond = true;                    //设置标志变量startSecond的值为True,表示接下
                                           //来就要输入第2个操作数的第一个数字了
}
```

该代码的含义见代码注释。

大家发现按钮 + 与按钮 - 的代码基本一致,请按照同样的方法完成按钮 *、/ 的 Click 事件的代码,这里不再一一叙述。

最后再切换到界面设计窗口,双击按钮 = ,进入该按钮的 Click 事件中,编辑以下代码:

```csharp
private void btnEqual_Click(object sender, EventArgs e)
{
    n2 = long.Parse(txtDisplay.Text);//把显示屏里的数字从字符串型转化为long型,
                                     //并赋值给变量n2
    if (op == "+")                   //如果运算符变量的内容是"+",则执行n1 + n2,
                                     //把结果赋值给变量result
    {
        result = n1 + n2;
    }
    else if (op == "-")              //如果运算符变量的内容是"-",则执行n1 - n2,把结果赋
                                     //值给变量result
    {
        result = n1 - n2;
    }
    else if (op == "*")
    {
        result = n1 * n2;
    }
    else if (op == "/")
    {
        result = n1 / n2;
    }
```

```
            txtDisplay.Text = result.ToString();   //把表示运算结果的变量 result 转化为字符串,
                                                   //并赋值给显示屏文本框 txtDisplay
        }
```

该代码的含义见代码注释。

到此为止,整个简易计算器的设计和代码编写工作就完成了。大家有兴趣的还可以自己动手去完善它的功能,以这个简易计算器为起点,去模仿制作功能更加强大的计算器软件,比如 Windows 系统自带的附件里的计算器。

(5) 保存。

在窗体和代码都设计完成后,应当保存文件,以防止调试或运行程序时发生死机等意外而造成数据丢失。保存文件可以选择"文件"→"保存"或"全部保存"命令,或者单击工具栏上的相应按钮实现。

(6) 运行程序。

应用程序的前期设计和编码工作完成以后,下一步就是调试和运行程序了。运行程序的方法有 3 种:①选择"调试"→"启动调试"命令;②单击工具栏上的 ▶ 按钮;③按 F5 键。试运行后,输入一些数据进行运算,如图 2-8 所示。

图 2-8　程序运行界面

2.2　必备知识

2.2.1　变量与常量

1. 常量

常量是指在程序运行过程中不能发生改变的量。常量包含符号常量、字符常量、字符串常量、数值常量和布尔常量等。

C#中,符号常量用 const 关键字来声明。定义格式如下:

```
const 数据类型 常量名 = 值表达式;
```

下面是一些正确的常量定义例子。符号常量一般用大写字符来定义,变量一般用小写字符来定义,这样使得二者容易区别。

```
const int B = 88;
const char C = 'h';
const double PI = 3.14159 ;
```

2. 变量

变量是指在程序运行过程中值可以改变的量。在使用变量之前,应先对变量进行定义。并且变量的命名有以下一些规则:

(1) 变量名只能由字母、数字和下划线组成,并且不能以数字开头。

(2) 不能跟 C#语言的关键字名称相同。

良好的编程习惯要求我们定义变量时,要见名知义,就是说定义的变量的名字能代表它自己代表的意义。打个比方，有个变量的名字叫 telephoneNum，一看就知道这个变量是代表电话号码。再反过来说，如果要求我们定义一个变量代表学生学号，那么给这个变量起名 studentId，就能很好地表达它自身的含义。

另外，变量名一般用小写字母开头，如果由两个以上单词组成，则第 2 个单词开始首字母大写，比如 homeAddress、studentName 等。

【例 2-1】 在使用变量之前，要先对变量进行定义。定义变量的形式如下：

```
int studentID;
string studentName;
double a;
char f;
int b,c,d;
```

第 1 行定义了一个整型的变量 studentID；
第 2 行定义了一个字符串型的变量 studentName；
第 3 行定义了一个双精度型的变量 a；
第 4 行定义了一个字符型变量 f；
第 5 行定义了 3 个整型变量 b、c、d。

注意：这里的 int、string、double、char 都是 C#语言数据类型，将在随后的 2.2.2 小节中详细介绍。

定义变量后，在程序运行中可以通过表达式来给变量赋值。比如：

```
studentID = 1001;
studentName = "张三";
a = 1.68;
f = 'A';
```

或者在变量定义的同时给它赋值，比如：

```
int studentID = 1001;
string studentName = "张三";
double a = 1.68;
char f = 'A';
```

2.2.2　C#语言的基本数据类型

C#语言的数据类型分为两种：值类型和引用类型。值类型包括简单值类型和复合型类型。简单值类型可以再细分为整数类型、字符型类型、实数类型和布尔类型；而复合类型则是简单类型的复合，包括结构(struct)类型和枚举(enum)类型。

1. 整数类型

不同的整数类型存储不同范围的数据，占用不用的内存空间，如表 2-3 所示。

表 2-3　整数类型

数据类型	说　明	取值范围	对应于 System 程序集中的结构
sbyte	有符号 8 位整数	−128～127	SByte
byte	无符号 8 位整数	0～255	Byte

续表

数据类型	说 明	取 值 范 围	对应于 System 程序集中的结构
short	有符号 16 位整数	$-32\,768 \sim 32\,767$	Int16
ushort	无符号 16 位整数	$0 \sim 65\,535$	UInt16
int	有符号 32 位整数	$-2\,147\,489\,648 \sim 2\,147\,483\,647$	Int32
uint	无符号 32 位整数	$0 \sim 42\,994\,967\,295$	UInt32
long	有符号 64 位整数	$-2^{63} \sim 2^{63}$	Int64
ulong	无符号 64 位整数	$0 \sim 2^{64}$	UInt64

【例 2-2】 下面是几个定义整型变量的例子:

```
int a = 10;
long b = 28;
byte c = 100;
byte d = 300;      //失败,因为 byte 的范围是 0~255
```

2. 字符类型

字符类型包括英文字母、数字字符、中文等。C♯中采用 Unicode 字符集来表示字符类型。Unicode 字符集是公认的国际标准,可以表示世界上的大多数语言。一个 Unicode 字符长度为 16 位即两个字节。

【例 2-3】 下面是几个定义字符变量的例子:

```
char c = 'A';
char d = '7';      // 这里的'7'不等同于数字 7,它是字符,不是数值
char b = 'a';
```

3. 实数类型

实数类型表示实数,主要用于带小数点的数据。实数类型又分为 3 种:单精度(float)、双精度(double)和十进制类型(decimal),如表 2-4 所示。

表 2-4 实数类型

数 据 类 型	说 明	取 值 范 围
float	32 位单精度实数	$1.5 \times 10^{-45} \sim 3.4 \times 10^{38}$
double	64 位双精度实数	$5.0 \times 10^{-324} \sim 1.7 \times 10^{308}$
decimal	128 位十进制实数	$1.0 \times 10^{-28} \sim 7.9 \times 10^{28}$

【例 2-4】 下面是几个定义实数型变量的例子:

```
float a = 1.23f;
float b = 7.74F;
double c = 33.22;
decimal d = 11.28m;
decimal g = 4.5M;
```

这里要注意的是,定义 float 型变量时,数字后面要加 f 或者 F;定义 decimal 型变量时,数字后面要加 m 或者 M。

4. 布尔(bool)类型

布尔型变量的值只能是 True 或者 False,即真或者假。布尔类型对应于.NET 类库中

的 System.Boolean 结构。它在计算机中占 4 个字节,即 32 位存储空间。

下面是几个定义 bool 型变量的例子:

```
bool c = true;
bool d = false;
```

5. 数据类型转换

在 C#语言中部分数据类型可以互相转换。类型转换有两种形式:隐式转换和显示转换。

数值的转换有一个原则,即从低精度类型到高精度类型通常可以进行隐式转换,比如 int 型转换为 long 型;而从高精度类型到低精度则必须进行显式转换,比如 long 型转换为 int 型,double 型转换为 long 型。

1) 隐式转换

隐式转换一般是低精度类型向高精度类型转化,能够保证值不发生变化。系统默认隐式转换不需要加以声明就可以进行转换。比如,表 2-5 所示都是安全的隐式转换。

表 2-5 隐式转换

类型(源类型)	可以安全转换为(目标类型)
sbyte	short、int、long、float、double 或 decimal
byte	short、ushort、int、uint、long、ulong、float double 或 decimal
short	int、long、float、double 或 decimal
ushort	int、uint、long、ulong、float、double 或 decimal
int	long、float、double 或 decimal
uint	long、ulong、float、double 或 decimal
long	float、double 或 decimal
ulong	float、double 或 decimal
char	ushort、int、uint、long、ulong、float、double 或 decimal
float	double

需要注意的是,不存在向 char 类型的隐式转换,因此其他整型的值不会自动转换为 char 类型。实数型也不能隐式地转化为 decimal 型。

【例 2-5】 下面是几个隐式转换的例子:

```
int i = 100;
long j = 1000;
float  k = 6.78F;
double m = 5.55;
j = i;      //成功,隐式转换,由低精度到高精度的转换,int 转换成 long
k = i;      // 成功,隐式转换,由低精度到高精度的转换,int 转换成 float
i = k;      //失败,float 型无法隐式转换成 int 型
m = k;      // 成功,隐式转换,由低精度到高精度的转换,float 转换成 double
k = m;      // 失败,double 型无法隐式转换成 float 型
```

2) 显式转换

显式转换就是强制转换,需要用户指定转换的类型。而且显式转换不能总是成功,有时候干脆转换不了,有时候转换成功了但会丢失部分信息。我们来看几个例子:

```
short i = 5;
double j = 3.14;
bool b = true;
int s = 123456;
i = (short)j;        //丢失小数点后面的数据,i=3
i = (short)b;        //不能转换,无法将bool类型显式转换成short型
i = (short)s;        //数据溢出,i=-7616
```

显式转换有几点要注意:

(1) 显式转换只在某些情况下是可行的。

(2) 看起来没有什么关系的类型是不能进行显式转换的。比如,bool型转换成int型是行不通的。

(3) 整型到整型、实数型到实数型的转换,要看它们有没有溢出,有溢出就会丢失部分信息。

3) 利用Convert类的各种方法进行显式转换。

微软的.NET Framework中,System.Convert类中提供了较为全面的各种类型、数值之间的转换功能。常用的类型转换方法如表2-6所示。

表2-6 常用的类型转换方法

方法名称	作用
Equals	确定两个Object实例是否相等
ToBoolean	将指定的值转换为等效的布尔值
ToByte	将指定的值转换为等效的8位无符号整数
ToChar	将指定的值转换为等效的Unicode字符
ToDateTime	将指定对象的值转换为DateTime对象。将日期和时间的指定字符串表示形式转换为等效的日期和时间值
ToDecimal	将指定的值转换为等效的十进制数
ToDouble	将指定的值转换为等效的双精度浮点数
ToInt16	将指定的值转换为等效的16位带符号整数
ToInt32	将指定的值转换为等效的32位带符号整数
ToInt64	将指定的值转换为等效的64位带符号整数
ToSByte	将指定的值转换为等效的8位带符号整数
ToSingle	将指定的值转换为等效的单精度浮点数
ToString	将指定的值转换为等效的字符串表示形式
ToUInt16	将指定的值转换为等效的16位无符号整数
ToUInt32	将指定的值转换为等效的32位无符号整数
ToUInt64	将指定的值转换为等效的64位无符号整数

【例2-6】 下面是一些利用Convert类的方法进行数据类型转换的例子:

```
int a = Convert.ToInt32("100");   //将字符串"100"转换为数字100,再赋值给int型变量a
DateTime dt = Convert.ToDateTime("2011-7-23 20:30:05");
        //将字符串"2011-7-23 20:30:05"转换为DataTime类对象,再赋值给DateTime型对象dt
string s = Convert.ToString(108);//将数字108转换为字符串"108",再赋值给stirng型变量s
bool b = Convert.ToBoolean(1);    //将数字1转换为bool型的值true,再赋值给bool型变量b
int c = Convert.ToInt32('A');     //将字符'A'转换为数字65(字符'A'的ASCII码是65),
                                  //再赋值给int型变量c
```

2.2.3 运算符和表达式

前面介绍了常量、变量和基本数据类型,接下来介绍如何处理它们。

表达式是按照一定规则,把运算对象(变量、常量)用运算符连接起来的代码式子。

1. 运算符

运算符又称为操作符,是数据间进行运算的符号。C#按操作数划分,可分为一元运算符、二元运算符和一个三元运算符。按运算类型划分,可分为算术运算符、关系运算符、条件运算符、赋值运算符、逻辑运算符等。C#运算符如表2-7所示。

表2-7 C#运算符

类别	运算符	描述说明	示例	结果
算术运算符	+	执行加法运算	8+2	10
	-	执行减法运算	7-5	2
	*	执行乘法运算	5*3	15
	/	执行除法运算取商	6/3	2
	%	获得除法运算的余数	11%3	2
	++	递增,操作数加1	i=3; j=i++;	运算后,i的值是4,j的值是3
			i=3; j=++i;	运算后,i的值是4,j的值是4
	--	递减,操作数减1	i=3; j=i--;	运算后,i的值是2,j的值是3
			i=3; j=--i;	运算后,i的值是2,j的值是2
关系运算符	>	检查一个数是否大于另一个数	5>3	True
	<	检查一个数是否小于另一个数	5<3	False
	>=	检查一个数是否大于等于另一个数	9>=6	True
	<=	检查一个数是否小于等于另一个数	9<=6	False
	==	检查两个数是否相等	"hello"=="hello"	True
	!=	检查两个数是否不等	2!=4	True
条件运算符	?:	检查给出的表达式是否为真。如果为真,则运算结果为操作数1,否则运算结果为操作数2	表达式? 操作数1; 操作数2 4>3? 8:5	8
赋值运算符	=	给变量赋值	int a,b;a=1;b=a;	运算后,b的值为1
	+=	操作数1与操作数2相加后赋值给操作数1	int a,b;a=2;b=3; b+=a;	b被赋予$b+a$的值,运算后,b的值为5
	-=	操作数1与操作数2相减后赋值给操作数1	int a,b;a=2;b=3; b-=a;	b被赋予$b-a$的值,运算后,b的值为1
	*=	操作数1与操作数2相乘后赋值给操作数1	int a,b;a=2;b=3; b*=a;	b被赋予$b*a$的值,运算后,b的值为6
	/=	操作数1与操作数2相除后赋值给操作数1	int a,b;a=2;b=6; b/=a;	b被赋予b/a的值,运算后,b的值为3
	%=	操作数1与操作数2相除取余后赋值给操作数1	int a,b;a=2;b=7; b%=a;	b被赋予$b\%a$的值,运算后,b的值为1

续表

类别	运算符	描述说明	示例	结果
逻辑运算符	&&	执行逻辑运算,检查两个表达式是否为真	int a=5; (a<10&&a>5)	False
	||	执行逻辑运算,检查两个表达式是否至少有一个为真	int a=5; (a<10 || a>5)	True
	!	执行逻辑运算,检查特定表达式取反后是否为真	bool result=true; ! result;	False

(1) C#算术运算符里有 5 个是二元运算符,包括+、-、*、/、%,需要两个操作数才能进行运算。另外还有两个一元运算符,分别是递增"++"、递减"--"。

(2) 求余运算符"%"用来获得除后剩下的余数,例如,11%4 的结果为 3。

(3) 递增"++"、递减"--"运算符分别让操作数自身加 1 和减 1。根据其在操作数的前后分别称为"前缀递增"(如++i)、"后缀递增"(如i++)、"前缀递减"(如--i)、"后缀递减"(如i--)。前缀递增是先进行+1,再运算,后缀递增是先运算,然后再+1。递减也是这样。看下面的例子:

```
int a;
int b;
int i = 3
int j = 20;;
a = i++;        //运行结果:a 的值为 3,i 的值为 4。因为 i++是后缀递增,所以先运算 a = i,
                //即 a = 3,然后 i 递增 1,i = 4
b = --j;        //运行结果:b 的值为 19,j 的值为 19。因为 --j 是前缀递减,所以先 j 递减 1,
                //即 j = 19,然后运算 b = j,即 b = 19
```

(4) 关系运算符、逻辑运算符实现"真"、"假"的判断,结果要么为"真",要么为"假"。

2. 运算符优先级

当表达式包含多个运算符时,运算符的优先级控制各运算符的计算顺序。例如,表达式 $x+y*z$ 按 $x+(y*z)$ 计算,因为 * 运算符具有的优先级比 + 运算符高。

当操作数出现在具有相同优先级的两个运算符之间时,运算符的顺序关联性控制运算的执行顺序:

除了赋值运算符外,所有的二元运算符都向左顺序关联,意思是从左向右执行运算。例如,$x+y+z$ 按 $(x+y)+z$ 计算。

赋值运算符和条件运算符(?:)向右顺序关联,意思是从右向左执行运算。例如,$x=y=z$ 按 $x=(y=z)$ 计算。

优先级和顺序关联性都可以用括号控制。例如,$x+y*z$ 先将 y 乘以 z 然后将结果与 x 相加,而 $(x+y)*z$ 先将 x 与 y 相加,然后再将结果乘以 z。

C#运算符的优先级如表 2-8 所示,优先级由高到低,向下排列。

表 2-8 运算符的优先级

优先级	类别	运算符
1	基本	x y $f(x)$ $a[x]$ $x++$ $x--$ new typeof checked unchecked
2	一元	$+$ $-$ $!$ $\sim$ $++x$ $--x$ $(T)x$
3	乘除	$*$ $/$ $\%$
4	加减	$+$ $-$
5	移位	$<<$ $>>$
6	关系运算、类型检测	$<$ $>$ $<=$ $>=$ is
7	相等	$==$ $!=$
8	位逻辑与	&
9	位逻辑异或	^
10	位逻辑或	|
11	条件与	&&
12	条件或	||
13	条件	?:
14	赋值	$=$ $*=$ $/=$ $\%=$ $+=$ $-=$ $<<=$ $>>=$ &= ^= |=

2.3 拓展知识

2.3.1 C#语言的复杂数据类型

1. 数组

数组是在程序设计中,为了处理方便,把具有相同类型的若干变量按有序的形式组织起来的一种形式。这些按序排列的同类数据元素的集合称为数组。比如,可以把一个公司的所有员工的工资额度定义成一个数组。

数组具有以下属性:

(1) 数组可以是一维、多维或交错的。

(2) 数值数组元素的默认值设置为零,而引用元素的默认值设置为 null。

(3) 数组的索引从 0 开始:具有 n 个元素的数组的索引是从 0 到 $n-1$。

(4) 数组元素可以是任何类型,包括对象类型、数组类型。

1) 一维数组的定义

一维数组是使用类型声明的,声明数组的语法格式如下(在类型后面加一对方括号,然后空格,加上数组名字):

```
类型[] 数组名字;
```

比如,声明一个拥有 6 个员工的公司的员工工资的数组 s:

```
int[] salary = new int[6]
```

此数组包含从 salary[0] 到 salary[5] 的元素。new 运算符用于创建数组并将数组元素初始化为它们的默认值。在此例中,所有数组元素都初始化为零。

一维数组还有其他的声明、定义、初始化方式,如下所示:

```
int[] a;         //仅仅声明一个 int 型数组 a,没有定义数组的长度
double[] b = new double[10];  // 声明一个大小为 10 的 double 型的数组 b
int[] salary = new int[6]{1300,1600,1500,1200,2000,1680};   //声明并初始化一个大小为 6 的
                                                             //int 型数组 salary
string[] weekday = new string[] { "Sun", "Mon", "Tue", "Wed", "Thu", "Fri", "Sat" };
//声明并初始化一个字符串数组 weekday,这里虽然没有显式的定义数组的大小,但系统会根据实际
//初始化的元素的个数来设置数组的大小。
float[] f = {3.4, 5.8, 1.1, 45.9}       //如果有初始化数据,new 关键字也可以省略掉
```

2) 一维数组的应用

对数组成员进行访问,是通过数组成员的下标来访问的,下标是一个整数,也可以是一个已赋值的整型变量、整型符号常量。对数组进行访问时,每次只能访问一个成员,不能对数组所有成员同时进行访问。例如:

```
int[] a = new int[5];      // 声明一个大小为 5 的 int 型的数组 b,成员下标 0 - 4
a[0] = 100;                //给数组第一个成员赋值,数组的首个成员的下标是 0
a[1] = 120;                //给数组第 1 个成员赋值
a[4] = 250;
a[2] = a[1] + 80;          //执行后,a[2] = 120 + 80 = 200
int i = 3;
a[i] = 800;                //执行后,a[3] = 800;
```

【例 2-7】 下面针对一维数组的应用来编写一个简单的控制台应用程序,对一个公司的员工薪资情况进行输入和显示。

```
namespace ConsoleApplication1
{
    class Program
    {
        static void Main(string[] args)
        {
            //声明并初始化一个大小为 4 的 int 型数组 salary,代表公司员工工资
            int[] salary = new int[4] { 1300, 1600, 1500, 1200 };

            //定义一个字符串数组,大小为 4,表示公司员工名字
            string[] emploree = new string[4];

            //对字符串数组成员进行赋值
            emploree[0] = "张三";
            emploree[1] = "李四";
            emploree[2] = "Jerry";
            emploree[3] = "Tom";
            Console.WriteLine("My company has {0} emplorees,their salaries are following:", emploree.Length);
            // Console.WriteLine("我公司有 {0} 个员工,他们薪资情况如下所示:", emploree.Length);
            //通过 for 循环访问 数组元素
            for (int i = 0; i < emploree.Length; i++)
            {
                Console.WriteLine(emploree[i] + " salary is " + salary[i]);
            }
```

```
            Console.ReadKey();
        }
    }
}
```

注意：上面代码中 emploree.Length 代表数组 emploree 拥有的成员个数，即数组的大小。

运行结果如图 2-9 所示。

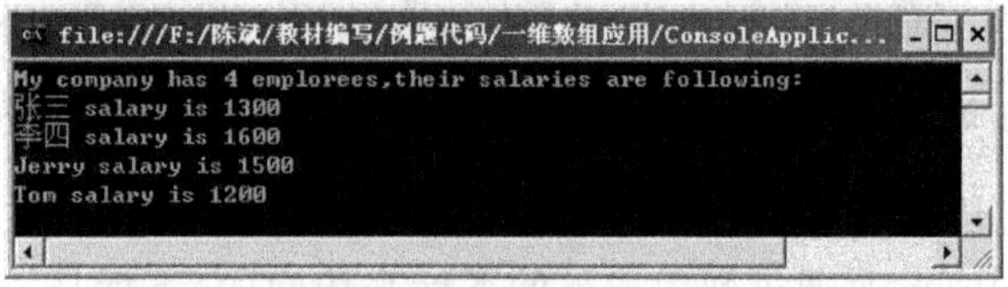

图 2-9 运行结果图

2．ArrayList 类的动态数组

System.Collections.ArrayList 是 C♯.NET 平台提供的动态数组类，实现了 ICollection 和 IList 接口。ArrayList 的容量是 ArrayList 可以保存的元素数。随着向 ArrayList 中添加元素，容量通过重新分配按需自动增加。可通过调用 TrimToSize 或通过显式设置 Capacity 属性减少容量。可使用一个整数索引访问此集合中的元素。此集合中的索引从零开始。

ArrayList 内部封装了一个 Object 类型的数组，所以它的元素都是某个类的对象。从一般意义来说，它和数组没有本质的差别，甚至于 ArrayList 的许多方法，如 Index、IndexOf、Contains、Sort 等都是在内部数组的基础上直接调用 Array 的对应方法。

优点：

（1）支持自动改变大小的功能。

（2）可以灵活地插入元素。

（3）可以灵活地删除元素。

（4）可以灵活地访问元素。

局限性：

跟一般的数组比起来，访问速度上差些。

ArrayList 常用的属性如表 2-9 所示。

表 2-9 常用属性

名称	说明
Capacity	获取或设置 ArrayList 可包含的元素数
Count	获取 ArrayList 中实际包含的元素数
IsFixedSize	获取一个值，该值指示 ArrayList 是否具有固定大小
IsReadOnly	获取一个值，该值指示 ArrayList 是否为只读
IsSynchronized	获取一个值，该值指示是否同步对 ArrayList 的访问（线程安全）
Item	获取或设置指定索引处的元素
SyncRoot	获取可用于同步对 ArrayList 的访问的对象

ArrayList 的常用方法如表 2-10 所示。

表 2-10 常用方法

名 称	说 明
Add(Object)	将对象添加到 ArrayList 的结尾处
Clear	从 ArrayList 中移除所有元素
Contains(Object)	确定某元素是否在 ArrayList 中
CopyTo(Array)	从目标数组的开头开始将整个 ArrayList 复制到兼容的一维 Array 中
CopyTo(Array, Int32)	从目标数组的指定索引处开始将整个 ArrayList 复制到兼容的一维 Array 中
Equals(Object)	确定指定的 Object 是否等于当前的 Object(继承自 Object)
IndexOf(Object)	搜索指定的 Object,并返回整个 ArrayList 中第一个匹配项的从零开始的索引
IndexOf(Object, Int32)	搜索指定的 Object,并返回 ArrayList 中从指定索引到最后一个元素的元素范围内第一个匹配项的从零开始的索引
Insert(Object)	将元素插入 ArrayList 的指定索引处
LastIndexOf(Object)	搜索指定的 Object,并返回整个 ArrayList 中最后一个匹配项的从零开始的索引
Remove(Object)	从 ArrayList 中移除特定对象的第一个匹配项
RemoveAt (Int32)	移除 ArrayList 的指定索引处的元素
Reverse	将整个 ArrayList 中元素的顺序反转
Sort	对整个 ArrayList 中的元素进行排序

【例 2-8】 ArrayList 的应用案例。

下面来看看如何使用 ArrayList,ArrayList 属于命名空间 System.Collections,所以使用该类之前,需要导入该命名空间。

```
using System.Collections;
static void Main(string[] args)
{
//声明定义一个动态数组对象 alist
ArrayList alist = new ArrayList();
//使用 Add()方法向动态数组里添加元素
alist.Add("HelloWord");
alist.Add(100);
alist.Add(3.14);
alist.Add("Good Luck");
//动态数组 alist 里有 4 个元素,alist[0]为字符串对象"HellWorld",alist[1]为整数对象 100,
//alist[2]为实数对象 3.14,alist[3]字符串对象为"Good Luck"
//Count 属性表明 ArrayList 中实际包含的元素数
Console.WriteLine("该动态数组包含 " + alist.Count + " 个元素");
Console.WriteLine(alist[0]);
Console.WriteLine(alist[1]);
Console.WriteLine(alist[2]);
Console.WriteLine(alist[3]);
//使用 IndexOf()方法向动态数组里寻找指定内容的元素,并获得第一个匹配项的索引号
int i = alist.IndexOf("Good Luck");
Console.WriteLine("内容为"GoodLuck"的元素索引号为: " + i);
```

```
//使用Remove()方法删除动态数组里的元素
alist.Remove("HelloWord");//删除内容为"HelloWord"的元素
Console.WriteLine("该动态数组包含 " + alist.Count + " 个元素");
Console.WriteLine(alist[0]);
Console.WriteLine(alist[1]);
Console.WriteLine(alist[2]);
//使用RemoveAt(int index)方法删除动态数组里索引号为index的元素
alist.RemoveAt(0);
//删除动态数组里索引号为0的元素100,因为原来的0号元素"HelloWord"已经被删除掉了,
//此时0号元素值为100
Console.WriteLine("该动态数组包含 " + alist.Count + " 个元素");
Console.WriteLine(alist[0]);
Console.WriteLine(alist[1]);
Console.ReadKey();
}
```

运行结果如图 2-10 所示。

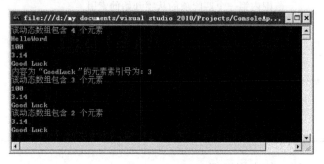

图 2-10 运行结果图

3. 二维数组

二维数组中每个元素带有两个下标。定义形式为：

类型说明符[,] 数组名[常量表达式1][常量表达式2];

```
type[ ] arrayName;
```

逻辑上,可把二维数组看成是一个矩阵,常量表达式 1 表示矩阵的行数,常量表达式 2 表示矩阵的列数。

从另外一个角度看,可以把二维数组看作是一种特殊的一维数组,它的元素又是一维数组。即二维数组是数组的数组。

```
//声明创建一个三行四列的二维数组a,并给其成员赋值
int[ , ] a = new int[3,4] { {1,2,3,4}, {11,12,15,9}, {20,30,5,6} };
int[ , ] b;      //声明一个二维数组b
b = new int[,] { {1,2,3,4}, {11,12,15,9}, {20,30,5,6} };   //对二维数组b进行初始化
```

对二维数组的成员访问需要通过它的两个下标进行。

```
b = new int[,] { {1,2,3,4}, {11,12,15,9}, {20,30,5,6} };      //对二维数组b进行初始化
Console.WriteLine(b[1,2]);   //屏幕显示结果：15。因为b[1,2]是第1行,第2列的成员,
                             //是15。注意:首行是第0行
b[1,3] = 100;                //运行结果.第1行第3列的成员的值原来是9,重新赋值为100
Console.WriteLine(b[1,3]);   //屏幕打印出b[1,3]的值100
```

4．字符串

string 类型表示一个字符序列(零个或更多 Unicode 字符)。string 是 .NET Framework 中 String 的别名。字符串是几乎在所有编程语言中可以实现的非常重要和有用的数据类型。在某些语言中它们可作为基本类型获得，在另外一些语言中可作为复合类型获得。

字符串变量的定义的语法格式如下(在类型后面加字符串变量名字)：

```
string 变量名称；
```

比如，声明一个名字为 master 的字符串变量，内容为"Steve Jobs"：

```
string master = "Steve Jobs";
```

或者另一种形式，仅声明，不赋值：

```
string master;
```

在编程过程中，有时候需要用到带反斜杠的字符串，比如文件的路径、URL 等，在定义这些字符串的时候，需要在反斜杠的前面再加一个反斜杠。

```
string fileUrl = "c:\\myproject\\login.cs"
    Console.WriteLine(fileUrl);
Console.ReadKey();
```

运行结果如图 2-11 所示。

字符串为 string 类型可写成另外一种形式，用 @ 引起来。原义字符串以 @ 开头并且也用双引号引起来。例如：

图 2-11 运行结果图

```
string master = @"Steve Jobs";
```

原义字符串的优势在于不处理转义序列，因此很容易写入，不需要再另外加反斜杠，例如，完全限定的文件名就是原义字符串：

```
string fileUrl =?@" c:\myproject\login.cs "?
```

等价于：

```
string fileUrl = " c:\\myproject\\login.cs "
```

1) 常用的属性

String 的常用属性如表 2-11 所示。

表 2-11 常用属性

名 称	说 明
Length	获取当前字符串对象中的字符数

2) 常用的方法

(1) 替换字符串：Replace 方法

如果想要替换掉一个字符串中的某些特定字符或者某个子串，可以使用 Replace 方法来实现，其形式为：

```
public string Replace(char oldChar, char newChar);
public string Replace(string oldValue, string oldValue,);
```

其中,参数 oldChar 和 oldValue 为待替换的字符和子串;而 newChar 和 newValue 为替换后的新字符和新子串。下例把"Jerry"通过替换变为"Steve":

```
string strOld = "Good Morning ,Jerry! Welcome to WenZhou,Jerry.";
string strNew = strOld.Replace("Jerry", "Steve");
Console.WriteLine(strNew);
```

【例 2-9】 利用 Replace 方法,在可视化编程环境中设计出一个类似 Word 里查找替换文字的功能,如图 2-12 所示。

图 2-12 查找替换文字

参考代码如下:

```
private void button1_Click(object sender, EventArgs e)
{
string strOld = textBox1.Text;        //定义变量 strOld 为要被替换的字符串
string strReplace = textBox2.Text;    //定义变量 strReplace 为替换后的字符串
string str = textBox3.Text;           //定义变量 str 为查找范围的字符串
//把替换后的结果,保存在文本框 3 的 text 属性中
textBox3.Text = str.Replace(strOld, strReplace);
}
```

(2) 判断是否包含指定子串: Contains 方法

想要判断一个字符串中是否包含某个子串,可以用 Contains 方法来实现:

```
public bool Contains (string value)
```

参数 value 为待判定的子串。如果包含,返回 True;否则返回 False。下面的代码判断"Hello"中是否包含两个子串:

```
String strA = "HelloWorld"
bool b = strA.Contains("or");      //b = true
bool b = strA.Contains("MM");      //b = false
```

(3) 定位字符和子串: IndexOf 方法

定位子串是指在一个字符串中寻找其中包含的子串或者某个字符。

IndexOf 方法用于搜索在一个字符串中某个特定的字符或者子串第一次出现的位置,

该方法区分大小写,并从字符串的首字符开始以 0 计数。如果字符串中不包含这个字符或子串,则返回-1。常用的形式如下所示:

```
int IndexOf(string value)
```

下面的代码在"Hello"中寻找字符'e'第一次出现的位置(索引号):

```
String s = "Hello";
int a = s.IndexOf('e'));    //a = 1
```

(4) 获得子串:Substring 方法

【例 2-10】 Substring(参数 1,参数 2)截取字串的一部分,参数 1 为左起始位数,参数 2 为截取几位。例如,string s1 = str.Substring(2,6);,参数 2 可以缺省,表示从参数 1 开始取到字符串末尾。应用案例如下所示:

```
string strA = "Don't make decisions when you're angry";
string strB = strA.Substring(1, 10);
string strC = strA.Substring(1);
Console.WriteLine(strB);    //结果显示: on't make
Console.WriteLine(strC);    //结果显示: on't make decisions when you're angry
Console.ReadKey();
```

(5) 更改大小写:ToUpper()、ToLower()方法

String 提供了方便转换字符串中所有字符大小写的方法 ToUpper 和 ToLower。这两个方法没有输入参数,使用也非常简单。

【例 2-11】 把"Shut Up"分别转换为小写形式和大写形式,应用案例如下所示:

```
string initStr = "Shut Up";
string smallStr = initStr.ToLower();
Console.WriteLine(smallStr);    //显示结果 : shut up
string bigStr = initStr.ToUpper();
Console.WriteLine(bigStr);      //显示结果:    SHUT UP
Console.ReadKey();
```

(6) 删除字符串:Remove 方法

string 类包含了删除一个字符串的方法,可以用 Remove 方法在任意位置删除任意长度的字符,也可以使用 Trim、TrimEnd、TrimStart 方法剪切掉字符串中的一些特定字符。

Remove 方法从一个字符串的指定位置开始,删除指定数量的字符。最常用的为:

```
public string Remove( int startIndex, int count);
```

其中,参数 startIndex 用于指定所要开始删除的位置,从 0 开始索引;count 指定所要删除的字符数量。下例中,把"GoodLuck"中的"ood"删掉:

```
string strA = " GoodLuck";
string newStr = "";
newStr = strA.Remove(1,3);
Console.WriteLine(newStr);
```

显示删除后的结果:

```
"GLuck"
```

(7) Trim、TrimStart、TrimEnd 方法

若想把一个字符串首尾处的一些特殊字符剪切掉，如去掉一个字符串首尾的空格等，可以使用 String 的 Trim 方法。其形式为：

```
public string Trim ();
public string Trim (params char[]trimChars);
```

其中，参数 trimChars 数组包含指定所要去掉的字符，如果缺省，则删除空格符号。下面是具体应用案例：

```
string sA = "   HelloWorld      ";   //该字符串前面有 3 个空格，后面有 6 个空格
string sB = sA.Trim();               //sB = "HelloWorld"，前面和后面的空格都被去除了
Console.WriteLine(sB);               //显示结果：HelloWorld
string sC = "～～～My name ～～is Jerry@@";
char[] strTrim = {'～','@'};         //指定需要去除的字符
string sD = sC.Trim(strTrim);        //头尾的 ～,@ 符号都被去除掉，中间的保留
Console.WriteLine(sD);               //显示结果：  My name ～～is Jerry
```

另外，同 Trim 类似，TrimStart 和 TrimEnd 分别剪切掉一个字符串开头和结尾处的特殊字符。

(8) 格式化字符串：Format 方法

Format 方法用于创建格式化的字符串及连接多个字符串对象。如果读者熟悉 C 语言中的 sprintf() 方法，可以了解二者有类似之处。Format 方法也有多个重载形式，最常用的为：

```
static string Format(string format, params object[] args);
```

其中，参数 format 用于指定返回字符串的格式；args 为一系列变量参数。格式说明如表 2-12 所示。可以通过下面的实例来掌握其使用方法。

表 2-12 Format 方法

字符	说 明	示 例	输 出
C	货币	string.Format("{0:C3}", 2)	￥2.000
D	十进制	string.Format("{0:D3}", 2)	002
E	科学记数法	1.20E+001	1.20E+001
G	常规	string.Format("{0:G}", 2)	2
N	用分号隔开的数字	string.Format("{0:N}", 250000)	250,000.00
X	十六进制	string.Format("{0:X000}", 12)	C

① 格式化货币（跟系统的环境有关，中文系统默认格式化人民币，英文系统默认格式化美元）。

string.Format("{0:C}",0.2) 结果为：￥0.20（英文操作系统结果：$0.20）

② 默认格式化小数点后面保留两位小数，如果需要保留一位或者更多，可以指定位数。

string.Format("{0:C1}",23.15) 结果为：￥23.2（截取会自动四舍五入）

③ 用分号隔开的数字,并指定小数点后的位数。
string.Format("{0:N}",14200) 结果为:14,200.00(默认为小数点后面两位)
string.Format("{0:N3}",14200.2458) 结果为:14,200.246(自动四舍五入)
④ 日期格式化。
string.Format("{0:F}",System.DateTime.Now) 结果为:2012 年 1 月 20 日 12:50:35
string.Format("{0:d}",System.DateTime.Now) 结果为:2012-1-20

(9) Join 方法

Join 方法利用一个字符数组和一个分隔符串构造新的字符串。它常常用于把多个字符串连接在一起,并用一个特殊的符号分隔开。Join 的常用形式为:

```
static string Join(string separator, string[ ]value);
```

其中,参数 separator 为指定的分隔符;values 用于指定所要连接的多个字符串数组,下例用"～"分隔符连起来。

```
string newStr = "";
string[ ] strArr = {"aaa","bbb","ccc"};
newStr = String.Join("～",strArr);
Console.WriteLine(newStr);     // 结果显示:aaa～bbb～ccc
```

(10) 拆分字符串:Split 方法

使用 Join 方法,可以利用一个分隔符把多个字符串连接起来。反过来,使用 Split 方法,可以把一个整串按照某个分隔字符或者字符串,拆分成一系列小的字符串。例如,把整串"aaa～bbb～ccc"按照字符"～"进行拆分,可以得到 3 个小的字符串:"aaa"、"bbb"和"ccc";

根据字符拆分的 Split 重载方法是:

```
public string[ ]Split(params char[ ]separator);
```

其中,参数 separator 表示数组包含分隔符。

【例 2-12】 以"～"为拆分字符,对字符串"aaa～bbb～ccc"进行拆分。

```
string newStr = "aaa～bbb～ccc ";
char separator = '～';
string[ ] splitStrings = new String[100];
splitStrings = newStr.Split(separator);
 int i = 0;
 while(i < splitStrings.Length)
{
Console.WriteLine(splitStrings[i]);
 i++;
}
```

输出结果为:

```
aaa
bbb
ccc
```

(11) 把字符串转化为字符数组：TocharArray 方法

有时候我们需要把字符串转化为字符数组，来进行某些数据处理。可以利用 TocharArray() 方法。

```
string strE = "Hello World";
char[] myChars = strE.ToCharArray();
```

字符串 strE 转化为字符数组 myChar[]。myChar[0]='H', myChar[1]='e', myChar[2]='l', myChar[3]='l', myChar[4]='o', myChar[5]=' ', myChar[6]='W', 以此类推。

(12) 其他

① + 运算符用于连接字符串：

```
string a = "ABCD" + "efg";
```

这将创建一个包含"ABCDefg"的字符串对象。

② [] 运算符可以用于对 string 的各个字符的只读访问。

```
string str = "test";
char x = str[2];    //执行后,x 的值为字符 's';
```

2.3.2 常用函数

在 C#.NET 的编程中，我们经常会用到一些所谓的工具类，大家要熟悉。

1. DateTime 时间类

DateTime 时间类的常用方法如表 2-13 所示。

表 2-13 DateTime 类

案 例	说 明
System.DateTime time = new System.DateTime (2012, 1, 30, 15, 20, 24)	构造一个时间对象,值为 2012 年 1 月 30 日 15 时 20 分 24 秒
System.DateTime currentTime=System.DateTime.Now;	获取当前年月日时分秒
int y=DateTime.Now.Year;	获取当前年
int m=DateTime.Now.Month;	获取当前月
int d=DateTime.Now.Day;	获取当前日
int t=DateTime.Now.Hour;	获取当前时
int m=DateTime.Now.Minute;	获取当前分
int s=DateTime.Now.Second;	获取当前秒
int ms=DateTime.Now.Millisecond;	获取当前毫秒
string strY=DateTime.Now.ToString("f");	获取中文日期显示年月日时分
string strYM=DateTime.Now.ToString("y");	获取中文日期显示年月
string strMD=DateTime.Now.ToString("m");	获取中文日期显示月日
string strYMD=DateTime.Now.ToString("D");	获取中文日期显示年月日
string strT=DateTime.Now.ToString("t");	获取当前时分,格式为：分：秒
string strT=DateTime.Now.ToString("s");	获取当前时间,格式为：2012-01-30T15：20：24

续表

案　例	说　明
string strT＝DateTime.Now.ToString("g");	获取当前时间,格式为：2012-01-30 15：20
string strT＝DateTime.Now.ToString("r");	获取当前时间,格式为：Mon, 30 Jan 2012 15：20：24 GMT
DateTime newDay ＝ DateTime.Now.AddDays(88);	获取当前时间 n 天后的日期时间

2. Math 数学类

Math 数学类是数学常用库函数类,它的常用方法如表 2-14 所示。

表 2-14　Math 类

名　称	说　明
Math.abs(decimal x)	计算 x 的绝对值
Math.acos(decimal x)	计算反余弦值,返回余弦值为 x 的角度,其中,$-1 \leqslant x \leqslant 1$
Math.asin(decimal x)	计算反正弦值,返回正弦值为 x 的角度,其中,$-1 \leqslant x \leqslant 1$
Math.atan (decimal x)	计算反正切值,返回正切值为 x 的角度
Math.atan2(decimal y,decimal x)	计算正切值为两个数字的商的角度
Math.ceil(decimal x)	将数字向上舍入为最接近的整数
Math.cos(decimal x)	计算余弦值,x 为以弧度为单位的角
Math.exp(decimal x)	计算指数值,返回 e 的 x 次幂
Math.floor (decimal x)	将数字向下舍入为最接近的整数
Math.log(decimal x,decimal y)	计算 x 以 y 为底数的对数
Math.max(decimal x,decimal y)	返回两个整数中较大的一个
Math.min(decimal x,decimal y)	返回两个整数中较小的一个
Math.pow(decimal x,decimal y)	计算 x 的 y 次幂
Math.random()	返回一个 0.0～1.0 之间的伪随机数
Math.round((decimal x)	四舍五入为最接近的整数
Math.sin(decimal x)	计算 x 的正弦值,x 为以弧度为单位的角
Math.sqrt(decimal x)	计算 x 的平方根
Math.tan(decimal x)	计算 x 的正切值,x 为以弧度为单位的角

3. Random 随机数类

Random 类是一个产生伪随机数字的类,它的构造函数有两种：一种是直接 New Random()；另一种是 New Random(Int32)。前者是根据触发那一刻的系统时间作为种子,来产生一个随机数字；后者可以自己设定触发的种子。

我们的计算机不能产生完全随机的数字。平时所说的随机数发生器其实都是通过一定的算法对事先选定的随机种子做某种运算,来模拟完全随机数,这种随机数被称作伪随机数。伪随机数是以相同的概率从一组有限的数字中选取的,并不具有完全的随机性,但是从现实使用的角度来说,随机程度已足够了。一般地,我们使用同系统时间有关的参数作为随机种子,这样做的好处是有很广泛的随机度,这也是 .NET 中的随机数发生器默认采用的方法。

以下代码产生一个 1～100 之间的随机数：

```
Random r = new Random();
int i = r.Next(1, 100);
```

2.4 本章小结

本章通过典型项目,主要讲解了C#的基础知识,介绍了常量、变量的定义,C#的基本数据类型,以及数据类型之间的转换方法;还介绍了各种运算符、表达式和它们的优先级别;另外还讲解了数组、字符串等复杂数据结构;详细介绍了字符串 string 的常用方法;最后还介绍了C#的常用函数。通过本章的学习,读者可以掌握C#语言的基础知识,掌握基本的编程能力,为深入学习C#编程打好基础。

本章的重点及难点:
(1) 掌握C#基本数据类型的互相转换。
(2) 掌握字符串 string 的各种处理和应用。
(3) 了解C#各种常用函数。

2.5 单元实训

实训目的:
(1) 掌握C#中各种基本数据类型变量的定义和使用。
(2) 掌握文本框和按钮控件的使用。
(3) 掌握字符串的使用。
(4) 熟悉各种表达式和运算符。
(5) 掌握常用函数,如数据类型转换(Convert)、格式化字符串(string.Format)、数学计算类(Math)、日期类(DateTime)的使用。
(6) 学会使用 MessageBox.Show()方法进行简单的程序调试。

实训参考学时:
2学时

实训内容:
任务描述:设计开发迷你理财工具软件。要求具备公积金贷款计算功能,可以根据输入的贷款数额、公积金贷款年利率、贷款年数,计算并显示出总还款数额、总利息、月还款数额;还要具备银行存款利息计算功能,可以根据输入的存款数额、起始时间、结束时间、存款月利率,计算并显示出可以获得多少利息。程序运行界面如图 2-13 所示。

分析与设计:
(1) 计算公积金贷款中的月还款的数学公式:
$$月还款 = D * Y/(1-(1+Y)-N)$$
其中,D 为贷款数额;Y 为贷款月利率(由年利率除以 12 得到);N 为贷款年数。
(2) 总还款 = 月还款 × 月数。
(3) 贷款总利息 = 总还款 − 贷款数额。

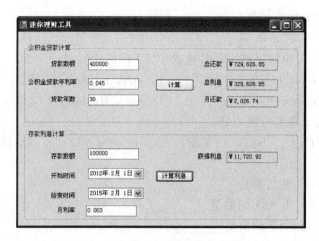

图 2-13　程序界面

(4) 存款利息 $=C\times((1+Y)M-1)$,其中,C 为存款数额;Y 为存款月利率;M 为存款月数。

实训难点提示:

(1) Form 窗体的标题设置可以通过修改其 text 属性值实现。

(2) C♯中通过 MessageBox.Show()方法显示消息框,MessageBox.Show()语句最简单的形式如下:MessageBox.Show(需要显示的变量名称);。

(3) 结果输出的几个文本框控件的 ReadOnly 属性要设置成 True,使得不能修改控件的值。

(4) 计算类似 x^y 这样的数学问题时可以用数学计算工具类 Math 的 Math.Pow(double x,double y)方法。

(5) 当赋值号两边的变量不能转化时,需要用 Convert 工具类的适合的转化方法进行转化,使得两边一致。

(6) 计算结果要求以人民币格式显示,需要用到 string.Format 方法,人民币格式使用方式是 string.Format("{0:C}", arg),其中,arg 为要显示的变量名称。

(7) 开始时间、结束时间使用的是 DateTimePicker 控件,不是一般的下拉框。两个时间控件的差值可以用下面这个方式来计算:TimeSpan ts = dateTimePicker2.Value－dateTimePicker1.Value。然后通过 ts.TotalDays 换算出多少天。

实训报告:

(1) 简述迷你理财工具软件的主要开发步骤。

(2) 简述主要后台代码及其功能含义。

习题 2

一、选择题

1. 以下变量命名正确的是(　　)。

　　A. 7str　　　　　　B. int　　　　　　C. _stu_id　　　　　　D. integer

2. 表达式"100"＋"88"＝(　　)。

　　A. 88100　　　　　B. 188　　　　　　C. 100 88　　　　　　D. 10088

3. Math.Sqrt(9)的结果是(　　)。
   A. 9　　　　　B. 3　　　　　C. 09　　　　　D. 9.0
4. 把字符串 strA 中的字符'f'都替换成'F',正确的代码是(　　)。
   A. string.replace('f','F');　　　B. strA.replace('f','F');
   C. strA.Replace('f','F');　　　D. strA.Replace('F','f');
5. 下列转换属于隐式转换的是(　　)。
   A. int i='f';　　B. int j=20F　　C. int a=100L　　D. char c="H";

二、计算题

1. 表达式 100％3 的结果是_____。
2. 表达式 a=5＊(b=3) 的值是_____。
3. 表达式 5＞8‖8＞5 的值是_____。
4. 表达式 18.9％2.4 的结果是_____。
5. 表达式'a'＊'6'的结果是_____。

三、编程题

1. 开发一个 Windows 窗体应用程序,实现以下功能:在一段给定的字符串中,查找出指定字母的位置。比如,在字符串 abcdefg 中查找出字符'c'的位置是 2。

2. 开发一个 Windows 窗体应用程序,实现以下功能:输入两个数,计算并显示出这两个数的最大值。

3. 开发一个 Windows 窗体应用程序,实现以下功能:输入摄氏温度,输出对应的华氏温度值。

摄氏温度和华氏温度的转化公式如下:$5(t°F-50)=9(t°C-10°C)$,t°F——华氏温度,t°C——摄氏温度。

4. 开发一个 Windows 窗体应用程序,实现以下功能:输入一个字符,判断输入的是数字还是字母。如果输入的是字母,则显示"您输入的是字母×,其 ASCII 码是××";如果输入的是数字,则显示"您输入的是数字×,其 ASCII 码是××"。如果二者都不是,则显示"输入的是既非数字也非字母!"。

第 3 章

C#流程控制

本章学习目标
(1) 熟练掌握单分支选择结构程序设计。
(2) 熟练掌握多分支选择结构程序设计。
(3) 熟练掌握循环结构程序设计。
(4) 掌握多重循环结构程序设计。
(5) 掌握 Visual C# 中的异常处理机制。
(6) 学会利用分支、循环结构编程解决实际问题。

3.1 典型项目及分析

典型项目一：算术练习器

【项目任务】

设计一个 Windows 窗体应用程序，能够帮助小学生判断加法结果正确与否。程序启动后的界面如图 3-1 所示。单击"出题"按钮，显示一道随机的加法题的运算结果（操作数为 1~99，包括 1 与 99），这时"出题"按钮不可用，"正确"与"错误"单选按钮可用，如图 3-2 所示。用户单击"正确"或"错误"单选按钮，在标签框输出判断的正确性，这时单选按钮不可用，"出题"按钮可用，如图 3-3 所示。再次单击"出题"按钮，给出新的加法题及运算结果，并清除标签框中的信息。

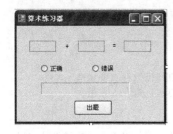

图 3-1 程序初始界面

图 3-2 出题

图 3-3 判断

【学习目标】

通过本项目的学习，进一步熟悉 Windows 窗体应用程序的设计方法与技巧，熟练掌握选择结构程序设计的基本方法,理解单分支选择结构和多分支选择结构的实现过程和方法,从而掌握 if…else 语句和 switch 语句的语法格式和使用技巧。

【知识要点】

(1) Windows 窗体应用程序的设计方法。

(2) 常用控件的属性设置。

(3) if…else 语句实现双分支选择结构。

(4) switch 语句实现多分支选择结构。

(5) 控件的非默认事件过程的添加方法。

【实现步骤】

(1) 程序设计界面。

创建一个 Windows 窗体应用程序(项目),添加 3 个标签控件(Label1、Label2 和 Label3)、3 个文本框控件(textBox1、textBox2 和 textBox3)、两个单选按钮控件(radioButton1、radioButton2)、一个按钮控件(Button1),适当调整各个控件的大小及布局,如图 3-4 所示。

(2) 设计窗体及控件属性。

设置 textBox1 的 Name 属性为 txtA;设置 textBox2 的 Name 属性为 txtB;设置 textBox3 的 Name 属性为 txtC;设置 3 个文本框的 ReadOnly 属性为 True;设置 radioButton1 的 Name 属性为 radRight,Enable 属性为 false;设置 radioButton2 的 Name 属性为 radError,Enable 属性为 False;设置 Label3 的 Name 属性为 lblInfo,AutoSize 属性为 False,BorderStyle 属性为 Fixed3D,再次调整控件的布局及大小。

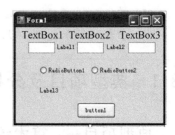

图 3-4 算术练习器设计界面

(3) 设计代码。

双击"出题"按钮或者按 F7 键,进入代码编辑窗口,添加"出题"按钮的单击事件代码如下:

```csharp
private void button1_Click(object sender, EventArgs e)
{
    lblInfo.Text = "";                    //清空标签框
    button1.Enabled = false;              //"出题"按钮不可用
    radError.Enabled = true;
    radRight.Enabled = true;              //单选按钮可用
    Random rm = new Random();             //声明一个随机对象
    int a, b, c;
    a = rm.Next(1, 100);                  //生成一个 1~99 的随机数存入变量 a
    b = rm.Next(1, 100);                  //生成一个 1~99 的随机数存入变量 b
    txtA.Text = a.ToString();
    txtB.Text = b.ToString();
    switch (rm.Next(0, 3))                //产生一个 0~2 的随机数,以决定加法结果的正误
    {
        //产生正确或错误的加法结果,并将结果输出到文本框 txtC 中
        case 0:
```

```
                c = a + b; txtC.Text = c.ToString(); break;           //正确结果
            case 1:
                c = a + b + rm.Next(1, 10); txtC.Text = c.ToString(); break;    //错误结果
            case 2:
                c = a + b - rm.Next(1, 10); txtC.Text = c.ToString(); break;    //错误结果
        }
    }
```

添加"正确"单选按钮的 Click 事件过程（注意，不是默认的 CheckedChanged 事件）代码。添加的方法如下：在"设计"视图中选中"正确"单选按钮，在"属性"窗口中单击"事件"按钮，如图 3-5 所示。在"事件"窗口中双击 Click，即可添加"正确"按钮的 Click 事件代码如下：

```
private void radRight_Click(object sender, EventArgs e)
{
    if (radRight.Checked)   //如果"正确"按钮处于被选中状态
        if (int.Parse(txtA.Text) + int.Parse(txtB.Text) ==
        int.Parse(txtC.Text))
                    lblInfo.Text = "判断正确";
        else
                    lblInfo.Text = "判断错误";
    button1.Enabled = true;   //"出题"按钮可用
    radRight.Enabled = false;
    radError.Enabled = false;
}
```

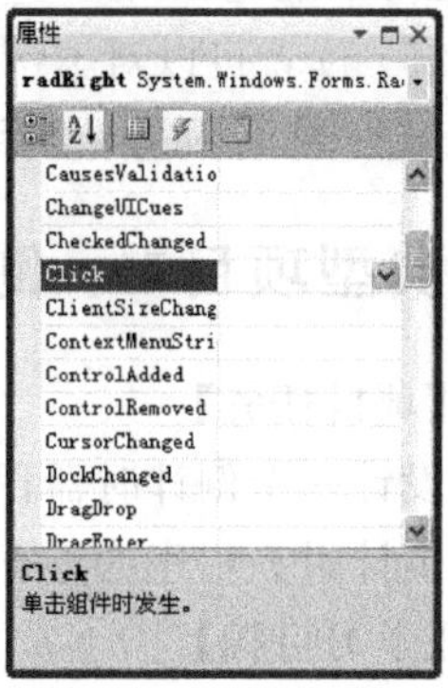

图 3-5　单选按钮的事件窗口

添加"错误"按钮的 Click 事件代码如下：

```
private void radError_Click(object sender, EventArgs e)
{
    if (radError.Checked)   //如果"错误"按钮处于被选中状态
        if (int.Parse(txtA.Text) + int.Parse(txtB.Text) != int.Parse(txtC.Text))
                    lblInfo.Text = "判断正确";
        else
                    lblInfo.Text = "判断错误";
    button1.Enabled = true;   //"出题"按钮可用
    radRight.Enabled = false;
    radError.Enabled = false;
}
```

（4）执行程序。

按 F5 键或单击工具栏上的"启动调试"按钮，程序开始运行，结果如图 3-2、图 3-3 所示。

说明：

（1）由于程序运行时需要随机生成算术表达式，因此两个加数需要通过随机数发生器自动生成。C#中提供了 Random 对象，使用时首先要声明一个随机对象，然后利用随机对象的 Next 方法产生一个指定范围的随机数。Next 方法的用法如下：

随机对象.Next(下界,上界)

它能产生一个大于等于下界，小于上界的一个随机数。

（2）由于需要程序自动生成正确或错误的加法结果，因此程序首先利用随机数生成器

产生一个0～2的随机数,利用switch语句,根据随机数的不同,在文本框txtC中产生不同的计算结果,供用户判断正误。3个加法结果中,一个是正确的,另外两个分别在正确结果的基础上加上或减去1～9之间的随机数。

(3) 控件的事件过程是当触发相应事件时执行的代码,例如,按钮控件的单击事件"Button1_Click"是当单击按钮时触发。如果是控件的默认事件,在"设计"视图中双击该控件即可直接进入该事件的代码编写状态。如果不是控件的默认事件,则需要在"属性"窗口中切换到"方法"窗口,在其中选择相应的事件进行双击。注意,所有的事件过程的头部不要自己在"代码"视图中输入,而应该让系统自动生成,否则无法与控件进行自动绑定。

(4) 本例中,程序中各个控件的属性设置是直接在"设计"视图中通过"属性"窗口进行的,也可以通过在"Form_Load"事件过程中编写代码进行。

(5) 读者可以对本例的"算术练习器"进行改进,使其不仅能够进行加法的练习,也可以进行减法、乘法和除法的练习。

典型项目二:倒计时器

【项目任务】

设计一个倒计时器程序,用户在"倒计时"文本框中输入倒计时的分钟数,按Enter键,开始倒计时。程序的运行结果如图3-6所示。

【学习目标】

通过本项目的学习,进一步熟悉Windows窗体应用程序的设计方法与技巧,熟练掌握选择结构程序设计的基本方法,理解单分支选择结构和多分支选择结构的实现过程和方法,从而掌握if…else语句和switch语句的语法格式和使用技巧。

图3-6 倒计时器运行结果

【知识要点】

(1) Windows窗体应用程序的设计方法。

(2) 计时器(Timer)控件的属性和方法。

(3) 类变量的声明。

(4) 键盘事件(KeyPress)的用法。

(5) 系统日期时间值的获取。

【实现步骤】

(1) 程序设计界面。

新建一个Windows窗体应用程序,向窗体中添加5个标签控件(Label1～Label5)、3个文本框控件(TextBox1～TextBox3)、一个按钮控件(Button1),适当调整各个控件的大小及位置。添加两个计时器控件(Timer1、Timer2),这两个控件将显示在"设计"视图的组件栏中,如图3-7所示。

(2) 设计窗体及控件属性。

窗体与控件的Text属性如图3-8所示。设置Label4的AutoSize属性为False,BorderStyle属性为Fixed3D,根据表3-1所示设置各个控件的Name属性。

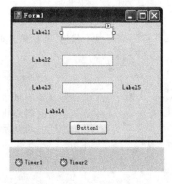 

图 3-7 倒计时器设计界面　　　　　图 3-8 计时器初始界面

表 3-1 各控件的 Name 属性设置

控件原 Name 属性值	设置的 Name 属性值	说　明
Label1	lblTimeStart	对应"开始时间"标签标题
Label2	lblTimeEnd	对应"结束时间"标签标题
Label4	lblRemainder	对应设计时标题为空的标签
TextBox1	txtTimeStart	显示当前时间及倒计时开始时间的文本框
TextBox2	txtTimeEnd	显示倒计时期间的时间
TextBox3	txtNumber	输入倒计时分钟数
Button1	btnReset	单击该按钮恢复初始状态

将 txtTimeStart 和 txtTimeEnd 两个文本框的 ReadOnly(只读)属性设置为 True。

设置两个计时器的 Interval 属性值为 1000,即 1 秒激发一次。

(3) 设计代码。

按 F7 键,进入代码编辑窗口,首先在类定义开始处声明必须的变量字段如下:

```
public partial class Form1 : Form
{
    uint reminder;      //保存倒计时的剩余总秒数
    uint minute;        //保存倒计时剩余分钟数
    uint second;        //保存倒计时剩余秒数
    string msg;         //保存倒计时总信息
    …
}
```

返回"设计"视图,保证窗体处于选中状态,单击属性窗口的"事件"按钮,在事件列表中找到 Activated 事件,如图 3-9 所示。

双击该事件,添加代码以保证窗口被激活时 txtNumber 控件获得焦点代码如下:

```
private void Form1_Activated(object sender, EventArgs e)
{
    txtNumber.Focus();   //输入文本框获焦点
}
```

同样的方法,选中 txtNumber(textBox3)控件,在如图 3-10 所示的事件窗口中双击 KeyPress,为控件 txtNumber 添加 KeyPress(键盘事件)代码如下:

```
private void txtNumber_KeyPress(object sender, KeyPressEventArgs e)
{
    if (e.KeyChar == '\r')                //按"Enter"键则执行以下代码,开始倒计时
    {
        if (txtNumber.Text =="")
            return;
        reminder = Convert.ToUInt32(txtNumber.Text) * 60;   //将分钟换算为秒
        timer2.Enabled = false;                             //第2个计时器终止工作
        timer1.Enabled = true;                              //第1个计时器开始工作
        lblTimeEnd.Visible = true;
        txtTimeEnd.Visible = true;
        lblTimeStart.Text = "开始时间:";
    }
}
```

图 3-9　窗体的事件窗口　　　　　　图 3-10　文本框的事件窗口

双击 Timer2 控件,添加 Timer2 控件的默认事件(Tick 事件)代码如下:

```
private void timer2_Tick(object sender, EventArgs e)
{
    //在 txtTimeStart 文本框中显示时间
    txtTimeStart.Text  = DateTime.Now.Hour.ToString() + ":";
    txtTimeStart.Text += DateTime.Now.Minute.ToString() + ":";
    txtTimeStart.Text += DateTime.Now.Second.ToString();
}
```

双击 Timer1 控件,添加 Timer1 控件的默认事件(Tick 事件)代码如下:

```
private void timer1_Tick(object sender, EventArgs e)
{
    //在 txtTimeEnd 文本框中显示时间
    txtTimeEnd.Text  = DateTime.Now.Hour.ToString() + ":";
    txtTimeEnd.Text += DateTime.Now.Minute.ToString() + ":";
    txtTimeEnd.Text += DateTime.Now.Second.ToString();
    reminder--;                        //总秒数减1
    minute = reminder / 60;            //求出总秒数折合的分钟数
    second = reminder % 60;            //折合分钟后剩余的秒数
    if (second < 10)                   //剩余的秒数不足10,则添加前导0
            msg = "剩余时间:" + minute + "分 0" + second + "秒";
    else
```

```
            msg = "剩余时间:" + minute + "分" + second + "秒";
    lblRemainder.Text = msg;
    if (reminder == 0)
    {
        timer1.Enabled = false;              //倒计时时间到,Timer1 停止工作
        lblRemainder.Text += "--时间到!";     //显示"时间到"信息
    }
}
```

双击"重新开始"按钮,添加其单击事件代码如下:

```
private void btnReset_Click(object sender, EventArgs e)
{
    lblRemainder.Text = "";         //清空 lblRemainder 标签
    txtNumber.Text = "";            //清空输入文本框
    txtNumber.Focus();              //输入文本框获得焦点
    timer2.Enabled = true;          //计时器 2 开始工作
    lblTimeEnd.Visible = false;     //隐藏 lblTimeEnd 控件
    txtTimeEnd.Visible = false;     //隐藏 txtTimeEnd 控件
}
```

(4) 执行程序。

按 F5 键或单击工具栏上的"启动调试"按钮,程序开始运行,在"倒计时"文本框中输入倒计时分钟数(例如 1),运行结果如图 3-6 所示,倒计时结束后的界面如图 3-11 所示。

说明:

(1) 本例的流程控制并不复杂,仅用到 if…else 的双分支选择结构。程序的难点在于使用了多个事件过程,如窗体的 Activated 事件过程、文本框控件的 KeyPress 事件过程、计时器控件的 Tick 事件过程和按钮控件的 Click 事件过程。读者要注意,控件的默认事件过程和非默认事件过程的添加方法是不同的。

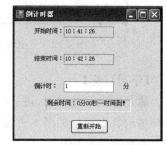

图 3-11 倒计时器运行结束后的界面

(2) 程序使用 DateTime 类用于获取系统日期和时间。DateTime.Now 属性用于获取当前系统的日期和时间,对于 DateTime.Now,可以通过 Hour、Minute、Second 属性分别获取当前时间的小时、分钟和秒数。如果要获取当前日期的年、月、日,可使用 Year、Month 和 Day 属性,读者可以自行试用。

(3) 本例中声明并使用了类变量,类变量是指直接声明在类中的变量,而不是在事件过程或方法中声明的变量,因此其使用范围为整个类,即在类中所有的事件过程均可访问类变量。当某个变量在多个事件过程中均需要访问时,则需要将其声明为类变量。

(4) 定时器控件 Timer 是用于在程序运行时计时的控件,在程序运行时是不可见的,所以将其添加到窗体后,会显示在窗体设计器下方的组件窗格中。Timer 控件的常用属性、方法和事件如表 3-2 所示。

在定时器控件的 Tick 事件中设计的程序代码,会在该事件不断被触发的过程中重复执行,因此,定时器是具有循环功能的控件。

表 3-2　Timer 控件的属性、方法和事件

成　员	名　称	说　明
属性	Enabled	该属性为 true 时,定时器开始工作；为 False 时暂停
	Interval	该属性用来设置定时器触发的周期(以毫秒计)
方法	Start	启动 Timer 控件,相当于将 Enabled 属性设置为 True
	Stop	停止 Timer 控件,相当于将 Enabled 属性设置为 False
事件	Tick	定时器开始工作时由系统触发的事件,用户无法直接触发该事件

典型项目三：图形输出

【项目任务】

设计一个 Windows 窗体应用程序,根据用户的要求,分别输出如图 3-12、图 3-13 所示的三角形和平行四边形图案(各个图案最大的边由 17 个"＊"构成)。

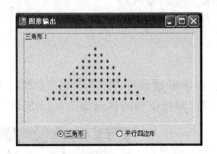
图 3-12　三角形图案

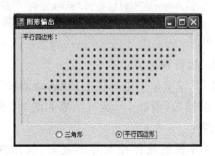
图 3-13　平行四边形图案

【学习目标】

通过本项目的学习,进一步熟悉 Windows 窗体应用程序的设计方法与技巧,熟练掌握循环结构程序设计的基本方法,理解 for 循环和 while 循环的实现过程和方法,学会用循环嵌套来处理重复操作。

【知识要点】

(1) for 循环基本结构。

(2) 循环的嵌套。

(3) 分支结构和循环结构的配合。

(4) 单选按钮的事件过程。

(5) 输出格式的控制。

【实现步骤】

(1) 程序设计界面。

新建一个 Windows 窗体应用程序,向窗体中添加一个标签控件(Label1)、两个单选按钮控件(RadioButton1、RadioButton2),适当调整控件的大小及布局,如图 3-14 所示。

(2) 设计窗体及控件属性。

窗体与控件的 Text 属性如图 3-15 所示。设置 RadioButton1 的 Name 属性为 radTriangle；设置 RadioButton2 的 Name 属性为 radParall；设置 Label1 的 Name 属性为

lblOut,AutoSize 属性为 False,BorderStyle 属性为 Fixed3D,再次调整控件的大小与布局。

图 3-14　图形输出程序设计界面　　　　图 3-15　图形输出程序初始界面

(3) 设计代码。

在"设计"视图中双击"三角形"单选按钮,添加"三角形"单选按钮的 CheckedChanged 事件代码如下:

```csharp
private void radTriangle_CheckedChanged(object sender, EventArgs e)
{
    if (radTriangle.Checked)                    //如果"三角形"按钮被选中,则输出三角形
    {
        lblOut.Text = "三角形:\n\n";
        for (int i = 1; i <= 17; i += 2)        //外循环控制输出的行数
        {
            for (int j = 1; j < 25 - i; j++)    //内循环1,用于输出空格
                lblOut.Text += " ";
            for (int k = 1; k <= i; k++)        //内循环2,用于输出组成图形的符号
                lblOut.Text += " * ";
            lblOut.Text += "\n";                //换行,以准备下一行的输出
        }
    }
}
```

同样的方法,添加"平行四边形"单选按钮的 CheckedChanged 事件代码如下:

```csharp
private void radParall_CheckedChanged(object sender, EventArgs e)
{
    if (radParall.Checked)                      //如果"平行四边形"按钮被选中,则输出平行四边形
    {
        lblOut.Text = "平行四边形:\n\n";
        for (int i = 1; i <= 17; i += 2)        //外循环控制输出的行数
        {
            for (int j = 1; j < 21 - i; j++)    //内循环1,用于输出空格
                lblOut.Text += " ";
            for (int k = 1; k <= 17; k++)       //内循环2,用于输出组成图形的符号
                lblOut.Text += " * ";
            lblOut.Text += "\n";                //换行,以准备下一行的输出
        }
    }
}
```

(4) 执行程序。

按 F5 键或单击工具栏上的"启动调试"按钮,程序开始运行,单击"三角形"单选按钮,

运行结果如图 3-12 所示,单击"平行四边形"单选按钮,运行结果如图 3-13 所示。

说明：

(1) 本项目是一个典型的循环嵌套结构的程序设计,通过两重 for 循环的嵌套,实现屏幕输出的控制。对于循环次数已知的情况,采用 for 循环更为方便；对于循环次数未知的情况,则采用 while 循环更方便。本项目的输出行数及每行上输出的符号数已知,因此采用 for 循环进行处理。

(2) 本项目没有像其他程序一样设计命令按钮,而是直接将代码写在单选按钮的 CheckedChanged 事件过程中,只要改变了单选按钮的选择状态即会触发该事件。因此,在事件过程代码的第一行,通过 if 语句判断该按钮是否被选中。

(3) 图形输出在 Label 控件中,虽然从屏幕显示上只能看到有效的输出符号"*",但一定要注意"空格"也是输出的有效符号。因此,在外层循环中设计了两个内层循环,一个首先用于控制该行上的空格输出,另一个用于控制该行上的图形符号"*"的输出。

(4) 本项目设计实现了三角形和平行四边形的图案输出,读者可在本项目的基础上,设计菱形和梯形图案的输出。菱形图案实际上相当于两个三角形图案,一个是正放的三角形,另一个是倒放的三角形。梯形图案实际上相当于砍掉上面若干行的三角形。这两种图形的输出代码请读者自行实现。

典型项目四：歌德巴赫猜想

【项目任务】

数学上经常有一些猜想,这些问题的严格数字证明是很烦琐的,但是用计算机却能轻松地进行验证,举出反例,从而排除一些似是而非的错误猜想。即使用计算机无法证明正确的猜想,也能够在一定的范围内保证这些猜想的正确性,并且由于计算机的处理能力越来越强,这些范围趋向于无穷。请设计一个 Windows 窗体应用程序,验证 2000 以内的正偶数都能够被分解成两个素数之和,即验证歌德巴赫猜想在 2000 范围内的正确性。

【学习目标】

通过本项目的学习,进一步熟悉 Windows 窗体应用程序的设计方法与技巧,熟练掌握循环结构程序设计的基本方法,理解 for 循环和 while 循环的实现过程和方法,学会用循环嵌套来处理重复操作。

【知识要点】

(1) for 循环基本结构。

(2) 循环的嵌套。

(3) 分支结构和循环结构的配合。

(4) 跳转语句。

(5) 自定义方法的使用。

(6) 列表框控件的用法。

【实现步骤】

(1) 程序设计界面。

新建一个 Windows 窗体应用程序,向窗体中添加一个列表框控件(ListBox1)、一个命令按钮控件(Button1),适当调整控件的大小及布局。

(2) 设计窗体及控件属性。

窗体与控件的 Text 属性如图 3-16 所示。设置 ListBox1 控件的 Name 属性为 ListOut,调整控件的大小与布局。

(3) 设计代码。

按 F7 键或单击"视图"菜单下的"代码",进入代码设计界面。

图 3-16　歌德巴赫猜想程序初始界面

自定义一个判断素数的方法 judge(),根据传入的参数 n,返回 n 是否为素数的返回结果,代码如下:

```
private bool judge(int n)            //自定义的判断素数的方法
{
    int i;
    for(i = 2;i < = (n - 1)/2;i++)
    {
        if(n % i == 0)
            return false;    //n 不是素数
    }
    return true;             //n 是素数
}
```

在"设计"视图中双击"验证输出结果"按钮,添加"验证输出结果"按钮的单击事件代码如下:

```
private void button1_Click(object sender, EventArgs e)
{
    int i, n;
    listOut.Items.Clear();            //清空列表框控件
    for (i = 4; i <= 2000; i += 2)    //判断的数为 4 到 2000 的正偶数
    {
        for(n = 2;n < i;n++)
            if (judge(n))             //调用 judge()方法判断 n 是否为素数
            {
                if(judge(i - n))
                {                     //如果 2 个数均为素数,输出等式并退出循环
                    listOut.Items.Add(i + " = " + n + " + " + (i - n));
                    break;
                }
            }
        if (n == i)                   //分解不成功
        {
            listOut.Items.Clear();
            listOut.Items.Add("猜想不成立!");
        }
    }
}
```

(4) 执行程序。

按 F5 键或单击工具栏上的"启动调试"按钮,程序开始运行,单击"验证输出结果"按钮，运行结果如图 3-17 所示。

说明：

（1）本项目验证歌德巴赫猜想的方法是很简单的，先将整数分解为两部分，然后判断两个数是否均为素数，如果是，则满足命题，否则，重新进行分解和判断。

图 3-17　程序运行结果

（2）判断一个数是否为素数有很多种办法。从定义上说，判断一个整数 n 是否为素数就是要判断其是否能够被 2 到 $n-1$ 之间的任意整数整除。如果都不能整除，则 n 为素数。本项目设计程序时，没有从 2 到 $n-1$ 的整数一个个去试，只用从 2 开始到该整数的一半去试即可，这样可以大大缩短判断的时间。

（3）判断是否为素数是通过编写自定义的方法来实现的，在 C# 中自定义方法的基本格式如下：

```
方法访问修饰符 返回类型 方法名(参数列表)
{
    方法体
}
```

其中，访问修饰符是指该方法可以被使用的范围，包括 public、private 和 protected，如果该方法需要被类定义外部所调用，则需要定义成 public，否则可以定义成 private。返回类型是方法返回值的类型，注意，如果方法在返回值，则方法体中必须至少包含一个 return 语句以指定返回值，否则会出现编译错误。参数列表是在调用方法时需要传入的参数类型及参数名，根据需要进行定义。

（4）本项目使用两重循环进行处理，外层循环用于控制要验证的偶数，内层循环则用于判断该偶数是否可以被分解成两个素数之和。如果判断可以分解成功，则通过 break 语句跳出内层循环，转入下一个偶数的判断。

（5）本项目使用列表框控件 ListBox 进行输出，与 Label 不同的是，列表框控件是通过 Add() 方法添加列表项，每添加的一个列表项自动作为一行进行输出。如果输出项数很多，则列表框控件会自动出现下拉滚动条。列表框控件中列表项的清除可以使用 Clear() 方法。

3.2　必备知识

语句是对计算机下达的命令，每个程序都是由很多个语句组合而成的，也就是说语句是组成程序的基本单元，这些语句到底按照什么样的顺序去执行取决于程序的流程控制。C# 程序中语句执行的顺序包括以下 4 种基本结构：顺序结构、选择结构、循环结构和异常处理逻辑结构。顺序结构是程序的最基本结构，即按照各个语句出现位置的先后次序执行，我们在前两章的程序中已经熟悉过了，本节介绍最常用的选择结构和循环结构，异常处理逻辑结构放在下一节进行介绍。

3.2.1　if 分支选择语句

选择结构是程序设计过程中最常见的一种结构，比如用户登录、条件判断等都需要用到选择结构,它可以根据条件来控制代码的执行分支,因此也称为分支结构。C#中的选择结构语句包括 if 语句和 switch 语句两种,本小节将分别进行介绍。

英文单词 if 可以翻译成"如果",例如,"如果你能够坚持不懈地努力,那么就会掌握好 C#语言",这句话如果用 C#中的 if 语句去表达,则可以使用以下形式:

```
if(你能够坚持不懈地努力)
{
    就会掌握好C#语言;
}
```

很容易理解,"()"中的内容是前提条件,只有满足了"()"中的内容,才能执行"{}"里的代码,这便是 if 语句的最基本用法。在日常生活中,随处可见 if 语句的应用实例,例如,当我们走到一个岔路口时,摆在面前的有两条路,那么应该如何根据需要选择要走的路呢?这时 if 语句就派上用场了。

if 条件语句包含多种形式:单分支、双分支和多分支,其流程如图 3-18 所示。

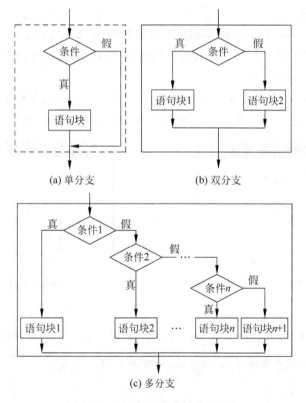

图 3-18 if 语句的分支结构流程图

1. 单分支结构

if 语句单分支结构的语法形式如下:

```
if(条件表达式)
    语句/语句块;
```

其中:

(1) 条件表达式可以是关系表达式、逻辑表达式和算术表达式等,如果是算术表达式,表达式的值为 0 时代表条件不满足,值为非 0 时代表条件满足。

(2) 语句/语句块可以是单个语句,也可以是多个语句。如果是多个语句,则需要使用花括号({…})把这些语句组合为一个代码块,也称为复合语句。

单分支结构的控制逻辑很简单,它的作用是当条件表达式的值为真(非 0)时,执行 if 后的下一个语句(块),否则不做任何操作,控制将转到 if 语句的结束点,其流程如图 3-18(a)所示。

【例 3-1】 设计一个 Windows 窗体应用程序,实现用户登录口令的验证功能,如果用户在文本框中输入的口令为"abc",则在窗体的标签中显示"口令正确,欢迎使用本系统"。

分析:

本例只需要在输入值等于给定值的情形下做出操作,因此使用单分支 if 语句可以实现。

设计步骤如下:

(1) 程序设计界面。

创建一个 Windows 应用程序,添加两个标签控件(Label1 和 Label2)、一个文本框控件(TextBox1)、一个按钮控件(Button1),适当调整控件的大小及布局,如图 3-19 所示。

(2) 设计窗体及控件属性。

窗体与控件的 Text 属性设置如图 3-20 所示。设置 TextBox1 的 Name 属性为 txtPass;设置 Label2 的 Name 属性为 lblInfo,AutoSize 属性为 false,BorderStyle 属性为 Fixed3D。

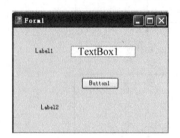

图 3-19 例 3-1 程序设计界面 　　　　图 3-20 例 3-1 程序初始界面

(3) 设计代码。

双击"验证"按钮,进入代码编写界面,添加"验证"按钮的单击事件代码如下:

```csharp
private void button1_Click(object sender, EventArgs e)
{
    if (txtPass.Text == "abc")
        lblInfo.Text = "口令正确,欢迎使用本系统!";
}
```

(4) 执行程序。

按 F5 键或单击工具栏上的"启动调试"按钮,程序开始运行,在文本框中输入正确的口令"abc"后,单击"验证"按钮,程序运行结果如图 3-21 所示。

说明:

单分支 if 语句在条件满足时,会改变 lblInfo 控件的显示信息,但在条件不满足时则没有任何响应。如果需要在输入口令错误时也显示相应的提示信息,则需要用到双分支选择结构。

2. 双分支结构

if 语句双分支选择结构的语法形式如下:

```
if(条件表达式)
    语句/语句块 1;
else
    语句/语句块 2;
```

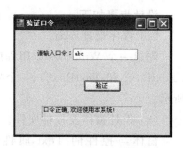

图 3-21 程序运行结果

该语句的作用是当条件表达式的值为真(非 0)时,执行 if 后的语句(块)1,否则执行 else 后的语句(块)2,其流程如图 3-18(b)所示。

【例 3-2】 设计一个 Windows 窗体应用程序,完善例 3-1 的功能,如果用户在文本框中输入的口令为"abc",单击"验证"按钮,则在窗体的标签中显示"口令正确,欢迎使用本系统",否则显示"口令错误,请重新输入"。

分析:

本例需要根据输入值是否等于给定值做出不同的操作,因此需要使用双分支选择结构,即 if…else 语句实现。

设计步骤如下:

(1) 程序设计界面。

(2) 设计窗体及控件属性。

该程序的界面设计和控件属性设置同例 3-1,如图 3-19、图 3-20 所示。

(3) 设计代码。

双击"验证"按钮,进入代码编写界面,添加"验证"按钮的单击事件代码如下:

```csharp
private void button1_Click(object sender, EventArgs e)
{
    if (txtPass.Text == "abc")
        lblInfo.Text = "口令正确,欢迎使用本系统!";
    else
        lblInfo.Text = "口令错误,请重新输入!";
}
```

(4) 执行程序。

按 F5 键或单击工具栏上的"启动调试"按钮,程序开始运行,在文本框中输入正确的口令"abc"后,程序运行结果如图 3-21 所示;输入错误口令"123"后,单击"验证"按钮程序运行结果如图 3-22 所示。

图 3-22 输入口令错误时的运行结果

【例 3-3】 某个商店采取以下促销活动:顾客所购商品总金额在 1000 元以下的,打 9 折优惠;所购商品总金额在 1000 元以上的(含 1000 元),打 8 折优惠。试设计一个 Windows 窗体应用程序,采用 if 语句实现以上功能。

分析:

本例需要根据输入值是否等于给定值做出不同的操作,因此需要使用双分支选择结构,即 if…else 语句实现。

设计步骤如下：

（1）程序设计界面。

创建一个 Windows 应用程序，添加两个标签控件（Label1 和 Label2）、两个文本框控件（TextBox1 和 TextBox2）、一个按钮控件（Button1），适当调整控件的大小及布局，如图 3-23 所示。

（2）设计窗体及控件属性。

窗体与控件的 Text 属性设置如图 3-24 所示。设置 TextBox1 的 Name 属性为 txtCost；设置 TextBox2 的 Name 属性为 txtPrice。

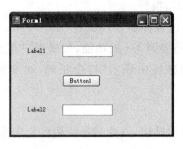 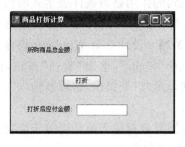

图 3-23　例 3-3 程序设计界面　　　　图 3-24　例 3-3 初始界面

（3）设计代码。

双击"打折"按钮，进入代码编写界面，添加"打折"按钮的单击事件代码如下：

```csharp
private void button1_Click(object sender, EventArgs e)
{
    double c, p;
    c = double.Parse(txtCost.Text);
    if (c < 1000)
        p = c * 0.9;
    else
        p = c * 0.8;
    txtPrice.Text = p.ToString();
}
```

（4）执行程序。

按 F5 键或单击工具栏上的"启动调试"按钮，程序开始运行，结果如图 3-25 所示。

说明：

（1）由于涉及小数的计算，变量需要定义为 double 类型。

（2）double.Parse 方法是将文本转换成双精度类型的实数，而 ToString() 方法是将其他类型转换成字符串。

图 3-25　例 3-3 程序运行结果

3. 多分支结构

if 语句还可以实现多分支选择的功能，其多分支结构的语法形式如下：

```
if(条件表达式 1)
    语句/语句块 1;
else if(条件表达式 2)
    语句/语句块 2;
…
else if(条件表达式 n)
    语句/语句块 n;
[else
    语句/语句块 n+1;]
```

该语句的作用是根据不同的条件表达式确定执行不同的语句(块),其流程如图 3-18(c)所示。其中,最后的 else 部分是可选的,即其他条件都不满足时执行的分支。

【例 3-4】 创建一个 Windows 窗体应用程序,采用 if 语句实现以下功能:根据输入的百分制成绩,将其转换为五级制(优、良、中、及格、不及格)输出,评定的标准如下:成绩大于等于 90 分为优,成绩在 80~90 分之间为良,成绩在 70~80 分之间为中,成绩在 60~70 分之间为及格,成绩小于 60 分为不及格。

分析:
本例需要根据输入值的不同范围做出不同的操作,由于分数范围超过两个,因此需要使用多分支选择结构实现。

设计步骤如下:

(1) 程序设计界面。

创建一个 Windows 应用程序,添加两个标签控件(Label1 和 Label2)、两个文本框控件(TextBox1 和 TextBox2)、一个按钮控件(Button1),适当调整控件的大小及布局,如图 3-26 所示。

(2) 设计窗体及控件属性。

窗体与控件的 Text 属性设置如图 3-27 所示。设置 TextBox1 的 Name 属性为 txtMark;设置 TextBox2 的 Name 属性为 txtGrade。

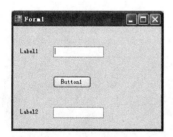
图 3-26　例 3-4 程序设计界面

图 3-27　初始界面

(3) 设计代码。

双击"转换"按钮,进入代码编写界面,添加"转换"按钮的单击事件代码如下:

```
private void button1_Click(object sender, EventArgs e)
{
    double mark;
    string grade;
    mark = double.Parse(txtMark.Text);
    if (mark >= 90)
```

```
        grade = "优";
    else if (mark >= 80)
        grade = "良";
    else if (mark >= 70)
        grade = "中";
    else if (mark >= 60)
        grade = "及格?";
    else
        grade = "不及格";
    txtGrade.Text = grade;
}
```

(4) 执行程序。

按 F5 键或单击工具栏上的"启动调试"按钮,程序开始运行,结果如图 3-28 所示。

说明:

(1) 本例是采用 if…else if 结构实现的多分支选择结构,也可以采用多个单分支的 if 语句实现。读者可以自己试着采用不同的条件表达式去编写控制结构,注意所有可能的运行结果都要测试正确才说明程序正确。

图 3-28　例 3-4 程序运行结果

(2) 多分支选择结构的另一种控制方法是通过 switch 语句实现。

3.2.2　switch…case 多分支选择语句

对于多分支选择结构,虽然可以使用 if…else if 语句实现,但往往比较复杂,而使用专用的多重分支选择语句 switch,则可以使多重分支选择结构的设计更加方便。switch 语句是多路选择语句,它根据某个表达式的取值来使程序从多个分支中选择一个用于执行。其语法格式如下:

```
switch(控制表达式)
{
    case 常量表达式 1:
        内嵌语句(块)1;   break;
    case 常量表达式 2:
        内嵌语句(块)2;   break;
    …
    case 常量表达式 n:
        内嵌语句(块)n;   break;
    default:
        内嵌语句(块)n+1;   break;
}
```

其中,控制表达式所允许的数据类型为整数类型、字符类型、字符串类型或枚举类型。各个 case 分支后的常量表达式的数据类型必须与控制表达式的类型相同或者能够隐式地转换为控制表达式的类型。

switch 语句基于控制表达式的值选择要执行的语句分支,它按照以下顺序执行:

(1) 控制表达式求值。

（2）如果 case 标签后的常量表达式的值等于控制表达式的值，则执行其后的内嵌语句（块）。

（3）如果没有一个常量表达式的值等于控制表达式的值，则执行 default 标签后的内嵌语句(块)。

（4）如果控制表达式的值不满足 case 标签，并且没有 default 标签，则跳出 switch 语句而执行程序的后续语句。

在使用 switch 语句时，需要注意以下几点：

（1）每个 case 关键字后面的常量表达式必须是与控制表达式类型相同的常量，不能是变量。

（2）同一个 switch 语句中的两个或多个 case 标签中不能指定同一个常数值，否则会导致编译错误。

（3）一个 switch 语句中最多只能有一个 default 标签，并且每个分支中如果有内嵌语句，则内嵌语句后必须有一个 break 语句，以便跳过 switch 语句的其他分支。

【例 3-5】 创建一个 Windows 窗体应用程序，采用 switch 语句实现例 3-4 的功能。

分析：

本例需要根据输入值的不同范围做出不同的操作，由于分数范围超过两个，因此需要使用多分支选择结构实现。由于 switch 语句将控制表达式的值与 case 后的常量进行比较判断，因此直接取输入的分数则需要设计很多个 case 分支，并不可行。仔细分析，同一分数段的分数是有共同点的，即每个分数等级的十位上的数值是相同的，因此，控制表达式可以采用"分数整除 10"。

设计步骤如下：

（1）程序设计界面。

（2）设计窗体及控件属性。

该程序的界面设计和控件属性设置同例 3-4，如图 3-26 和图 3-27 所示。

（3）设计代码。

双击"转换"按钮，进入代码编写界面，添加"转换"按钮的单击事件代码如下：

```
private void button1_Click(object sender, EventArgs e)
{
    int mark;
    string grade;
    mark = int.Parse(txtMark.Text);
    switch (mark / 10)
    {
        case 10:
        case 9:   grade = "优"; break;
        case 8:   grade = "良"; break;
        case 7:   grade = "中"; break;
        case 6:   grade = "及格"; break;
        default:  grade = "不及格"; break;
    }
    txtGrade.Text = grade;
}
```

(4) 执行程序。

按 F5 键或单击工具栏上的"启动调试"按钮,程序开始运行,结果如图 3-29 所示。

说明:

(1) 本例是采用 switch 语句实现的多分支选择结构,从程序逻辑上看更加清晰明了,建议多分支选择结构时优先选用 switch 语句。

(2) switch 语句的核心是控制表达式的构造,本例中使用 mark / 10 作为控制表达式,注意 mark 是整型变量,因此 mark / 10 是整除的结果。

图 3-29 程序运行结果

(3) case 10 后面没有执行语句,默认执行下一个 case 后的执行语句。

【例 3-6】 某航空公司规定:根据月份和订票张数决定机票的优惠率,在旅游旺季(7~9 月),如果订票数超过 20 张,票价优惠 15%,20 张以下优惠 5%;在旅游淡季(1~5 月、10 月、11 月),如果订票数超过 20 张,票价优惠 30%,20 张以下优惠 20%;其他情况一律优惠 10%。请根据以上规则设计一个 Windows 窗体应用程序,根据输入的月份和订票数,输出优惠率。

分析:

由于一年中一共有 12 个月,因此可以考虑采用 12 个 case 分支的 switch 语句作为主流程控制结构。对于同一个月份而言,不同的订票数量对应的优惠率是不同的,因此需要采用双分支的 if…else 结构进行处理。综合分析,程序可采用 switch 语句中嵌套 if…else 语句实现。

设计步骤如下:

(1) 程序设计界面。

创建一个 Windows 窗体应用程序,添加两个分组框控件(GroupBox1 与 GroupBox2)、5 个标签控件(Label1~Label5)、两个文本框控件(TextBox1 和 TextBox2)、一个按钮控件(Button1),适当调整控件大小及布局,如图 3-30 所示。

(2) 设计窗体及控件属性。

窗体与控件的 Text 属性设置如图 3-31 所示。设置 textBox1 的 Name 属性为 txtMonth;设置 textBox2 的 Name 属性为 txtNum;设置 Label3 的 Name 属性为 lblResult,AutoSize 属性为 False。

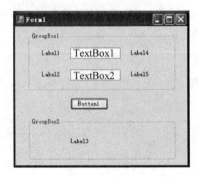

图 3-30 例 3-6 程序设计界面

图 3-31 例 3-6 初始界面

(3) 设计代码。

双击"计算优惠率"按钮,进入代码编写界面,添加"计算优惠率"按钮的单击事件代码如下:

```csharp
private void button1_Click(object sender, EventArgs e)
{
    int month, count;
    month = int.Parse(txtMonth.Text);
    count = int.Parse(txtNum.Text);
    switch (month)
    {
        case 1:
        case 2:
        case 3:
        case 4:
        case 5:
        case 10:
        case 11:
            if (count >= 20)
                lblResult.Text = "优惠率为30%";
            else
                lblResult.Text = "优惠率为20%";
            break;
        case 7:
        case 8:
        case 9:
            if(count >= 20)
                lblResult.Text = "优惠率为15%";
            else
                lblResult.Text = "优惠率为5%";
            break;
        default:
            lblResult.Text = "优惠率为10%"; break;
    }
}
```

(4) 执行程序。

按 F5 键或单击工具栏上的"启动调试"按钮,程序开始运行,结果如图 3-32 所示。

说明:

(1) 本例采用 switch 语句中嵌套 if…else 语句实现,即多分支结构中嵌套双分支结构,对于复杂的程序设计,控制结构的嵌套是需要的。读者可以考虑能否用 if 语句中嵌套 switch 语句实现本例的功能。

(2) 本例中采用了分组框控件 GroupBox 设计窗体布局,该控件属于容器类控件,具有类似作用的常用控件还有 Panel 等。

对于顺序结构和选择结构的程序,每次运行程序时,每条语句最多只可能执行一次,然而在实际应用中,往往有些操作需要反复执行多次,这时就必须借助循环

图 3-32 例 3-6 程序运行结果

结构来实现。C♯提供了4种循环控制语句：for循环、while循环、do…while循环和foreach循环，用于重复执行某些代码块。下面将对这几种循环语句分别进行介绍。

3.2.3 for 循环控制语句

for 循环是一种计数型循环语句，一般用于已知循环次数的情况，因此也称为定次循环。例如，从 1 累加到 100 的计算问题，在设计程序时已经可以确定需要循环的次数为 100。for 循环的基本语法格式如下：

```
for(【初始表达式】;【条件表达式】;【迭代表达式】)
   {【循环语句序列;】   }
```

其中：

（1）初始表达式通常用于设置循环变量初值，该表达式仅在初次进入循环时执行一次。

（2）条件表达式为循环判断条件，即每次执行循环语句序列前，先判断条件表达式是否成立，如果成立，则执行循环语句序列（进入循环体），否则，循环结束，执行循环语句后的后续语句。

（3）迭代表达式通常用于改变循环变量的值，一般通过递增或递减来实现。

（4）循环语句序列是每次循环重复执行的语句（性质相同的操作），也称为循环体。当语句序列中仅含有一条语句时，大括号可以省略。

for 语句执行的顺序如下：

（1）如果有初始表达式，则按表达式的顺序执行它，此步骤只执行一次。

（2）如果存在条件表达式，则计算它。

（3）如果条件表达式值为真或不存在条件表达式，则程序转移到循环语句序列执行；如果条件表达式值为假，则结束 for 循环。

（4）程序执行到循环语句序列的结束点后，按顺序计算迭代表达式，然后转到步骤（2）开始执行另一次迭代。

值得注意的是，for 语句的 3 个表达式参数都是可选的，理论上并不一定要完全具备。但是如果不设置循环条件，程序就会产生死循环，此时就需要通过强制跳转语句退出循环，因此在 for 语句设计时，每次循环一定要有使循环条件可能发生变化的语句。

【例 3-7】 利用 for 语句设计循环结构程序，求 100 以内的所有奇数和、偶数和并进行输出。请根据以上要求设计一个 Windows 窗体应用程序。

分析：

100 以内的奇数和即求 1+3+5+…+99 的值，累加的次数是已知的，因此可以使用 for 语句实现。偶数和的计算同理，也可以使用另一个 for 循环实现。但如此设计，则程序代码较多，可以考虑使用一个 for 循环实现，即在循环体中引入一个 if…else 语句，当判断要累加的数是奇数时，将其累加到奇数和变量中，否则累加到偶数和变量中。

设计步骤如下：

（1）程序设计界面。

创建一个 Windows 窗体应用程序，添加两个标签控件（Label1 和 Label2）、一个按钮控件（Button1），适当调整控件大小及布局，如图 3-33 所示。

(2) 设计窗体及控件属性。

窗体与控件的 Text 属性设置如图 3-34 所示。设置 Label1 的 Name 属性为 lblSumOdd；设置 Label2 的 Name 属性为 lblSumEven；两个控件的 AutoSize 属性为 False，BorderStyle 属性为 Fixed3D，Text 属性为空。

图 3-33 例 3-7 程序设计界面

图 3-34 例 3-7 初始界面

(3) 设计代码。

双击"计算"按钮，进入代码编写界面，添加"计算"按钮的单击事件代码如下：

```csharp
private void button1_Click(object sender, EventArgs e)
{
    int sumodd = 0, sumeven = 0;
    for (int i = 0; i <= 100; i++)
    {
        if (i % 2 == 0)
            sumeven = sumeven + i;
        else
            sumodd = sumodd + i;
    }
    lblSumOdd.Text = "100 以内的奇数和是" + sumodd.ToString();
    lblSumEven.Text = "100 以内的偶数和是" + sumeven.ToString();
}
```

(4) 执行程序。

按 F5 键或单击工具栏上的"启动调试"按钮，程序开始运行，结果如图 3-35 所示。

说明：

(1) 本例采用 for 语句中嵌套 if…else 语句实现，即循环结构中嵌套分支结构，使得程序比较简洁。读者也可以使用两个独立的 for 语句分别计算奇数和及偶数和。

图 3-35 例 3-7 程序运行结果

(2) 本例中"i % 2 == 0"是判断要累加的数是否是偶数。

(3) 本例中的 for 语句还可改写成以下形式：

```csharp
int sumodd = 0, sumeven = 0;
for (int i = 0; i <= 100; )
{   …
    i = i + 1;
}
```

或者：

```
int sumodd = 0, sumeven = 0;
for (int sumodd = 0, sumeven = 0,i = 0; i <= 100;i++)
{    ...    }
```

由此可见，for 语句的语法形式相当灵活、简洁，读者可以根据自己的习惯选择一种形式。

对于一些复杂的程序功能，可以通过 for 语句的嵌套来实现，即在一个 for 语句循环体中包含另一个 for 循环，这样可以帮助程序员完成大量重复性、规律性的工作。然而，由于 for 循环的嵌套将消耗较多的系统资源，所以在实际编程开发时，尽量将循环的嵌套控制在两层以内。

【例 3-8】 利用 for 语句设计循环结构程序，求 1！＋2！＋…＋10！的和。请根据以上要求设计一个 Windows 窗体应用程序。

分析：

阶乘的计算是一个累乘的过程，因此每一项的计算需要通过一个 for 循环实现，而求 10 个阶乘之和是一个累加操作，也需要通过 for 循环实现，因此，根据题目的计算要求，需要设计一个两重的 for 循环进行实现。

设计步骤如下：

(1) 程序设计界面。

创建一个 Windows 窗体应用程序，添加两个标签控件(Label1 和 Label2)、一个按钮控件(Button1)，适当调整控件大小及布局，如图 3-36 所示。

(2) 设计窗体及控件属性。

窗体与控件的 Text 属性设置如图 3-37 所示。设置 Label2 的 Name 属性为 lblSum，AutoSize 属性为 False，BorderStyle 属性为 Fixed3D，Text 属性为空。

图 3-36　例 3-8 程序设计界面

图 3-37　例 3-8 初始界面

(3) 设计代码。

双击"计算"按钮，进入代码编写界面，添加"计算"按钮的单击事件代码如下：

```
private void button1_Click(object sender, EventArgs e)
{
    int i, j;
    long tmp , sum = 0;
    for (i = 1; i <= 10; i++)        //计算 10 项的累加和
    {
        tmp = 1;                      //每次计算阶乘时要初始化
        for (j = 1; j <= i; j++)      //计算阶乘
```

```
            {
                tmp = tmp * j;
            }
            sum = sum + tmp;
        }
        lblSum.Text = "1! + 2! + … + 10! = " + sum.ToString();
    }
```

(4) 执行程序。

按 F5 键或单击工具栏上的"启动调试"按钮,程序开始运行,结果如图 3-38 所示。

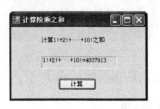

图 3-38 例 3-8 程序运行结果

说明:

(1) 本例采用 for 语句中嵌套 for 语句的两重循环结构实现,内层循环实现阶乘的计算功能,循环条件通过循环变量 j 进行控制,外层循环计算 10 个阶乘的累加和,循环条件通过循环变量 i 进行控制。

(2) 在每次进入内层循环之前,需要将暂时存放累乘结果的变量 tmp 的值进行初始化,否则会影响计算结果。

(3) 由于阶乘的计算结果很大,所以将变量 tmp 和 sum 定义成长整型(long)。

【例 3-9】 设计一个 Windows 窗体应用程序,利用 for 语句设计循环结构程序,输出 9-9 乘法表。

分析:

9-9 乘法表一共要输出 9 行 9 列,每一行中输出的列数与行号是有关系的,第 1 行输出一个,第 2 行输出两个,因此需要通过两重的 for 循环嵌套实现,内层循环用于处理每一行,即输出一行中的所有列,外层循环控制行数。

设计步骤如下:

(1) 程序设计界面。

创建一个 Windows 窗体应用程序,添加一个标签控件(Label1)、一个按钮控件(Button1),适当调整控件大小及布局。

(2) 设计窗体及控件属性。

窗体与控件的 Text 属性设置如图 3-39 所示。设置 Label1 的 Name 属性为 lblTable,AutoSize 属性为 False,BorderStyle 属性为 Fixed3D,Text 属性为空。

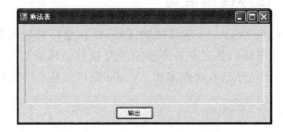

图 3-39 例 3-9 初始界面

(3) 设计代码。

双击"输出"按钮,进入代码编写界面,添加"输出"按钮的单击事件代码如下:

```
private void button1_Click(object sender, EventArgs e)
{
    int i, j;
    for (i = 1; i <= 9; i++)
    {
      for (j = 1; j <= i; j++)
      {
        lblTable.Text += i.ToString () + " * " + j.ToString () + " = " + (i * j).ToString
() + "  ";
      }
      lblTable.Text += "\n";    //换行
    }
}
```

(4) 执行程序。

按 F5 键或单击工具栏上的"启动调试"按钮,程序开始运行,结果如图 3-40 所示。

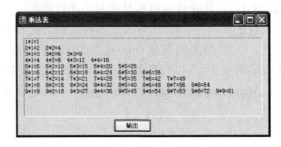

图 3-40 例 3-9 程序运行结果

说明:

(1) 本例采用 for 语句中嵌套 for 语句的两重循环结构实现,内层循环实现每行的输出,循环条件通过循环变量 j 进行控制,外层循环控制输出的行数,循环条件通过循环变量 i 进行控制。

(2) 在每次内层循环结束以后,需要开始下一行的输出,因此,通过"lblTable.Text +="\n";"语句实现换行的功能。

(3) 本例的输出格式并不完善,读者可以自行思考如何改进。

3.2.4 while 循环控制语句

与 for 循环一样,while 也是一个预测试的循环,即在循环开始前就先判断条件表达式是否为真,只是 while 在循环开始之前并不知道重复执行循环语句序列的次数,while 语句按照不同条件执行循环语句序列 0 次或多次。while 语句的基本语法格式如下:

```
while(条件表达式)
{
    循环语句序列;
}
```

说明:

(1) 条件表达式是每次进入循环前进行判断的条件,当条件表达式的值为真时,执行循环,否则退出循环。

(2) 条件表达式可以是关系表达式或逻辑表达式,其运算结果为 True(真)或 False(假),在条件表达式中必须包含控制循环的变量,即循环变量。

(3) 作为循环体的循环语句序列可以是一条语句,也可以是多条语句。如果是一条语句,则花括号可以省略。如果省略了花括号,则循环语句往后碰到的第一个分号即为循环的结尾。

(4) 循环语句序列中至少应包含一条改变循环变量的语句,以避免陷入死循环。

【例 3-10】 利用 while 语句设计循环结构程序,求 100 以内的所有的奇数和、偶数和并进行输出。请根据以上要求设计一个 Windows 窗体应用程序。

分析:

100 以内的奇数和即求 1+3+5+…+99 的值,是一个典型的累加操作,采用 for 语句处理最方便。如果是采用 while 循环处理,则在循环体中必须有改变循环变量取值的语句,即"i=i+1;"。此外,奇数和与偶数和的累加可以放在一个循环中实现,即在循环体中通过 if…else 语句分别进行处理。

设计步骤如下:

(1) 程序设计界面。

(2) 设计窗体及控件属性。

程序界面、窗体及控件属性设置请参照例 3-7 中的图 3-33、图 3-34。

(3) 设计代码。

双击"计算"按钮,进入代码编写界面,添加"计算"按钮的单击事件代码如下:

```
private void button1_Click(object sender, EventArgs e)
{
    int sumodd = 0, sumeven = 0,i = 1;
    while(i <= 100)
    {
        if (i % 2 == 0)
            sumeven = sumeven + i;
        else
            sumodd = sumodd + i;
        i = i + 1;
    }
    lblSumOdd.Text = "100 以内的奇数和是" + sumodd.ToString();
    lblSumEven.Text = "100 以内的偶数和是" + sumeven.ToString();
}
```

(4) 执行程序。

按 F5 键或单击工具栏上的"启动调试"按钮,程序开始运行,结果如图 3-41 所示。

图 3-41 例 3-10 程序运行结果

说明:

(1) 本例采用 while 语句中嵌套 if…else 语句实现,即循环结构中嵌套分支结构。与 for 语句相比,在开始 while 循环之前,要先设置循环变量 i 的初始值,在循环体中要改变循环变量的值,以便循环可以终止。

(2) 一般来说,能够使用 for 语句实现的循环结构,也可以使用 while 语句实现。

【例 3-11】 利用 while 语句设计循环结构程序,输入两个正整数,求两个数的最大公约数与最小公倍数。请根据以上要求设计一个 Windows 窗体应用程序。

分析:

由于两个数的最大公约数最大不超过两个数中较小的数,因此在设计计算最大公约数的循环结构时,将循环变量 i 的值初始化为两个数中较小的数,循环变量 i 每次递减 1,一旦两个数能够同时被 i 除尽,即找到了最大公约数。

由于两个数的最小公倍数最小不小于两个数中较大的数,因此在设计计算最小公倍数的循环结构时,将循环变量 j 的值初始化为两个数中较大的数,循环变量 j 每次递增 1,一旦 j 能够同时被两个数除尽,即找到了最小公倍数。

设计步骤如下:

(1) 程序设计界面。

创建一个 Windows 窗体应用程序,添加 3 个标签控件(Label1、Label2 和 Label3)、两个文本框控件(TextBox1 和 TextBox2)、两个复选框控件(CheckBox1 和 CheckBox2)、一个按钮控件(Button1),适当调整控件大小及布局,如图 3-42 所示。

(2) 设计窗体及控件属性。

窗体与控件的 Text 属性设置如图 3-43 所示。设置 TextBox1 的 Name 属性为 txtA;设置 TextBox2 的 Name 属性为 txtB;设置 Label3 的 Name 属性为 lblResult,AutoSize 属性为 False,BorderStyle 属性为 Fixed3D,Text 属性为空。

图 3-42 例 3-11 程序设计界面

图 3-43 例 3-11 初始界面

(3) 设计代码。

双击"计算"按钮,进入代码编写界面,添加"计算"按钮的单击事件代码如下:

```
private void button1_Click(object sender, EventArgs e)
{
    lblResult.Text = "";
    int a = int.Parse(txtA.Text);
    int b = int.Parse(txtB.Text);
    if (a > b)
    { int c = a; a = b; b = c; }          //保证 a<b
    int i = a, j = b;                      //初始化循环变量
    if (checkBox1.Checked)                 //如果"最大公约数"复选框被选中
    {
```

```
            while (a % i != 0 || b % i != 0)      //求最大公约数
            {
                i--;
            }
            lblResult.Text = "最大公约数为：" + i + "\n";
        }
        if (checkBox2.Checked)                    //如果"最小公倍数"复选框被选中
        {
            while (j % a != 0 || j % b != 0)      //求最小公倍数
            {
                j++;
            }
            lblResult.Text += "最小公倍数为：" + j + "\n";
        }
    }
```

图 3-44　例 3-11 程序运行结果

（4）执行程序。

按 F5 键或单击工具栏上的"启动调试"按钮，程序开始运行，结果如图 3-44 所示。

说明：

（1）本例采用 while 语句实现，设计的关键在于循环变量的初值和终止条件。

（2）本例采用复选框控件用来选择执行哪个计算，复选框控件的 Checked 属性取值为逻辑值，当复选框被选中时，Checked 属性为 True。

（3）本例中并没有对用户输入的两个数进行有效性判断，读者可以自行思考，如何保证输入的是两个正整数。

3.2.5　do…while 循环控制语句

与 while 循环一样，do…while 循环也可以用于循环次数未知的情况，因此，在绝大多数情形下 do…while 循环与 while 循环可以相互转换，二者的差别在于 while 循环的测试条件在执行循环体之前执行，而 do…while 循环的测试条件在执行完循环体之后执行，因此，do…while 循环的循环体至少执行一次，而 while 循环的循环体可能一次也不执行。do…while 循环的基本语法形式如下：

```
do
{
    循环语句序列;
}while(条件表达式);
```

说明：

（1）当程序执行到 do 后，立即执行循环体中的语句序列，然后再对条件表达式进行测试。如果条件表达式的值为 True(真)，则重复循环，否则退出循环。

（2）do…while 循环与 for 循环及 while 循环的最大不同在于：for 循环及 while 循环是先测试后循环，也称为前测试循环；而 do…while 循环是先循环后测试，也称为后测试循环。

【例 3-12】 利用 do…while 语句设计循环结构程序,求 100 以内的所有奇数和、偶数和并进行输出。请根据以上要求设计一个 Windows 窗体应用程序。

分析:

100 以内的奇数和即求 1+3+5+…+99 的值,是一个典型的累加操作,采用 for 语句处理最方便。如果是采用 do…while 循环处理,则需要注意 do…while 循环至少会执行一次循环操作,因此循环变量的初始要注意,本例变量初始既可设置为 0,也可设置为 1。此外,在循环体中必须有改变循环变量取值的语句,即"i=i+1;",而且,奇数和与偶数和的累加可以放在一个循环中实现,即在循环体中通过 if…else 语句分别进行处理。

设计步骤如下:

(1) 程序设计界面。

(2) 设计窗体及控件属性。

程序界面、窗体及控件属性设置请参照例 3-7 中的图 3-33、图 3-34。

(3) 设计代码。

双击"计算"按钮,进入代码编写界面,添加"计算"按钮的单击事件代码如下:

```csharp
private void button1_Click(object sender, EventArgs e)
{
    int sumodd = 0, sumeven = 0,i=1;
    do
    {
        if (i % 2 == 0)
            sumeven = sumeven + i;
        else
            sumodd = sumodd + i;
        i = i + 1;
    } while(i<=100);
    lblSumOdd.Text = "100 以内的奇数和是" + sumodd.ToString();
    lblSumEven.Text = "100 以内的偶数和是" + sumeven.ToString();
}
```

(4) 执行程序。

按 F5 键或单击工具栏上的"启动调试"按钮,程序开始运行,结果如图 3-45 所示。

说明:

(1) 本例采用 do…while 语句中嵌套 if…else 语句实现,即循环结构中嵌套分支结构。与 for 语句相比,在开始 while 循环之前,循环变量 i 的初始值要先进行设置,在循环体中要改变循环变量的值,以便循环可以终止。

(2) 与 while 循环相比,do…while 语句是先执行一次循环体然后再判断,一般来说,do…while 语句与 while 语句可以完全互换。

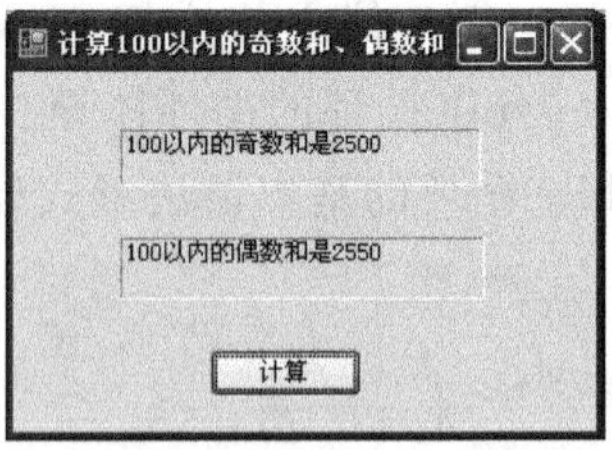

图 3-45 例 3-12 程序运行结果

【例 3-13】 利用 do…while 语句设计循环结构程序,输入一个企业每年产值的平均增长速度,求多少年后产值能够翻一番。请根据以上要求设计一个 Windows 窗体应用程序。

分析:

产值翻一番即达到原来产值的二倍,由于需要多少年并不确定,因此只能采用 while 循环或 do…while 循环进行处理。循环的结束条件应该是产值大于等于初始产值的二倍。

设计步骤如下：

（1）程序设计界面。

创建一个 Windows 窗体应用程序，添加 3 个标签控件（Label1、Label2 和 Label3）、一个文本框控件（TextBox1）、一个按钮控件 Button1，适当调整控件大小及布局，如图 3-46 所示。

（2）设计窗体及控件属性。

窗体与控件的 Text 属性设置如图 3-47 所示。设置 TextBox1 的 Name 属性为 txtRate；设置 Label3 的 Name 属性为 lblResult，AutoSize 属性为 False，BorderStyle 属性为 Fixed3D。

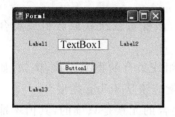

图 3-46　例 3-13 程序设计界面

图 3-47　例 3-13 初始界面

（3）设计代码。

双击"计算"按钮，进入代码编写界面，添加"计算"按钮的单击事件代码如下：

```csharp
private void button1_Click(object sender, EventArgs e)
{
    double value = 100, rate;
    rate = double.Parse(txtRate.Text)/100;
    int year = 0;
    do
    {
        value = value * (1 + rate);
        year = year + 1;
    } while (value < 200);
    lblResult.Text = year + "年后产值可以翻一番.\n";
    lblResult.Text += year + "年后产值为" + Math.Round(value, 2) + "%";
}
```

（4）执行程序。

按 F5 键或单击工具栏上的"启动调试"按钮，程序开始运行，结果如图 3-48 所示。

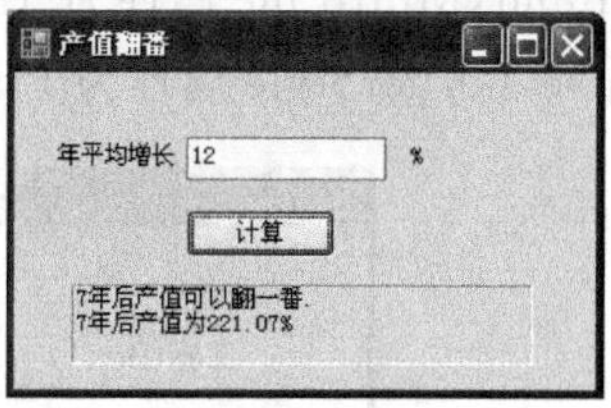

说明：

（1）本例采用 do…while 语句实现，也可以采用 while 语句实现，其关键是循环条件的设计，即"value < 200"。

（2）本例中采用了 Math 类中的 Round 方法对表达式进行四舍五入运算，"Math.Round(value, 2)"是对变量 value 的值保留到小数点后两位。

图 3-48　例 3-13 程序运行结果

3.2.6　foreach 语句

与 for 语句、while 语句和 do…while 语句这 3 种通用的循环控制语句不同的是，

foreach 语句是一种特殊的循环控制语句,主要用于循环列举数组或对象集合中的元素,并对该数组或集合中的每个元素执行一次相关的嵌入语句。foreach 语句用于循环访问数组或集合以获取所需信息,当为数组或集合中的所有元素完成迭代后,控制传递给 foreach 块之后的下一条语句。foreach 语句的基本语法格式如下:

```
foreach(类型名称　迭代变量名　in　数组或集合名称)
{
    循环语句序列;
}
```

说明:

(1)"迭代变量名"是一个循环变量,在循环中,该变量依次获取数组或集合中各元素的值。

(2)"类型名称"是循环变量的类型,必须与数组或集合的类型一致,例如,如果要遍历一个字符串数组中的每一项,那么此处变量的类型就应该是 string 类型。

(3)在 foreach 循环体的语句序列中,数组或集合的元素是只读的,其值不能改变。如果需要迭代数组或集合中的各元素并改变其值,应该使用 for 循环。

【例 3-14】 利用 foreach 语句设计循环结构程序,输入不超过 10 个的整数,输出其中的最大值和最小值。请根据以上要求设计一个 Windows 窗体应用程序。

分析:

本例的难点是如何设计用户的输入,并将输入的 10 个以内的整数保存起来,便于后续处理。可以考虑定义一个长度为 10 的一维数组,用于输入数据的存放。求数组中所有元素的最大值和最小值,就可以使用 foreach 语句遍历数组元素,逐个比较。

设计步骤如下:

(1) 程序设计界面。

创建一个 Windows 窗体应用程序,添加两个标签控件(Label1 和 Label2)、一个文本框控件(TextBox1)、一个按钮控件(Button1),适当调整控件大小及布局,如图 3-49 所示。

(2) 设计窗体及控件属性。

窗体与控件的 Text 属性设置如图 3-50 所示。设置 TextBox1 的 Name 属性为 xtInput,MultiLine 属性为 True;设置 Label2 的 Name 属性为 lblResult,AutoSize 属性为 False,BorderStyle 属性为 Fixed3D,Text 属性为空。

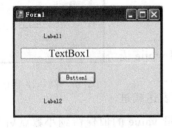

图 3-49　例 3-14 程序设计界面

图 3-50　例 3-14 初始界面

(3) 设计代码。

双击"查找"按钮,进入代码编写界面,添加"查找"按钮的单击事件代码如下:

```csharp
private void button1_Click(object sender, EventArgs e)
{
    string[] myarray = new string[10];   //定义一个长度为10的字符串数组
    myarray = txtInput.Text.Split(',');
    int max, min;
    max = int.Parse(myarray[0]);
    min = int.Parse(myarray[0]);
    foreach (string i in myarray)
    {
        if (int.Parse(i) > max)
        {
            max = int.Parse(i);
        }
        if (int.Parse(i) < min)
        {
            min = int.Parse(i);
        }
    }
    lblResult.Text = "最大值是：" + max + "；\n最小值是：" + min;
}
```

(4) 执行程序。

按F5键或单击工具栏上的"启动调试"按钮，程序开始运行，结果如图3-51所示。

说明：

(1) foreach 语句适合于对数组或集合进行只读的遍历操作，在遍历时循环变量 i 就代表集合中的当前元素。

(2) 本例使用C#中提供的字符串分割方法 Split() 对于用户输入的多个数值进行分割，并存放到数组中。Split() 方法的参数只允许单个的字符，如本例中的","。

(3) 查找最大值和最小值的算法首先将数组中的第一个元素赋值给 max 和 min，然后利用 foreach 遍历数组中的每个元素，分别与 max 和 min 进行比较。

图 3-51　例 3-14 程序运行结果

3.3 拓展知识

3.3.1 跳转语句

跳转语句主要用于无条件地转移控制，它会将控制转到某个位置，这个位置就成为跳转语句的目标。如果跳转语句出现在一个语句块内，而跳转语句的目标却在该语句块之外，则称该跳转语句退出该语句块。C#提供的跳转语句主要包括 break 语句、continue 语句、goto 语句和 return 语句，本小节将对这几种跳转语句分别进行介绍。

1. 使用 break 语句跳出循环

break 语句常用于跳出 switch、while、do…while、for 和 foreach 语句。在多分支选择结构 (switch 语句) 中 break 语句的作用是跳出 switch 语句。当多个 switch、while、do…

while、for 和 foreach 语句嵌套时,break 语句只能跳出最近的一层循环,如果要穿越多个嵌套层转移控制,只能使用 goto 语句。此外,break 语句不能用于循环语句和 switch 语句之外的任何其他语句中,否则将产生编译错误。

2. 使用 continue 语句继续执行代码

continue 语句只能应用于 while、do…while、for 或 foreach 语句中,用来忽略循环语句块内位于 continue 后面的代码而直接开始一次新的循环。当多个 while、do…while、for 或 foreach 语句互相嵌套时,continue 语句只能使直接包含它的循环语句开始一次新的循环。

【例 3-15】 利用 break 语句,实现判断输入的一个正整数是否为素数。设计一个 Windows 窗体应用程序实现上述功能。

分析:

本例的难点是素数的判断方法,一个正整数 n 从 $n-1$ 开始去除,一直除到 2 为止,如果全部都不能除尽,则可判断为素数,如果碰到某一个数可以除尽,则利用 break 语句跳出循环,可判定为合数。

设计步骤如下:

(1) 程序设计界面。

创建一个 Windows 窗体应用程序,添加两个标签控件(Label1 和 Label2)、一个文本框控件(textBox1)、一个按钮控件(Button1),适当调整控件大小及布局,如图 3-52 所示。

(2) 设计窗体及控件属性。

窗体与控件的 Text 属性设置如图 3-53 所示。设置 TextBox1 的 Name 属性为 txtInput;设置 Label2 的 Name 属性为 lblResult,AutoSize 属性为 False,BorderStyle 属性为 Fixed3D。

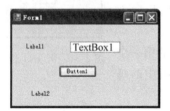

图 3-52　例 3-15 程序设计界面　　　　图 3-53　例 3-15 初始界面

(3) 设计代码。

双击"判断"按钮,进入代码编写界面,添加"判断"按钮的单击事件代码如下:

```csharp
private void button1_Click(object sender, EventArgs e)
{
    int  n = int.Parse(txtInput.Text);
    if (n <= 1)
        MessageBox.Show("请重新输入一个正整数!");
    else
    {
        int i;
        for(i = n-1;i>1;i--)
        {
            if(n%i==0)  break;
```

```
        }
        if(i == 1)
            lblResult.Text = "正整数" + n + "是素数!";
        else
            lblResult.Text = "正整数" + n + "不是素数!";
    }
}
```

(4) 执行程序。

按 F5 键或单击工具栏上的"启动调试"按钮,程序开始运行,输入不同的数,运行结果如图 3-54 和图 3-55 所示。

图 3-54　例 3-15 程序运行结果 1

图 3-55　例 3-15 程序运行结果 2

说明:

(1) "MessageBox.Show("请重新输入一个正整数!");"语句用于弹出一个消息框提示。

(2) 素数的判断通过两个步骤实现:①循环判断 n 是否能被 $n-1$ 和 2 之间的整数所整除,如果可以被其中某个数整除,则通过 break 语句退出循环,此时循环变量 i 的值不再发生变化了;②循环结束后,根据 i 的取值判断是正常结束循环还是强制跳出的,如果是正常结束,i 的值变为 1,说明 n 不能被任何一个小于它的正整数(1 除外)整除,符合素数的定义;如果是通过 break 强制跳出的,i 不等于 1,说明不是素数。

【例 3-16】　利用 break 和 continue 语句设计循环结构程序,设计一个 Windows 窗体应用程序,单击不同的单选按钮,则在标签控件中分别输出 1~30 的全部数值、1~15 的数值和 1~30 中的奇数。

分析:

本例的输出功能实现不难,重点是如何在一个循环结构中分别实现 3 种不同的输出结果。循环次数最多为 30 次,所以可以采用 for 循环实现;1~15 的输出可以通过判断循环变量的值是否超过 15 实现,如果超过直接使用 break 跳出循环;奇数的输出可以通过判断循环变量的值是否为偶数实现,如果是偶数则跳过,直接开始下一次循环,continue 语句恰好有此功能。

设计步骤如下:

(1) 程序设计界面。

创建一个 Windows 窗体应用程序,添加一个标签控件(Label1)、3 个单选按钮控件(RadioButton1~RadioButton3)、一个按钮控件(Button1),适当调整控件大小及布局,如图 3-56 所示。

(2) 设计窗体及控件属性。

窗体与控件的 Text 属性设置如图 3-57 所示。设置 RadioButton1 的 Name 属性为 radAll，Checked 属性为 True；设置 RadioButton2 的 Name 属性为 radBreak；设置 RadioButton3 的 Name 属性为 radContinue；设置 Label1 的 Name 属性为 lblOut，AutoSize 属性为 False，BorderStyle 属性为 Fixed3D。

图 3-56　例 3-16 程序设计界面

图 3-57　例 3-16 初始界面

（3）设计代码。

双击"输出"按钮，进入代码编写界面，添加"输出"按钮的单击事件代码如下：

```csharp
private void button1_Click(object sender, EventArgs e)
{
    lblOut.Text = "";
    for (int i = 1; i <= 30; i++)
    {
        if (radAll.Checked)
        {
            lblOut.Text += i + "  ";
        }
        if (radBreak.Checked)
        {
            if (i > 15) break;
            lblOut.Text += i + "  ";
        }
        if (radContinue.Checked)
        {
            if (i % 2 == 0) continue;
            lblOut.Text += i + "  ";
        }
    }
}
```

（4）执行程序。

按 F5 键或单击工具栏上的"启动调试"按钮，程序开始运行，结果如图 3-58 所示。

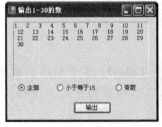 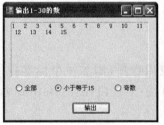 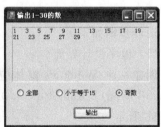

图 3-58　例 3-16 程序运行结果

说明：

（1）程序通过在 for 循环中嵌套 3 个 if 语句，分别处理 3 种不同的输出要求。注意分析后两个 if 语句中嵌套的 if 语句的功能，明确 break 语句和 continue 语句的作用。

（2）程序的输出格式不够完美，读者可以自行设计如何指定在一行上只输出指定数量的值。

3. 使用 goto 语句实现程序跳转

goto 语句用于将控制转移到由标签标记的语句，它可以被应用于 switch 语句中的 case 标签、default 标签以及标记语句所声明的标签。为了跳转至某一个特定的标签，goto 语句必须与该标签在同一范围内。goto 语句的基本语法形式如下：

```
goto identifier;
goto case 常量表达式;
goto default;
```

说明：

（1）"goto identifier"语句跳转到由"identifier"标签标记的语句。identifier 是一个标识符（标号），标号由字母、数字和下划线构成，且首字母必须是字母或下划线。任何转移到的标号后面应带一个冒号。

（2）goto 语句的后两种形式用于将控制传递给特定的 switch…case 标签或 switch 语句中的默认标签。

（3）goto 语句可用于跳出深嵌套循环，即如果一次要跳出两层或多层循环，应使用 goto 语句，而不能直接使用 break 语句，因为 break 语句只能跳出一层循环。

（4）goto 语句不能直接跳转进入循环体。

虽然 goto 语句有一定的使用价值，但是由于它可能会破坏程序的结构化，目前对它的使用存在争议。有人建议避免使用它，有人建议把它用作排除错误的基本工具。各种观点截然不同，虽然许多人不用 goto 语句也能够编程，但是仍然有人使用它。所以读者在使用 goto 语句时一定要小心，要确保程序是可维护的。

【例 3-17】 利用 if 语句和 goto 语句设计循环结构程序，计算 1～100 之内所有的奇数和。设计一个 Windows 窗体应用程序实现上述功能。

分析：

计算 1～100 之内所有的奇数和是一个典型的循环结构设计，而循环结构的基本思想是满足特定的条件就重复执行特定的语句块，因此，利用 if 语句和 goto 语句也可以实现循环结构程序设计，其重点是正确设计标签位置和 goto 语句的位置。

设计步骤如下：

（1）程序设计界面。

创建一个 Windows 窗体应用程序，添加两个标签控件（Label1 和 Label2）、一个按钮控件（Button1），适当调整控件大小及布局，如图 3-59 所示。

（2）设计窗体及控件属性。

窗体与控件的 Text 属性设置如图 3-60 所示。设置 Label2 的 Name 属性为 lblOut，AutoSize 属性为 False，BorderStyle 属性为 Fixed3D。

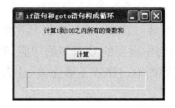

图 3-59 例 3-17 程序设计界面　　　　图 3-60 例 3-17 初始界面

（3）设计代码。

双击"计算"按钮，进入代码编写界面，添加"计算"按钮的单击事件代码如下：

```
private void button1_Click(object sender, EventArgs e)
{
    int  i = 1, sum = 0;
    loop:
        if (i <= 100)
        {
            sum += i;
            i = i + 2;
            goto loop;
        }
    lblOut.Text = "100 以内的奇数和为:" + sum;
}
```

（4）执行程序。

按 F5 键或单击工具栏上的"启动调试"按钮，程序开始运行，结果如图 3-61 所示。

说明：

（1）程序通过 if 语句和 goto 语句配合实现了循环控制功能，所有需要重复执行的语句都放在 if 语句块中，此外，goto 语句也必须放在 if 语句块中，用于实现重复执行的功能。

（2）读者可以将本例与例 3-7、例 3-10 进行对比，加深对循环结构程序设计的理解。

图 3-61 例 3-17 程序运行结果

4．使用 return 语句实现程序返回

return 语句在日常生活中经常用到，比如一个人付钱买香烟，售货员收钱递给这个人香烟，售货员递给这个人香烟的过程其实就是一个 return 的过程，他返回给这个人想要的结果——香烟。从此例可以看出，return 语句用来控制返回到使用 return 语句的方法成员的调用方。return 语句后面可以跟一个可选的表达式，如果不带表达式，则 return 语句只能用在不返回值的方法成员中，即只能用在返回类型为 void 的方法中。

【例 3-18】 利用跳转语句编程显示 100~200 之间所有的素数，要求一行显示 5 个数。设计一个 Windows 窗体应用程序实现上述功能。

分析：

例 3-15 实现了判断某个数是否是素数的功能，通过在 for 循环中使用 break 语句实现。本例要求输出 100~200 之间所有的素数，需要通过循环结构在循环体中判断每个数是否是素数,这个判别过程可以设计成一个方法,该方法利用 return 语句返回一个逻辑值 True 或 False。本例的关键是如何设计方法以及如何调用方法。

设计步骤如下:

(1) 程序设计界面。

创建一个 Windows 窗体应用程序,添加一个标签控件(Label1)、一个按钮控件(Button1),适当调整控件大小及布局,如图 3-62 所示。

(2) 设计窗体及控件属性。

窗体与控件的 Text 属性设置如图 3-63 所示。设置 Label1 的 Name 属性为 lblOut,AutoSize 属性为 False,BorderStyle 属性为 Fixed3D。

图 3-62 例 3-18 程序设计界面　　　　图 3-63 例 3-18 初始界面

(3) 设计代码。

按 F7 键或单击"视图"菜单下的"代码"菜单,进入代码编写界面,自定义一个判断素数的方法(函数),如下所示:

```
private bool judge(int n)      //自定义的判断素数的方法
{
    int i;
    for (i = n - 1; i > 1; i--)
    {
        if (n % i == 0) break;
    }
    if (i == 1)
        return true;           //如果是素数,返回 True
    else
        return false;          //如果不是素数,返回 False
}
```

然后,添加"计算"按钮的单击事件代码如下:

```
private void button1_Click(object sender, EventArgs e)
{
    lblOut.Text = "";
    int count = 0;   //用于控制每行输出的变量
    for (int k = 100; k <= 200; k++)
    {
        if (judge(k))
        {
            lblOut.Text += k + "  ";
            count = count + 1;
        }
        if (count == 5)    //用于保证一行只输出 5 个数
```

```
            {
                lblOut.Text += "\n";
                count = 0;
            }
        }
    }
}
```

(4) 执行程序。

按 F5 键或单击工具栏上的"启动调试"按钮,程序开始运行,结果如图 3-64 所示。

说明:

(1) 本例的难点在于判断素数的方法的定义,"private bool judge(int n)"是方法的头部,其中,private 声明该方法是私有方法,仅能被本类中的其他方法所调用,bool 是方法的返回值的类型,int n 是方法调用时需要传入的参数类型及参数名。方法中通过 return 语句返回 bool 型的值。

(2) 在"计算"按钮的单击事件中,通过"if (judge(k))"调用判断素数的方法,如果返回值是 True,说明该数是素数。

图 3-64　例 3-18 程序运行结果

(3) 每行只输出 5 个数的功能,通过定义一个控制变量 count 实现,每返回一个素数,则将 count 值加 1,count 等于 5 时输出换行符并将 count 初始化。

3.3.2　异常处理

再优秀的程序员也无法保证所编写的程序是完美无缺、毫无错误的。此外,用户在使用程序时如果输入错误的数据也可能引发异常。异常处理是指对程序可能出现错误的处理机制和方法。C#中的异常处理主要处理系统级和应用程序级的错误状态,例如零除异常、下标越界、I/O 错误等,它是一种结构化的、统一的和类型安全的处理机制。C#语言的异常处理功能通过使用 try 语句来定义代码块,实现尝试可能未成功的操作、处理失败以及在事后清理资源等。

try 语句提供一种机制,用于捕捉在块执行期间发生的各种异常。此外,try 语句可以指定一个代码块,并保证当控制离开 try 语句时总是先执行该代码。

try 语句的基本语法格式如下:

```
try
{
    //可能引发异常的语句
}
catch(异常类型 异常变量)
{
    //在异常发生时执行的代码
}
finally
{
    //最终必须执行的代码(即使发生异常),如释放资源等
}
```

try 语句有以下 3 种可能的形式。

(1) try…catch 语句：一个 try 块后接一个或多个 catch 块。
(2) try…finally 语句：一个 try 块后接一个 finally 块。
(3) try…catch…finally：一个 try 块后接一个或多个 catch 块，后面再跟一个 finally 块。

C♯ 语句使用 try 块来对可能受异常影响的代码进行分区，并使用 catch 块来处理所产生的任何异常，还可以使用 finally 块来执行代码，而无论是否引发了异常（因为如果引发了异常，将不会执行 try/catch 构造后面的代码）。try 块必须与 catch 或 finally 块一起使用（不带有 catch 或 finally 块的 try 语句将导致编译错误），并且可以包括多个 catch 块。

1. 用 try…catch 语句捕获异常

正常情况下，程序流进入 try 控制块后，如果没有发生错误，就会正常操作。当程序流离开 try 控制块后，如果没有发生错误，将执行 catch 后的 finally 语句块或顺序执行；当执行 try 时发生错误，程序流就会跳转到相应的 catch 语句块。

【例 3-19】try…catch 语句使用示例：在两个文本框中接收两个数，单击"计算"按钮，显示这两个数的商。要求使用 try…catch 语句识别并处理各种异常，设计一个 Windows 窗体应用程序实现上述功能。

分析：

两个数相除可能出现的异常包括由除数为非数字引发的异常、由被除数为非数字引发的异常、由除数为零引发的异常。因此，对这 3 种异常情况要分别使用 try 进行捕获，并用 catch 进行处理。

设计步骤如下：

（1）程序设计界面。

创建一个 Windows 窗体应用程序，添加 3 个标签控件（Label1、Label2 和 Label3）、两个文本框控件（TextBox1 和 TextBox2）、两个按钮控件（Button1 和 Button2），适当调整控件大小及布局，如图 3-65 所示。

（2）设计窗体及控件属性。

窗体与控件的 Text 属性设置如图 3-66 所示。设置 Label3 的 Name 属性为 lblOut，AutoSize 属性为 False，BorderStyle 属性为 Fixed3D。

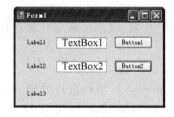

图 3-65　例 3-19 程序设计界面

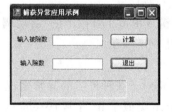

图 3-66　例 3-19 初始界面

（3）设计代码。

按 F7 键或者双击"计算"按钮，进入代码编写界面，添加"计算"按钮的单击事件代码如下：

```csharp
private void button1_Click(object sender, EventArgs e)
{
    int a, b, c;
    try                                     //试图捕获被除数非数字的异常
    {
        a = Convert.ToInt32(textBox1.Text);
    }
    catch                                   //发生异常时的处理
    {
        lblOut.Text = "提示:请将被除数的值输入为数字!";
        return;
    }
    try                                     //试图捕获除数非数字的异常
    {
        b = Convert.ToInt32(textBox2.Text);
    }
    catch                                   //发生异常时的处理
    {
        lblOut.Text = "提示:请将除数的值输入为数字!";
        return;
    }
    try
    {
        c = a / b;
    }
    catch (DivideByZeroException)           //如果发生除数为 0 的异常
    {
        lblOut.Text = "提示:除数不能为 0!";
        return;
    }
    lblOut.Text = "2 个数的商为:" + c.ToString(); //正确运行时显示运算结果
}
```

双击"退出"按钮,添加"退出"按钮的单击事件代码如下:

```csharp
private void button2_Click(object sender, EventArgs e)
{
    this.Close();                           //关闭应用程序
}
```

(4) 执行程序。

按 F5 键或单击工具栏上的"启动调试"按钮,程序开始运行,正常运行及各种异常处理的结果如图 3-67 所示。

说明:

(1) 本例对于 3 种可能的异常情况,分别使用 try…catch 结构进行处理。从逻辑上理解,try…catch 类似于 if(异常)…else(catch),即只有捕获到异常,才能执行 catch 块中的语句。

(2) catch 块中的 return 语句用于结束本次程序的运行,返回初始状态。

(3) 请读者思考:如果除数和被除数都为非数字,会显示什么样的提示信息?请自行验证。

图 3-67　例 3-19 程序运行结果

2．用 try…finally 语句清除异常

有时可能希望在程序运行时，要求清除异常而不是作为错误处理。如果希望程序在出现异常时继续执行，并且不显示出错信息，则可以使用 try…finally 语句实现清除异常的功能。它不仅可以抑制出错消息，而且所有被包含在 finally 块中的代码在异常被引发后仍然会被执行。

【例 3-20】　try…finally 语句使用示例：设计一个 Windows 窗体应用程序，用来检查指定文件是否存在。用户在文本框中输入文件路径，单击"检查"按钮后显示检查结果并弹出消息框。要求无论文件存在与否，程序均能正常结束并显示"感谢使用本软件"的消息框。单击"退出"按钮后关闭窗口，程序结束。

分析：

文件是否存在的判断可以放在 try 语句块中进行。消息框的显示是不论检查结果如何都需要执行的，因此将其放在 finally 语句块中。

设计步骤如下：

（1）程序设计界面。

创建一个 Windows 窗体应用程序，添加两个标签控件（Label1 和 Label2）、一个文本框控件（TextBox1）、两个按钮控件（Button1 和 Button2），适当调整控件大小及布局，如图 3-68 所示。

（2）设计窗体及控件属性。

窗体与控件的 Text 属性设置如图 3-69 所示。设置 Label2 的 Name 属性为 lblOut，AutoSize 属性为 False，BorderStyle 属性为 Fixed3D。

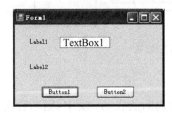　　

图 3-68　例 3-20 程序设计界面　　　　　图 3-69　例 3-20 初始界面

(3) 设计代码。

按 F7 键或者双击"检查"按钮,进入代码编写界面。

由于本例需要使用 File(文件)类,因此在代码窗口的最上方需要添加以下命名空间的引用:

```
using System.IO;
```

添加"检查"按钮的单击事件代码如下:

```
private void button1_Click(object sender, EventArgs e)
{
    try
    {
        if (File.Exists(textBox1.Text))    //判断文件是否存在
        {
            lblOut.Text = "该文件存在";
        }
        else
        {
            lblOut.Text = "该文件不存在";
        }
    }
    finally                                //无论是否发生异常,都正常结束
    {
        MessageBox.Show("感谢使用本软件!","程序结束");
    }
}
```

双击"退出"按钮,添加"退出"按钮的单击事件代码如下:

```
private void button2_Click(object sender, EventArgs e)
{
    this.Close();                          //关闭应用程序
}
```

(4) 执行程序。

按 F5 键或单击工具栏上的"启动调试"按钮,程序开始运行,正常运行及各种异常处理的结果如图 3-70 所示。

图 3-70　例 3-20 程序运行结果

说明:

(1) 本例通过 try…finally 结构清除异常,将文件判断放在 try 块中,则不管文件是否存在,程序一定会执行 finally 块中的语句。

（2）File.Exists()方法用于判断指定的文件是否存在。

（3）MessageBox.Show()方法用于显示消息框。

3. try…catch…finally 语句结构

前面介绍的 try…catch 结构和 try…finally 结构分别用来捕获处理异常和清除异常。下面介绍的 try…catch…finally 结构可以将上述二者结合起来，使之成为一个整体。

【例 3-21】 try…catch…finally 语句使用示例：在例 3-19 的基础上修改"计算"按钮的代码如下：

```
private void button1_Click(object sender, EventArgs e)
{
    int a, b, c;
    try                                          //试图捕获异常
    {
        a = Convert.ToInt32(textBox1.Text);
        b = Convert.ToInt32(textBox2.Text);
        c = a / b;
        lblOut.Text = "2个数的商为:" + c.ToString(); //正确运行时显示运算结果
    }
    catch(FormatException)                       //处理转换发生的异常
    {
        lblOut.Text = "提示：请将被除数或除数的值输入为数字！";
    }
    catch(DivideByZeroException)                 //处理除数为0的异常
    {
        lblOut.Text = "提示：除数不能为0！";
    }
    finally                                      //清除异常
    {
        MessageBox.Show("感谢使用本软件,程序正常结束！");
    }
}
```

说明：

（1）本例中 try 语句块中的任何一行的语句出错，都将导致异常发生。程序使用分别放置的 catch 语句块来捕获各类异常并进行相应的处理。不同异常类通过 catch 后括号中的异常类进行区分。

（2）finally 语句块使程序中无论发生何种异常都能正确地执行其中的语句。

4. 抛出异常和常用异常类

在程序设计时可能需要有意地引发某种异常，以测试程序在不同状态下的运行情况，Visual Studio 提供的 throw 方法就是专门用于人为引发异常的。通常将这种主要用于测试程序的、能够自动引发异常的方法称为"抛出异常"。例如，以下代码将在程序运行时引发一个除数为 0 的异常：

```
throw new DivideByZeroException();
```

如果将该语句添加到例 3-21 中 try 语句块的第一行，则无论除数文本框中的数字是否为 0，程序都会调用 catch(DivideByZeroException) 语句块中的处理方法，即在屏幕上显示"提示：除数不能为0！"的信息。

Visual Studio 提供了大量的用于判断异常类型的类，例如前面用到的 DivideByZeroException()，常用的异常类及说明如表 3-3 所示。

表 3-3 常用的异常类

异常类名称	说 明
ArgumentException	参数错误：方法的参数无效
ArgumentNullException	参数为空：给方法传递一个不可接受的空参数
ArithmeticException	数学计算错误：由于数学运算导致的异常，覆盖面广
ArrayTypeMismatchException	数组类型不匹配
DivideByZeroException	被零除，在试图用 0 除某个数时引发
FormatException	参数的格式不正确
IndexOutOfRangeException	索引超出范围，小于 0 或者比最后一个元素索引还大
InvalidCastException	非法强制转换，在显式转换失败时引发
MemberAccessException	访问错误：类型成员不能被访问
NotSupportedException	调用的方法在类中没有实现
NullReferenceException	引用空引用对象时引发
OutOfMemoryException	无法为新语句分配内存时引发，内存不足
OverflowException	溢出
StackOverflowException	栈溢出
TypeInitialzationException	错误的初始化类型：静态构造函数有问题时引发
NotFiniteNumberException	无限大的值：数字不合法

3.4 本章小结

结构化程序主要有 3 种结构：顺序结构、选择结构和循环结构。顺序结构按照各个语句出现位置的先后次序执行，是 C♯ 程序中语句执行的基本顺序。选择结构也叫分支结构，根据条件来控制代码的执行分支。C♯ 包括两种控制分支的条件语句：if 语句和 switch 语句。循环结构通过使用迭代语句创建循环，循环体中的语句根据循环终止条件多次执行。C♯ 提供了 4 种不同的循环机制：for、while、do…while 和 foreach。

跳转语句用于无条件地转移控制。使用跳转语句执行分支，则导致程序控制立即跳转。C♯ 跳转语句包括 goto、break、continue 和 return。

C♯ 中的异常用于处理系统级和应用程序级的错误状态，例如除零异常、下标越界和 I/O 错误等，通过使用 try…catch…finally 语句来定义代码块，实现尝试可能未成功的操作、处理失败，以及在事后清理资源等。

3.5 单元实训

实训目的：

（1）熟练掌握分支结构程序设计的基本方法。

（2）理解单分支选择结构和多分支选择结构的实现过程和方法。

(3) 掌握 if…else 语句和 switch 语句的语法格式和使用技巧。
(4) 熟练掌握循环结构程序设计的基本方法。
(5) 理解 for 循环和 while 循环的实现过程和方法。
(6) 培养利用分支结构和循环结构综合解决问题的能力。

实训参考学时：

4～6 学时

实训内容：

(1) 创建 Windows 窗体应用程序，单击"显示"按钮，根据对单选按钮的选择，分别显示日期或时间，程序运行结果如图 3-71 所示。

图 3-71 实训程序运行结果

(2) 创建一个 Windows 窗体应用程序，实现以下功能：输入 3 个数 x、y、z，比较它们的大小，输出较小的数。

(3) 一只猴子摘了一篮桃子，每天吃的桃子是剩余桃子的 1/2，觉得还不过瘾，再多吃一个。第十天就只剩下一个桃子，问一共有多少桃子？请创建一个 Windows 窗体应用程序，实现以上功能。

(4) 有 100 多个零件，若 3 个 3 个地数，剩两个；若 5 个 5 个地数，剩 3 个；若 7 个 7 个地数，剩 5 个。请创建一个 Windows 窗体应用程序，计算出这堆零件至少是多少个。

(5) 我国古代著名的"百钱买百鸡"问题：每只公鸡值 5 元，每只母鸡值 3 元，3 只小鸡值 1 元，用 100 元买 100 只鸡，问公鸡、母鸡和小鸡各买几只。请创建一个 Windows 窗体应用程序，解答上述问题。

(6) 编写一个 Windows 窗体应用程序，求解爱因斯坦问题：有一个长阶梯，如果每步跨两阶则最后剩 1 阶；如果每步跨 3 阶则最后剩两阶；如果每步跨 5 阶则最后剩 4 阶；如果每步跨 6 阶则最后剩 5 阶；只有每步跨 7 阶时才正好走完，问这条阶梯最少有多少阶？

(7) 编写一个 Windows 窗体应用程序，根据用户输入的正整数 n，输出相应的菱形图案，要求第一行为一个字母 A，第二行为 3 个字母 B，以此类推，第 n 行为 $2n-1$ 个相应的字母，以后每行递减。

(8) 编写一个 Windows 窗体应用程序，实现以下功能：输入一个正整数 n，计算并输出 $n!+3n+1$ 的值。

(9) 企业发放的奖金根据利润提成。利润 I 低于或等于 10 万元的，奖金可提成 10%；利润高于 10 万元，低于 20 万元时，低于 10 万元的部分按 10% 提成，高于 10 万元的部分按 7.5% 提成；利润高于 20 万元，低于 40 万元时，低于 20 万元的部分仍按上述办法提成（下同），高于 20 万元的部分按 5% 提成；利润高于 40 万元，低于 60 万元时，高于 40 万元的部分按 3%提成；利润高于 60 万元，低于 100 万元时，高于 60 万元的部分按 1.5%提成；利润高于 100 万元时，高于 100 万元的部分按 1%提成。编写一个 Windows 窗体应用程序，根据用户输入的利润值 I，计算并输出应发放的奖金。

(10) 一个数如果恰好等于它的因子之和，这个数就称为"完数"。例如，6 的因子为 1、2、3，而 6＝1＋2＋3，因此 6 是"完数"。编写一个 Windows 窗体应用程序，找出 1000 以内所有的完数，要求一行只输出 5 个数。

实训难点提示：

(1) 第(4)题可使用三重 for 循环嵌套实现，定义 3 个循环变量 k、m、n，由于题目中指出零件是 100 多个，即大于 100 小于 200。循环结构的基本形式如下：

```
for(k=1;k<=65;k++)
    for(m=1;m<=39;m++)
        for(n=1;n<=27;n++)
        {
            sum1 = 3*k+2;
            sum2 = 5*m+3;
            sum3 = 7*n+5;
            if(…) …
        }
```

(2) 第(5)题可使用两重 while 循环嵌套实现。

(3) 第(7)题可使用 for 循环嵌套实现，外层循环每执行一次输出一行。对于每输出的一行，先用 for 循环输出相应的空格，即进行输出定位，然后用 for 循环输出相应个数的字母。

实训报告：

(1) 书写各题的核心代码。
(2) 简述 4 种循环结构的异同点。
(3) 试分析 Windows 窗体应用程序对应的项目文件夹的内容及功能。
(4) 总结本次实训的完成情况，并撰写实训体会。

习题 3

一、选择题

1. 假设有 3 个文本框 TextBox1、TextBox2 和 TextBox3，其中，TextBox3.Text 值为空，TextBox1.Text 值为 8，TextBox2.Text 值为 10，则执行语句"TextBox3.Text = TextBox1.Text＋TextBox2.Text;"后，TextBox3.Text 的值为(　　)。

　　A. 108　　　　B. 18　　　　C. 810　　　　D. 出错

2. 以下程序段执行结束后，i 和 j 的值分别为(　　)。

```
int i=1,j=1;
for(;j<10;j++)
{   if(j>5) break;
    if(j%2!=0)
    {j+=3; continue;}
    j-=1;
}
```

A. 2,9　　　　B. 1,9　　　　C. 1,8　　　　D. 1,10

3. 将命题"z 大于 x、y 中间的一个"用 C♯ 表达式表示为(　　)。

   A. z>x and z>y　　　　　　B. z>x or z>y
   C. z>x && z>y　　　　　　D. z>x ‖ z>y

4. 以下程序段执行后，Label1 的显示结果为(　　)。

```
int  i,sum;
sum = 0;
for(i = 2;i <= 10;i = i + 1)
{
   if(i % 2! = 0 && i % 3 == 0)
   sum = sum + i;
}
Label1.Text = sum.ToString();
```

　　A. 12　　　　B. 30　　　　C. 24　　　　D. 18

5. 有以下代码段：

```
int  i = 0,s = 0;
for(;;)
{
   if(i == 3 ‖ i == 5) continue;
   if(i == 6) break;
   i = i + 1;
   s = s + i;
}
```

循环完成后，s 的值是(　　)。

　　A. 10　　　　B. 7　　　　C. 21　　　　D. 程序进入死循环

6. 有以下代码段：

```
int k = 5,n = 0;
while(k > 0)
{
   switch(k)
   {
      case 1:
         n += k; break;
      case 2:
         break;
      case 3:
         n += k; break;
      default:
         break;
   }
   k = k - 1;
}
```

执行代码段后，n 的值是(　　)。

　　A. 0　　　　B. 4　　　　C. 6　　　　D. 7

二、填空题

1. 条件"金额大于等于500，小于1000"的表达式为_____。
2. 在C♯程序中，要设置Label控件的大小不随着内容而改变，应修改_____属性的值为False。
3. 按键盘上的_____键可以进入代码编辑窗口。
4. C♯中的4种循环结构是_____、_____、_____和_____。
5. 专门用于集合元素访问的循环语句是_____。
6. Visual Studio提供的_____方法就是专门用于人为引发异常的。
7. _____方法用于显示消息框。
8. 关闭应用程序的语句是_____。

三、问答题

1. 简述if语句嵌套时，if与else的配对规则。
2. 多分支条件语句中的控制表达式可以是哪几种数据类型？
3. 多分支条件语句中，case子句中在什么情况下可以不使用break语句？
4. while语句和do…while语句有何区别？
5. 异常处理有哪几种常用的语法格式？

第4章 C#面向对象编程基础

本章学习目标

(1) 熟练掌握面向对象的基本概念。
(2) 掌握类和对象的基本概念。
(3) 熟练掌握对象的声明和使用。
(4) 掌握方法的声明、调用和重载。
(5) 掌握属性的声明、访问和重载。
(6) 掌握类的继承。
(7) 初步掌握多态。
(8) 了解接口和多继承、委托和事件。
(9) 掌握 C#面向对象编程的基本技巧。

4.1 典型项目及分析

典型项目一:商品销售管理器

【项目任务】

创建一个 Windows 窗体应用程序,输入"原库存量"、"产品单价"和"销售量",计算输出"现库存量"和"销售额",程序运行结果如图 4-1 所示。

【学习目标】

熟练掌握用类创建对象的基本方法,理解类的公共成员与私有成员、静态成员与非静态成员在面向对象编程中的不同意义,掌握构造函数的定义与使用,静态方法与实例方法的定义与使用,能够根据需要正确设计类中的数据成员和方法。

【知识要点】

(1) 类对象的定义与实例化。
(2) 类的静态数据成员与非静态数据成员。
(3) 类的构造函数。

图 4-1 商品销售管理器

(4)静态方法与实例方法。

【实现步骤】

(1)程序设计界面。

创建一个 Windows 窗体应用程序(项目),添加两个分组框控件(GroupBox1 和 GroupBox2)、7 个标签控件(Label1~Label7)、3 个文本框控件(TextBox1、TextBox2 和 TextBox3)、两个按钮控件(Button1 和 Button2),其中 3 个文本框和 3 个标签放在 GroupBox1 中,其余标签放在 GroupBox2 中,适当调整各个控件的大小及布局,如图 4-2 所示。

(2)设计窗体及控件属性。

窗体与控件的 Text 属性如图 4-3 所示。设置 Label5 的 Name 属性为 lblOut1,AutoSize 属性为 False,BorderStyle 属性为 Fixed3D;设置 Label7 的 Name 属性为 lblOut2,AutoSize 属性为 False,BorderStyle 属性为 Fixed3D,再次调整控件的布局及大小。

图 4-2 程序设计界面　　　　　　图 4-3 初始界面

(3)设计代码。

按 F7 进入代码编辑窗口,首先在 Form1 类中添加用于商品销售管理的类 Sale,代码如下:

```
class Sale
{
    int numItems;                                    //原库存量
    double cost;                                     //产品单价
    static double cashSum;                           //静态变量,销售量
    public Sale(int numItems,double cost)            //实例构造函数
    {
        this.numItems = numItems;
        this.cost = cost;
    }
    static Sale()                                    //静态构造函数
    {
        cashSum = 0.0;
    }
    public void makeSale(int num,out int stock)      //实例方法
    {
        this.numItems -= num;
        cashSum += cost * num;                       //实例方法可以访问静态成员
        stock = numItems;
```

```
        }
        public static double productCost()    //静态方法,只能访问静态成员
        {
            return cashSum;
        }
    }
```

在设计视图中双击"计算"按钮,添加该按钮的单击事件代码如下:

```
private void button1_Click(object sender, EventArgs e)
{
    int st;                                                    //现库存量
    int InNumItems = Convert.ToInt32(textBox1.Text.Trim());    //所输入的原库存量
    int InCost = Convert.ToInt32(textBox2.Text.Trim());        //所输入的产品单价
    int InSale = Convert.ToInt32(textBox3.Text.Trim());        //所输入的产品销售量
    Sale s = new Sale(InNumItems, InCost);                     //实例化类 Sale
    s.makeSale(InSale, out st);                                //调用实例方法
    lblOut1.Text = Sale.productCost().ToString();              //调用静态方法并转换为 String
    lblOut2.Text = st.ToString();                              //库存量转换为 String
}
```

在设计视图中双击"清空"按钮,添加该按钮的单击事件代码如下:

```
private void button2_Click(object sender, EventArgs e)
{
    textBox1.Text = textBox2.Text = textBox3.Text = "";
    lblOut1.Text = lblOut2.Text = "";
}
```

(4) 执行程序。

按 F5 键或单击工具栏上的"启动调试"按钮,程序开始运行,结果如图 4-1 所示。

说明:

(1) Windows 窗体中的 GroupBox 控件用于为其他控件提供可识别的分组。通常,使用分组框按功能细分窗体。当移动单个 GroupBox 控件时,它包含的所有控件也会一起移动。

(2) Sale 类中将销售额定义为静态变量 cashSum,那么访问 cashSum 的方法 productCost 也就定义成静态方法。而 makeSale 方法是计算销售额及现库存量的,所以定义为实例方法。

(3) 在程序中可以看到,实例方法 makeSale 中可以使用 this 来引用变量 numItems。这里 this 关键字表示引用当前对象实例的成员。在实例方法体内也可以省略 this,直接引用 numItems,实际上二者的语义相同。而静态方法不与对象关联,理所当然不能用 this 指针。

(4) 静态构造函数用于初始化任何静态数据,或用于执行仅需要执行一次的特定操作。在创建第一个实例或引用任何静态成员之前,将自动调用静态构造函数。

典型项目二:创建与操作窗口

【项目任务】

创建一个 Windows 应用程序,程序运行后打开主窗口,单击主窗口中的"打开窗口"单选按钮,将创建并打开一个新窗口。通过主窗口可以对新的窗口执行关闭、显示、隐藏等操

作,也可以通过主窗口设置新窗口的大小及其中标签的前景色与背景色。程序运行结果如图 4-4 所示。

图 4-4　程序运行结果

【学习目标】

熟练掌握用类创建对象的基本方法,理解类的公共成员与私有成员在面向对象编程中的不同意义,掌握使用公共的方法访问私有成员的编程原则。能够根据需要正确设计类中的私有字段和公共方法。

【知识要点】

（1）类对象的定义与实例化。

（2）类的公共数据成员与私有数据成员的访问。

（3）方法的定义与使用。

（4）Color 类的使用。

（5）ComboBox 控件的属性和方法。

【实现步骤】

（1）设计程序主窗口。

① 设计主窗口界面。

创建一个 Windows 应用程序,添加 3 个分组框控件(GroupBox1～GroupBox3)、4 个单选按钮（RadioButton1～RadioButton4）,注意添加前两个单选按钮时,要先选中 GruopBox1,添加后两个单选按钮时,要先选中 GruopBox2,以保证 4 个单选按钮可以分两组使用。添加 4 个标签控件(Label1～Label4)两个文本框控件(TextBox1 和 TextBox2)、两个组合框控件(ComboBox1 和 ComboBox2)、一个按钮控件(Button1),适当调整各个控件的大小及布局,如图 4-5 所示。

② 设计窗体及控件属性。

窗体与控件的 Text 属性如图 4-6 所示,各个控件的 Name 属性设置如表 4-1 所示。

表 4-1　各控件的 Name 属性设置

原 Name 属性值	修改后 Name 属性值	原 Name 属性值	修改后 Name 属性值
RadioButton1	radOpen	TextBox1	txtWidth
RadioButton2	radClose	TextBox2	txtHeight
RadioButton3	radShow	ComboBox1	cmbFC
RadioButton4	radHide	ComboBox2	cmbBC

图 4-5 程序主窗口设计界面

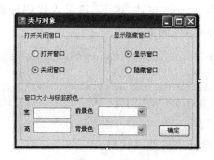
图 4-6 主窗口初始界面

设置"关闭窗口"和"显示窗口"单选按钮的 Checked 属性为 True。

在窗体设计器中选择 cmbFC,在属性窗口选择 Items 属性,单击右侧的打开按钮,打开"字符串集合编辑器",在其中输入红、黄、绿、蓝,如图 4-7 所示。对组合框控件 cmbBC 进行同样的操作。

(2) 设计子窗口。

① 设计窗口界面。

在"解决方案资源管理器"窗口中右击项目名称,在打开的快捷菜单中用鼠标指向"添加",在打开的下级菜单中选择"Windows 窗体"命令,创建一个名为 Form2 的窗体。

② 设计窗体及控件属性。

Form2 窗体与控件的 Text 属性设置如图 4-8 所示。设置 Label1 控件的 Name 属性为 lblInfo,AutoSize 属性为 False,BorderStyle 属性为 Fixed3D,Font 属性为字体隶书,字型常规,字号小二。

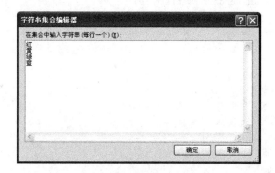
图 4-7 字符串集合编辑器

图 4-8 Form2 窗体初始界面

(3) 设计代码。

① 声明字段与方法。

首先需要声明在程序运行的各个事件中均需要的变量,这种变量应声明为类定义的字段。在 Form1 类定义的,声明 Form2 类对象,代码如下:

```
Form2 fm2;    //声明 Form2 类的对象 fm2
```

由于类的私有成员不允许在类定义外访问,因此不可能在主窗口直接完成对子窗口中标签的操作，这需要通过子窗口的公共方法来实现。

打开 Form2 窗体，按 F7 键进入代码编辑窗口，在 Form2 类中添加公共方法用于设置标签的颜色，代码如下：

```csharp
public void LblColor(Color fColor,Color bColor)
{
    lblInfo.ForeColor = fColor;    //设置前景色
    lblInfo.BackColor = bColor;    //设置背景色
}
```

② 设计事件处理代码。

打开 Form1 窗体，在设计视图中双击"打开窗口"单选按钮，添加该按钮的默认事件 CheckedChanged 代码如下：

```csharp
private void radOpen_CheckedChanged(object sender, EventArgs e)
{
    if (radOpen.Checked)
    {
        fm2 = new Form2();
        fm2.Show();
        radOpen.Enabled = false;
        radClose.Enabled = true;
        radShow.Enabled = true;
        radHide.Enabled = true;
        button1.Enabled = true;
    }
}
```

添加"关闭窗口"按钮的默认事件 CheckedChanged 代码如下：

```csharp
private void radClose_CheckedChanged(object sender, EventArgs e)
{
    if (radClose.Checked)
    {
        fm2.Close();
        radOpen.Enabled = true;
        radClose.Enabled = false;
        radShow.Enabled = false;
        radHide.Enabled = false;
        button1.Enabled = false;
    }
}
```

添加"显示窗口"按钮的默认事件 CheckedChanged 代码如下：

```csharp
private void radShow_CheckedChanged(object sender, EventArgs e)
{
    if (radShow.Checked)
    {
        fm2.Visible = true;
    }
}
```

添加"隐藏窗口"按钮的默认事件 CheckedChanged 代码如下：

```csharp
private void radHide_CheckedChanged(object sender, EventArgs e)
{
    if (radHide.Checked)
    {
        fm2.Visible = false;
    }
}
```

添加"确定"按钮的默认事件 Click 代码如下：

```csharp
private void button1_Click(object sender, EventArgs e)
{
    Color fC = Color.Black;
    Color bC = Color.White;
    switch (Convert.ToChar(cmbFC.SelectedItem.ToString()))
    {
            case '红': fC = Color.Red; break;
            case '绿': fC = Color.Green; break;
            case '黄': fC = Color.Yellow; break;
            case '蓝': fC = Color.Blue; break;
    }
    switch (Convert.ToChar(cmbBC.SelectedItem.ToString()))
    {
            case '红': bC = Color.Red; break;
            case '绿': bC = Color.Green; break;
            case '黄': bC = Color.Yellow; break;
            case '蓝': bC = Color.Blue; break;
    }
    fm2.LblColor(fC, bC);    //调用 Form2 的公共方法
    fm2.Width = int.Parse(txtWidth.Text);
    fm2.Height = int.Parse(txtWidth.Text);
}
```

（4）执行程序。

按 F5 键或单击工具栏上的"启动调试"按钮，程序开始运行，结果如图 4-4 所示。

说明：

（1）本项目通过窗口的创建与属性操作来熟悉类和对象使用的基本方法与技巧。注意，窗体是 C# 中的类，项目在 Form1 窗体类中添加了 Form2 窗体类的对象定义，而 Form2 窗体对象的实例化在"打开窗口"按钮事件过程中通过"fm2 = new Form2();"语句实现。

（2）由于 fm2 对象的 ForeColor 和 BackColor 属性是其私有字段，因此无法在类外部直接访问，只能通过调用 Form2 对象中定义的公有方法进行访问。而对于 Form2 的公有属性 Width 和 Height，则可以在 Form1 中直接访问。

典型项目三：窗体继承

【项目任务】

创建一个 Windows 应用程序，该程序的运行主界面如图 4-9 所示。在主界面中单击"父窗体"按钮，打开"1-2012 闰年（主窗体）"窗口，单击该窗口的"显示闰年"按钮，在列表框中显示所有闰年列表，如图 4-10 所示。在主界面中单击"子窗体"按钮，打开"1-2012 闰年

(子窗体)"窗口,单击"显示所有年份"按钮,在列表框中显示所有年份列表,单击"显示闰年"按钮的功能与父窗体相同,如图4-11所示。

图4-9　程序主界面　　　　图4-10　父窗体运行界面　　　图4-11　子窗体运行界面

【学习目标】

掌握基类与派生类的定义,掌握基类字段访问控制的特点,从继承的概念出发,理解派生类对象使用基类属性的原理。

【知识要点】

(1) 基类与派生类。

(2) 窗体对象的创建与显示。

(3) 窗体的继承。

(4) 列表框控件的属性和方法。

【实现步骤】

(1) 设计程序主窗口。

① 设计主窗口界面。

创建一个 Windows 应用程序,添加两个按钮控件(Button1 和 Button2),修改窗体与控件的 Text 属性,并适当调整各个控件的大小及布局,如图4-12所示。

② 设计父类(基类)窗体。

在"解决方案资源管理器"窗口中右击项目名称,在打开的快捷菜单中用鼠标指向"添加",在打开的下级菜单中选择"Windows 窗体"命令,在对话框中的"名称"文本框中修改默认名称"Form2.cs"为"FrmParent.cs",单击"添加"按钮。在打开的 FrmParent 窗体设计视图中添加一个列表框控件(ListBox1)、一个按钮控件(Button1)。窗体与控件的 Text 属性如图4-13所示,修改列表框控件(ListBox1)的 Name 属性为 listLeapYear。

图4-12　程序主窗口设计界面　　　　图4-13　父类(基类)窗体设计界面

注意：下面这一步非常重要。分别选择列表框控件与按钮控件，在属性窗口中将控件的 Modifiers 属性设置为 Protected，这是为了使子类窗体的成员能够访问这些控件。

③ 设计子类（派生类）窗体。

首先执行"生成"菜单中的"生成解决方案"命令，或单击工具栏上的"启动调试"按钮，使新添加的父类窗体经过编译。否则新添加的父类窗体将无法出现在后面将要提到的"继承选择器"列表中。

在"解决方案资源管理器"窗口中右击项目名称，在打开的快捷菜单中用鼠标指向"添加"，在打开的下级菜单中选择"Windows 窗体"命令，在打开的"添加新项"对话框左侧模板中选择 Windows Forms，在主窗口中选择"继承的窗体"图标，在"名称"文本框中修改默认名称"Form2.cs"为"FrmChild.cs"，如图 4-14 所示，单击"添加"按钮。

图 4-14　添加继承窗体

这时将打开"继承选择器"对话框，选择对话框中列表中的 FrmParent，单击"确定"按钮。

在打开的 FrmChild 窗体设计视图中添加一个按钮控件，并适当调整按钮的位置，窗体与控件的 Text 属性如图 4-15 所示。

（2）设置对象属性。

除了各个窗体和控件的 Text 属性设置外，还需要设置列表框控件的属性。

选择 FrmParent 窗体设计器，设置 ListBox1 的 Name 属性为 listLeapYear，MultiColumn 属性为 True，Column Width 属性为 60。上述属性设置的作用是使列表框以多列的方式显示列表。

图 4-15　子窗体初始界面

（3）设计代码。

① "窗体继承"窗体的代码设计

打开"窗体继承"窗体，双击"父窗体"按钮，添加该按钮的单击事件代码如下：

```csharp
private void button1_Click(object sender, EventArgs e)
{
    FrmParent parentWindow = new FrmParent();
    parentWindow.ShowDialog();
}
```

双击"子窗体"按钮,添加该按钮的单击事件代码如下:

```csharp
private void button2_Click(object sender, EventArgs e)
{
    FrmChild childWindow = new FrmChild();
    childWindow.ShowDialog();
}
```

② "1-2012闰年(主窗体)"窗体代码设计

打开"1-2012闰年(主窗体)"窗体,双击"显示闰年"按钮,添加该按钮的单击事件代码如下:

```csharp
private void button1_Click(object sender, EventArgs e)
{
    listLeapYear.Items.Clear();
    for (int i = 1; i <= 2012; i++)
    {
        if (i % 4 == 0 && i % 100 != 0 || i % 400 == 0)
            listLeapYear.Items.Add(i);
    }
}
```

③ "1-2012闰年(子窗体)"窗体代码设计

打开"1-2012闰年(子窗体)"窗体,双击"显示所有年份"按钮,添加该按钮的单击事件代码如下:

```csharp
private void button2_Click(object sender, EventArgs e)
{
    listLeapYear.Items.Clear();
    for (int i = 1; i <= 2012; i++)
    {
        listLeapYear.Items.Add(i);
    }
}
```

(4) 执行程序。

按F5键或单击工具栏上的"启动调试"按钮,程序开始运行,运行结果如图4-9至图4-11所示。

说明:

(1) 本项目通过在"解决方案资源管理器"中利用菜单方式实现了"1-2012闰年(子窗体)"子窗体从"1-2012闰年(主窗体)"父窗体的继承,从子窗体的代码视图可以看出,在窗体类定义的代码自动发生了变化,由"public partial class FrmChild"变为"public partial class FrmChild : xm4_3.FrmParent",即"子类:基类"的类继承的语法形式。换言之,用户也可以直接在项目中添加一个普通窗体,然后自行修改窗体的类定义代码,使之实现窗体的继承功能。

(2) 子窗体继承父窗体,是继承父窗体的所有对象及对象的属性、方法和事件,因此,在子窗体的代码窗口中虽然没有 Button1 按钮的单击事件,但由于在父窗体中定义了 Button1 按钮的单击事件,则在程序运行中,单击"1-2012 闰年(子窗体)"窗体中的"显示闰年"按钮,同样可以在列表框中显示特定的信息。

(3) 列表框控件 ListBox 最常用的是其 Items 对象,该对象是一个集合,通过 Clear 方法清空集合中的所有项,通过 Add 方法向集合中添加指定的项。

典型项目四:图形面积计算

【项目任务】

设计一个计算各种图形面积的 Windows 窗体应用程序,添加 3 个窗体分别用于计算"圆"、"矩形"和"正方形"图形的面积。所添加的 3 个窗体都继承于窗体"Form1",这也体现出继承在窗体中的应用。

【学习目标】

掌握基类与派生类的定义,掌握基类字段访问控制的特点,从继承的概念出发,理解派生类在继承基类成员基础上可以各自增加功能的特性。

【知识要点】

(1) 基类与派生类。

(2) 构造函数。

(3) 方法重载。

(4) 窗体的继承。

(5) TreeView 控件的属性和方法。

【实现步骤】

(1) 程序设计界面。

① 添加项目中的窗体。

创建一个 Windows 窗体应用程序(项目)并命名为 xm4-4。打开解决方案资源管理器,右击"xm4-4",选择"添加"→"Windows 窗体",在弹出的"添加新项"对话框中单击"添加"按钮添加 Windows 窗体(在对话框中可以修改窗体名称)。按照此方法分别添加命名为"Form2"、"Form3"和"Form4"的窗体。添加完成后打开"解决方案资源管理器",如图 4-16 所示。

在"解决方案资源管理器"中双击"Form2"打开窗体,按 F7 键切换到代码编辑窗口,修改代码,让此窗体继承于"Form1"窗体,代码如下:

图 4-16 解决方案资源管理器

```
public partial class Form2: Form1    //Form2 继承于 Form1
```

以相同的方法修改"Form3"和"Form4"的代码。

② 设计主窗体"Form1"。

此窗体是选择要计算的图形,界面如图 4-11 所示。从工具箱中拖曳一个 GroupBox 控件和一个 TreeView 控件到此窗体。打开 TreeView 控件的属性窗口,选择 Node 属性,单

击 ![] 图标,在弹出的"TreeNode 编辑器"对话框中分别添加"根结点"和"子结点",同时设置结点的 Text 属性值如图 4-17 所示。

③ 设计窗体"Form2"。

此窗体用于计算圆面积,界面如图 4-18 所示。打开 Form2 窗体,从工具箱中拖曳两个分组框(GroupBox2 和 GroupBox3)、一个按钮(Button1)、一个文本框(TextBox1)和两个标签(Label1 和 Label2)到此窗体中,各个控件的 Text 属性如图 4-18 所示。设置 Label2 的 Name 属性为 lblOut,AutoSize 属性为 False,BorderStyle 属性为 Fixed3D,适当调整控件大小及位置。

图 4-17　Form1 窗体初始界面

图 4-18　Form2 窗体初始界面

④ 设计窗体"Form3"。

此窗体用于计算矩形面积,界面如图 4-19 所示。打开 Form3 窗体,从工具箱中拖曳两个分组框(GroupBox2 和 GroupBox3)、一个按钮(Button1)、两个文本框(TextBox1 和 TextBox2)和 3 个标签(Label1～Label3)到此窗体中,各个控件的 Text 属性如图 4-19 所示。设置 Label3 的 Name 属性为 lblOut,AutoSize 属性为 False,BorderStyle 属性为 Fixed3D,适当调整控件的大小及位置。

⑤ 设计窗体"Form4"。

此窗体用于计算圆面积,界面如图 4-20 所示。打开 Form4 窗体,从工具箱中拖曳两个分组框(GroupBox2 和 GroupBox3)、一个按钮(Button1)、一个文本框(TextBox1)和两个标签(Label1 和 Label2)到此窗体中,各个控件的 Text 属性如图 4-20 所示。设置 Label2 的 Name 属性为 lblOut,AutoSize 属性为 False,BorderStyle 属性为 Fixed3D,适当调整控件大小及位置。

图 4-19　Form3 窗体初始界面

图 4-20　Form4 窗体初始界面

(2) 设计代码。

① 设计 Form1 窗体的代码。

打开 Form1 窗体，按 F7 键进入代码编辑窗口，在 Form1 类中添加基类 Shape(图形类)和派生类 Circle(圆类)、Rectangular(矩形类)和 Square(正方形类)的定义，其中，Circle 和 Rectangular 类继承于 Shape，Square 类继承于 Rectangular，代码如下：

```csharp
public class Shape                      //定义图形类 Shape
{ }
public class Circle:Shape               //定义圆类 Circle,从 Shape 类派生
{
    private double Radius;              //半径
    public Circle(double Radius)        //构造函数
    { this.Radius = Radius; }
    public double GetArea()             //计算面积的方法
    { return Math.PI * Radius * Radius;}
}
public class Rectangular:Shape          //从 Shape 类中派生矩形类 Rectangular
{
    protected double Length,Width;
    public Rectangular()                //未使用 base 关键字直接调用 Shape 类的无参构造函数
    {Length = Width = 0; }
    public Rectangular(double Length,double Width)   //构造函数
    {
        this.Length = Length;
        this..Width = Width;
    }
    public double GetArea()                         //计算面积的方法
    {
        return Length * Width;
    }
}
public class Square: Rectangular                    //从 Rectangular 类派生正方形类 Square
{
    public Square(double Length):base()             //正方形构造函数
    {
        this.Length = Length;
        this.Width = Length;
    }
}
```

在设计窗口中双击 treeView1 控件，添加该控件的默认事件代码如下：

```csharp
private void treeView1_AfterSelect(object sender,TreeViewEventArgs e)   //选择结点
{
    if(e.Node.Text == "圆")             //如果选择的是"圆"
    {
        Form2 form2 = new Form2();      //实例化一个 Form2 对象 form2
        form2.Show();
    }
    else if(e.Node.Text == "矩形")      //如果选择的是"矩形"
    {
        Form3 form3 = new Form3();      //实例化一个 Form3 对象 form3
```

```
            form3.Show();
        }
        else if(e.Node.Text == "正方形")        //如果选择的是"正方形"
        {
            Form4 form4 = new Form4();           //实例化一个 Form4 对象 form4
            form4.Show();
        }
    }
```

② 设计 Form2 窗体的代码。

打开 Form2 窗体，在设计视图中双击"计算"按钮，添加该按钮的单击事件代码如下：

```
private void button1_Click(object sender, EventArgs e)
{
    Circle c = new Circle(Convert.ToDouble(textBox1.Text.Trim()));   //实例化 Circle 对象 c
    lblOut.Text = "圆的面积: " + c.GetArea();
}
```

③ 设计 Form3 窗体的代码。

打开 Form3 窗体，在设计视图中双击"计算"按钮，添加该按钮的单击事件代码如下：

```
private void button1_Click(object sender, EventArgs e)
{
    double c = Convert.ToDouble(textBox1.Text.Trim());
    double k = Convert.ToDouble(textBox2.Text.Trim());
    Rectangular r = new Rectangular(c,k);    //实例化 Rectangular 对象 r
    lblOut.Text = "矩形的面积: " + r.GetArea();
}
```

④ 设计 Form4 窗体的代码。

打开 Form4 窗体，在设计视图中双击"计算"按钮，添加该按钮的单击事件代码如下：

```
private void button1_Click(object sender, EventArgs e)
{
    Square s = new Square (Convert.ToDouble(textBox1.Text.Trim())); //实例化 Square 对象 s
    lblOut.Text = "正方形的面积: " + s.GetArea();
}
```

在设计视图中双击"清空"按钮，添加该按钮的单击事件代码如下：

```
private void button2_Click(object sender, EventArgs e)
{
    textBox1.Text = textBox2.Text = textBox3.Text = "";
    lblOut1.Text = lblOut2.Text = "";
}
```

(3) 执行程序。

按 F5 键或单击工具栏上的"启动调试"按钮，程序开始运行，首先弹出 Form1 窗体，选择要计算的图形，弹出相应的窗体，输入参数，单击"计算"按钮，结果如图 4-21 和图 4-22 所示。

说明：

(1) TreeView(树视图)控件可以为用户显示结点的层次结构，树视图中的各个结点可能包含其他结点,称为其"子结点"。可以按展开或折叠的方式显示父结点或包含子结点的结点。通过将树视图的 CheckBoxes 属性设置为 True,还可以显示在结点旁边带有复选框的树视图。然后,通过将结点的 Checked 属性设置为 True 或 False,可以采用编程方式来选中或清除结点。

图 4-21　计算圆面积

图 4-22　计算矩形面积

(2) 因为"Form2"、"Form3"和"Form4"窗体都继承于"Form1",所以在"Form1"中添加的控件和事件在所派生的窗体中都被继承。如在"Form2"窗体中选择"正方形"结点同样可以弹出"Form4"窗体。

(3) 因为类 Rectangular 中字段 Length 和 Width 的修饰符为 protected,方法 GetArea 的修饰符为 public,所以它们在派生类 Square 中都可使用。派生类在继承基类的成员基础上,也可以各自增加功能。

4.2　必备知识

C♯遵循面向对象编程语言的设计方式,任何对象创建之前都必须先定义对象所属的类。在 C♯中,类就像是一个绘制的蓝图,而对象是根据这个蓝图生成的一个实例。本章将对面向对象程序设计进行详细的讲解。

4.2.1　面向对象的基本概念

传统的结构化编程方法是编程人员将一个任务分为若干个过程,然后基于某种特定的算法编写这些过程。例如,C 语言的编程单位是函数,函数就是用以实现某种功能的,每个函数的数据与程序可以完全分离。由此可见,结构化程序设计的本质是功能分解,从目标系统整体功能入手,自上而下把复杂的过程不断分解为子过程,这样一层一层地分解下去,直到剩下若干个容易实现的子过程为止,最后再进行各个最低子过程的处理。因此,结构化方法是围绕实现处理功能的"过程"来构造系统的。然而,用这种方式构造的系统其结构常常不够稳定,当用户的需求发生变化时,这种变化对于基于过程的设计来说可能是"灾难性"的,需要花费很大代价才能实现这种系统结构的较大变化,而面向对象编程方法却能够较好地处理这种问题。

面向对象编程方式把客观世界中的业务及操作对象转变为计算机中的对象,这样,编程人员能够以更走近于人的思维方式来编程，这使得程序更易理解，开发效率大大提高，维护也更加方便。面向对象编程是C#编程的指导思想，在现实世界中，事物都有一定的状态和行为。把事物的状态抽象到计算机语言中以后，就成为计算机中某一个实体的属性；把事物的行为抽象到计算机语言中，就成为具体的方法或者函数。例如，计算机当前状态是正在运行，那么在计算机语言中便可以通过获取计算机的某个属性来判断当前状态是否运行。再如，某个人看书，那么在计算机语言中便可以通过某个方法使人去执行看书的行为。

面向对象编程技术也称为OOP(Object-Oriented Programing)技术，它是软件开发的一种新方法、新思想。在过去的面向过程编程中，当对系统做某些修改时，往往会牵一发而动全身，不容易开发和维护。而使用面向对象技术开发软件时，可以将软件分成几个模块，每个模块都有特定的功能，但是模块之间是相互独立的，同时又相互联系，模块的代码可以重用，这样大大增加了代码的使用率，有利于软件的开发和维护。

在现实生活中，面向对象思想是随处可见的。例如，一台计算机就是一个对象，可以把计算机分为CPU模块、主板模块、显卡模块和硬盘模块等，每个模块都完成不同的功能，所有的模块组合到一起就是一台完整的计算机。

在面向对象思想中，算法和数据结构被看作是一个整体，这个整体被称为对象。所谓的算法，就是解决问题的方法，而数据结构就是事物中各个属性之间的联系和组织形式。同种类型的对象抽象出其共性就形成类。一个类由方法和属性所构成，方法即函数，属性用来描述类的特性。类中的数据可以用类的方法进行处理，而对外则只需要提供接口，使对象与对象之间进行通信。这样，程序之间的结构更简单清晰，模块更独立安全，并且可以继承和重用。实质上，面向对象编程就是一项有关对象设计和对象接口定义的技术，或者说是一项如何定义程序模块才能使它们"即插即用"的技术。

面向对象编程思想具有封装、继承和多态3个最主要的特性，下面对它们进行简单介绍。

1. 封装

封装是把数据和基于数据的操作捆绑在一起的编程机制，对象是封装的最基本单位。通过封装，一方面可以实现信息隐藏，防止外部对数据和代码的干扰和滥用，保证数据的安全性；另一方面用户在使用时不必关心内部的实现原理，只需了解如何通过外部接口使用。

类是属性和方法的集合，为了实现某项功能而定义类后，开发人员并不需要了解类体内每句代码的具体含义，而只需要通过对象来调用类内某个属性或方法即可实现某项功能，这就是面向对象的封装性。例如，在使用计算机时，并不需要将计算机拆开了解每个部件的具体用处，用户只需要按下主机箱上的Power按钮就可以启动计算机，在键盘上敲打就可以将文字输入到计算机中，但对于计算机内部的构造，用户可能根本不了解，这就是封装的具体表现。

2. 继承

继承性是将已有的代码和功能扩充到新的程序和组件中的结构化方式，即一个对象获得另一个对象的过程。通过继承可以创建子类（派生类）和父类之间的层次关系，子类（派生类）可以从其父类中继承属性和方法，通过这种关系模型可以简化类的操作。假如已经定义了A类，接下来准备定义B类，而B类中有很多属性和方法与A类相同，那么就可以使

B 类继承 A 类,这样就无须再在 B 类中定义 A 类已有的属性和方法,从而可以在很大程度上提高程序的开发效率。

继承是面向对象程序设计语言不同于其他语言的很重要的特点之一,通过类的继承关系,公共的特性能够共享,使所建立的软件具有开放性、可扩充性,简化了对象、类的创建工作量,增强了代码的重用性。

3. 多态

多态性是指同一个类的对象在不同的场合能够表现出不同的行为或特征。多态性常常被解释成"一个接口,多种方法",它允许每个对象以适合自身的方式去响应共同的消息,因此多态性增强了软件的灵活性和重用性。例如,假设设计了一个绘图软件,所有的图形(Square、Circle 等)都继承于基类 Shape,每种图形有自己特定的绘制方法(draw)的实现。如果要显示画面的所有图形,则可以创建一个基类 Shape 的集合,其元素分别指向各个子类对象,然后循环调用父类类型对象的绘制方法,实际绘制图形时根据当前赋值给它的子对象调用各自的绘制方法(draw),这就是多态性。如果要扩展该软件的功能,例如要增加图形Eclipse,则只需要增加新的子类,并实现其绘制方法即可。

从上面介绍的面向对象的 3 个特征可以看出,面向对象编程的核心概念是类,下面将首先对类进行详细的讲解。

4.2.2 类和对象

类是 C# 中最基本的一种自定义数据类型,把具有相同数据类型和相同操作的对象集合放到一起就是一个类,而对象是类的实例。换言之,类是创建对象的模板,C# 的一切类型都是类,所有的语句都必须位于类内,不存在任何位于类之外的语句,所以类是 C# 语言的核心和基本构成模块。

类是对象的抽象描述和概括,例如,车是一个类,自行车、汽车、火车也是类,但是自行车、汽车、火车都属于车这个类的子类,因为它们有共同的特点就是都是交通工具,都有轮子,都可以运输。而汽车有颜色、车轮、车门、发动机等特征,这是和自行车、火车所不同的地方,是汽车类自己的属性,也是所有汽车共同的属性,所以汽车也是一个类,而具体到某一辆汽车,它有具体的颜色、车轮、车门、发动机等属性值,因此某辆汽车就是一个对象。

类是抽象的概念,对象是具体的概念,在软件设计中很容易区分类和对象。假设软件中的按钮是一个类,按钮类具有长度、宽度、位置、颜色等属性,具有单击、双击、移动等行为,当所设计的一个具体的按钮具有特定的长度、宽度、位置、颜色等属性值,具有单击、双击、移动时所发生的具体行为,那么这时就构成了一个按钮对象。

1. 类的定义

在 C# 中,所有的事物都可以看成是对象。当创建一个类时,就等价于创建了一种新的类型,只有在定义了类之后,才能根据类创建对象。

C# 中使用 class 关键字定义类,具体声明形式如下:

```
<类修饰符>   class  <类名>   <:基类或接口>
{
    <类体>
}
```

注意：类名是一种标识符，必须符合标识符的命名规则，类名应该能体现类的含义和用途，类名通常采用第一个字母大写的名词，也可以是多个词构成的组合词。如果类名由多个词组成，那么每个词的第一个字母都应该大写。在同一个命名空间下，类名是不能重复的。同时，类名不能以数字开头，也不能使用保留关键字作为类名，例如 string 等。

如下代码定义了一个汽车类：

```
public class Car
{
    public int number;        //编号
    public string color;      //颜色
    private string brand;     //厂家
}
```

class 前面的 public 是类修饰符，实现其他类对该类的访问控制。主要的类修饰符有：

new——仅允许在嵌套类声明时使用，表明类中隐藏了由基类中继承而来的、与基类中同名的成员。

public——表示不限制对该类的访问。

protected——表示只能从所在类和所在类派生的子类进行访问。

internal——只有其所在类才能访问。

private——只有 .NET 中的应用程序或库才能访问。

abstract——抽象类，不允许建立类的实例。

sealed——密封类，不允许被继承。

如果项目实例中没有添加类的修饰符，则默认访问控制权限为 private。

基类或接口是指该类所要继承的类，有关 C# 中的继承机制我们稍后讨论。

2．类的成员

定义在类体内的元素都是类的成员，类所封装的成员不可包含类所描述的实体的全部细节，只能是经过抽象的、最能体现实体特征的状态或操作。成员的声明可用于控制对该成员的访问，成员的可访问性是由该成员的可访问性声明和直接包含它的那个类型的可访问性（若它存在）结合起来确定的。如果允许对特定成员进行访问，则称该成员是"可访问的"，相反，如果不允许对特定成员进行访问，则称该成员是"不可访问的"。当导致访问发生的源代码的文本位置包括在某成员的可访问域中时，则允许对该成员进行访问。

类中的成员主要包括类的构造函数、析构函数、字段、属性、方法等，本小节将主要介绍类的构造函数和析构函数，而字段、属性和方法等将稍后介绍。

1）类的构造函数

构造函数是类中比较特殊的成员函数，它也是一种方法。构造函数具有与类相同的名称，它通常用来初始化新对象，并为对象分配内存。C# 中使用 new 运算类来实例化类，为对象分配内存后，new 运算符立即调用类的构造函数创建类的实例对象。

当类没有构造函数时，系统会自动为其创建构造函数，称为默认构造函数。构造函数一般使用 public 修饰符，表示某个类可以被实例化。在创建构造函数时不用声明其返回类型，但是构造函数可以带参数，也可以不带参数。

【例 4-1】 创建一个类的没有参数的构造函数，在创建类的对象时弹出一个消息框提示"没有参数的构造函数"，设计一个 Windows 窗体应用程序实现。

分析：

首先要定义一个类，然后创建该类的构造函数，在构造函数中实现消息框提示的功能。最后，在按钮的单击事件中添加创建对象的语句，使得在单击按钮时创建一个类的对象。类名和对象名可以自行定义。

设计步骤如下：

（1）程序设计界面。

创建一个 Windows 应用程序，添加一个按钮控件（Button1），适当调整控件的大小及布局。

（2）设计窗体及控件属性。

窗体及控件的 Text 属性如图 4-23 所示。

（3）设计代码。

按 F7 键进入代码编写界面，添加类定义的代码如下：

图 4-23　程序设计界面

```
class NoParameter
{
    public NoParameter()    //创建无参构造函数
    {
            MessageBox.Show("没有参数的构造函数");
    }
}
```

在设计界面双击"创建类的实例"按钮，添加该按钮的单击事件代码如下：

```
private void button1_Click(object sender, EventArgs e)
{
        //实例化类的对象
        NoParameter np = new NoParameter();
}
```

（4）执行程序。

按 F5 键或单击工具栏上的"启动调试"按钮，程序开始运行，单击"创建类的实例"按钮，弹出图 4-24 所示的消息框。

图 4-24　程序运行结果

说明：

（1）类 NoParameter 的定义放在 Form1 类中，在类定义中只创建了一个构造函数。

（2）在按钮的单击事件中，"NoParameter np = new NoParameter();"语句用于创建一个 NoParameter 类的对象 np，在创建对象时，构造函数执行并弹出消息框。

也可以为类创建带有参数的构造函数，在创建类的对象时，传递构造函数的参数。

【例 4-2】　创建一个类的带参数的构造函数，在创建类的对象时弹出一个消息框，将创建对象时传递来的参数进行输出，设计一个 Windows 窗体应用程序实现。

分析：

首先要定义一个类，然后创建该类的带参数构造函数，在构造函数中实现消息框输出参数的功能。最后，在按钮的单击事件中添加创建对象的语句，使得在单击按钮时创建一个类的对象。类名和对象名可以自行定义。

设计步骤如下:

(1) 程序设计界面。

创建一个 Windows 应用程序,添加一个按钮控件(Button1),适当调整控件的大小及布局。

(2) 设计窗体及控件属性。

窗体及控件的 Text 属性如图 4-25 所示。

(3) 设计代码。

图 4-25 程序设计界面

按 F7 键进入代码编写界面,添加类定义的代码如下:

```
class ContainParameter
{
    public ContainParameter(string  inputstr)  //创建带参数的构造函数
    {
        MessageBox.Show(inputstr);
    }
}
```

在设计界面双击"创建类的实例"按钮,添加该按钮的单击事件代码如下:

```
private void button1_Click(object sender, EventArgs e)
{
    //实例化类的对象
    ContainParameter cp = new ContainParameter("含有参数的构造函数");
}
```

(4) 执行程序。

按 F5 键或单击工具栏上的"启动调试"按钮,程序开始运行,单击"创建类的实例"按钮,弹出图 4-26 所示的消息框。

图 4-26 程序运行结果

说明:

(1) 类 ContainParameter 的定义放在 Form1 类中,在类定义中只创建了一个带参数构造函数,参数的类型和名称在括号中给出。

(2) 在按钮的单击事件中,"ContainParameter cp = new ContainParameter("含有参数的构造函数");"语句用于创建一个 ContainParameter 类的对象 cp,在创建对象时,将字符串"含有参数的构造函数"作为参数传递给构造函数。

还可以为一个类创建多个构造函数,在实例化类时,根据参数的不同而使用相应的构造函数创建类的对象。这样,构造函数就实现了多种形式的重载。注意,不带参数的构造函数称为"默认构造函数",无论何时,只要使用 new 运算符实例化对象,并且不为 new 提供任何参数,就会调用默认构造函数。

2) 类的析构函数

类的析构函数是以类名加~来命名的。.NET Framework 类库有垃圾回收功能,当某个类的实例被认为是不再有效,并符合析构条件时,.NET Framework 类库的垃圾回收功能就会调用该类的析构函数实现垃圾回收。一个类中只能有一个析构函数,并且无法调用析构函数,它是被自动调用的。

【例 4-3】 创建一个类的析构函数,在析构函数中通过弹出消息框输出"析构函数是自动调用的!",设计一个 Windows 窗体应用程序实现。

分析:

首先要定义一个类,然后创建该类的析构函数,在析构函数中实现消息框输出功能。最后,在按钮的单击事件中添加创建对象的语句,使得在单击按钮时创建一个类的对象。类名和对象名可以自行定义。

设计步骤如下:

(1) 程序设计界面。

创建一个 Windows 应用程序,添加一个按钮控件(Button1),适当调整控件的大小及布局。

(2) 设计窗体及控件属性。

窗体及控件的 Text 属性如图 4-27 所示。

图 4-27 程序设计界面

(3) 设计代码。

按 F7 键进入代码编写界面,添加类定义的代码如下:

```
class Sample
{
    ~Sample()    //创建析构函数
    {
            MessageBox.Show("析构函数是自动调用的!");
    }
}
```

在设计界面双击"创建类的实例"按钮,添加该按钮的单击事件代码如下:

```
private void button1_Click(object sender, EventArgs e)
 {
    //实例化类的对象
    Sample sp = new Sample();
}
```

(4) 执行程序。

按 F5 键或单击工具栏上的"启动调试"按钮,程序开始运行,单击"创建类的实例"按钮,消息框并不出现,当关闭应用程序时,弹出图 4-28 所示的消息框。

图 4-28 程序运行结果

说明:

(1) 类 Sample 的定义放在 Form1 类中,在类定义中只创建了一个析构函数,注意析构函数是没有参数的。

(2) 在按钮的单击事件中,"Sample sp = new Sample();"语句用于创建一个 Sample 类的对象 sp。与例 4-1 和例 4-2 所不同的是,消息框并不是在单击按钮后立即弹出,而是在关闭程序时才会弹出,其原因在于析构函数是在销毁对象时才会被系统自动调用。

3. 创建对象

对象是具有数据、行为和标识的编程结构,它是面向对象应用程序的一个重要组成部分，这个组成部分封装了部分应用程序，这部分程序可以是一个过程、一些数据或者一些更抽象的实体。

C#中的对象是从类实例化的，这表示创建类的一个实例，"类的实例"和"对象"表示相同的含义，但需要注意的是，"类"和"对象"是完全不同的概念。类是一种抽象的数据类型，但是其抽象程序可能不同，而对象就是某个类的实例。

例如，将"农民"设计为一个类，则"张三"和"李四"就可以各为一个对象。作为农民的"张三"和"李四"具有很多共同点，比如他们都在某个农村生活，早上都要出门务农，晚上都会回家。对于这样相似的对象就可以将其抽象出一个数据类型，此处抽象为"农民"。这样，只要将"农民"这个数据类型编写好，程序中就可以方便地创建"张三"和"李四"这样的对象。在代码需要更改时，只需要对"农民"类型进行修改即可。

类和对象的关系可以描述如下：

类是对某一类事物的描述，是抽象的、概念上的定义；对象是实际存在的该类事物的每个个体，因此也称为实例。或者说，类是具有相同或相似结构、操作和约束规则的对象组成的集合，而对象是某一类的具体化实例，每一个类都是具有某些共同特征的对象的抽象。

虽然"类"是C#中重要的数据结构，但类本身并不能存储信息或执行代码。如果要使用这个类，就必须先定义属于这个类的对象。C#中声明对象的语法格式与声明基本数据类型的语法格式相同，其具体格式如下：

【类名】 【对象名】；

例如：

Cuboid cuboid1; //声明一个长方体类对象cuboid1

但是，对象声明后，还需要用"new"关键字将对象实例化，这样才能为对象在内存中分配保存数据的空间。实例化的语法格式如下：

对象名 = new 类名(【参数列表】);

其中，【参数列表】是可选的，具体取决于要使用的类的构造函数。例如：

cuboid1 = new Cuboid(); //为对象cuboid1分配内存空间

也可以将声明与实例化对象合二为一，例如：

Cuboid cuboid1 = new Cuboid(); //声明对象并实例化

创建类的对象、创建类的实例和实例化类对象这3种说法的意思是完全一样的，都是说明以类为模板生成了一个对象。

对象声明以后，就可以访问该对象。访问对象的实质是访问对象成员，对对象成员的访问使用"."运算符。例如：

cuboid1.Length = 5;
cuboid1.Width = 4;
cuboid1.High = 3;

以上代码就是通过属性为对象cuboid1的字段赋值。

也可以使用对象变量为另一个对象变量整体赋值。例如：

```
Cuboid   cuboid2;
cuboid2 = cuboid1;
```

就是将对象 cuboid1 整体赋值给对象 cuboid2，这时不需要使用 new 关键字对 cuboid2 进行实例化。

还可以使用对象中的某一个成员为变量赋值。例如：

```
double  Len = cuboid1.Length;   //将 cuboid1 对象的成员 Length 赋值给变量 Len
```

【例 4-4】 创建一个 Windows 窗体应用程序，定义一个长方体类，该类包含长、宽、高字段和属性，在窗体类定义中声明长方体类对象，通过文本框设置对象的值，通过标签框输出对象的值。程序的运行结果如图 4-29 和图 4-30 所示。

图 4-29　设置对象值

图 4-30　显示对象值

分析：

本例首先要定义一个类，然后创建该类的对象，通过文本框赋值给对象的属性。类名和对象名可以自行定义。

设计步骤如下：

（1）程序设计界面。

创建一个 Windows 应用程序，添加 4 个标签控件（Label1～Label4）、3 个文本框控件（TextBox1～TextBox3）、两个按钮控件（Button1 和 Button2），适当调整控件的大小及布局，如图 4-31 所示。

（2）设计窗体及控件属性。

窗体及控件的 Text 属性如图 4-32 所示。设置 TextBox1 的 Name 属性为 txtLength；设置 TextBox2 的 Name 属性为 txtWidth；设置 TextBox3 的 Name 属性为 txtHigh；设置 Label4 的 Name 属性为 lblInfo，AutoSize 属性为 False，BorderStyle 属性为 Fixed3D。

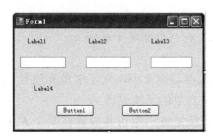

图 4-31　程序设计界面

图 4-32　初始界面

(3) 设计代码。

按 F7 键进入代码编写界面,在 Form1 类中添加长方体类定义的代码如下:

```csharp
class Cuboid    //类名为 Cuboid
{
    //声明字段
    private double length;
    private double width;
    private double high;
    //声明属性
    public double Length{get{return length;}set{length = value;}}
    public double Width{get{return width;}set{width = value;}}
    public double High{get{return high;}set{high = value;}}
}
```

然后,在 Form1 类中添加声明对象的代码如下:

```csharp
Cuboid cuboid1 = new Cuboid();        //声明对象 cuboid1
```

在设计界面双击"设置对象值"按钮,添加该按钮的单击事件代码如下:

```csharp
private void button1_Click(object sender, EventArgs e)
{
    //转换文本框中的值
    double len = double.Parse(txtLength.Text);
    double wid = double.Parse(txtWidth.Text);
    double hig = double.Parse(txtHigh.Text);
    //设置对象值
    cuboid1.Length = len;
    cuboid1.Width = wid;
    cuboid1.High = hig;
    lblInfo.Text = "对象值设置完毕!";   //输出设置完成信息
}
```

添加"显示对象值"按钮的单击事件代码如下:

```csharp
private void button2_Click(object sender, EventArgs e)
{
    //将对象各属性值加上说明信息显示在标签框中(访问对象)
    lblInfo.Text = "长方体的长:" + cuboid1.Length + "  宽:" + cuboid1.Width +
        "  高:" + cuboid1.High;
}
```

(4) 执行程序。

按 F5 键或单击工具栏上的"启动调试"按钮,程序开始运行,单击"设置对象值"按钮,运行结果如图 4-29 所示,单击"显示对象值"按钮,运行结果如图 4-30 所示。

说明:

(1) 长方体类 Cuboid 的定义放在 Form1 类中,在类定义中声明了字段和属性(字段和属性将在 4.2.3 小节中详细介绍),本例中访问的是对象的属性成员。

(2) 对对象的声明也必须放在 Form1 类中,如果是将声明语句放置在某个方法中,则在按钮的单击事件过程中是无法访问该对象的。

(3) 对对象访问的实质是访问对象成员,在"设置对象值"按钮的事件过程中是写对象的属性值,而在"显示对象值"按钮的事件过程中是读对象的属性值。

4.2.3 字段和属性

类的成员包括构造函数、析构函数、字段、属性、方法等,在 4.2.2 小节中介绍了构造函数和析构函数,本小节将介绍用于封装数据和提供数据访问功能的成员——字段和属性。

1. 字段

字段就是程序开发中常见的常量或变量,它是包含在类中的对象或值,是类的一个构成部分,它使得类和结构可以封装数据。

以下代码在类中自定义一个字段,并初始化为空,然后在类的构造函数中对该字段进行初始化。

```
class NewClass
{
    string Name = string.Empty;        //定义一个字段,并初始化为空
    public NewClass(string newName)    //在类的构造函数中对字段初始化
    {
        Name = newName;
    }
}
```

如果在定义字段时,在字段的类型前面使用了 readonly 关键字,那么该字段就被定义为只读字段。如果程序中定义了一个只读字段,那么它只能在以下两个位置被赋值或者传递到方法中被改变:

(1) 在定义字段时赋值。

(2) 在构造函数内被赋值或传递到方法中被改变,不同的是在构造函数中可以被多次赋值。

例如,以下代码在类中定义了一个只读字段,并在定义时为其赋值。

```
class NewClass
{
    readonly string Name = "C#编程宝典";
}
```

从上面的介绍可以看出,只读字段的值除了在构造函数中以外,在程序中的其他位置都是不可以改变的,那么它与普通的常量有何区别呢?只读字段与常量的区别主要如下:

(1) 只读字段可以在定义或构造函数内赋值,它的值不能在编译时确定,而只能在运行时确定;常量只能在定义时赋值,而且常量的值在编译时已经确定,在程序中根本不能确定。

(2) 只读字段的类型可以是任何类型,而常量的类型只能是下列类型之一:sbyte、byte、short、ushort、int、uint、long、ulong、char、float、double、decimal、bool、string 或者枚举类型。

因此,如果一个值在整个程序中保持不变,并在编写程序时就已经知道这个值,那么就应该使用常量;如果一个值在编写程序时不知道,而是在程序运行时才得到,而且一旦得到这个值,值就不会再改变,那么就应该使用只读字段。

2. 属性

属性是对现实实体特征的抽象,提供对类或对象性质的访问。类的属性描述的是状态

信息,在类的实例中,属性的值表示对象的状态值。属性不表示具体的存储位置,属性有访问器,这些访问器指定在它们的值被读取或写入时需要执行的语句。所以,属性提供了一种机制,把读取和写入对象的某些特征与一些操作关联起来,编程人员可以像使用公共数据成员一样使用属性。属性的声明语法格式如下:

```
【访问修饰符】【类型】【属性名】
{
    get {get 访问器体}
    set {set 访问器体}
}
```

其中:

(1)【访问修饰符】用于指定属性的访问级别,默认为 private。【类型】用于指定属性的类型,可以是任何的预定义或自定义类型。【属性名】是属性的标识,属性名的首字母通常大写。

(2) get 访问器相当于一个具有属性类型返回值的无参数方法,它除了作为赋值的目标外,当在表达式中引用属性时,将调用该属性的 get 访问器计算属性的值。get 访问器体必须用 return 语句来返回,并且所有的 return 语句都必须返回一个可隐式转换为属性类型的表达式。

(3) set 访问器相当于一个具有单个属性类型值参数和 void 返回类型的方法。set 访问器的隐式参数始终命名为 value。当一个属性作为赋值的目标被引用时就会调用 set 访问器,所传递的参数将提供新值。不允许 set 访问器体中的 return 语句指定表达式。此外,由于 set 访问器存在隐式的参数 value,因此 set 访问器中不能自定义使用名称为 value 的局部变量或常量。

根据属性声明中是否存在 get 和 set 访问器,可以将属性分为以下几种。

(1) 可读可写属性:包含 get 和 set 访问器。

(2) 只读属性:只包含 get 访问器。

(3) 只写属性:只包含 set 访问器。

在 C♯ 编程环境中,当选中窗体或控件时,在属性窗口中显示的均为可读可写属性。

以下代码段定义了一个可读可写属性 Name:

```
string name = string.Empty;      //定义一个字段(字符串变量)
public string Name               //定义 Name 属性
{
    get                          //设置 get 访问器
    { return name; }
    set                          //设置 set 访问器
    { name = value; }
}
```

由于属性的 set 访问器中可以包含大量的语句,因此可以对赋予的值进行检查,如果值不安全或者不符合要求,就可以进行提示,这样就可以避免因为给属性设置了错误的值而导致的错误出现。

【例 4-5】 创建一个 Windows 窗体应用程序,定义一个长方体类,该类包含长、宽、高、体积和周长等字段和属性,在窗体类定义中声明长方体类对象,通过文本框设置对象的长、宽、高值,通过标签框输出对象的体积和周长值。程序运行结果如图 4-33 和图 4-34 所示。

图 4-33　设置对象值　　　　　　　　图 4-34　显示体积和表面积

分析:

本例首先要定义一个类,在类中定义字段和属性,注意体积和表面积属性可以设置为只读的属性。然后创建该类的对象,通过文本框赋值给对象属性值,通过读取属性值获得体积和表面积的值。类名和对象名可以自行定义。

设计步骤如下:

(1) 程序设计界面。

创建一个 Windows 应用程序,添加 4 个标签控件(Label1~Label4)、3 个文本框控件(TextBox1~TextBox3)、两个按钮控件(Button1 和 Button2),适当调整控件的大小及布局,如图 4-35 所示。

(2) 设计窗体及控件属性。

窗体及控件的 Text 属性如图 4-36 所示。设置 TextBox1 的 Name 属性为 txtLength;设置 TextBox2 的 Name 属性为 txtWidth;设置 TextBox3 的 Name 属性为 txtHigh;设置 Label4 的 Name 属性为 lblInfo,AutoSize 属性为 False,BorderStyle 属性为 Fixed3D。

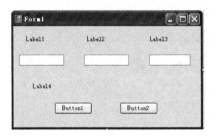

图 4-35　程序设计界面　　　　　　　　图 4-36　初始界面

(3) 设计代码。

按 F7 键进入代码编写界面,在 Form1 类中添加长方体类定义的代码如下:

```
class Cuboid     //类名为 Cuboid
{
    //声明字段
    private double length;
    private double width;
    private double high;
    //声明属性
    public double Length{get{return length;}set{length = value;}}
    public double Width{get{return width;}set{width = value;}}
```

```
        public double High{get{return high;}set{high = value;}}
        public double Volume           //声明只读属性"体积"
        {
                get { return length * width * high; }
        }
        public double SurfaceArea      //声明只读属性"表面积"
        {
                get { return 2 * (length * width + length * high + width * high); }
        }
}
```

然后,在 Form1 类中添加声明对象的代码如下:

```
Cuboid cuboid1 = new Cuboid();        //声明对象 cuboid1
```

在设计界面双击"设置对象值"按钮,添加该按钮的单击事件代码如下:

```
private void button1_Click(object sender, EventArgs e)
{
    //转换文本框中的值
    double len = double.Parse(txtLength.Text);
    double wid = double.Parse(txtWidth.Text);
    double hig = double.Parse(txtHigh.Text);
    //设置对象值
    cuboid1.Length = len;
    cuboid1.Width = wid;
    cuboid1.High = hig;
    lblInfo.Text = "对象值设置完毕!";   //输出设置完成信息
}
```

添加"显示体积和表面积"按钮的单击事件代码如下:

```
private void button2_Click(object sender, EventArgs e)
{
        //将对象各属性值加上说明信息显示在标签框中(访问对象)
        lblInfo.Text = "长方体的体积是:" + cuboid1.Volume + ";表面积是:"
            + cuboid1.SurfaceArea;
}
```

(4) 执行程序。

按 F5 键或单击工具栏上的"启动调试"按钮,程序开始运行,单击"设置对象值"按钮,运行结果如图 4-33 所示,单击"显示体积和表面积"按钮,运行结果如图 4-34 所示。

说明:

(1) 本例与例 4-4 类似,长方体类 Cuboid 的定义放在 Form1 类中,在类定义中声明了字段和属性,关于长方体体积和表面积的计算直接放置在属性的 get 方法中实现。

(2) 对对象的声明也必须放在 Form1 类中,如果是将声明语句放置在某个方法中,则在按钮的单击事件过程中是无法访问该对象的。

(3) 对对象访问的实质是访问对象成员,在"设置对象值"按钮的事件过程中是写对象的属性值,而在"显示体积和表面积"按钮的事件过程中是读对象的属性值。

3. 字段和属性的区别

属性和字段都可以访问对象中包含的数据。对象数据用来区分不同的对象，同一个类的不同对象可能在属性和字段中存储了不同的值。字段和属性都可以输入，通常把信息存储在字段和属性中，但是属性和字段是不同的，属性不能直接访问数据，字段可以直接访问数据。在属性中可以添加对数据访问的限制，例如有一个int类型的属性，可以限制它只能存储1~5的数字，但如果用字段就无法限制范围，就可以存储任何int类型的数值。

通常在访问状态时最好提供属性，而不是字段，因为属性可以更好地控制访问过程和读写权限。除此之外，属性的可访问性确定了哪些代码可以访问这些成员，可以声明为公有（public）、私有（private）或者其他更为复杂的方式。

4.2.4 方法

方法用来完成类或对象的行为，在面向对象编程语言中，类或对象是通过方法来与外界交互的，所以方法是类与外界交互的基本方式。方法通常是包含解决某一特定问题的语句块，方法必须放在类定义中，方法同样遵循先声明、后使用的原则。C♯语言中的方法相当于其他编程语言（如VB）中的通用过程（Sub过程）或函数过程（Function过程）。C♯中的方法必须放在类定义中声明，也就是说，方法必须是某一个类的方法。

方法的使用分为声明与调用两个环节，下面分别进行介绍。

1. 声明方法

声明方法最常用的语法格式如下：

```
【修饰符】【返回类型】方法名(【参数列表】)
{
    【方法体】
}
```

声明方法时，需要为其指定访问修饰符，以指定其访问级别或使用限制，C♯中常用的修饰符有 private、public、protected、internal 共 4 个访问修饰符和 partial、new、static、virtual、override、sealed、abstract、extern 共 8 个声明修饰符，下面分别对它们进行简单介绍。

- private：私有访问，是允许的最低访问级别，私有成员只有在声明它们的类和结构体中才可以访问。
- public：公共访问，是允许的最高访问级别，对访问公共成员没有限制。
- protected：受保护成员，在声明它的类中可访问并且可由派生类访问。
- internal：只有在同一程序集的文件中，内部类型或成员才是可访问的。
- partial：在同一程序集中定义部分类和结构。
- new：从基类成员隐藏继承的成员。
- static：声明属于类本身而不是属于特定对象的成员。
- virtual：在派生类中声明其实现可由重写成员更改的方法或访问器。
- override：提供从基类继承的虚拟成员的新实现。
- sealed：指定类不能被继承。
- abstract：指示某个类只能是其他类的父类。
- extern：指示在外部实现方法。

声明方法时,需要遵循以下修饰符的使用规则:
- 声明包含一个有效的访问修饰符组合。
- 声明中所包含的修饰符彼此各不相同。
- 声明最多包含下列修饰符中的一个:static、virtual 和 override。
- 声明最多包含下列修饰符中的一个:new 和 override。
- 如果声明包含 abstract 修饰符,则该声明不包含下列任何修饰符:static、virtual、sealed 或 extern。
- 如果声明包含 private 修饰符,则该声明不包含下列任何修饰符:virtual、override 或 abstract。
- 如果声明包含 sealed 修饰符,则该声明还包含 override 修饰符。

方法的访问修饰符通常定义为 public,以保证在类定义外部能够调用该方法。方法的返回类型用于指定由该方法计算和返回的值的类型,可以是任何值类型或引用类型,如 int、string 或自定义的 Cuboid 类。如果一个方法不返回一个值,则它的返回类型为 void。方法名必须是一个合法的 C#标识符,且必须与在同一个类中声明的所有其他非方法成员的名称都不相同。

方法的参数列表放在一对圆括号中,指定调用该方法时需要使用的参数个数、各个参数的类型、参数名称。其中,参数可以是任何类型的变量,参数之间以逗号分隔。如果方法在调用时不需要参数,则不用指定参数,但圆括号不能省略。

实现特定功能的语句块放在一对大括号中,称为方法体,"{"表示方法体的开始,"}"表示方法体的结束。

如果方法有返回值,则方法体中必须包含一个 return 语句,以指定返回值。该值可以是变量、常量、表达式,但其类型必须和方法的返回类型相同。如果方法无返回值,在方法体中可以不包含 return 语句,或包含一个不指定任何值的 return 语句。

例如,为前面定义的长方体类(Cuboid)声明一个计算体积的方法如下:

```
public double Volume()
{
    return length * width * high;
}
```

该方法的功能是求长方体类对象的体积,方法的返回类型是一个双精度型值,方法名为 Volume,没有参数,方法体中有一个 return 语句,该语句指定的返回值是一个双精度型的表达式。

2. 调用方法

根据方法被调用的位置不同,可以分为在方法声明的类定义中调用该方法(类内调用)和在方法声明的类定义外部调用(类外调用)两种。

类内调用方法的语法格式如下:

方法名(【参数列表】)

在方法声明的类定义中调用该方法,实际上是由类定义内部的其他方法成员调用该方法。例如,为长方体类(Cuboid)声明一个输出长、宽、高和体积信息的方法如下:

```
public string CuboidShow()
{
    return "长方体的长、宽、高为：" + length + " " + width + " " + high
        +"   长方体的体积为：" + Volume();   //在类定义内调用方法 Volume
}
```

类外调用方法的语法格式如下：

对象名.方法名(【参数列表】)

在方法声明的类定义外部调用该方法实际上是通过类声明的对象调用该方法。

【**例 4-6**】 创建一个 Windows 窗体应用程序，定义一个如例 4-4 所示的长方体类，分别实现类定义内调用求体积方法与类定义外调用求体积方法。程序运行结果如图 4-37 和图 4-38 所示。

图 4-37　类内调用

图 4-38　类外调用

分析：

本例中的类定义中的字段和属性定义与例 4-4 相同，只是需要在类定义中添加一个用于求体积的方法和一个用于显示的方法。类内调用求体积的方法直接通过调用显示方法即可实现，类外调用求体积的方法需要在调用时在方法名前加上对象名。

设计步骤如下：

(1) 程序设计界面。

创建一个 Windows 应用程序，添加 4 个标签控件(Label1～Label4)、3 个文本框控件(TextBox1～TextBox3)、两个按钮控件(Button1 和 Button2)，适当调整控件的大小及布局，如图 4-39 所示。

(2) 设计窗体及控件属性。

窗体及控件的 Text 属性如图 4-40 所示。设置 TextBox1 的 Name 属性为 txtLength；设置 TextBox2 的 Name 属性为 txtWidth；设置 TextBox3 的 Name 属性为 txtHigh；设置 Label4 的 Name 属性为 lblInfo，AutoSize 属性为 False，BorderStyle 属性为 Fixed3D。

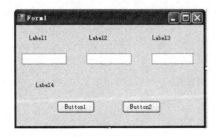

图 4-39　程序设计界面

图 4-40　初始界面

(3) 设计代码。

按 F7 键进入代码编写界面,在 Form1 类中添加长方体类定义的代码如下:

```csharp
class Cuboid    //类名为 Cuboid
{
    //声明字段
    private double length;
    private double width;
    private double high;
    //声明属性
    public double Length{get{return length;}set{length = value;}}
    public double Width{get{return width;}set{width = value;}}
    public double High{get{return high;}set{high = value;}}
    public double Volume()    //求体积方法
    {
        return length * width * high;
    }
    public string CuboidShow()
    {
        return "类内调用\n 长方体的长、宽、高为: " + length + ", " + width
            + ", " + high + "  \n 长方体的体积为: " + Volume();
    }
}
```

然后,在 Form1 类中添加声明对象的代码如下:

```csharp
Cuboid cuboid1 = new Cuboid();    //声明对象 cuboid1
```

在设计面双击"类内调用"按钮,添加该按钮的单击事件代码如下:

```csharp
private void button1_Click(object sender, EventArgs e)
{
    //转换文本框中的值
    double len = double.Parse(txtLength.Text);
    double wid = double.Parse(txtWidth.Text);
    double hig = double.Parse(txtHigh.Text);
    //设置对象值
    cuboid1.Length = len;
    cuboid1.Width = wid;
    cuboid1.High = hig;
    lblInfo.Text = cuboid1.CuboidShow();    //求体积的方法在类内调用
}
```

添加"类外调用"按钮的单击事件代码如下:

```csharp
private void button2_Click(object sender, EventArgs e)
{
    //转换文本框中的值
    double len = double.Parse(txtLength.Text);
    double wid = double.Parse(txtWidth.Text);
    double hig = double.Parse(txtHigh.Text);
    //设置对象值
    cuboid1.Length = len;
    cuboid1.Width = wid;
```

```
        cuboid1.High = hig;
        lblInfo.Text = "类外调用\n长方体的长、宽、高为: " + cuboid1.Length;
        lblInfo.Text += ", " + cuboid1.Width + ", " + cuboid1.High;
        lblInfo.Text += "  \n长方体的体积为: " + cuboid1.Volume();
}
```

(4) 执行程序。

按 F5 键或单击工具栏上的"启动调试"按钮,程序开始运行,单击"类内调用"按钮,运行结果如图 4-37 所示,单击"类外调用"按钮,运行结果如图 4-38 所示。

说明:

(1) 本例与例 4-4 类似,长方体类 Cuboid 的定义放在 Form1 类中,在类定义中声明了字段和属性,另外声明了两个方法分别用于求体积和显示信息。

(2) "类外调用"显示时,代码中除了要在调用的方法名前加上对象的名称之外,还要注意,在类外访问数据成员时,访问的是属性而不是字段,读者请自行思考原因。

3. 参数传递

方法可以包含参数,也可以有数量不一的参数。参数是一个局部变量,在方法的声明和调用中,经常涉及参数传递。在方法声明中使用的参数称为形式参数(形参),在调用方法时使用的参数称为实际参数(实参)。在调用方法时,参数传递就是将实参传递给相应的形参的过程。

方法的参数传递按照性质可分为按值传递与按引用传递。

1) 按值传递

参数按值传递的方式是指当把实参传递给形参时,是把实参的值复制给形参,实参和形参使用的是内存中两个不同的值,所以这种参数传递方式的特点是形参的值发生改变时,不会影响到实参的值,从而保证了实参数据的安全。

基本类型(包括 string 与 object)的参数在传递时默认为按值传递。

【例 4-7】 创建一个 Windows 窗体应用程序,在程序中先将两个变量的值赋值给文本框,然后传递两个变量的值给 Swap 方法的形参,在该方法中交换这两个形参的值,再一次将两个变量的量赋值给文本框,观察文本框中的数据是否受到影响。程序运行结果如图 4-41 和图 4-42 所示。

图 4-41　调用方法前

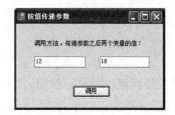
图 4-42　调用方法后

分析:

本例中的 Swap 方法的功能很简单,就是交换两个参数的值。由于是参数传递示例,因此两个变量的定义和初始赋值可以直接在 Form1 类中声明,对文本框的初始赋值语句可以放在 Form_Load 事件过程中。

设计步骤如下：

(1) 程序设计界面。

创建一个 Windows 应用程序，添加一个标签控件（Label1）、两个文本框控件（TextBox1 和 TextBox2）、一个按钮控件（Button1），适当调整控件的大小及布局，如图 4-43 所示。

(2) 设计窗体及控件属性。

窗体及控件的 Text 属性如图 4-44 所示。设置 TextBox1 的 Name 属性为 txtA；设置 TextBox2 的 Name 属性为 txtB；设置 Label1 的 Name 属性为 lblInfo。

图 4-43　程序设计界面

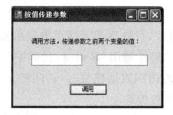
图 4-44　初始界面

(3) 设计代码。

按 F7 键进入代码编写界面，在 Form1 类定义的类体中添加声明整型变量的代码如下：

```csharp
int x = 12, y = 18;    //定义两个变量
```

然后，在 Form1 类定义的类体中添加声明 Swap 方法的代码如下：

```csharp
public void Swap(int a, int b)
{   //交换形参 a,b 的值
    int c = a;
    a = b;
    b = c;
}
```

在设计界面双击窗体空白处，添加窗体的加载事件（Form_Load）代码如下：

```csharp
private void Form1_Load(object sender, EventArgs e)
{
    //两个实参 x 与 y 调用前的值
    txtA.Text = x.ToString();
    txtB.Text = y.ToString();
}
```

在设计界面双击"调用"按钮，添加"调用"按钮的单击事件代码如下：

```csharp
private void button1_Click(object sender, EventArgs e)
{
    Swap(x, y);    //调用方法按值传递参数
    lblInfo.Text = "调用方法,传递参数之后两个变量的值：";
    txtA.Text = x.ToString();
    txtB.Text = y.ToString();
}
```

(4) 执行程序。

按F5键或单击工具栏上的"启动调试"按钮,程序开始运行,运行界面如图4-41所示,单击"调用"按钮,运行结果如图4-42所示。

说明:

(1) 从图4-41和图4-42的比较中可以看出,在Swap方法中交换a与b的值,并未对x与y的值产生任何影响。

(2) 基本类型的参数默认均是按值传递,形参值的变化不会影响到实参。

2) 按引用传递

一个方法只能返回一个值,但实际应用中常常需要方法能够修改或返回多个值,这时只靠return语句显然是无能为力的。如果需要方法返回多个值,就可以使用按引用传递参数的方式实现这种功能。按引用传递是指实参传递给形参时,不是将实参的值复制给形参,而是将实参的引用传递给形参,此时,实参与形参使用的是同一个内存地址中的值。这种参数传递方式的特点是形参的值发生改变时,同时也改变实参的值。

按引用传递分为基本数据类型与类对象数据类型两种情况,其传递方式如图4-45和图4-46所示。

图4-45 基本类型按引用传递示意图

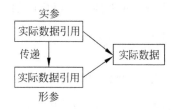

图4-46 类对象按引用传递示意图

基本类型参数按引用传递时,形参实际上是实参的别名。基本类型参数按引用传递时,实参与形参前均须使用关键字ref。

【例4-8】 将例4-7中Swap方法声明与调用时的形参与实参修改为按引用传递,观察两个文本框中的数据是否发生变化。

说明:

(1) 程序的运行结果如图4-47和图4-48所示。上述运行结果之所以与例4-7不同,其关键部分仅在形参与实参的代码。声明形参的代码如下:

```
public void Swap(ref int a,ref int b) //在形参中增加 ref 关键字
```

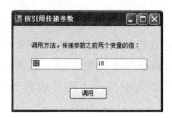

图4-47 按引用调用方法前

图4-48 按引用调用方法后

传递实参的代码如下:

```
Swap(ref x,ref y);   //在实参中增加 ref 关键字
```

(2) 基本类型的参数默认均是按值传递,如果要按引用传递,必须用 ref 关键字声明。

类对象参数总是按引用传递的,所以类对象参数传递不需要使用 ref 关键字。类对象参数的传递实际上是将实参对数据的引用复制给了形参,所以形参与实参共同指向同一个内存区域。

【例 4-9】 修改例 4-8,将 Swap 方法的形参类型设置为文本框类型。运行结果如图 4-47 和图 4-48 所示。

说明:

(1) Swap 方法的形参类型设置为文本框类型,代码如下:

```
public void Swap(TextBox a, TextBox b)  //声明对象形参
{   //交换形参对象的 Text 属性值
        TextBox c = new TextBox();
        c.Text = a.Text;
        a.Text = b.Text;
        b.Text = c.Text;
}
```

窗体的 Load 事件中主要代码如下:

```
txtA.Text = "12";
txtB.Text = "18";
```

调用方法参数传递的代码如下:

```
Swap(txtA,txtB);   //传递对象参数
```

(2) 由于形参和实参的类型均为类对象(文本框),因此不需要使用 ref 关键字。类对象参数默认而且仅能以引用方式传递。

4. 重载方法

有时方法实现的功能需要针对多种类型的参数,虽然 C♯ 具有隐式类型转换的功能,但是这种转换在有些情况下会导致运算结果的错误,而有时数据类型无法实现隐式转换甚至根本无法转换。有时方法实现的功能需要处理的数据个数不同,这时会因为传递实参的个数不同而导致方法调用的失败。例如,前面例子中的整型数据交换方法只能实现两个整型变量的值交换,无法通过隐式或显式转换来实现其他类型变量的值交换。如果在调用方法时传递的是两个浮点型变量,则运行程序时将出现"无法从'ref float'转换为'ref int'"的编译错误。

为了能够使同一功能适用于各种类型的数据,C♯ 提供了方法重载机制。所谓方法重载,是指声明两个以上的同名方法,实现对不同数据类型的相同处理。即同一个类中存在着方法名称相同,但是每个方法中参数的数据类型、个数或顺序不同的方法。如果同一个类中存在两个以上的同名方法,当调用这样的方法时,编译器会根据传入的参数自动进行判断,决定调用哪个方法。

方法重载有两点要求:

(1) 重载的方法名称必须相同。

(2) 重载方法的形参个数或类型必须不同,否则将出现"已经定义了一个具有相同类型参数的方法成员"的编译错误。

如果要使上例中的交换方法能够同时处理整型与浮点型数据,重载的方法声明如下:

```
public void Swap(ref int a, ref int b) { }
public void Swap(ref float a, ref float b) { }
```

声明了重载方法后,当调用具有重载的方法时,系统会根据参数的类型或个数寻求最匹配的方法予以调用。根据前面的例子,当执行方法调用时,系统根据传递的实参类型决定调用哪一个方法,从而实现对不同的数据类型进行相同处理。

【例 4-10】 创建一个 Windows 窗体应用程序,在该程序中利用方法重载实现对两个整型、浮点型和字符型数据比较大小的功能。程序运行结果如图 4-49～图 4-51 所示。

图 4-49 比较整数

图 4-50 比较实数

图 4-51 比较字符

分析:

本例需要在 Form1 类中声明用于比较两个数据大小的方法,由于要采用方法重载比较 3 种类型的数据,因此需要定义 3 个同名但参数不同的方法。不同类型数据的比较可以采用不同的命令按钮单击事件触发。

设计步骤如下:

(1) 程序设计界面。

创建一个 Windows 应用程序,添加 3 个标签控件(Label1～Label3),两个文本框控件(TextBox1 和 TextBox2)、3 个按钮控件(Button1～Button3),适当调整控件的大小及布局,如图 4-52 所示。

图 4-52 程序设计界面

图 4-53 初始界面

(2) 设计窗体及控件属性。

窗体及控件的 Text 属性如图 4-53 所示。设置 TextBox1 的 Name 属性为 txtA;设置 TextBox2 的 Name 属性为 txtB;设置 Label1 的 Name 属性为 lblInfo,AutoSize 属性为 False,BorderStyle 属性为 Fixed3D。

(3) 设计代码。

按 F7 键进入代码编写界面,在 Form1 类定义的类体中添加声明用于比较两个数据大

小的方法,代码如下:

```csharp
public int Max(int  x, int  y)
{
    return x > y?x:y;
}
public double Max(double  x, double  y)
{
    return x > y?x:y;
}
public char Max(char  x, char  y)
{
    return x > y?x:y;
}
```

在设计界面双击"比较整数"按钮,添加"比较整数"按钮的单击事件代码如下:

```csharp
private void button1_Click(object sender, EventArgs e)
{
    int a,b;
    a = int.Parse(txtA.Text);
    b = int.Parse(txtB.Text);
    lblInfo.Text = "较大的整数是: " + Max(a,b); //传递整型实参
}
```

添加"比较实数"按钮的单击事件代码如下:

```csharp
private void button2_Click(object sender, EventArgs e)
{
    double  a,b;
    a = double.Parse(txtA.Text);
    b = double.Parse(txtB.Text);
    lblInfo.Text = "较大的实数是: " + Max(a,b); //传递实型实参
}
```

添加"比较字符"按钮的单击事件代码如下:

```csharp
private void button3_Click(object sender, EventArgs e)
{
    char  a,b;
    a = char.Parse(txtA.Text);
    b = char.Parse(txtB.Text);
    lblInfo.Text = "较大的字符是: " + Max(a,b); //传递字符型实参
}
```

(4) 执行程序。

按 F5 键或单击工具栏上的"启动调试"按钮,程序开始运行,运行结果如图 4-49 至图 4-51 所示。

说明:

(1) 本例采用方法重载用于实现两个整型、实型和字符型数据比较大小的功能,方法重载时只改变了参数的类型,而实际方法重载应用时,既可以改变参数类型,也可以改变参数数量,甚至方法体可以完全重写。

(2) 两个字符是按照它们对应的 ASCII 码值的大小进行比较的。

4.2.5 静态成员

类可以具有静态成员,例如静态字段、静态方法等。静态成员与非静态成员的不同在于,静态成员属于类本身,而非静态成员则总是与特定的实例(对象)相联系。前面介绍的所有例子均只涉及非静态成员,本小节将介绍静态成员。

声明静态成员需要使用 static 修饰符。

1. 静态数据成员

非静态的字段(数据)总是属于某个特定的对象,其值总是表示某个对象的值。例如,当说到长方体的长(length)时,总是指某个长方体对象的长,而不可能是全体长方体对象的长,相应地,在前面定义的 Cuboid(长方体)类的 length 成员就是一个非静态的字段。

然而,有时可能会需要类中有一个数据成员来表示全体对象的共同特征。例如,如果在 Cuboid(长方体)类中要用两个数据成员来统计长方体和正方体的个数,那么这两个数据成员表示的就不是某个长方体或正方体对象的特征,而是全体长方体或正方体对象的特征,这时就需要使用静态数据成员。代码如下:

```
class Cuboid
{
    private static int cubeNumber;      //静态字段,用于统计正方体对象
    private static int cuboidNumber;    //静态字段,用于统计长方体对象
    private double length;              //非静态字段
    private double width;               //非静态字段
    private double high;                //非静态字段
}
```

上面类定义中,静态数据成员 cubeNumber 和 cuboidNumber 不属于任何一个特定的对象,而是属于类,或者说属于全体对象,是被全体对象共享的数据。

2. 静态方法

非静态的方法(包括非静态的构造函数)总是对某个对象进行数据操作,例如,Cuboid(长方体)类中的计算体积的方法,总是计算某个对象的体积。如果某个方法在使用时并不需要与具体的对象相联系,例如,方法操作的数据并不是某个具体对象的数据,而是表示全体对象特征的数据,甚至方法操作的数据与对象数据根本无关,这时可以将该方法声明为静态方法。例如,要操作 Cuboid(长方体)类中的静态字段成员 cubeNumber 与 cuboidNumber,就应该声明一个静态方法。

静态方法同样使用修饰符 static 声明,静态方法属于类本身,只能使用类调用,不能使用对象调用。

【例 4-11】 创建一个 Windows 窗体应用程序,在程序中定义一个 Cuboid(长方体)类,该类除了包含非静态成员外,还包含两个静态数据成员用于统计长方体个数(对象个数)和正方体个数(对象个数),两个静态方法用于返回长方体个数和正方体个数。程序运行结果如图 4-54 和图 4-55 所示。

分析:

在例 4-4 和例 4-5 等例题中,定义过 Cuboid(长方体)类,本例需要添加两个静态数据成员和两个静态方法。

图 4-54 创建长方体对象

图 4-55 创建正方体对象

设计步骤如下:

(1) 程序设计界面。

创建一个 Windows 应用程序,添加 4 个标签控件(Label1~Label4)、3 个文本框控件(TextBox1~TextBox3)、两个单选按钮(RadioButton1 和 RadioButton2)、一个按钮控件(Button1),适当调整控件的大小及布局,如图 4-56 所示。

(2) 设计窗体及控件属性。

窗体及控件的 Text 属性如图 4-57 所示。设置 TextBox1 的 Name 属性为 txtA;设置 TextBox2 的 Name 属性为 txtB;设置 TextBox3 的 Name 属性为 txtC;设置 Label4 的 Name 属性为 lblInfo,AutoSize 属性为 False,BorderStyle 属性为 Fixed3D。

图 4-56 程序设计界面

图 4-57 初始界面

(3) 设计代码。

按 F7 键进入代码编写界面,在 Form1 类中添加 Cuboid(长方体)类定义,增加两个静态字段定义和两个静态方法的定义,代码如下:

```csharp
class Cuboid                              //类名为 Cuboid
{
    //声明字段
    private double length;
    private double width;
    private double high;
    private static int cubeNumber;        //静态字段,用于统计正方体对象
    private static int cuboidNumber;      //静态字段,用于统计长方体对象
    //声明属性
    public double Length{get{return length;}set{length = value;}}
    public double Width{get{return width;}set{width = value;}}
    public double High{get{return high;}set{high = value;}}
    //增加两个静态方法
```

```csharp
    public static int GetCubeNumber()
    {   return cubeNumber;    }
    public static int GetCuboidNumber()
    {   return cuboidNumber;    }
}
```

然后,在 Cuboid(长方体)类定义创建两个构造函数,分别用于创建正方体对象和长方体对象代码如下:

```csharp
public Cuboid(double l,double w,double h)       //声明 3 个参数的长方体构造函数
{
    length = l;width = w;high = h;
    cuboidNumber++;                             //每创建一个长方体对象,该静态变量值加 1
}
public Cuboid(double l)                         //声明 1 个参数的正方体构造函数
{
    length = width = high = l;
    cubeNumber++;                               //每创建一个正方体对象,该静态变量值加 1
}
```

在设计界面双击"创建对象"按钮,添加该按钮的单击事件代码如下:

```csharp
private void button1_Click(object sender, EventArgs e)
{
    if(radioButton1.Checked)      //如果正方体单选按钮被选中
    {
        int l = int.Parse(txtA.Text);
        Cuboid cuboid = new Cuboid(l);
        lblInfo.Text = "对象创建成功!\n" + " 正方体的棱长为:" + cuboid.Length;
        //使用类名调用静态方法,获取正方体的个数
        lblInfo.Text += "\n 正方体的个数为:" + Cuboid.GetCubeNumber();
    }
    if (radioButton2.Checked)     //如果长方体单选按钮被选中
    {
        int l = int.Parse(txtA.Text);
        int w = int.Parse(txtB.Text);
        int h = int.Parse(txtC.Text);
        Cuboid cuboid = new Cuboid(l,w,h);
        lblInfo.Text = "对象创建成?功!\n" + " 长方体的长、宽、高为:";
        lblInfo.Text += cuboid.Length + "、" + cuboid.Width + "、" + cuboid.High;
        //使用类名调用静态方法,获取长方体的个数
        lblInfo.Text += "\n 长方体的个数为:" + Cuboid.GetCuboidNumber();
    }
}
```

(4) 执行程序。

按 F5 键或单击工具栏上的"启动调试"按钮,程序开始运行。输入长、宽、高,单击"长方体"单选按钮,运行结果如图 4-54 所示。输入长,单击"正方体"单选按钮,运行结果如图 4-55 所示。

说明:

(1) 静态字段用于统计类对象的公共特征,静态字段一般通过静态方法去访问。

(2) 由于本例是通过同一个"创建对象"按钮事件去创建长方体和正方体,因此,必须添

加两个类的构造函数,分别去创建不同的对象,这也是方法重载的一种常用形式。

(3) 图 4-55 中显示"正方体的个数为:3",说明在程序运行过程中一共创建了 3 个正方体。读者可以思考一下,这个统计数据能否会清零,如何进行?

4.2.6 继承

事物总是在不断发展变化的,设计好的程序也不可能永远适应这种发展变化,需要不断进行完善和扩充,继承为面向对象程序设计提供了一条有效途径,既能最大限度地利用已有的程序设计成果,又能方便地对已有的程序设计成果进行完善。本小节将介绍面向对象编程的重要特性之一——继承。

1. 类的继承

继承是面向对象程序设计方法的最重要特征之一。继承就是在已有类的基础上建立新的类,新的类既具备原有类的功能和特点,又可以将这些功能在原有基础上进行拓展。由于新的类是由原来的类发展而来,所以又被称为原有类的派生类(子类),而原有类就是新类的基类(父类)。

C#语言支持继承机制,该机制允许在类定义时不需要编写代码就可以包含另一个类定义的数据成员和方法成员。也就是说,C#允许基于某一个已经定义的类来创建一个新类。类的继承将人们认识世界时形成的概念体系引入到程序设计领域。现实世界中的许多实体之间存在联系,形成了人们认识的层次概念结构。例如,多边形的概念体系如图 4-58 所示。

习惯上,在表示一个概念体系时,总是把表现最基本、最普遍特征的概念放在概念体系的最上层。从图中可以看出,"多边形"这一概念处于体系的最高层,它表示最一般,最普遍的特征,而下层相对于上层,总是在上层所具有特征的基础上又增加了一些上层所不具备的特征。

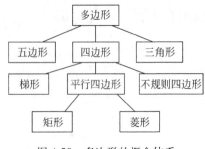

图 4-58 多边形的概念体系

图 4-58 所示的概念体系在面向对象程序设计中也可看作一个多边形的类层次结构。最顶部的类被称为基类,是多边形类。该基类包含五边形、四边形和三角形 3 个子类,当然从多边形类还可以派生出其他类,如六边形类和七边形类等。四边形子类可派生一个平行四边形子类,平行四边形子类还可派生出两个子类:矩形、菱形。而多边形类可称为平行四边形的祖先类。同样,平行四边形是矩形、菱形的父类,而四边形是它们的祖先类。

从继承关系上看,矩形是一种平行四边形,平行四边形是一种四边形,矩形也是一种四边形,即每个子类有且只有一个父类,所有子类都是其父类的派生类,它们都分别是父类的一种特例,父类和子类之间存在着一种"继承"关系。

我们在面向对象程序设计中就利用这种"继承"/"派生"关系来组织和描述/表达事物,这样可以使我们大大简化程序并提高代码的重用性。比如,我们先定义了多边形类的有关方法和属性,那么对于四边形类我们利用"继承"机制,先继承它与多边形相同的那些方法和属性(由程序设计中实现"继承"的语句来完成,不是代码的重写),在此基础上再另外定义它特有的属性和方法。可见,"继承"让我们能重用父类的代码,而只需专注编写有关子类的新代码。继承帮助我们清楚地描述事物的层次关系,帮助我们理解事物的本质,并且可以使已经存在的类无须修改地适应新的应用,只要我们分清了事物所处的层次结构,也就找到了对应的解决办法。

类的继承性为面向对象程序设计构建一个分层类结构体系创造了条件。事实上,.NET框架类库就是一个庞大的分层类结构体系,其中,Object类是最基本的类,处于该体系的最高层,其他所有类都是直接或间接由Object类继承而来的。即使是用户自定义类时不指定继承关系,系统仍然将该自定义类作为Object类的派生类。

在C#中,类的继承需要遵循以下规则:

(1) 派生类只能继承于一个基类。
(2) 派生类自然继承基类的成员,但不能继承基类的构造函数成员。
(3) 继承具有传递性。例如,A继承于B,C继承于A,那么C同时继承了A、B中的成员。
(4) 派生类是对基类的扩展,派生类定义中可以声明新的成员,但不能消除已继承的基类成员。
(5) 基类中的成员声明时,不管其是什么访问控制方式,总能被派生类继承,访问控制方式的不同只决定派生类成员是否能够访问基类成员。
(6) 派生类定义中如果声明了与基类同名的成员,则基类的同名成员将被覆盖,从而使派生类不能直接访问同名的基类成员。
(7) 基类可以定义虚方法成员等,这样派生类能够重载这些成员以表现类的多态性。

2. 定义派生类

在.NET类库中,绝大多数类可以作为基类来产生派生类。例如,当创建一个Windows应用程序时,在窗体设计器中显示的窗体就是一个派生类,并在代码窗口自动生成这个派生类的定义代码,从派生类代码中可以看出该类派生于Form(窗体)类。而C#程序开发者可以在这个派生类定义中添加自己需要的代码,例如声明字段、添加方法,或者以可视化的方式添加控件作为该类的成员。当然,也可以在该类定义之外定义新的类以满足程序设计的需要。下面是创建一个Windows应用程序时系统自动生成的类定义代码:

```
public partial class Form1:Form    //本行代码中Form指示该派生类所继承的基类
{
    //其他代码省略
}
```

1) 派生类的定义

定义一个继承于基类的派生类的语法格式如下:

```
【访问修饰符】class    派生类名称:基类名称
{
    //派生类的类体
}
```

其中,访问修饰符可以是public、protected和private,通常都使用public以保证类的开放性,并且public可以省略,因为类定义的访问控制默认是public。":基类名称"表示所继承的类。

定义的派生类默认继承了基类的所有成员,包括变量和方法(构造函数和析构函数除外),基类中用 private 访问修饰符限制的成员不能被继承。

在例 4-1 中定义了一个 Cuboid(长方体)类,并在长方体类中增加了一个正方体类的构造函数,以创建正方体对象。现在利用类的继承机制,可以使正方体类成为长方体类的一个派生类。

长方体类作为基类定义如下:

```
public class Cuboid
{   //声明字段
    private double length;
    private double width;
    private double high;
    //声明属性
    public double Length {get{return length;} set{length = value;}}
    public double Width {get{return width;} set{ width = value;}}
    public double High {get{return high;} set{high = value;}}
    //声明计算体积的方法
    public double CuboidVolume()
    {   return length * width * high;}   //注意,此处使用的是基类定义中的私有成员
}
```

作为派生类的正方体类定义如下:

```
public class Cube: Cuboid
{
    public double CubeVolume()
    {return Length * Length * Length; }  //注意,此处使用的是基类定义中的公有成员
}
```

在上面的派生类定义中,仅声明了计算正方体体积的方法,而派生类的字段全部由基类继承。由上面的基类与派生类使用的基类成员来看,基类在其类体中可以直接使用私有成员,而派生类不能在其类体中使用基类的私有成员。

2) protected 访问修饰符的作用

在类的继承中,为了使基类的字段在派生类定义中能够直接被使用,通常用 protected 修饰符来限定,而不使用 private 修饰符。protected 修饰符既保证不能在类定义外直接访问字段,又允许其派生类成员访问。

将前面基类 Cuboid(长方体)类中的 length 字段的访问控制符改为 protected,则其派生类定义中的 CubeVolume 方法中的代码可以修改为:

```
public double CubeVolume()
{return length * length * length; }  //注意,此处使用的是基类定义中的保护成员
```

3) 声明派生类对象

基类与派生类定义完成后,用派生类声明的对象将包含基类的成员(除了构造函数),因此,派生类对象可以直接访问基类成员,例如:

```
Cube cube1 = new Cube();        //声明派生类对象
cube1.Length = 12;              //设置派生类继承的基类数据成员值
```

【例 4-12】

创建一个 Windows 窗体应用程序,在程序中比照前述内容定义基类 Cuboid(长方体)类与派生类 Cube(正方体)类,创建并显示基类与派生类对象的信息。程序运行结果如图 4-59 所示。

分析:

本例主要考查派生类的继承,基类和派生类的定义可参照前述代码,重点要注意派生类对象的访问。

设计步骤如下:

(1) 程序设计界面。

创建一个 Windows 应用程序,添加一个标签控件(Label1)。

(2) 设计窗体及控件属性。

窗体及控件的 Text 属性如图 4-60 所示。设置 Label1 的 Name 属性为 lblInfo,AutoSize 属性为 False,BorderStyle 属性为 Fixed3D,调整标签的位置及大小。

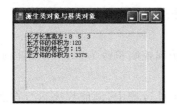

图 4-59 程序运行结果

图 4-60 程序初始界面

(3) 设计代码。

按 F7 键进入代码编写界面,在 Form1 类中添加基类 Cuboid(长方体)类和派生类 Cube(正方体)类的定义,代码如下:

```
public class Cuboid         //定义基类
{
    //声明字段
    protected double length;
    private double width;
    private double high;
    //声明属性
    public double Length{get{return length;}set{length = value;}}
    public double Width{get{return width;}set{width = value;}}
    public double High{get{return high;}set{high = value;}}
    //求体积方法
    public double CuboidVolume()
    {   return length * width * high;     }
}

public class Cube:Cuboid        //定义派生类
{
    public double CubeVolume()
    {return length * length * length; }
}
```

在设计界面双击窗体空白处,添加窗体的 Load 事件代码如下:

```
private void Form1_Load(object sender, EventArgs e)
{
    Cuboid cuboid = new Cuboid();          //声明基类对象
    cuboid.Length = 8;
    cuboid.Width = 5;
    cuboid.High = 3;                        //设置基类对象值
    //输出基类对象信息
    lblInfo.Text = "长方长宽高为：" + cuboid.Length + "   " + cuboid.Width + "   "
        + cuboid.High + "\n长方体的体积为:" + cuboid.CuboidVolume();
    Cube cube = new Cube();                 //声明派生类对象
    cube.Length = 15;                       //设置派生类对象值
    //输出派生类信息
    lblInfo.Text += "\n正方体的棱长为：" + cube.Length + "\n正方体的体积为："
        + cube.CubeVolume();
}
```

（4）执行程序。

按 F5 键或单击工具栏上的"启动调试"按钮，程序运行结果如图 4-59 所示。

说明：

（1）基类 Cuboid（长方体）类中的 length 字段的访问控制符改为 protected，因此派生类 Cube 可以直接使用基类的该字段。

（2）本例显示信息的代码直接放在 Form_Load 事件过程中，因此程序运行在加载窗体时即运行代码显示结果。

4）构造函数的调用

类的对象在创建时，将自动调用构造函数，为对象分配内存并初始化对象的数据。创建派生类对象同样需要调用构造函数。由于派生类不继承基类的构造函数，那么派生类的基类部分字段如何完成初始化呢？当然，仍由基类的构造函数来完成。也就是说，创建派生类对象时，会多次调用构造函数。以例 4-12 中执行"Cube cube=new Cube();"语句创建派生类对象 cube 为例，系统将先调用基类 Cuboid 的默认构造函数，从而完成基类部分字段的初始化，然后再调用派生类 Cube 的默认构造函数，来完成派生类自身字段的初始化，当然例 4-12 中的派生类没有自身的字段，也就无须对字段初始化。

从以上分析可以看出，在创建派生类对象时，调用构造函数的顺序是先调用基类的构造函数，然后再调用派生类的构造函数，以完成为数据成员分配内存空间并进行初始化的工作。

如果派生类的基类本身是另一个类的派生类，则构造函数的调用次序按照由高到低顺序依次调用。例如，假设 A 类是 B 类的基类，B 类是 C 类的基类，则创建 C 类的对象时，调用构造函数的顺序为：先调用 A 类的构造函数，再调用 B 类的构造函数，最后调用 C 类的构造函数。

5）向基类构造函数传递参数

如果基类中显式声明了带参数的构造函数，那么在派生类创建对象时，要调用基类构造函数，就必须向基类构造函数传递参数。向基类构造函数传递参数，必须通过派生类的构造函数实现，其语法格式如下：

```
public 派生类构造函数名(形参列表):base(向基类构造函数传递的实参列表) { }
```

其中,"base"是C#关键字,表示调用基类的有参构造函数。传递给基类构造函数的"实参列表"通常包含在派生类构造函数的"形参列表"中。

以定义的基类Cuboid(长方体)类和派生类Cube(正方体)类为例,为Cuboid(长方体)类增加有参数的构造函数,代码如下:

```
public Cuboid(double l,double w,double h)
{length = l;width = w;high = h;}
```

则派生类Cube(正方体)类也必须声明构造函数,代码如下:

```
public Cube(double l;):base(l,0,0) {}
```

由于派生类Cube(正方体)仅需要一个参数(棱长),而基类的构造函数需要3个参数,因此,派生类在向基类传递参数时,除了传递一个有效参数"l",另两个参数以"0"代替。有了上面的构造函数,则可以这样来创建对象:

```
Cube cube = new Cube(15);   //初始化正方体对象的棱长字段
```

在执行上述语句时,系统会首先将前3个参数传递给基类的有参构造函数,由基类构造函数将基类数据成员按指定的值进行初始化。

【例4-13】 创建一个Windows窗体应用程序,按照前述内容在程序中定义基类Cuboid类与派生类Cube类,在文本框中输入派生类对象的数据,单击"创建对象"按钮,用文本框中的数据作为参数创建派生类对象,并将对象的数据显示在标签框中。程序运行结果如图4-61所示。

分析:

本例主要考查派生类的继承,基类和派生类的定义可参照前述代码,重点要注意派生类对象的访问。

设计步骤如下:

(1) 程序设计界面。

创建一个Windows应用程序,初始界面参考例4-11。

(2) 设计窗体及控件属性。

窗体及控件的Text属性参考例4-11,并修改窗体的Text属性值为"向基类构造函数传递参数",如图4-62所示。

图4-61 程序运行结果

图4-62 初始界面

(3) 设计代码。

按F7键进入代码编写界面,在Form1类中添加基类Cuboid(长方体)类和派生类Cube

(正方体)类的定义,代码如下:

```csharp
public class Cuboid    //定义基类
{
    //声明字段
    protected double length;
    private double width;
    private double high;
    //声明属性
    public double Length{get{return length;}set{length = value;}}
    public double Width{get{return width;}set{width = value;}}
    public double High{get{return high;}set{high = value;}}
    //声明基类构造函数
    public Cuboid(double l,double w,double h)
    { length = l; width = w; high = h; }
    //求体积方法
    public double CuboidVolume()
    {   return length * width * high;       }
}
public class Cube:Cuboid    //定义派生类
{    //声明派生类构造函数,向基类构造函数传递参数
    public Cube(double l):base(l,0,0) {}
    public double CubeVolume()
    {return length * length * length; }
}
```

"创建对象"按钮的单击事件与例 4-11 类似,只是作如下修改:

① 将创建正方体对象的代码"Cuboid cuboid=new Cuboid(l);"改为"Cube cube=new Cube(l);   //用派生类创建对象"。

② 修改基类对象计算体积的调用为"cuboid.CuboidVolume()"。

③ 修改派生类对象计算体积方法的调用为"cube.CubeVolume()"。

(4) 执行程序。

按 F5 键或单击工具栏上的"启动调试"按钮,程序运行结果如图 4-61 所示。

说明:

(1) 基类 Cuboid(长方体)类中的 length 字段的访问控制符改为 protected,因此派生类 Cube 类可以直接使用基类的该字段。

(2) 向基类构造函数传递参数,必须通过派生类的构造函数实现"public Cube(double l):base(l,0,0) {}",其中,base 后的第一个参数"l"是构造函数的形参。

4.3 拓展知识

4.3.1 接口

1. 接口的概念

接口(Interface)是面向对象中的一个重要的概念,而且面向对象中的继承性和多态性主要都是通过接口来体现的。C#遵循的是单继承机制,即父类可以派生多个子类,而一个

子类只能继承于一个父类。如果在程序开发中希望一个子类继承两个或两个以上的父类，实现多重继承的功能，可以通过接口来实现。

接口是一种用来定义程序的协议，它描述可属于任何类或结构的一组相关行为，可以把它看成是实现一组类的模板。接口可由方法、属性、事件和索引器或这 4 种成员类型的任何组合构成，但不能包含字段。接口只是定义了类必须做什么，而不是怎样做，即只管功能形式规范，不管具体实现。

类和结构可以像子类继承基类一样从接口继承，但是可以继承多个接口。当类和结构继承接口时，它继承成员定义但不继承实现。若要实现接口成员，类或结构的对应成员必须是公共的、非静态的，并且与接口成员具有相同的名称。类或结构的属性或索引器可以为接口中定义的属性或索引器定义额外的访问器。例如，接口可以声明一个带有 get 访问器的属性，而实现该接口的类可以声明同时带有 get 和 set 访问器的同一属性。但是，如果属性或索引器使用显式声明，则访问器必须匹配。

此外，接口也可以继承其他接口，类可以通过其继承的基类或接口多次继承某个接口，在这种情况下，如果将该接口声明为新类的一部分，则类只能实现该接口一次。如果没有将继承的接口声明为新类的一部分，其实现将由声明它的基类提供。基类可以使用虚拟成员实现接口成员，在这种情况下，继承接口的类可以通过重写虚拟成员来更改接口行为。

综上所述，接口具有以下特征：
(1) 接口类似于抽象基类，继承接口的任何非抽象类型都必须实现接口的所有成员。
(2) 不能直接实例化接口。
(3) 接口可以包含事件、索引器、方法和属性。
(4) 接口不包含方法的实现。
(5) 类和结构可以从多个接口继承。
(6) 接口自身可以从多个接口继承。
(7) 在组件编程中，接口是组件向外公布其功能的唯一方法。

2．声明接口

C#中使用 interface 关键字声明接口，接口定义的基本语法格式如下：

```
修饰符 interface 接口名[:父接口列表]
{
    //接口成员定义体
}
```

在声明接口时，通常以大写的"I"开头指定接口名，表明这是一个接口。除了 interface 关键字和接口名称之外，以上语法格式中的其他都是可选项。可以使用 new、public、protected、internal 和 private 等修饰符声明接口，但接口成员必须是公共的。

接口成员包括从基接口继承的成员以及接口自身定义的成员。接口成员可以是方法、属性、索引器和事件，但不能有常数、运算符、构造函数、析构函数、类型和静态成员。因为接口只具有"被继承"的特性，所以默认时，所有接口成员只具有 public 特性，接口成员的声明中不能含有任何其他修饰符。

(1) 声明接口的方法成员格式如下：

```
[new]    返回值类型 方法名([参数1,参数2,….]);
```

接口中只能提供方法的格式声明,而不能包含方法的实现,所以接口方法的声明总是以分号结束。

用户可以使用 new 修饰符在派生的接口中隐藏基接口的同名方法成员,其作用与类中 new 修饰符的作用相同。

(2) 声明接口的属性成员的格式如下:

```
[new] 返回类型 属性名{get; 和|或 set;};
```

(3) 声明接口的索引器成员的格式如下:

```
[new] 数据类型 this[索引参数表]{get; 和|或 set;};
```

(4) 声明接口的事件成员的格式如下:

```
[new] event 事件代理名 事件名;
```

例如,定义一个接口,包含方法、属性、索引和事件 4 个成员,代码如下:

```
public interface MyInterface          //定义接口
{
    void A(int x, int y);             //接口方法成员
    int B{get;}                       //接口属性成员
    int C[int index] {get; set;}      //接口索引成员
    event StringEvent Changed;        //接口事件成员
}
```

3. 接口的实现

接口定义好之后,就可以使用了。接口中的成员都是通过类继承接口后,在类中对接口中所定义的所有方法、属性、索引或事件进行代码实现而实现的。一个类可以实现多个接口,一个接口也可以由多个类来实现。

实现接口的基本语法格式如下:

```
class 类名:接口名列表
{
    //接口成员的实现
    //类的其他代码
}
```

注意:

(1) 类在实现接口时,必须实现接口中的所有成员,每个成员实现时数据类型等必须与接口中声明的保持一致。

(2) 类可以实现多个接口,多个接口在书写时用逗号分隔。

(3) 继承接口的类可以是从基类派生而来的,在表述上要把基类写在基接口之前,用逗号分隔。

【例 4-14】 创建一个 Windows 窗体应用程序,首先声明两个接口:ImyInterface1 和 ImyInterface2,在这两个接口中声明了一个同名的方法 Add,然后定义一个类 MyClass,该类继承于已经声明的两个接口。要求在文本框中输入要计算的数值,使用接口对象调用接口中定义的方法,分别输出两个数的和与 3 个数的和。程序运行结果如图 4-63 所示。

```
interface ImyInterface1
{       ///< summary >
        ///求和方法
        ///</ summary >
        ///< returns >加法运算的和</returns >
        int Add( int x, int y);
}
interface ImyInterface2
{       ///< summary >
        ///求和方法
        ///</ summary >
        ///< returns >加法运算的和</returns >
        int Add( int x, int y, int z);
}
```

分析：

在 MyClass 类中实现接口中的方法时，由于 ImyInterface1 和 ImyInterface2 接口中声明的方法名相同，需要使用显式接口成员实现。

设计步骤如下：

(1) 程序设计界面。

创建一个 Windows 应用程序，添加 4 个标签控件(Label1～Label4)、3 个文本框控件(TextBox1～TextBox3)、一个按钮控件(Button1)，适当调整控件的大小及布局，如图 4-64 所示。

(2) 设计窗体及控件属性。

窗体及控件的 Text 属性如图 4-65 所示。设置 TextBox1 的 Name 属性为 txtA；设置 TextBox2 的 Name 属性为 txtB；设置 TextBox3 的 Name 属性为 txtC；设置 Label4 的 Name 属性为 lblInfo，AutoSize 属性为 False，BorderStyle 属性为 Fixed3D，适当调整控件的大小及布局。

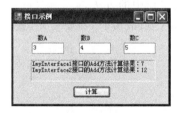 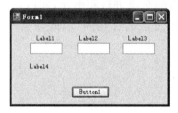 

图 4-63　程序运行结果　　　图 4-64　程序设计界面　　　图 4-65　初始界面

(3) 设计代码。

按 F7 键进入代码编写界面，在 Form1 类中先添加接口 ImyInterface1 和 ImyInterface2 的定义，代码如前所示。

然后，定义一个类用于继承两个接口，代码如下：

```
class MyClass : ImyInterface1, ImyInterface2
{
    ///< summary >
    ///求和方法
    ///</ summary >
```

```csharp
        ///<returns>加法运算的和</returns>
        int ImyInterface1.Add(int x, int y)          //显式接口成员实现
        {
            return x + y;
        }
        int ImyInterface2.Add(int x, int y, int z)   //显式接口成员实现
        {
            return x + y + z;
        }
    }
```

在设计视图中双击"计算"按钮,添加该按钮的单击事件代码如下:

```csharp
private void button1_Click(object sender, EventArgs e)
{
    int a = int.Parse(txtA.Text);
    int b = int.Parse(txtB.Text);
    int c = int.Parse(txtC.Text);
    MyClass myclass = new MyClass();              //实例化接口继承类的对象
    ImyInterface1 imyinterface1 = myclass;        //使用接口继承类的对象实例化接口
    ImyInterface2 imyinterface2 = myclass;        //使用接口继承类的对象实例化接口
    //使用接口对象调用接口中的方法
    lblInfo.Text = "ImyInterface1 接口的 Add 方法计算结果: " + imyinterface1.Add(a,b);
    lblInfo.Text += "\nImyInterface2 接口的 Add 方法计算结果: " + imyinterface2.Add(a,b,c);
}
```

(4) 执行程序。

按 F5 键或单击工具栏上的"启动调试"按钮,在文本框中输入要计算的数值,单击"计算"按钮,程序运行结果如图 4-63 所示。

说明:

(1) 类继承接口的用法和类继承基类基本相似,只是接口可以实现多继承。

(2) 接口必须通过其继承类的对象进行实例化,才可以使用接口中的方法。

(3) 由于本例中两个接口的方法名称相同,因此在类中实现接口成员时,需要使用"接口名.成员名"进行显式指定。

4.3.2 多态

1. 概述

多态性可以简单地概括为"一个接口,多种方法",它是在程序运行的过程中才决定调用的方法,多态性是面向对象编程的核心概念。例如,日常生活中经常说的开电视、开电脑、开门等,这里的"开"其实就是多态。

多态使得子类(派生类)的实例可以直接赋予基类的对象(不需要进行强制类型转换),然后直接就可以通过这个对象调用子类(派生类)的方法。

了解了多态性的基本概念后,那么多态性到底有什么作用呢?封装可以隐藏实现细节,使得代码模块化;继承可以扩展已经存在的代码模块,它们的目的都是为了代码重用;而多态则是为了实现另一个目的——接口重用,因为接口是最耗费时间的资源,实质上设计一个接口要比设计一堆类要显得更有效率。

2. 虚方法与重写方法

C#中的多态性在实现时主要是通过在子类(派生类)中重写基类的虚方法或函数成员来实现的，那么这里就遇到两个概念，一个是虚方法，另一个是重写方法，而这两个方法也是多态中最重要的两个概念，下面分别对它们进行介绍。

1) 虚方法

虚方法就是允许被其子类重新定义的方法，在声明时需要使用 virtual 修饰符进行修饰。

注意，virtual 修饰符不能与 static、abstract 或者 override 修饰符同时使用，此外，由于虚方法不能是私有的，所以 virtual 修饰符也不能与 private 修饰符同时使用。

例如，以下代码声明了一个虚方法，用来计算两个数的和。

```
public virtual int Add(int x , int y)        //定义一个虚方法
{
    return x + y;                            //返回两个数的和
}
```

2) 重写方法

如果一个方法声明中含有 override 修饰符，则称该方法为重写方法，它主要用来使用相同的签名重写继承的虚方法。虚方法主要用来引入新方法，而重写方法则使从基类继承而来的虚方法专用化(提供虚方法的具体实现)。

注意，override 修饰符不能与 new、static 或 virtual 修饰符同时使用，另外，重写方法只能用于重写基类中的虚方法，不能用来单独声明方法。需要指出的是，重载和重写是不相同的，重载是指编写一个与已有方法同名但参数列表不同的方法，而重写是指在派生类中重写基类的虚方法。

3. 多态的使用

C#中，继承、虚方法和重写方法组合在一起就可以实现多态性，多态是面向对象编程中最重要的特征之一，通过使用多态，程序在运行时就可以通过声明为基类的对象来调用派生类中的方法实现，这样就可以使程序获得很大的灵活性和方便性。

实现多态性主要体现为以下两个步骤：

(1) 在基类中用 virtual 修饰符定义虚成员，虚成员可以是类的方法、属性和索引等，不能是私有变量成员。例如：

```
public class Animal                          //定义基类
{
    public virtual void Eat()                //虚方法
    { MessageBox.Show("Eat Something"); }
}
```

(2) 在派生类中使用 override 修饰符重新定义与基类同名的覆盖成员，并根据需要重新定义基类中虚成员的代码(方法重写)，以满足不同类的对象的使用需求。例如：

```
public class Sheep:Animal                    //定义派生类
{
    public override void Eat()               //重写方法
    { MessageBox.Show("Eat Grass"); }
}
```

```
public class Wolf:Animal            //定义派生类
{
    public override void Eat()      //重写方法
    { MessageBox.Show("Eat Small Animals"); }
}
```

【例 4-15】 创建一个 Windows 窗体应用程序,参考上面的描述,定义一个基类 Animal,包含虚方法 Eat(),定义两个派生类 Sheep 和 Wolf,分别对虚方法进行重写。要求在文本框中输入动物的名称,如果是"羊"就输出"Eat Grass",如果是"狼"就输出"Eat Small Animals",其他则输出"Eat Something"。

分析:

本例主要考查基类中虚方法的定义及派生类中方法的重写。由于要根据文本框中输入的值的不同进行不同的处理,可以采用多分支选择结构进行处理。

设计步骤如下:

(1) 程序设计界面。

创建一个 Windows 应用程序,添加一个标签控件(Label1)、一个文本框控件(TextBox1)、一个按钮控件(Button1),适当调整控件的大小及布局,如图 4-66 所示。

(2) 设计窗体及控件属性。

窗体及控件的 Text 属性如图 4-67 所示,设置 TextBox1 的 Name 属性为 txtAnimal,适当调整控件的大小及布局。

图 4-66　程序设计界面

图 4-67　初始界面

(3) 设计代码。

按 F7 键进入代码编写界面,在 Form1 类中添加基数和派生类定义,代码如前所示。

然后,在设计视图中双击"判断"按钮,添加该按钮的单击事件,代码如下:

```
private void button1_Click(object sender, EventArgs e)
{
    if (txtAnimal.Text == "羊")
    {
        Sheep ani = new Sheep();
        ani.Eat();
    }
    else if (txtAnimal.Text == "狼")
    {
        Wolf ani = new Wolf();
        ani.Eat();
    }
    else
    {
```

```
            Animal ani = new Animal();
            ani.Eat();
        }
    }
```

(4) 执行程序。

按 F5 键或单击工具栏上的"启动调试"按钮,在文本框中输入不同的名称,单击"判断"按钮,程序运行结果如图 4-68 和图 4-69 所示。

图 4-68　程序运行结果 1

图 4-69　程序运行结果 2

说明:

(1) 多态是当不同的类的对象执行同样的方法时,系统根据各个对象正确选择调用对象所属类中相应的方法,从而产生不同的效果,如图 4-68 和图 4-69 所示。

(2) 根据文本框中输入的名称不同,程序中分别创建不同的对象。

(3) 本例采用 if…else 语句实现多分支的功能,读者也可以试用 switch 语句实现。

4.3.3　委托与事件

委托是一种引用数据类型,派生于 .NET Framework 中的 Delegate 类。C# 的委托类似于 C/C++ 语言中的函数指针。委托是一种可以把引用存储为函数的类型,有的书中也将其翻译为代理或代表。由于 C# 中没有指针,所以 C# 通过委托实现在 C++ 等一些其他语言中用函数指针来进行访问的功能。与函数指针不同,委托是面向对象的,类型安全并且可靠。委托派生于 System.Delegate 类。委托类型隐含为密封的,即不能从委托类型派生任何类。也不能从 System.Delegate 类派生一个非委托类型。委托实际上是定义了一个派生于 System.Delegate 的类。使用委托的基本流程如下:

(1) 声明一个委托。

(2) 委托的实例化。

(3) 使用委托。

1. 委托的声明

委托的声明与函数类似,但不含有执行代码,而且要使用 delegate 关键字。

委托的声明格式如下:

[访问修饰符] delegate 返回类型 委托名([形式参数列表]);

说明:

(1) 委托定义时可以使用 new、public、protected、internal、private 关键字作为访问修饰符。new 修饰符用于隐藏继承来的同名委托,其他修饰符的含义与前面相同。

(2) "返回类型"是指委托所指方法的返回值类型。

(3)"形式参数列表"也是指向委托所指方法的参数列表,二者在参数个数、参数类型和参数顺序上必须保持一致。

(4)委托可以在任何全局范围内定义,也可以在类内部或其他类型内部定义。

例如,定义一个委托:

```
public delegate void MyDegate(int x);
```

委托在使用时的最大作用就是它可以在运行期间决定调用哪个方法,这些方法既可以是静态方法,也可以是实例方法。委托在调用方法时只检查要调用的方法是否与委托的标识相匹配,因此委托可以实现匿名方法的调用。

2. 委托的使用

定义好委托之后,便可以将委托实例化,创建一个委托对象,并为该对象指出调用的方法名。使用委托对象调用方法与平常使用方法的方式相同。

委托实例化的基本语法格式如下:

```
委托名 委托实例名 = new 委托名(匹配方法);
```

其中,委托名是前面声明的委托类型名称(即类名),匹配方法是与委托的签名(由返回类型和参数组成)匹配的任何可访问类或结构中的任何方法。方法可以是静态方法,也可以是实例方法。当委托实例调用的是静态方法时,通过"类名.静态方法名"调用;当委托实例调用的是实例方法时,通过"对象名.实例方法名"调用。

委托实例的调用与方法的调用类似,其基本语法格式如下:

```
委托实例名(实参列表);
```

委托实例(对象)的调用规则与直接使用它所封装的方法一致,委托实例名被当作是方法名使用,然后提供封装方法所需要的参数。

3. 委托类型

委托分为单一委托(single-cast)和多委托(multi-cast)。多委托的返回类型必须是void,即不能有返回值,而单一委托可以有返回值。

多委托(multicast delegate)是通过一个委托调用两个或更多实现方法,任何返回值为void的委托都是多委托。多委托具有创建方法链表的能力,方法列表中的方法必须具有相同的参数,而且这些方法的返回类型必须定义为void。

将多个方法赋值给多委托的方法是使用"+="运算符,相应地,使用"-="运算符可以从多委托中删除某个方法。

```
multiDelegate mDelegate;
mDelegate = new multiDelegate(first);
mDelegate += new multiDelegate(second);
```

静态委托是把委托定义为静态的类成员,以便在创建委托时使用。这个静态成员可以用于 Main()方法,而无须用户对委托进行实例化。

【例 4-16】 创建一个 Windows 窗体应用程序,首先定义一个管理上下班的类"StartOffWork",其中,"StartWork"方法和"OffWork"方法分别管理上班和下班。当员工在自己的计算机中打开该程序时,单击"上班"按钮表示签到上班,单击"下班"按钮表示下班。程序运行结果如图 4-70 和图 4-71 所示。StartOffWork 类定义代码如下：

```csharp
public class StartOffWork
{
    public string StartWork()                         //实例方法
    {
        if(DateTime.Now <= Convert.ToDateTime("8:30"))
        {return "挺早的！";}
        else
        {return "你迟到了,下次可要早来来哟！";}
    }
    public static void OffWork(string offworktime)    //静态方法
    {
        if(DateTime.Now > Convert.ToDateTime(offworktime))
        {MessageBox.Show( "辛苦了！");}
        else
        { MessageBox.Show( "还没到下班时间！");}
    }
}
```

图 4-70　单击"上班"的结果

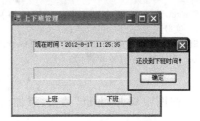

图 4-71　单击"下班"的结果

分析：

本例主要考查委托的使用，即委托的声明、实例化及委托实例的调用。由于程序需要对时间进行判断，因此在程序中要添加一个计时器控件(Timer)。

设计步骤如下：

(1) 程序设计界面。

创建一个 Windows 应用程序，添加两个标签控件(Label1 和 Label2)、两个按钮控件(Button1 和 Button2)、一个计时器控件(Timer1)，适当调整控件的大小及布局，如图 4-72 所示。

(2) 设计窗体及控件属性。

窗体及控件的 Text 属性如图 4-73 所示，设置 Timer1 控件的 Enable 属性为 true，Interval 属性为 1000(每隔 1 秒引发一次 Tick 事件)；设置 Label1 和 Label2 的 AutoSize 属性为 False，BorderStyle 属性为 Fixed3D，适当调整控件的大小及布局。

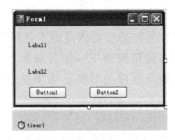

图 4-72　程序设计界面

图 4-73　初始界面

(3) 设计代码。

按 F7 键进入代码编写界面,在 Form1 类中添加类 StartOffWork 的定义,代码略。

然后,在 Form1 类中添加委托声明语句,代码如下:

```
delegate string StartWorkDelegate();          //定义委托
delegate void OffWorkDelegate(string s);      //定义委托
```

然后,在设计视图中打开 Timer 的属性窗口,单击 图标,双击 Ticks,系统自动添加了 Tick 事件以及 timer1_Tick 方法。

```
private void timer1_Tick(object sender, EventArgs e)
{
    label1.Text = "现在时间:" + DateTime.Now.ToString();
}
```

在设计视图中双击"上班"按钮,添加该按钮的单击事件代码如下:

```
private void button1_Click(object sender, EventArgs e)
{
    StartOffWork sw = new StartOffWork();        //实例化 StartOffWork 类
    //实例化委托 StartWorkDelegate
    StartWorkDelegate Swork = new StartWorkDelegate(sw.StartWork);
    label2.Text = Swork();                        //调用委托
}
```

在设计视图中双击"下班"按钮,添加该按钮的单击事件代码如下:

```
private void button2_Click(object sender, EventArgs e)
{
    //实例化委托 OffWorkDelegate
    OffWorkDelegate Owork = StartOffWork.OffWork;  //关联到静态方法
    Owork("17:30");                                //调用委托,参数为下班时间
}
```

(4) 执行程序。

按 F5 键或单击工具栏上的"启动调试"按钮,单击"上班"按钮和"下班"按钮,程序运行结果分别如图 4-70 和图 4-71 所示。

说明:

(1) Timer 控件是定期引发事件的组件,是为 Windows 窗体环境设计的。时间间隔长度由 Interval 属性定义,其值以毫秒为单位。若启用了该组件,则每个时间间隔引发一个 Tick 事件。程序中使用 Timer 控件实现每 1 秒刷新一次显示时间的功能。

(2) 委托的实例化的参数既可以是实例方法,也可以是静态方法。

4. 事件及其声明

事件与变量、方法、属性一样,也是类的成员,它为类和类的实例提供了向外界发送通知的能力。在 C#中,当对象的某种状态发生改变时(如按钮被按下),事件被触发,系统会通过某种途径来调用类中有关处理这个事件的方法。触发事件的对象称为事件发送者(发行者),接收事件的对象称为事件接收者(订阅者)。

事件具有以下特点:

(1) 事件发行者确定何时引发事件,订阅者确定执行何种操作来响应该事件。

(2) 一个事件可以有多个订阅者。一个订阅者可处理来自多个发行者的多个事件。

(3) 没有订阅者的事件永远不会被调用。

(4) 事件通常用于通知用户操作（例如图形用户界面中的按钮单击或菜单选择操作）。

事件是.NET中最常用的OOP技术，类似于异常，因为它们都由对象引发，然后在程序中提供代码来处理事件。事件与异常最重要的区别是没有与try…catch类似的结构来处理事件，而必须订阅(subscribe)事件。订阅事件的含义是提供事件处理程序。一个事件可以有许多订阅的处理程序，在该事件发生时，这些处理程序都会被调用，其中包括引发该事件的对象所在的类的事件处理程序，但事件处理程序也可能在其他类中。

事件在使用之前，需要先声明，事件声明的语法格式如下：

```
[修饰符] event 事件的委托名 事件名;
```

使用事件时，经常需要定义事件属性。事件属性声明的语法格式如下：

```
[修饰符] event 事件的委托名 事件属性名
{
    //访问器
}
```

其中，"事件的委托名"指为事件创建的委托。C#中的事件机制是通过委托来实现的。当事件被触发后，委托就会自动调用处理该事件的相应方法。因此，若要在类中声明事件，首先应该声明该事件的委托类型。

为事件创建委托的语法格式如下：

```
delegate void 委托名([触发事件的对象名,事件参数]);
```

事件的委托一般含有两个参数，用于指出所要委托的事件的触发者和该事件的职能。第一个参数指触发事件的对象，即事件发送者；第二个参数是一个类，它包含事件处理方法要使用的数据。

实际上，在.NET Framework的System命名空间中，有一个专注用来处理事件的委托EventHandle，它表示将处理不包含事件数据的事件的方法，其语法格式如下：

```
public delegate void EventHandle(object sender,EventArgs e);
```

其中，参数一为触发事件或发送事件的对象；参数二无返回值，主要描述关于被触发事件的事件信息。EventArgs也是System命名空间中的一个类，用于存储所需的数据成员，它是所有包含事件数据的类的基类。

如果开发者需要定义和处理的事件不包含附加信息，可以直接使用EventHandle委托和EventArgs类。如果包含附加信息，可以自己定义事件代理。例如：

```
delegagte void StrEventHandler(object sender,StrEventArgs e);
public class StrEventArgs:EventArgs
{
    public string s;              //定义字符串变量
    public StrEventArgs(string s)//构造函数
    {this.s = s;   }
}
```

5. 事件的使用

一个完整的事件实际上由 3 个互相联系的部分共同完成：提供事件数据的类、事件委托和引发事件的类。具体而言，要引发一个事件，需要以下元素：

（1）包含事件数据的类。这个类可以是 EventArgs 类，也可以是 EventArgs 的派生类。

（2）事件的代理。

（3）引发事件的类。该类中必须包含事件的声明和引发事件的方法。

（4）定义使用此事件的类。这些类都包括创建事件源对象，定义将与事件关联的方法，将事件源对象注册到事件处理程序。

前面已介绍如何定义包含事件的类和事件的代理，下面介绍如何定义事件处理方法及如何实现事件和事件处理方法的关联。

1) 创建事件处理方法

事件处理方法是事件被触发后，通过该事件的委托来调用的处理该事件的方法。事件处理方法是用事件委托的格式创建的，其具体格式如下：

```
void 事件处理方法名(Object sender, 事件参数类 argName)
{
    //事件处理方法代码
}
```

其中，"事件处理方法名"是指事件发生时被调用的方法名；第一个参数是触发事件的对象；"事件参数类"是指 EventArgs 类或它的派生类。

2) 关联事件和事件处理方法

当包含事件成员的类的状态发生变化时，只有把该类和包含事件处理方法的类通过委托关联起来，才能准确地调用相应的事件处理方法进行事件处理。这个关联过程是在主程序中实现的，具体步骤如下：

（1）创建事件类的对象。

（2）将事件对象与事件处理方法关联。

关联的实现方式与委托类似，主要通过为事件加上左运算符"＋＝"来进行事件处理方法的添加，也可以通过"－＝"来删除事件处理方法。

添加事件处理方法的格式如下：

```
事件类对象名.事件类中定义的事件成员 + = new 事件委托名(事件处理方法名列表);
```

删除事件处理方法的格式如下：

```
事件类对象名.事件类中定义的事件成员 - = new 事件委托名(事件处理方法名列表);
```

4.4 本章小结

面向对象编程是 C# 编程的核心技术。面向对象的程序设计具有 3 个基本特征：封装、继承和多态，可以大大增加程序的可靠性、代码的可重用性和程序的可维护性，从而提高程序开发的效率。

C# 遵循面向对象的编程语言设计方式，任何对象创建之前都必须先定义对象所属的类。在 C#中,类就像是一个绘制的蓝图,而对象是根据这个蓝图生成的一个实例。

通过本章的学习,相信读者能够对面向对象程序设计方式有一个较为全面的认识,掌握如何定义一个类,为类添加属性、方法等操作,学会利用面向对象的思想去解决问题。

4.5 单元实训

实训目的:
(1) 熟练掌握用类创建对象的基本方法。
(2) 理解类的公有成员与私有成员在面向对象编程中的不同意义。
(3) 熟练掌握方法的声明与调用。
(4) 掌握使用公共的方法访问私有成员的编程原则。
(5) 掌握基类与派生类的定义,理解派生类对象使用基类属性的原理。
(6) 初步掌握面向对象编程的基本方法和技巧。

实训参考学时:
4~6 学时

实训内容:
(1) 创建一个 Windows 窗体应用程序,输入两个正整数,根据选择,单击"计算"按钮,求出这两个正整数的最大公约数和最小公倍数。要求将求最大公约数和最小公倍数的算法声明为静态方法,由"计算"按钮调用。程序运行结果如图 4-74 所示。

(2) 创建一个 Windows 窗体应用程序,在程序中声明一个 Student 类,该类仅包含学号、姓名与性别字段,且字段的访问控制为 public。在窗体类定义中声明学生类对象,通过文本框设置对象的值,通过标签框输出对象的值。程序运行结果如图 4-75 所示。

(3) 创建一个 Windows 窗体应用程序,定义一个学生类,该类包含学号、姓名与性别字段,在文本框中输入创建对象的数据,单击"创建对象"按钮,则以文本框中的数据创建对象,并在标签框中显示对象包含的数据。要求对象通过自定义的构造函数创建。程序运行结果如图 4-76 所示。

图 4-74 求最大公约数和最小公倍数

图 4-75 显示对象值的结果

图 4-76 构造函数使用示例

(4) 自定义一个日期类,该类包含年、月、日字段与属性,具有将日期增加 1 天、1 个月和 1 年的方法,具有单独显示年、单独显示月、单独显示日的方法和年月日一起显示的方法。创建一个 Windows 窗体应用程序,验证类定义的正确性。

(5) 创建一个 Windows 窗体应用程序,定义基类 Student 与派生类 Student_1,单击"创建"按钮,创建并显示派生类对象的信息。基类字段声明为 public,包含"学号"、"姓名"、"性别"和"年龄"等。派生类字段声明为 public,包括"成绩1"、"成绩2",程序运行结果如图 4-77 所示。

图 4-77　创建派生类

(6) 创建一个 Windows 窗体应用程序,在程序中定义 Student 基类及派生类 Student_1。在基类定义中,包括"学号"、"姓名"、"性别"和"年龄"等字段,显式声明默认构造函数,声明含"学号"、"姓名"、"性别"和"年龄"等参数的构造函数重载,声明用于显示对象信息的方法。在派生类定义中,包括两门课程成绩的字段,显式声明默认构造函数,声明含"学号"、"姓名"、"性别"和"年龄"与两门课程成绩等参数的构造函数重载,声明求两门课程总分与两门课程平均分的方法。在文本框中输入派生类对象的数据,单击"创建对象"按钮,用文本框中的数据通过派生类构造函数创建派生类对象,并将对象的数据显示在标签框中。程序运行结果如图 4-78 所示。

(7) 编写一个 Windows 窗体应用程序,在该程序中定义平面图形抽象类和其派生类圆、矩形与三角形。该程序实现这样的功能:输入相应图形的参数,如矩形的长和宽,单击相应的按钮,根据输入参数创建图形类对象并输出该对象的面积。程序运行结果之一如图 4-79 所示。

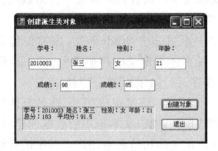

图 4-78　创建派生类对象

图 4-79　创建矩形对象并输出对象的面积

实训难点提示:

(1) 第(3)题与第(2)题的不同之处在于类定义的不同。第(3)题需要定义一个有参数的构造参数,因此在实例化对象时,必须按照构造函数要求传递相应的实参。例如:

```
Student s1 = new Student("2010002","张三","女");
```

(2) 第(4)题首先要进行日期类的定义,类定义中要定义字段、属性和方法。然后在 Form1 类定义的类体中声明一个该日期类对象字段。

限于篇幅,本题可不考虑增加月或日时,月为12月,日为一月的最后一天的情况,即假设是在月非12月,日非一月最后一天时增加月或日的。

(3) 第(5)题显示信息的方法可在基类中定义,计算总分和平均分的方法可在派生类中定义。

(4) 第(6)题属性和方法的定义与第(5)题类似,只是基类中需要增加带参数的构造函数,派生类中也需要增加相应的构造函数。

(5) 第(7)题首先要使用 abstract 修饰符定义一个计算面积的抽象类,然后定义相应的派生类,在每个派生类中重载基类中的抽象方法。

实训报告:

(1) 书写各题的核心代码。

(2) 简述如何定义派生类。对于有参数的基类构造函数,派生类如何向基类构造函数传递参数?

(3) 试分析类的静态成员与非静态成员有何不同。

(4) 总结本次实训的完成情况,并撰写实训体会。

习题 4

一、选择题

1. 在关键字 public 后面定义的成员为类的( )成员。
   A. 私有　　　　　B. 公有　　　　　C. 保护　　　　　D. 任何

2. 如果不带修饰符,C#中类成员被默认声明为( )。
   A. public　　　　B. protected　　　C. private　　　　D. static

2. 可以在一个类中定义多个同名的方法,但只有使用的参数类型或者参数个数不同,编译器便知道在何种情况下应该调用哪个方法,这是( )。
   A. 虚方法　　　　　　　　　　　B. 运算符重载
   C. 抽象方法　　　　　　　　　　D. 方法重载

3. 关于构造函数,下列说法错误的是( )。
   A. C#中对对象进行初始化的方法叫构造函数
   B. 构造函数可不与类同名,可以用户自己命名
   C. 如果一个类没有声明任何实例构造函数,则系统会自动提供一个默认构造函数
   D. 构造函数在类的声明中,可以有函数名相同,但参数个数不同的多种形式

4. 下列关于 C#中继承的描述,错误的是( )。
   A. 一个子类可以有多个父类
   B. 通过继承可以实现代码重用
   C. 派生类还可以添加新的特征或者修改已有的特征以满足特定的要求
   D. 继承是指基于已有类创建新类的语言能力

5. 可以在一个类中定义多个同名的方法,但只有使用的参数类型或者参数个数不同,编译器便知道在何种情况下应该调用哪个方法,这是( )。
   A. 虚方法　　　　　　　　　　　B. 运算符重载
   C. 抽象方法　　　　　　　　　　D. 方法重载

6. 关于构造函数,下列说法错误的是( )。
   A. 默认构造函数定义了对象的默认状态
   B. 非默认构造函数将根据传入的参数来初始化对象的数据
   C. 如果没有为类定义默认构造函数,编译器将自动为类创建一个默认构造函数
   D. 非默认构造函数应当总是包含对象的默认状态

7. 接口是一种引用类型，在接口中可以声明（　　），但不可以声明公有的域或私有的成员变量。

  A. 方法、属性、索引器和事件　　　　B. 方法、属性信息、属性

  C. 索引器和字段　　　　　　　　　　D. 事件和字段

8. 声明一个委托"public delegate int myCallBack(int x)"，则用该委托产生的回调方法的原型应该是（　　）。

  A. void　myCallBack(int x)　　　　　B. int receive(int num)

  C. string receive(int x)　　　　　　　D. 不确定的

二、填空题

1. 面向对象程序设计具有_____、_____和_____3个基本特征。

2. _____是类定义中的数据，也叫类定义中的变量。

3. _____实质上就是函数，通常用于对字段进行计算和操作，即对类中的数据进行操作。

4. 方法参数传递按性质可以分为_____和_____两种。

5. 构造函数是一种特殊的方法成员，其主要作用是在创建对象时_____。

6. 声明静态成员需要使用_____修饰符。

7. 在进行类定义时不需要编写代码就可以包含另一个类定义的数据成员、方法成员等的特征，称为类的_____。

8. 委托是一种引用数据类型，派生于 .NET Framework 中的_____类。

三、问答题

1. 简述类与对象的关系。

2. 属性是类的数据成员吗？什么是方法？C#允许在类定义外部声明方法吗？

3. 在方法的调用中，基本数据类型作为参数默认是按什么方式传递的？类对象作为参数默认是按什么方式传递的？类对象可以按值方式传递吗？基本数据类型参数按引用传递时，应该怎么做？参数按值传递与按引用传递的区别是什么？

4. 重载方法的基本要求是什么？C#中的静态方法应该怎样调用？

5. 什么是类的继承？怎么定义派生类？

6. 什么是多态性？多态性有何作用？

第 5 章

Windows 窗体与控件

本章学习目标

(1) 熟练掌握 Windows 窗体的属性、方法和事件。
(2) 掌握模式窗体和非模式窗体的调用。
(3) 熟练掌握文本编辑类控件的常用属性、方法和事件。
(4) 熟练掌握选择类控件的常用属性、方法和事件。
(5) 熟练掌握列表选择类控件的常用属性、方法和事件。
(6) 熟练掌握容器类控件的常用属性、方法和事件。
(7) 熟练掌握菜单与工具栏控件的常用属性、方法和事件。
(8) 熟练掌握对话框控件的常用属性、方法和事件。
(9) 掌握计时器、进度条、打印控件等高级控件的基本用法。
(10) 掌握常用的键盘和鼠标事件。
(11) 学会利用各种控件的组合合理设计 Windows 窗体界面。

5.1 典型项目及分析

典型项目一:简单文件管理器

【项目任务】

本项目主要通过 Windows 窗体及常用控件的设计,实现一个简单的文件管理器的设计与实现,主要实现对文件的查找和磁盘属性查看功能,程序运行结果如图 5-1 所示。

本项目主要实现的功能如下:

(1) 单击"路径"下拉列表框,选择相应路径,单击"显示"按钮后,如图 5-2 所示,在列表框中显示相应路径下的文件和文件夹。
(2) 从列表框中选择某一文件,单击"选定文件显示"按钮,如图 5-3 所示。
(3) 单击"多列"单选按钮,则列表框中以多列形式进行显示,如图 5-4 所示。
(4) 单击"查看方式"下拉列表框,选择详细资料选项,如图 5-5 所示,在 ListView 控件中显示盘符信息,并且在底部的状态栏第一部分显示查看方式,第二部分显示当前系统时间,第三部分显示当前使用进度。
(5) 单击右边的 TabControl 控件中的磁盘选项卡,显示磁盘图标,如图 5-6 所示。

图 5-1 程序运行结果

图 5-2 单击"显示"按钮

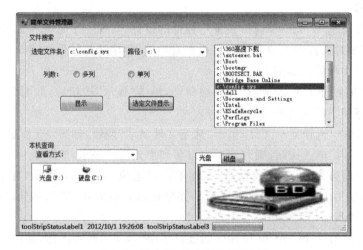

图 5-3 单击"选定文件显示"按钮

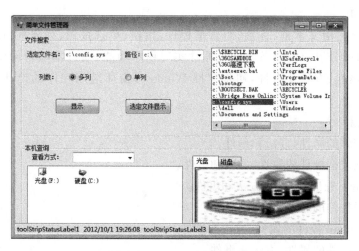

图 5-4　多列形式显示

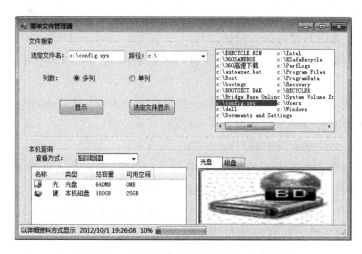

图 5-5　以详细资料方式显示数据信息

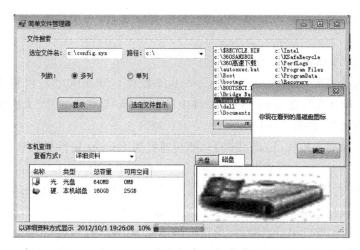

图 5-6　单击"磁盘"选项卡

【学习目标】

本项目主要利用文本框、标签、组合框控件、按钮、单选按钮、列表框、ListView 控件、TabControl 控件、分组控件以及状态栏控件实现程序功能,通过本项目的学习,掌握窗体及常用控件的属性、方法及事件,初步掌握 Windows 窗体应用程序的设计与实现方法与技巧。

【知识要点】

(1) 选择控件的属性、方法和事件。

(2) 下拉列表框控件的属性、方法和事件。

(3) ListView 控件的属性、方法和事件。

(4) 状态栏控件的属性、方法和事件。

(5) TabControl 控件的属性、方法和事件。

(6) 进度条控件的属性、方法和事件。

(7) 磁盘文件的读取操作。

【实现步骤】

(1) 程序设计界面与控件属性设置。

创建一个 Windows 窗体应用程序(项目),项目名称为"xm5-1",在默认窗体中执行以下操作:

① 在窗体上添加两个分组框 GroupBox 控件(GroupBox1 和 GroupBox2),分别设置其 Text 属性为"文件搜索"和"本机查询"。

② 为分组框"文件搜索"添加控件。

依次从工具箱中添加 3 个标签控件(Label1～Label3)和一个文件框控件(TextBox1),分别设置 Text 属性为"选定文件名:"、"路径:"、"列数:"和空。

添加一个 ListBox 控件(ListBox1)、一个 ComoBox 控件(ComoBox1),为 ComboBox1 控件设置 Items 属性,单击其后的 ... 按钮,分别添加成员"c:\"、"d:\"、"c:\windows\"、"e:\"。

添加两个单选按钮控件(RadioButton1 和 RadioButton2),分别设置 Text 属性为"多列"和"单列"。

添加两个按钮控件(Button1 和 Button2),分别设置 Text 属性为"显示"和"选定文件显示"。

③ 为分组框"本机查询"添加控件。

添加一个标签控件(Label4)、一个 ComoBox 控件(ComoBox2),设置 Label4 控件的 Text 属性为"查看方式",在 ComoBox2 控件中设置 Items 属性分别为"大图标"、"小图标"、"列表"、"详细资料"。设置方法同上。

添加一个图像列表控件(ImageList1),然后通过其 Images 属性加载 3 个图像。加载后如图 5-7 所示。

添加一个列表视图控件(ListView1),并设置控件的 StateImageList、SmallImage、LargeImageList 属性为 ImageList1(也可以分别设置为不同的图像列表)。单击 Columns 属性后的 ... 按钮,在窗口中单击"添加按钮",添加 4 个字段,分别将 columnHeader1 属性窗口的 Text 属性值设为"名称"、"类型"、"总容量"、"可用空间",如图 5-8 所示。

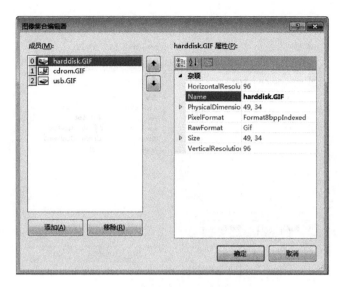

图 5-7　为图像列表控件添加图像

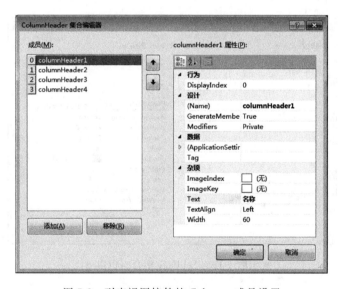

图 5-8　列表视图控件的 Columns 成员设置

设置完毕单击"确定"按钮。然后设置控件的 Items 属性，点击 ... 按钮，弹出 ListView 集合编辑器，添加两项，分别在 ListViewItem 属性窗口中设置 Text 属性为"光盘(F:)"和 "硬盘(C:)"，分别设置 StateImageIndex 属性为 1 和 0。设置 SubItems 属性，第一项 ListViewItem 的 SubItems 添加 3 个子成员，如图 5-9 所示，在其右窗口设置 Text 属性分别 为"光盘"、"640MB"、"0MB"。第二项 ListViewItem 的 SubItems 添加 3 个子成员，Text 属 性分别为"本机磁盘"、"160GB"、"25GB"。

在分组框"本机查询"中继续添加一个 TabControl 控件(TabControl1)，单击 TabPages 属性后的 ... 按钮，弹出 TabPage 集合编辑器，然后添加两个页，如图 5-10 所示。

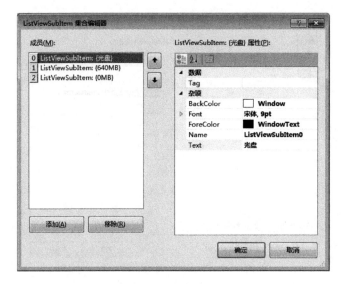

图 5-9 ListView 集合编辑器的 SubItem 属性设置

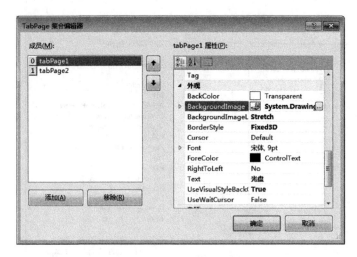

图 5-10 TabPage 集合编辑器

选择第一个成员,在右边属性窗口设置 Text 属性为"光盘",设置 BackgroundImage 属性,单击按钮,在弹出的"选择资源"对话框中选择相应的图片,并设置 BackgroundImageLayout 属性为 Stretch,BorderStyle 属性为 Fix3D。选择第二个成员,属性的设置同上,设置 Text 属性为"磁盘"。

④ 在窗体的底部添加一个状态栏控件(StatusStrip1),为 StatusStrip1 控件添加 3 个标签(StatusLabel)和一个进度条(ProgressBar)。

设计完成后的窗体界面如图 5-11 所示。

(2) 代码实现及功能解析。

在窗体的代码视图中添加以下事件代码如下。

图 5-11　程序设计界面

① "显示"按钮的单击事件代码如下：

```
private void button1_Click(object sender, EventArgs e)
{
    if(radioButton1.Checked)                //单选按钮"多列"被选中
        listBox1.MultiColumn = true;        //列表框的多列属性置为真
    if(radioButton2.Checked)
        listBox1.MultiColumn = false;
    this.listBox1.Items.Clear();            //列表框清空
    string path = this.comboBox1.Text;
    if (path.Length > 0)                    //从指定路径读取文件
    {
        if (System.IO.Directory.Exists(path))
        {
            string[] files = System.IO.Directory.GetFileSystemEntries(path);
            this.listBox1.Items.AddRange(files);
        }
    }
}
```

② "多列"单选按钮的 CheckedChanged 事件代码如下：

```
private void radioButton1_CheckedChanged(object sender, EventArgs e)
{
    listBox1.MultiColumn = true;
}
```

③ "单列"单选按钮的 CheckedChanged 事件代码如下：

```
private void radioButton2_CheckedChanged(object sender, EventArgs e)
{
    listBox1.MultiColumn = false;
}
```

④ "选定文件显示"按钮的单击事件代码如下:

```csharp
private void button2_Click(object sender, EventArgs e)
{
    textBox1.Text = "";
    if (listBox1.SelectedIndex < 0)
            MessageBox.Show("请选定显示文件","未选定提示框");
    else
        textBox1.Text = listBox1.SelectedItem.ToString();         //显示选定文件
}
```

⑤ 组合框 comboBox2 的 SelectedIndexChanged 事件代码如下:

```csharp
private void comboBox2_SelectedIndexChanged(object sender, EventArgs e)
{
    int n;
    if (toolStripProgressBar1.Value == toolStripProgressBar1.Maximum)
    { toolStripProgressBar1.Value = toolStripProgressBar1.Minimum; }
    else
    { toolStripProgressBar1.PerformStep(); }    //设置进度条
        n = 100 * (toolStripProgressBar1.Value - toolStripProgressBar1.Minimum) / (toolStripProgressBar1.Maximum - toolStripProgressBar1.Minimum);
        toolStripStatusLabel3.Text = Convert.ToInt16(n).ToString() + "%";
    if (comboBox2.SelectedIndex == 0)
    {
        this.listView1.View = View.LargeIcon;
        toolStripStatusLabel1.Text = "以大图标方式显示";
    }
    if (comboBox2.SelectedIndex == 1)
    {
        this.listView1.View = View.SmallIcon;
        toolStripStatusLabel1.Text = "以小图标方式显示";
    }
    if (comboBox2.SelectedIndex == 2)
    {
        this.listView1.View = View.List;
        toolStripStatusLabel1.Text = "以列表方式显示";
    }
    if (comboBox2.SelectedIndex == 3)
    {
        this.listView1.View = View.Details;
        toolStripStatusLabel1.Text = "以详细资料方式显示";
    }    //设置显示方式
}
```

⑥ 窗体的加载(Load)事件代码如下:

```csharp
private void Form1_Load(object sender, EventArgs e)
{
    toolStripStatusLabel2.Text = System.DateTime.Now.ToString();
}
```

⑦ tabControl1 控件的 SelectedIndexChanged 事件代码如下：

```
private void tabControl1_SelectedIndexChanged(object sender, EventArgs e)
{
    if (tabControl1.SelectedIndex == 0)
        MessageBox.Show("你现在看到的是光盘图标");
    else
        MessageBox.Show("你现在看到的是磁盘图标");
}
```

（3）执行程序。

按 F5 键程序开始运行，程序运行结果如图 5-1 至图 5-6 所示。

说明：

（1）本项目主要利用文本框、标签、组合框控件、按钮、单选按钮、列表框、ListView 控件、TabControl 控件、分组控件以及状态栏控件实现程序功能。虽然显示的是预先设置好的一些信息，但基本模拟了 Windows 文件管理器的部分功能。

（2）读者可以通过本项目掌握常用控件的属性、方法和事件，项目中的难点是对磁盘文件列表的读取，通过 System.IO.Directory.GetFileSystemEntries() 方法实现。

典型项目二：简易记事本

【项目任务】

本项目主要利用对话框、菜单、RichTextBox 控件、工具栏、状态栏等控件设计一个简易的记事本软件，程序运行界面如图 5-12 所示，可以实现对文本文件的以下操作功能：

（1）新建、打开、保存、另存为和退出文件。
（2）编辑文件：包括复制、剪贴、粘贴、清除、撤销。
（3）文件查看：包括是否显示工具栏和状态栏。
（4）设置字体、颜色、自动换行。
（5）利用快捷菜单编辑文件。

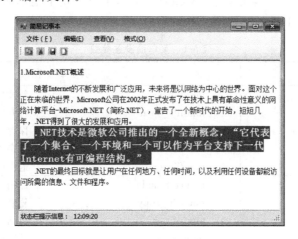

图 5-12　程序运行界面

在该项目中，利用"文件"菜单可以对文件进行新建、打开等操作；利用"编辑"菜单可以对文字进行复制、剪切、粘贴等编辑操作；利用"查看"菜单可以选择是否显示工具栏或状态栏；利用"格式"菜单可以设置文字的字体、颜色、是否自动换行等操作。各菜单项及其子菜单项如图5-13所示。

图5-13　菜单项及子菜单项

右击鼠标显示快捷菜单，快捷菜单项包括"复制"、"粘贴"、"剪切"和"退出"，可以通过快捷菜单对文字进行编辑等操作。

【学习目标】

通过本项目的学习，熟悉对话框、主菜单、工具栏与状态栏的常用属性与方法，学会综合运用菜单、工具栏、状态栏、通用对话框进行Windows应用程序的设计与实现。

【知识要点】

（1）菜单栏的添加与设置。

（2）工具栏的添加与设置。

（3）状态栏的添加与设置。

（4）使用菜单栏、工具栏完成特定的功能。

（5）使用状态栏显示特定信息。

【实现步骤】

（1）设计程序界面与设置属性。

新建项目，项目名称为"xm5-2"。把窗体的Text属性设置为"简易记事本"。

① 向窗体上添加一个菜单控件（MenuStrip1），菜单项及子菜单如图5-13所示。菜单项的相关属性如表5-1所示。

表5-1　菜单项设置参数

主　菜　单	子　菜　单	
mnufile　文件(&F)	mnufile_new	新建(&N)
	mnufile_open	打开(&O)
	mnufile_save	保存(&S)
	mnufile_saveas	另存为(&A)
	mnufile_exit	退出(&X)
mnuedit　编辑(&E)	mnuedit_undo	撤销(&U)
	mnuedit_copy	复制(&C)
	mnuedit_cut	剪切(&X)
	mnuedit_paste	粘贴(&P)
	mnuedit_clear	清除(&A)

续表

主菜单	子菜单	
mnuview　查看(&V)	mnuview_tool	工具栏(&T)
	mnuview_stat	状态栏(&S)
mnuform　格式(&O)	mnuform_font	字体(&F)
	mnuform_wordwrap	自动换行(&W)
	mnuform_color	颜色(&R)

② 向窗体上加入快捷菜单控件(contextMenuStrip1),设置如表 5-2 所示。

表 5-2　快捷菜单设置

Name	Text
复制 ToolStripMenuItem	复制
粘贴 ToolStripMenuItem	粘贴
剪切 ToolStripMenuItem	剪切
退出 ToolStripMenuItem	退出

③ 添加一个工具栏控件(toolStrip1),单击 按钮,选择 button 选项,依次添加 4 个按钮。设置 toolStrip1 控件的 Items 属性,单击 按钮,弹出项集合编辑器对话框,分别在右边属性窗口中设置 Name 属性为 copybutton、cutbutton、savebutton、newbutton,如图 5-14 所示。设置 Image 属性,为 4 个按钮添加 4 个图像。

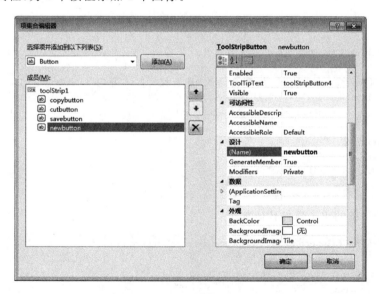

图 5-14　toolStrip1 控件的 Items 属性

④ 添加一个状态栏控件(statusStrip1),然后在状态栏中添加两个标签,两个标签的 Name 属性分别是 statu1、statu2。statu1 的 Text 属性为"状态栏提示信息："。

⑤ 在窗体中添加一个有格式文本框控件(richTextBox1),设置控件的 Dock 属性为 None,Anchor 属性为 Top,Bottom,Left,Right,ContextMenuStrip 属性为 contextMenuStrip1。

⑥ 添加一个计时器控件,设置控件的 Enabled 属性为 true,Interval 属性为 500 毫秒。

设计完成后的界面如图 5-15 所示。

图 5-15　程序设计界面

(2) 设计代码。

窗体、菜单项及控件的事件代码如下。

① "文件"菜单。

"新建"子菜单的单击事件代码如下：

```
private void mnufile_new_Click(object sender, EventArgs e)
{
    if(richTextBox1.Modified)
    {
        if(MessageBox.Show("内容已修改,是否保存?","警告", MessageBoxButtons.OKCancel,
MessageBoxIcon.Warning) == DialogResult.OK)
            mnufile_save_Click(sender, e);
    }
    richTextBox1.Clear();
    filename = "";
    this.Text = "简易记事本";
}
```

"打开"子菜单的单击事件代码如下：

```
private void mnufile_open_Click(object sender, EventArgs e)
{
    OpenFileDialog dialog = new OpenFileDialog();
    dialog.Filter = "RTF file(*.rtf)|*.rtf";
    dialog.FilterIndex = 1;
    if (dialog.ShowDialog() == DialogResult.OK && dialog.FileName != "")
    {
        filename = dialog.FileName;
        richTextBox1.LoadFile(filename,RichTextBoxStreamType.RichText);
        this.Text = "简易记事本-" + filename;
    }
}
```

"保存"子菜单的单击事件代码如下：

```csharp
private void mnufile_save_Click(object sender, EventArgs e)
{
    if (filename == null || filename == "")
        mnufile_saveas_Click(sender, e);
    else
    {
        richTextBox1.SaveFile(filename, RichTextBoxStreamType.RichText);
        richTextBox1.Modified = false;
    }
}
```

"另存为"子菜单的单击事件代码如下：

```csharp
private void mnufile_saveas_Click(object sender, EventArgs e)
{
    SaveFileDialog dialog = new SaveFileDialog();
    dialog.Filter = "RTF file(*.rtf)|*.rtf";
    dialog.FilterIndex = 1;
    if (dialog.ShowDialog() == DialogResult.OK && dialog.FileName != "")
    {
        filename = dialog.FileName;
        richTextBox1.SaveFile(filename, RichTextBoxStreamType.RichText);
        richTextBox1.Modified = false;
        this.Text = "文字编辑器" + filename;
    }
}
```

"退出"子菜单的单击事件代码如下：

```csharp
private void mnufile_exit_Click(object sender, EventArgs e)
{
    this.Close();
}
```

② "编辑"菜单。

"撤销"子菜单的单击事件代码如下：

```csharp
private void mnuedit_undo_Click(object sender, EventArgs e)
{
    if (richTextBox1.CanUndo)
        richTextBox1.Undo();
}
```

"复制"子菜单的单击事件代码如下：

```csharp
private void mnuedit_copy_Click(object sender, EventArgs e)
{
    richTextBox1.Copy();
}
```

"剪切"子菜单的单击事件代码如下：

```csharp
private void mnuedit_cut_Click(object sender, EventArgs e)
{
```

```
    richTextBox1.Cut();
}
```

"粘贴"子菜单的单击事件代码如下：

```
private void mnuedit_paste_Click(object sender, EventArgs e)
{
    richTextBox1.Paste(DataFormats.GetFormat(DataFormats.Rtf));
}
```

"清除"子菜单的单击事件代码如下：

```
private void mnuedit_clear_Click(object sender, EventArgs e)
{
    richTextBox1.Clear();
}
```

③ "查看"菜单。

"工具栏"子菜单的单击事件代码如下：

```
private void mnuview_tool_Click(object sender, EventArgs e)
{
    toolStrip1.Visible = !toolStrip1.Visible;
}
```

"状态栏"子菜单的单击事件代码如下：

```
private void mnuview_stat_Click(object sender, EventArgs e)
{
    statusStrip1.Visible = !statusStrip1.Visible;
}
```

④ "格式"菜单。

"字体"子菜单的单击事件代码如下：

```
private void mnuform_font_Click(object sender, EventArgs e)
{
    FontDialog font = new FontDialog();
    font.ShowColor = true;
    font.Color = richTextBox1.SelectionColor;
    font.Font = richTextBox1.SelectionFont;
    if (font.ShowDialog() == DialogResult.OK)
    {
        richTextBox1.SelectionFont = font.Font;
        richTextBox1.SelectionColor = font.Color;
    }
}
```

"自动换行"子菜单的单击事件代码如下：

```
private void mnuform_wordwrap_Click(object sender, EventArgs e)
{
    mnuform_wordwrap.Checked = richTextBox1.WordWrap;
}
```

"颜色"子菜单的单击事件代码如下:

```csharp
private void mnuform_color_Click(object sender, EventArgs e)
{
    ColorDialog color = new ColorDialog();
    color.AllowFullOpen = true;
    color.AnyColor = true;
    color.Color = richTextBox1.SelectionColor;
    if (color.ShowDialog() == DialogResult.OK)
        richTextBox1.SelectionColor = color.Color;
}
```

⑤ 其他代码。

窗体的关闭事件代码如下:

```csharp
private void Form1_FormClosing(object sender, FormClosingEventArgs e)
{
    if (richTextBox1.Modified)
        if (MessageBox.Show("文件没有保存,是否退出?", "警告",
            MessageBoxButtons.OKCancel) == DialogResult.Cancel)
            e.Cancel = true;
}
```

计时器的 Tick 事件代码如下:

```csharp
private void timer1_Tick(object sender, EventArgs e)
{
    statu2.Text = DateTime.Now.ToLongTimeString();
}
```

工具栏"复制"按钮的单击事件代码如下:

```csharp
private void copybutton_Click(object sender, EventArgs e)
{
    mnuedit_copy_Click(sender, e);          //调用主菜单的事件方法
}
```

工具栏中的其他按钮及快捷菜单中的命令均采用这种方法设计代码,不再赘述。

(3) 执行程序。

按 F5 键程序开始运行,程序结果如图 5-12 所示,单击菜单、工具栏和快捷菜单中的相应命令,可实现"复制"、"剪切"、"粘贴"等功能。

说明:

(1) 本例综合使用了菜单、快捷菜单、工具栏、状态栏等控件,实现了一个简易的文本编辑器,可以实现文本的录入、复制、剪切、粘贴、字体和颜色设置等基本功能,可以保存文件。其中,复制、剪切、粘贴和清除功能通过调用 richTextBox1 控件的 Copy()、Cut()、Paste() 和 Clear()方法分别实现。

(2) 工具栏按钮和快捷菜单项的功能并没有单独设计代码实现,而是调用了其对应的主菜单的事件方法,这样做的好处是,如果需要修改代码,只要修改主菜单的命令代码即可,这也是面向对象编程中的代码复用功能的优势。

5.2 必备知识

前面章节中主要对 C♯ 基本语法和面向对象编程知识进行了详细讲解,本章将详细讲解 Windows 窗体与控件的相关内容。Windows 系统中主流的应用程序都是窗体应用程序,如果一个开发人员不会编写窗体应用程序,那么很难让别人相信他有能力进行 Windows 系统的编程。

5.2.1 Windows 窗体

1. Windows 窗体简介

在 Windows 窗体应用程序中,窗体是向用户显示信息的可视界面,它是 Windows 窗体应用程序的基本单元。每个窗体都具有自己的特征,开发人员可以通过编程来进行设置。从面向对象观点看,窗体也是对象,窗体类定义了生成窗体的模板,每实例化一个窗体类,就产生了一个窗体。.NET 框架类库的 System.Windows.Forms 命名空间中定义的 Form 类是所有窗体类的基类。编写窗体应用程序时,首先需要设计窗体的外观并在窗体中添加控件或组件,虽然可以通过编写代码来实现,但是不直观,也不方便,而且很难精确控制界面。

新创建的 Windows 窗体中包含一些基本的组成要素,比如图标、标题、背景等,设置这些要素可以通过窗体的属性面板实现,也可以通过代码实现。如果是在设计阶段修改属性,则通过属性面板更方便高效。Windows 窗体的常用属性与其作用如下。

(1) Name 属性:设置窗体名称。

(2) Text 属性:设置窗体标题。

(3) Size 属性:设置窗体大小,即窗体的长与宽。

(4) BackColor 属性:设置窗体的背景颜色。

(5) BackgroundImage 属性:设置窗体的背景图片。

(6) Cursor 属性:设置鼠标在窗体中的样式。

(7) Enabled 属性:设置窗体是否可用,若为 True,则可用,反之,则不可用。

(8) Font 属性:设置窗体的字体属性,单击其后的按钮,弹出"设置字体"对话框。

(9) FormBorderStyle 属性:设置窗体的边框样式,共有 7 种,具体如下。

- 无:无边框及边框相关的元素,用于启动窗体。
- FixedSingle:固定单线边框,不可调整其大小,并且只有"最大化"与"最小化"按钮,没有"还原"按钮。
- Fixed3D:立体边框效果,不可调整大小。
- FixedDialog:固定对话框,不可调整其大小,创建相对于窗体主体凹进的边框。
- Sizable:最常用的窗体,可调整其大小。
- FixedToolWindow:用于工具栏窗口,不可调整其大小,只有"关闭"按钮。
- SizableToolWindow:用于工具栏窗口,显示可调整大小的窗口,只有"关闭"按钮。

(10) Icon 属性:设置窗体的图标。

(11) Location 属性：在默认情况下，即窗体的 StartPosition 设置为 Manual 时，设置窗体在屏幕上的显示位置。

(12) StartPosition 属性：设置窗体在屏幕上的显示位置，共有 5 种，具体如下：
- Manual：利用 Location 属性的 X、Y 坐标值来具体定位窗体在屏幕上的显示位置。
- CerterScreen：设置窗体的位置在屏幕中央。
- WindowsDefaultLocation：根据当前硬件条件计算出窗体的最佳位置。
- CenterParent：在父窗体的中央。
- WindowsDefaultBounds：显示在设计窗体所在的位置。

(13) WindowsState 属性：设置窗体运行时的初始状态，值为 Normal（正常）、Maximized（最大化）、Minimized（最小化）。

2．窗体的常用方法

1) 使用 Show 方法显示窗体

Show 方法用来显示窗体，它有两种重载形式，分别如下：

```
public void Show()
public void Show(IWin32Window owner)
```

其中，owner 是任何实现 IWin32Window 并表示将拥有此窗体的顶级窗口的对象。

例如，使用 Show 方法显示 Form1 窗体的代码如下：

```
Form1 frm = new Form1();      //实例化窗体对象
frm.Show();                    //调用 Show 方法显示窗体
```

由于 Show 方法为非静态方法，所以需要使用窗体对象进行调用，下面的 Hide 方法和 Close 方法也是非静态方法，因此在使用时也首先要实例化窗体对象。

2) 使用 Hide 方法隐藏窗体

Hide 方法用来隐藏窗体，语法形式如下：

```
public void Hide()
```

例如，使用 Hide 方法隐藏 Form1 窗体，代码如下：

```
Form1 frm = new Form1();      //实例化窗体对象
frm.Hide();                    //调用 Hide 方法隐藏窗体
```

使用 Hide 方法隐藏窗体之后，窗体所占用的资源并没有从内存中释放掉，而是继续存储在内存中，开发人员可以随时调用 Show 方法来显示隐藏的窗体。

3) 使用 Close 方法关闭窗体

Close 方法用来关闭窗体，语法形式如下：

```
public void Close()
```

例如，使用 Close 方法关闭 Form1 窗体，代码如下：

```
Form1 frm = new Form1();      //实例化窗体对象
frm.Close();                   //调用 Close 方法关闭窗体
```

关闭当前窗体时，也可以直接使用 this 关键字调用 Close 方法来实现。

3. 窗体的常用事件

Windows是事件驱动的操作系统，对Form类的任何交互都是基于事件来实现的。Form类提供了大量的事件用于响应执行窗体的各种操作。在窗体的属性面板中，单击"事件" 按钮，就可以看到窗体的所有事件。下面对窗体的几种常用事件进行介绍。

（1）Activated事件

当使用代码激活或用户激活窗体时触发Activated事件，其语法格式如下：

```
public event EventHandler Activated
```

例如，在窗体每次被激活时都弹出一个"窗体已激活"对话框，代码如下：

```
public void Form1_Activated(object sender,EventArgs e)    //触发窗体的激活事件
{
    MessageBox.Show("窗体已激活!");                        //弹出信息提示框
}
```

通常，开发数据库应用系统时，为了能够使数据表格控件中显示最新的数据，在子窗体中添加或修改记录之后，关闭子窗体，重新激活主窗体，这时可以在主窗体的Activated事件中对数据表格控件进行重新绑定。

（2）Load事件

窗体加载时，将触发窗体的Load事件，该事件是窗体的默认事件，其语法格式如下：

```
public event EventHandler Load
```

Load事件是在第一次显示窗体前发生，当应用程序启动时，会自动执行Load事件。所以该事件通常用来在启动应用程序时初始化属性和变量。

（3）FormClosing事件

窗体关闭时，将会触发窗体的FormClosing事件，其语法格式如下：

```
public event FormClosingEventHandler FormClosing
```

在开发网络程序或多线程程序时，可以在窗体的FormClosing事件中关闭网络连接或多线程，以便释放网络连接或多线程所占用的系统资源。

Windows窗体是可视化编程的基础，窗体界面设计的美观性将直接影响到用户的使用兴趣，因此它在程序的开发过程中是非常重要的。在设计窗体界面时，要遵循简单、大方、美观和易用4个基本原则，以便更好地吸引用户，并且方便用户的使用。

【例5-1】 创建一个Windows窗体应用程序，编写3个Windows窗体事件过程，程序运行结果如图5-16至图5-18所示。

图5-16 装载窗体

图5-17 单击窗体

图5-18 双击窗体

(1) 当窗体装入时,在窗体的标题栏显示"装载窗体",并将 1.jpg 作为窗体背景图像。

(2) 单击窗体,在窗体标题栏显示"单击窗体",并将 2.jpg 作为窗体背景图像,设置窗体为固定的对话框样式的粗边框,并且不显示"最大化"和"最小化"按钮。

(3) 双击窗体。在窗体标题栏显示"双击窗体",并将 3.jpg 作为窗体背景图像,设置窗体为默认边框样式,并且显示"最大化"和"最小化"按钮。

分析:

本例需要添加窗体的 3 个事件过程:Form_Load、Form_Click 和 Form_DoubleClick。背景图像所需的图片文件既可以放置在本机某个文件夹下,也可以放置在项目文件夹中,本例是放置在 C 盘下的 image 文件夹中。

设计步骤如下:

(1) 程序设计界面(略)。

创建一个 Windows 应用程序。

(2) 设计代码。

双击窗体空白处,在 Form1.cs 中将自动创建 Form_Load 事件处理程序,在 Form_Load 事件过程中添加代码如下:

```csharp
private void Form1_Load(object sender, EventArgs e)
{
    //窗体标题栏文本
    this.Text = "装载窗体";
    //设置背景图像
    this.BackgroundImage = Image.FromFile(@"c:\image\1.jpg");
}
```

回到 Windows 窗体设计器,在"属性"窗口中单击"事件"按钮,然后双击事件名称 Click,在 Form1.cs 中将自动创建 Form1_Click 事件处理程序,添加该事件处理的代码如下:

```csharp
private void Form1_Click(object sender, EventArgs e)
{
    //窗体标题栏文本
    this.Text = "单击窗体";
    ///设置背景图像
    this.BackgroundImage = Image.FromFile(@"c:\image\2.jpg");
    //设置为固定的对话框样式的粗边框 -- 不可调整窗体大小
    this.FormBorderStyle = FormBorderStyle.FixedDialog;
    //不显示"最大化"按钮
    this.MaximizeBox = false;
    //不显示"最小化"按钮
    this.MinimizeBox = false;
}
```

同样的方法,添加 Form1_DoubleClick 事件处理程序代码如下:

```csharp
private void Form1_DoubleClick(object sender, EventArgs e)
{
    //窗体标题栏文本
    this.Text = "双击窗体";
    //设置背景图像
```

```
        this.BackgroundImage = Image.FromFile(@"c:\image\3.jpg");
        //设置为默认样式 -- 可调整大小的边框
        this.FormBorderStyle = FormBorderStyle.Sizable;
        //显示"最大化"按钮
        this.MaximizeBox = true;
        //显示"最小化"按钮
        this.MinimizeBox = true;
    }
```

(3) 执行程序。

按 F5 键或单击工具栏上的"启动调试"按钮,程序开始运行,界面如图 5-16 所示。单击窗体,界面如图 5-17 所示。双击窗体,界面如图 5-18 所示。

说明:

(1) 窗体的 Load 事件是默认事件,可以通过双击窗体自动添加该事件过程,而 Click 事件和 DoubleClick 事件则需要通过属性窗口进行事件过程的添加。

(2) Image 对象的 FromFile 方法用于设置图片文件的路径。

(3) this 关键字用于指代窗体本身。

4. Windows 窗体调用

窗体是用户设计程序外观的操作界面,根据不同的需求,可以使用不同类型的 Windows 窗体。根据 Windows 窗体的显示状态,可以分为模式窗体和非模式窗体。

模式窗体就是使用 ShowDialog 方法显示的窗体,它在显示时,如果作为激活窗体,则其他窗体不可用。只有在将模式窗体关闭之后,其他窗体才能恢复可用状态。

例如,使用窗体对象的 ShowDialog 方法以模式窗体显示 Form2,代码如下:

```
Form2 frm = new Form2();
frm.ShowDialog();
```

非模式窗体就是使用 Show 方法显示的窗体,一般的窗体都是非模式窗体。非模式窗体在显示时,如果有多个窗体,用户可以单击任何一个窗体,单击的窗体将立即成为激活窗体并显示在屏幕的最前面。

例如,使用窗体对象的 Show 方法以非模式窗体显示 Form2,代码如下:

```
Form2 frm = new Form2();
frm.Show ();
```

只有在实际使用时,才能体验到模式窗体和非模式窗体存在差别,它们在呈现给用户时并没有明显差别。

5. MDI 窗体

MDI(Multiple-Document Interface)窗体即多文档界面,它主要用于同时显示多个文档,每个文档显示在各自的窗口中。MDI 窗体中通常有包含子菜单的窗口菜单,以便在窗口或文档之间进行切换。

MDI 窗体的应用非常广泛,例如,某公司的进销存管理系统需要使用窗体来输入客户和货品的数据、发出订单以及跟踪订单,而且这些窗体必须链接或者从属于一个界面,并且必须能够同时处理多个文件,这时就需要建立 MDI 窗体以满足这些需求。

创建 MDI 窗体之前,首先要明确两个概念:父窗体和子窗体。在 MDI 窗体中,起到容器作用的窗体被称为"父窗体",可放在父窗体中的其他窗体被称为"子窗体",也称为"MDI 子窗体"。当 MDI 应用程序启动时,首先会显示父窗体。所有的子窗体都在父窗体中打开,在父窗体中可以在任何时候打开多个子窗体。创建 MDI 窗体主要分为设置父窗体和设置子窗体两个步骤。

1) 设置父窗体

如果想要将某个窗体设置成父窗体,只要在窗体的属性面板中将 IsMdiContainer 属性设置为 True 即可。

2) 设置子窗体

设置完父窗体后,可以通过设置某个窗体的 MdiParent 属性来确定子窗体,该属性的语法格式如下:

```
public Form MdiParent {get; set;}
```

对 MDI 窗体的操作主要是对打开的多个子窗体进行各种顺序排列,因为如果一个 MDI 窗体中有多个子窗体同时打开,界面会显得非常混乱,而且不容易浏览,这时可以通过使用带有 MdiLayout 枚举的 LayoutMdi 方法来排列 MDI 父窗体中的子窗体。该方法的语法格式如下:

```
public void LayoutMdi(MdiLayout value)
```

其中,value 是 MdiLayout 枚举值之一,用来定义 MDI 子窗体的布局;MdiLayout 枚举用于指定 MDI 父窗体中子窗体的布局,其枚举成员及说明如下。

- Cascade:所有 MDI 子窗体均层叠在 MDI 父窗体的工作区内。
- TileHorizontal:所有 MDI 子窗体均水平平铺在 MDI 父窗体的工作区内。
- TileVertical:所有 MDI 子窗体均垂直平铺在 MDI 父窗体的工作区内。

【例 5-2】 创建一个 Windows 窗体应用程序,向程序添加 4 个窗体,其中一个作为父窗体,其他 3 个作为子窗体,然后使用 LayoutMdi 方法以及 MdiLayout 枚举设置子窗体的不同排列方式,程序运行结果如图 5-19 至图 5-22 所示。

分析:

本例主要是 MDI 窗体的操作,首先设置父窗体和子窗体,然后使用 LayoutMdi 方法进行子窗体的排列。

图 5-19 加载子窗体

图 5-20 水平平铺

图 5-21 垂直平铺

图 5-22 层叠排列

设计步骤如下：

(1) 程序设计界面（略）。

创建一个 Windows 应用程序并命名为 ex5-2。打开"解决方案资源管理器"，右击"ex5-2"，选择"添加"→"Windows 窗体"，在弹出的"添加新项"对话框中单击"添加"按钮添加 Windows 窗体（在对话框中可以修改窗体名称）。按照此方法分别添加命名为"Form2"、"Form3"和"Form4"的窗体。

(2) 窗体属性设置。

打开 Form1 窗体，添加一个菜单组件（MenuStrip1），菜单项的设置如图 5-4 所示。设置 Form1 窗体的 IsMdiContainer 属性为 True。

(3) 设计代码。

打开 Form1 窗体，双击"加载子窗体"菜单，添加该菜单项的单击事件代码如下：

```csharp
private void 加载子窗体ToolStripMenuItem_Click(object sender, EventArgs e)
{
    Form2 frm2 = new Form2();              //实例化 Form2
    frm2.MdiParent = this;                  //设置 MdiParent 属性,将当前窗体作为父窗体
    frm2.Show();                            //使用 Show 方法打开窗体
    Form3 frm3 = new Form3();              //实例化 Form3
    frm3.MdiParent = this;                  //设置 MdiParent 属性,将当前窗体作为父窗体
    frm3.Show();                            //使用 Show 方法打开窗体
    Form4 frm4 = new Form4();              //实例化 Form4
    frm4.MdiParent = this;                  //设置 MdiParent 属性,将当前窗体作为父窗体
    frm4.Show();                            //使用 Show 方法打开窗体
}
```

双击"水平平铺"菜单，添加该菜单项的单击事件代码如下：

```csharp
private void 水平平铺ToolStripMenuItem_Click(object sender, EventArgs e)
{
    LayoutMdi(MdiLayout.TileHorizontal);
}
```

双击"垂直平铺"菜单，添加该菜单项的单击事件代码如下：

```csharp
private void 垂直平铺ToolStripMenuItem_Click(object sender, EventArgs e)
{
    LayoutMdi(MdiLayout.TileVertical);
}
```

双击"层叠排列"菜单,添加该菜单项的单击事件代码如下:

```
private void 层叠排列ToolStripMenuItem_Click(object sender, EventArgs e)
{
    LayoutMdi(MdiLayout.Cascade);
}
```

(4) 执行程序。

按 F5 键或单击工具栏上的"启动调试"按钮,程序开始运行,运行结果如图 5-19 至图 5-22 所示。

说明:

(1) 本例中在 Form1 窗体中添加了菜单组件(MentStrip)用于控制不同的子窗体排列方式,这是 MDI 窗体常用的方式。

(2) 子窗体的 MdiParent 属性通过代码进行设置。

5.2.2 文本编辑控件

1. 通过 TextBox 控件录入数据

TextBox 控件又称为文本框控件,它主要用于获取用户输入的数据或者显示文本,通常用于可编辑文本,也可以使其成为只读控件。文本框可以显示多行,开发人员可以使文本换行以便符合控件的大小。

TextBox 控件的常用属性及说明如表 5-3 所示。

表 5-3 TextBox 控件的常用属性及说明

属　　性	说　　明
Enabled	获取或设置一个值,该值指示控件是否可以对用户交互做出响应
ForeColor	获取或设置控件的前景色
Modifiers	指示 TextBox 控件的可见性级别
Multiline	获取或设置一个值,该值指示此控件是否为多行 TextBox 控件
PasswordChar	获取或设置字符,该字符用于屏蔽单行 TextBox 控件的密码字符
ReadOnly	获取或设置一个值,该值指示文本框中的文本是否为只读
RightToLeft	获取或设置一个值,该值指示是否将控件的元素对齐以支持使用从右向左的字体的区域设置
ScrollBars	获取或设置哪些滚动条应出现在多行 TextBox 控件中
Text	获取或设置 TextBox 控件的文本
UseSystemPasswordChar	获取或设置一个值,该值指示控件中的文本是否应该以默认的字码字符显示
Visible	获取或设置一个值,该值指示是否显示该控件及其所有父控件

其中,控件的 Modifiers 属性在继承窗体中经常使用,因为该属性的默认值为 Private,所以在继承窗体中不能修改继承的控件属性,但是这样限制了继承窗体的扩展功能,这时可以将控件的 Modifiers 属性值设置为 Public,即将其设置为公有,这样就可以在继承窗体中编辑继承的控件属性,从而体现继承窗体的扩展性。

由于 Windows 控件的很多属性、方法和事件都是通用的,所以在后面讲解控件时,如果遇到与前面表中列出的属性、方法和事件相同的,将不再详细介绍。

TextBox 控件的常用事件及说明如表 5-4 所示。

表 5-4　TextBox 控件的常用事件及说明

事件	说明
TextChanged	在 Text 属性值更改时发生
KeyDown	在控件有焦点的情况下按下键时发生
KeyPress	在控件有焦点的情况下按下键时发生
KeyUp	在控件有焦点的情况下释放键时发生

下面对 TextBox 控件的一些常用属性及事件的使用进行详细介绍。

1) ReadOnly 属性

获取或设置一个值,该值指示文本框中的文本是否为只读,其语法格式如下:

```
public bool ReadOnly {get; set;}
```

属性值:如果文本框是只读的,则为 True,默认值为 False。

2) PasswordChar 属性和 UseSystemPasswordChar 属性

这两个属性都用来将文本框设置为密码文本框,其中,PasswordChar 属性用来获取或设置字符,该字符用于屏蔽单行 TextBox 控件中的密码字符;而 UseSystemPasswordChar 属性用来获取或设置一个值,该值指示控件中的文本是否应该以默认的字码字符显示。

PasswordChar 属性的语法格式如下:

```
public char PasswordChar {get; set;}
```

属性值:用于屏蔽单行 TextBox 控件中的密码字符,如果不想让控件在字符输入时将它们屏蔽,请将此属性值设置为 0(字符值),该属性值默认为 0。

UseSystemPasswordChar 属性的语法格式如下:

```
public bool UseSystemPasswordChar {get; set;}
```

属性值:如果 TextBox 控件中的文本以默认的密码字符显示,则为 True,否则为 False。

UseSystemPasswordChar 属性的优先级高于 PasswordChar。每当 UseSystemPasswordChar 属性设为 True 时,将使用默认系统密码字符,并忽略由 PasswordChar 属性设置的任何字符。

3) Multiline 属性

获取或设置一个值,该值指示此控件是否为多行 TextBox 控件,其语法格式如下:

```
public override bool Multiline {get; set;}
```

属性值:如果该控件是多行 TextBox 控件,则为 True,否则为 False,默认为 False。多行文本框的大小并不固定,其四周都可以拖动,开发人员可以自行确定它的大小。

4) KeyDown 事件

在控件有焦点的情况下按下键时发生,其语法格式如下:

```
public event KeyEventHandler KeyDown
```

KeyDown 事件、KeyPress 事件和 KeyUp 事件均可编写代码实现按回车键切换控件的功能,控件的键事件按下列顺序发生：KeyDown→KeyPress→KeyUp。

2. 通过 RichTextBox 控件显示图文数据

RichTextBox 控件又称为有格式文本框控件,它主要用于显示、输入和操作带有格式的文本,比如,它可以实现显示字体、颜色、链接、从文件加载文本及嵌入的图像、撤销和重复编辑操作以及查找指定的字符等功能。

RichTextBox 控件的常用属性及说明如表 5-5 所示。

表 5-5　RichTextBox 控件的常用属性及说明

属　性	说　明
BorderStyle	获取或设置文本框控件的边框类型
BulletIndent	获取或设置对文本应用项目符号样式时使用的缩进
DetectUrls	获取或设置一个值,通过该值指示当在控件中输入某个 URL 时,控件是否自动设置 URL 的格式
EnableAutoDragDrop	获取或设置一个值,在文本、图片和其他数据上启用拖放操作
RightMargin	获取或设置控件内单个文本行的大小
ScrollBars	获取或设置控件中显示的滚动条类型
SelectedRtf	获取或设置控件中当前选择的 RTF 格式的格式化文本
SelectedText	获取或设置控件中的选定文本
SelectionAlignment	获取或设置应用到当前选定内容或插入点的对齐方式
SelectionBackColor	获取或设置控件中的文本在选中时的颜色
SelectionBullet	获取或设置一个值,指示项目符号样式是否应用到当前选定内容
SelectionColor	获取或设置当前选定文本或插入点的文本颜色
SelectionFont	获取或设置当前选定文本或插入点的字体
SelectionIndent	获取或设置所选内容开始行的缩进距离(以像素为单位)
SelectionLength	获取或设置控件中选定的字符数
SelectionStart	获取或设置文本框中选定的文本起始点
TextLength	获取控件中文本的长度

RichTextBox 控件的常用方法及说明如表 5-6 所示。

表 5-6　RichTextBox 控件的常用方法及说明

方　法	说　明
AppendText	向文本框的当前文本追加文本
Clear	从文本框控件中清除所有文本
ClearUndo	从该文本框的撤销缓冲区中清除关于最近操作的信息
Copy	将文本框中的当前选定内容复制到剪贴板
Cut	将文本框中的当前选定内容移动到剪贴板
Find	在 RichTextBox 的内容中搜索文本
LoadFile	将文件的内容加载到 RichTextBox 控件中
Paste	将剪贴板中的内容粘贴到控件中
Redo	重新应用控件中上次撤销的操作
SaveFile	将 RichTextBox 的内容保存到文件
SelectAll	选定文本框中的所有文本
Undo	撤销文本框中的上一个编辑操作

【例 5-3】 创建一个 Windows 窗体应用程序,在默认窗体中添加两个 Button 控件和一个 RichTextBox 控件,其中,Button 控件用来执行打开文件、插入图片操作,RichTextBox 控件用来显示文件和图片。程序运行结果如图 5-23 和图 5-24 所示。

图 5-23　打开文本文件　　　　　图 5-24　插入图片

分析:

RichTextBox 控件是一个功能相当强大的文本编辑控件,本例打开文件的操作需要首先创建一个 OpenFileDialog 对象实例,然后通过该实例的属性和方法进行控制。

设计步骤如下:

(1) 程序设计界面。

创建一个 Windows 应用程序并命名为 ex5-3。在 Form1 窗体中添加两个按钮控件(Button1 和 Button2)、一个 RichTextBox 控件(RichTextBox1),适当调整控件的大小及位置。

(2) 窗体及控件属性设置。

窗体及控件的 Text 属性设置如图 5-25 所示,设置 RichTextBox1 控件的 BorderStyle 属性为 Fixed3D,DetectUrls 属性为 True,ScrollBars 属性为 Both。

(3) 设计代码。

打开 Form1 窗体,双击"打开文本文件"按钮,添加该按钮的单击事件代码如下:

图 5-25　程序初始界面

```csharp
private void button1_Click(object sender, EventArgs e)
{
    OpenFileDialog openfile = new OpenFileDialog();        //实例化打开文件对话框对象
    openfile.Filter = "rtf 文件(*.rtf)|*.rtf";              //设置文件筛选器
    if (openfile.ShowDialog() == DialogResult.OK)          //判断是否选择了文件
    {
        richTextBox1.Clear();                              //清空文本框
        //加载文件
        richTextBox1.LoadFile(openfile.FileName,RichTextBoxStreamType.RichText);
    }
}
```

双击"插入图片"按钮,添加该按钮的单击事件代码如下:

```csharp
private void button2_Click(object sender, EventArgs e)
{
```

```csharp
        OpenFileDialog openpic = new OpenFileDialog();              //实例化打开文件对话框对象
        openpic.Filter = "bmp 文件(*.bmp)|*.bmp|jpg 文件(*.jpg)|*.jpg|ico 文件(*.ico)|
*.ico";
        openpic.Title = "打开图片";                                  //设置对话框标题
        if (openpic.ShowDialog() == DialogResult.OK)                //判断是否选择了图片
        {
            Bitmap bmp = new Bitmap(openpic.FileName);              //使用图片实例化 Bitmap 对象
            Clipboard.SetDataObject(bmp,false);                     //将图像置于系统剪贴板中
            //判断 RichTextBox1 控件是否可以粘贴图片信息
            if (richTextBox1.CanPaste(DataFormats.GetFormat(DataFormats.Bitmap)))
                    richTextBox1.Paste();                            //粘贴图片
        }
}
```

(4) 执行程序。

按 F5 键或单击工具栏上的"启动调试"按钮,程序开始运行。单击"打开文本文件"按钮,选择一个 RTF 文件打开后,运行结果如图 5-23 所示。单击"插入图片"按钮,选择一个图片文件打开后,图片被复制到剪贴板中,选中 RichTextBox1 控件,按 Ctrl+V 组合键将图片粘贴到文本框中,如图 5-24 所示。

说明:

(1) 本例中通过实例化打开文件对话框对象(OpenFileDialog)打开文件,该对象的 Filter 属性用来设置要打开的文件类型,其中每个文件类型由文件说明和类型标识两部分组成,中间用"|"间隔,"openpic.ShowDialog() == DialogResult.OK"用于判断是否选中文件。

(2) 打开的文本文件可以直接使用 RichTextBox 控件的 LoadFile 方法加载到文本框中。打开的图片文件先置于系统剪贴板中,然后通过 RichTextBox 控件的 Paste 方法粘贴到文本框中。

3. 使用 Label 控件显示文字

Label 控件又称为标签控件,它主要用于显示用户不能编辑的文本,标识窗体上的对象;另外,也可以通过编写代码来设置要显示的文本信息。

Label 控件的常用属性及说明如表 5-7 所示。

表 5-7 Label 控件的常用属性及说明

属性	说明
ForeColor	获取或设置控件的前景色,主要用于设置文本
Text	获取或设置与此控件关联的文本
Visible	获取或设置一个值,该值指示是否显示该控件及其所有父控件

4. 使用 LinkLabel 控件创建超链接

LinkLabel 控件又称为超链接标签控件,它表示可显示超链接的 Windows 标签控件,除了可以显示超链接以外,它与 Label 控件类似。在控件的文本中可以指定多个超链接,每个超链接可在应用程序内执行不同的任务。

LinkLabel 控件的常用属性及说明如表 5-8 所示。

表 5-8 LinkLabel 控件的常用属性及说明

属性	说明
DisabledLinkColor	获取或设置显示禁用链接时所用的颜色
LinkArea	获取或设置文本中视为链接的范围
LinkBehavior	获取或设置一个表示链接的行为的值
LinkColor	获取或设置显示普通链接时使用的颜色
Links	获取包含在 LinkLabel 内的链接的集合
LinkVisited	获取或设置一个值,指示链接是否应显示为已被访问过的链接
VisitedLinkColor	获取或设置当显示以前访问过的链接时所使用的颜色

LinkLabel 控件的常用事件及说明如表 5-9 所示。

表 5-9 LinkLabel 控件的常用事件及说明

事件	说明
Click	在单击控件时发生
LinkClicked	当单击控件内的链接时发生

5. 使用 Button 控件作为按钮

Button 控件又称为按钮控件,它表示允许用户通过单击来执行操作。Button 控件既可以显示文本,又可以显示图像,当该控件被单击时,它看起来像是被按下,然后被释放。

Button 控件的常用属性及说明如表 5-10 所示。

表 5-10 Button 控件的常用属性及说明

属性	说明
BackgroundImage	获取或设置在控件中显示的背景图像
BackgroundImageLayout	获取或设置在 ImageLayout 枚举中定义的背景图像布局
Enabled	获取或设置一个值,指示控件是否可对用户交互做出响应
FlatAppearance	获取用于指示选中状态和鼠标状态的边框外观和颜色
FlatStyle	获取或设置按钮控件的平面样式外观
Text	获取或设置与此控件关联的文本
TextAlign	获取或设置按钮控件上的文本对齐方式
TextImageRelation	获取或设置文本和图像相互之间的相对位置

Button 控件的常用事件及说明如表 5-11 所示。

表 5-11 Button 控件的常用事件及说明

事件	说明
Click	在单击控件时发生

5.2.3 选择控件

1. CheckBox 控件——复选框

CheckBox 控件又称为复选框控件,它主要用来表示是否选取了某个选项条件,它常用于为用户提供具有是/否或真/假值的选项。

CheckBox 控件的常用属性及说明如表 5-12 所示。

表 5-12　CheckBox 控件的常用属性及说明

属　　性	说　　明
Appearance	获取或设置确定 CheckBox 控件外观的值
AutoCheck	获取或设置一个值，指示当单击某个 CheckBox 时，Checked 或 CheckState 的值以及该 CheckBox 的外观是否自动改变
AutoEllipsis	获取或设置一个值，指示是否要在控件的右边缘显示省略号以表示控件文本超出指定的控件长度
CheckAlign	获取或设置 CheckBox 控件上的复选框的水平和垂直对齐方式
Checked	获取或设置一个值，指示 CheckBox 是否处于选中状态
CheckState	获取或设置 CheckBox 的状态
Text	获取或设置与此控件关联的文本
TextAlign	获取或设置 CheckBox 控件上的文本对齐方式
ThreeState	获取或设置一个值，指示控件是否允许 3 种复选状态而不是两种

CheckBox 控件的常用事件及说明如表 5-13 所示。

表 5-13　CheckBox 控件的常用事件及说明

事　　件	说　　明
CheckedChanged	当 Checked 属性的值更改时发生
CheckStateChanged	当 CheckState 属性的值更改时发生

【例 5-4】　创建一个 Windows 窗体应用程序，在默认窗体中添加 4 个 CheckBox 控件和一个 RichTextBox 控件，其中，CheckBox 控件用来作为各种爱好的复选框，RichTextBox 控件用来显示用户选择的个人爱好。程序运行结果如图 5-26 所示。

分析：

CheckBox 控件用于在窗体中为用户提供多项选择，其最重要的属性是 Checked 属性，用于表示控件是否被选中，而 CheckedChanged 事件是其默认事件。

设计步骤如下：

(1) 程序设计界面。

创建一个 Windows 应用程序并命名为 ex5-4。在 Form1 窗体中添加 4 个 CheckBox 控件(CheckBox1～CheckBox4)、一个 RichTextBox 控件(RichTextBox1)、两个标签控件(Label1 和 Label2)，适当调整控件的大小及位置。

(2) 窗体及控件属性设置。

窗体及控件的 Text 属性设置如图 5-27 所示，设置 RichTextBox1 控件的 BorderStyle 属性为 Fixed3D，DetectUrls 属性为 True，ScrollBars 属性为 Both。

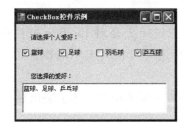

图 5-26　程序运行结果

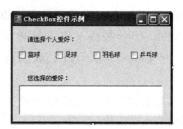

图 5-27　程序初始界面

(3) 设计代码。

打开 Form1 窗体，双击窗体空白处，添加该窗体的加载事件代码如下：

```csharp
private void Form1_Load(object sender, EventArgs e)
{
    foreach (Control ctl in this.Controls)          //遍历窗体中控件
    {
        if (ctl.GetType().Name == "CheckBox")       //判断控件类型
        {
            CheckBox cbox = (CheckBox)ctl;          //创建一个CheckBox类型的对象实例
            cbox.AutoEllipsis = true;               //设置文本过长时,显示…
            cbox.CheckAlign = ContentAlignment.MiddleLeft;   //设置文本居左对齐
            cbox.Checked = false;                   //设置复选框不选中状态
        }
    }
}
```

双击"篮球"复选框，添加该复选框的 Checked 事件代码如下：

```csharp
private void checkBox1_CheckedChanged(object sender, EventArgs e)
{
    if (checkBox1.Checked)
    {
        if (richTextBox1.Text == "")
            richTextBox1.Text = checkBox1.Text;
        else
            richTextBox1.Text += "、" + checkBox1.Text;
    }
}
```

同样的，添加"足球"复选框、"羽毛球"复选框和"乒乓球"复选框的 Checked 事件，代码同上。

(4) 执行程序。

按 F5 键或单击工具栏上的"启动调试"按钮，程序开始运行，运行结果如图 5-26 所示。

说明：

(1) 本例中在 Form1_Load 事件中利用 foreach 结构遍历窗体中的所有控件，然后对于属于 CheckBox 类型的控件进行相应的设置操作，这种方法是在程序开发中常用的技巧，注意学习应用。

(2) 4 个复选框的 CheckedChanged 事件过程一样，都是判断该控件如果被选中，就将其 Text 属性输出在 RichTextBox 控件中。

2. CheckedListBox 控件——复选框列表

CheckedListBox 控件又称为复选框列表控件，它实际上是对 ListBox 控件进行了扩展，它几乎能完成列表框可以完成的所有任务，并且还可以在列表中的项旁边显示复选标记。

复选框列表只能有一项选中或未选中任何项，并且选定的项在窗体上突出显示，与已选中的项不同。

CheckedListBox 控件的常用属性及说明如表 5-14 所示。

表 5-14 CheckedListBox 控件的常用属性及说明

属性	说明
AllowSelection	获取一个值,指示 CheckedListBox 当前是否启用了列表项的选择
CheckedIndices	获取 CheckedListBox 中选中索引的集合
CheckedItems	获取 CheckedListBox 中选中项的集合
CheckOnClick	获取或设置一个值,指示当选定项时是否应切换复选框
HorizontalExtent	获取或设置 CheckedListBox 的水平滚动条可滚动的宽度
HorizontalScrollbar	获取或设置一个值,指示是否在控件中显示水平滚动条
Items	获取 CheckedListBox 中项的集合
MultiColumn	获取或设置一个值,指示 CheckedListBox 是否支持多列
SelectedIndex	获取或设置 CheckedListBox 中当前选定项的从零开始的索引
SelectedIndices	获取一个集合,该集合包含所有当前选定项的从零开始的索引
SelectedItem	获取或设置 CheckedListBox 中的当前选定项
SelectedItems	获取包含 CheckedListBox 中当前选定项的集合
SelectedValue	获取或设置由 ValueMember 属性指定的成员属性的值
Sorted	获取或设置一个值,指示控件中的项是否按字母顺序排列
Text	获取或搜索 CheckedListBox 中当前选定项的文本

CheckedListBox 控件的常用方法及说明如表 5-15 所示。

表 5-15 CheckedListBox 控件的常用方法及说明

方法	说明
ClearSelected	取消选择 CheckedListBox 中的所有项
GetItemChecked	返回指示指定项是否选中的值
GetItemCheckState	返回指示当前项的复选状态的值
GetItemText	返回指定项的文本表示形式
GetSelected	返回一个值,指示是否选定了指定的项
RefreshItems	再次分析所有 CheckedListBox 项,并获取这些项的新文本字符串
SetItemChecked	将指定索引处的项的 CheckState 设置为 Checked
SetItemCheckState	设置指定索引处的项的复选状态
Sort	对 CheckedListBox 中的项排序

CheckedListBox 控件的常用事件及说明如表 5-16 所示。

表 5-16 CheckedListBox 控件的常用事件及说明

事件	说明
ItemCheck	当某项的选中状态更改时发生
SelectedIndexChanged	在 SlectedIndex 属性更改时发生
SelectedValueChanged	当 SelectedValue 属性更改时发生

【例 5-5】 创建一个 Windows 窗体应用程序,在默认窗体中添加 4 个 CheckBox 控件、4 个 CheckedListBox 控件和一个 Button 控件,其中,CheckBox 控件用来作为基本权限复选框,CheckedListBox 控件用来作为附属权限复选框列表,Button 控件用来根据用户选择的权限显示详细信息。程序运行结果如图 5-28 所示。

分析：

CheckBox 控件用于在窗体中为用户提供多基本选项，CheckedListBox 控件是与相应的 CheckBox 控件关联的附属权限选项，而这两个控件是无法自动关联的，因此需要编程实现关联，程序代码中可以自定义两个方法，分别处理 CheckBox 控件选中时和未选中时其附属的 CheckedListBox 控件的属性设置。

图 5-28　程序运行结果

设计步骤如下：

（1）程序设计界面。

创建一个 Windows 应用程序并命名为 ex5-5。在 Form1 窗体中添加一个 GroupBox 控件、4 个 CheckBox 控件（CheckBox1～CheckBox4）、4 个 CheckedListBox 控件（CheckedListBox1～CheckedListBox4）、一个 Button 控件（Button1），适当调整控件的大小及位置，如图 5-29 所示。

（2）窗体及控件属性设置。

窗体及控件的 Text 属性设置如图 5-30 所示，选中 CheckedListBox1 控件，在属性窗口中单击 Items 属性，添加"员工信息"等列表项，同样设置其他 CheckedListBox 控件。

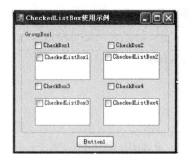

图 5-29　程序设计界面

图 5-30　程序初始界面

（3）设计代码。

打开 Form1 窗体，按 F7 键，切换到代码编辑视图，添加两个自定义的方法，分别处理全部选中和全部取消选中的操作，代码如下：

```
//自定义的全部选中方法,参数传控件名称 name 属性值
public void CheckAll(object chckList)
{
    //判断复选框类型
    if (chckList.GetType().ToString() == "System.Windows.Forms.CheckedListBox")
    {
        CheckedListBox ck1 = (CheckedListBox)chckList;      //将参数转换成控件类型
        for (int i = 0; i < ck1.Items.Count; i++)           //循环访问控件中复选框所有项
            ck1.SetItemCheckState(i, CheckState.Checked);   //选中附属复选框
    }
}
//自定义的全部取消选中方法,参数传控件名称 name 属性值
```

```
public void CheckAllEsc(object chckList)
{
    //判断复选框类型
    if (chckList.GetType().ToString() == "System.Windows.Forms.CheckedListBox")
    {
        CheckedListBox ck1 = (CheckedListBox)chckList;        //将参数转换成控件类型
        for (int i = 0; i < ck1.Items.Count; i++)             //循环访问控件中复选框所有项
            ck1.SetItemCheckState(i, CheckState.UnChecked);   //取消选中附属复选框
    }
}
```

双击"基本档案"复选框，添加该复选框的 Checked 事件代码如下：

```
private void checkBox1_CheckedChanged(object sender, EventArgs e)
{
    if (checkBox1.Checked)
    {
        checkedListBox1.Visible = true;        //显示附属复选框
        CheckAll(checkedListBox1);             //将附属复选框全部选中
    }
    else
    {
        checkedListBox1.Visible = false;       //显示附属复选框
        CheckAllEsc(checkedListBox1);          //将附属复选框全部取消选中
    }
}
```

同样的方法，添加"进货管理"复选框、"销售管理"复选框和"库存管理"复选框的 Checked 事件，代码同上。

双击"确定"按钮，添加该按钮的单击事件代码如下：

```
private void button1_Click(object sender, EventArgs e)
{
    //判断是否选择了用户权限
    if (checkBox1.Checked == false && checkBox2.Checked == false && checkBox3.Checked == false && checkBox4.Checked == false)
    {
        MessageBox.Show("请任选一项用户权限","提示");
        return;
    }
    string s1 = "",s2 = "",s3 = "",s4 = "";
    if (checkedListBox1.Visible == true)
    {
        for (int i = 0; i < checkedListBox1.CheckedItems.Count; i++)
            s1 += checkedListBox1.CheckedItems[i].ToString() + "\n";
    }
    if (checkedListBox2.Visible == true)
    {
        for (int i = 0; i < checkedListBox2.CheckedItems.Count; i++)
            s2 += checkedListBox2.CheckedItems[i].ToString() + "\n";
    }
    if (checkedListBox3.Visible == true)
    {
```

```csharp
            for (int i = 0; i < checkedListBox3.CheckedItems.Count; i++)
                s3 += checkedListBox3.CheckedItems[i].ToString() + "\n";
        }
        if (checkedListBox4.Visible == true)
        {
            for (int i = 0; i < checkedListBox4.CheckedItems.Count; i++)
                s4 += checkedListBox4.CheckedItems[i].ToString() + "\n";
        }
    //输出用户选择的权限信息
        MessageBox.Show("用户权限如下：\n" + s1 + s2 + s3 + s4,"信息确认");
    }
```

(4) 执行程序。

按 F5 键或单击工具栏上的"启动调试"按钮，程序开始运行。如果选中某个复选框 CheckBox，则与其附属的复选框列表显示并全部选中。如果取消选中某个复选框 CheckBox，则与其附属的复选框列表不显示，单击"确定"按钮的运行结果如图 5-28 所示。

说明：

(1) 自定义的 CheckAll 方法的作用是显示指定的复选框列表控件，并选中控件中的所有选项。自定义的 CheckAllEsc 方法的作用是不显示指定的复选框列表控件，并取消选中控件中的所有选项。

(2) 复选框列表控件中复选项的访问通过循环进行访问，其中，"checkedListBox2.CheckedItems.Count"表示选中项的项数，"checkedListBox3.CheckedItems[i]"表示复选框列表控件中的第 i 项。

3. RadioButton 控件——单选按钮

RadioButton 控件又称为单选按钮控件，它为用户提供由两个或多个互斥选项组成的选项集，当用户选中某个单选按钮时，同一组中的其他单选按钮不能同时被选定。

RadioButton 控件的常用属性及说明如表 5-17 所示。

表 5-17 RadioButton 控件的常用属性及说明

属 性	说 明
Appearance	获取或设置一个值，确定 RadioButton 控件的外观
AutoCheck	获取或设置一个值，指示当单击控件时，Checked 值以及该控件的外观是否自动改变
AutoEllipsis	获取或设置一个值，指示是否要在控件的右边缘显示省略号以表示控件文本超出指定的控件长度
CheckAlign	获取或设置 RadioButton 控件上的单选按钮的位置
Checked	获取或设置一个值，指示是否已处于选中状态
Text	获取或设置与此控件关联的文本
TextAlign	获取或设置 RadioButton 控件上的文本对齐方式

RadioButton 控件的常用事件及说明如表 5-18 所示。

表 5-18 RadioButton 控件的常用事件及说明

事 件	说 明
CheckedChanged	当 Checked 属性的值更改时发生

5.2.4 列表选择控件

1. ListBox 控件——列表框

ListBox 控件又称为列表控件,它主要用于显示一个列表,用户可以从中选择一项或多项,如果选项总数超出可以显示的项数,则控件会自动添加滚动条。

ListBox 控件的常用属性及说明如表 5-19 所示。

表 5-19 ListBox 控件的常用属性及说明

属 性	说 明
AllowSelection	获取一个值,指示 ListBox 当前是否启用了列表项的选择
BorderStyle	获取或设置在 ListBox 四周绘制的边框的类型
ColumnWidth	获取或设置多列 ListBox 中列的宽度
DataSource	获取或设置此 ListBox 的数据源
HorizontalScrollbar	获取或设置一个值,指示是否在控件中显示水平滚动条
Items	获取 ListBox 中项的集合
SelectedIndex	获取或设置 ListBox 中当前选定项的从零开始的索引
SelectedIndices	获取一个集合,该集合包含所有当前选定项的从零开始的索引
SelectedItem	获取或设置 ListBox 中的当前选定项
SelectedItems	获取包含 ListBox 中当前选定项的集合
SelectedValue	获取或设置由 ValueMember 属性指定的成员属性的值
Sorted	获取或设置一个值,指示控件中的项是否按字母顺序排列

ListBox 控件的常用方法及说明如表 5-20 所示。

表 5-20 ListBox 控件的常用方法及说明

方 法	说 明
ClearSelected	取消选择 ListBox 中的所有项
FindString	查找 ListBox 中以指定字符串开头的第一个项
FindStringExact	查找 ListBox 中第一个精确匹配指定字符串的项
GetItemText	返回指定项的文本表示形式
SetSelected	选择或清除对 ListBox 中指定项的选定
Sort	对 ListBox 中的项排序

ListBox 控件的常用事件及说明如表 5-21 所示。

表 5-21 ListBox 控件的常用事件及说明

事 件	说 明
SelectedIndexChanged	当 SlectedIndex 属性更改时发生
SelectedValueChanged	当 SelectedValue 属性更改时发生

【例 5-6】 创建一个 Windows 窗体应用程序,在默认窗体中添加一个 TextBox 控件、一个 Button 控件、一个 ListBox 控件和两个 Label 控件,其中,TextBox 控件用来显示选择的文件夹,ListBox 控件用来显示获取的文件列表,Label 控件分别显示文件列表总数和选中的文件夹或文件名称。程序运行结果如图 5-31 所示。

分析：

由于需要对文件夹及文件进行操作，所以首先要添加 System.IO 命名空间，通过实例化 FolderBrowerDialog 类创建浏览文件夹的对话框，使用文件夹路径实例化 DirectoryInfo 类对象。ListBox 控件中选中项的判断需要通过循环进行遍历。

设计步骤如下：

(1) 程序设计界面。

创建一个 Windows 应用程序并命名为 ex5-6。

图 5-31　程序运行结果

在 Form1 窗体中添加一个 TextBox 控件(TextBox1)、一个 Button 控件(Button1)、一个 ListBox 控件(ListBox)和 3 个 Label 控件(Label1～Label3)，适当调整控件的大小及位置，如图 5-32 所示。

(2) 窗体及控件属性设置。

窗体及控件的 Text 属性设置如图 5-33 所示，设置 Label2 控件和 Label3 控件的 AutoSize 属性为 false，BorderStyle 属性为 Fixed3D，适当调整控件的大小及位置。

图 5-32　程序设计界面

图 5-33　程序初始界面

(3) 设计代码。

首先在代码窗口的上方添加命名空间的引用：

```
using System.IO;
```

打开 Form1 窗体，双击窗体空白处，添加窗体默认的 Form_Load 事件代码如下：

```
private void Form1_Load(object sender, EventArgs e)
{
    listBox1.HorizontalScrollbar = true;         //显示水平方向滚动条
    listBox1.ScrollAlwaysVisible = true;         //显示垂直方向滚动条
    listBox1.SelectionMode = SelectionMode.MultiExtended;    //可以选择多项
}
```

双击"选择"按钮，添加该按钮的单击事件代码如下：

```
private void button1_Click(object sender, EventArgs e)
{
```

```
        FolderBrowserDialog fold = new FolderBrowserDialog();        //实例化对话框
        if (fold.ShowDialog() == DialogResult.OK)
        {
            textBox1.Text = fold.SelectedPath;
            //使用获取的文件夹路径实例化DirectoryInfo类对象
            DirectoryInfo dinfo = new DirectoryInfo(textBox1.Text);
            //获取当前文件夹下的所有的子文件夹及文件
            FileSystemInfo[] finfo = dinfo.GetFileSystemInfos();
            listBox1.Items.AddRange(finfo);            //将获取的子文件夹及文件添加到listBox1
            label2.Text = "文件夹中的文件列表：(" + listBox1.Items.Count + "项)";
        }
}
```

双击 ListBox1 控件，添加默认的 SelectedIndexChanged 事件代码如下：

```
private void listBox1_SelectedIndexChanged(object sender, EventArgs e)
{
        label3.Text = "您选择的是：";
        for (int i = 0; i < listBox1.SelectedItems.Count; i++)
            label3.Text += listBox1.SelectedItems[i] + "、";           //获取选择项
}
```

（4）执行程序。

按 F5 键或单击工具栏上的"启动调试"按钮，程序开始运行，单击"选择"按钮，弹出文件夹浏览对话框，选择某个文件夹后，显示结果如图 5-31 所示。

说明：

（1）对文件夹及文件进行操作首先要添加 System.IO 命名空间的引用，注意 FolderBrowserDialog、DirectoryInfo、FileSystemInfo 等类对象的用法。

（2）ListBox 控件的主要作用是显示列表，其 AddRange 方法用于添加列表项，Items.Count 属性返回列表框中的总项数，SelectedItems.Count 返回选中的项数。

2. ComboBox 控件——下拉组合框

ComboBox 控件又称为下拉组合框控件，它主要用于在下拉组合框中显示数据。该控件主要由两部分组成：第一部分是一个允许用户输入列表项的文本框；第二部分是一个列表框，它显示一个选项列表，用户可以从中选择项。

ComboBox 控件的常用属性及说明如表 5-22 所示。

表 5-22 ComboBox 控件的常用属性及说明

属　　性	说　　明
DataSource	获取或设置此 ComboBox 的数据源
DisplayMember	获取或设置要为此 ComboBox 显示的属性
DropDownStyle	获取或设置指定组合框样式的值
FlatStyle	获取或设置此 ComboBox 的外观
Items	获取一个对象，此对象表示该控件所包含项的集合
MaxDropDownItems	获取或设置要在 ComboBox 的下拉部分中显示的最大项数
SelectedIndex	获取或设置当前选定项的从零开始的索引

续表

属 性	说 明
SelectedItem	获取或设置 ComboBox 中的当前选定项
SelectedText	获取或设置 ComboBox 的可编辑部分中选定的文本
SelectedValue	获取或设置由 ValueMember 属性指定的成员属性的值
SelectionLength	获取或设置组合框可编辑部分中选定的字符数
SelectionStart	获取或设置组合框中选定文本的起始索引
Sorted	获取或设置一个值,指示是否对组合框中的项进行排序

ComboBox 控件的常用方法及说明如表 5-23 所示。

表 5-23 ComboBox 控件的常用方法及说明

方 法	说 明
FindString	查找 ComboBox 中以指定字符串开头的第一个项
FindStringExact	查找 ComboBox 中第一个精确匹配指定字符串的项
GetItemText	返回指定项的文本表示形式
SelectAll	选择 ComboBox 可编辑部分中的所有文本

3. ListView 控件——列表视图

ListView 控件又称为列表视图控件,它主要用于显示带图标的项列表,其中可以显示大图标、小图标和数据。使用 ListView 控件可以创建类似 Windows 资源管理器右边窗口的用户界面。

ListView 控件的常用属性及说明如表 5-24 所示。

表 5-24 ListView 控件的常用属性及说明

属 性	说 明
BackgroundImageTiled	获取或设置一个值,指示是否应平铺 ListView 的背景图像
CheckBoxes	获取或设置一个值,指示控件中各项的旁边是否显示复选框
CheckedIndices	获取控件中当前选中项的索引
CheckedItems	获取控件中当前选中的项
FullRowSelect	获取或设置一个值,指示单击某项是否选择其所有子项
Groups	获取分配给控件的 ListViewGroup 对象的集合
Items	获取包含控件中所有项的集合
LargeImageList	获取或设置当项以大图标在控件中显示时使用的 ImageList
ListViewItemSorter	获取或设置用于控件的排列比较器
MultiSelect	获取或设置一个值,指示是否可以选择多个项
SelectedIndices	获取控件中选定项的索引
SelectedItems	获取在控件中选定的项
SmallImageList	获取或设置 ImageList,当项在控件中显示为小图标时使用
Sorting	获取或设置控件中项的排序顺序
View	获取或设置项在控件中的显示方式

ListView 控件的常用方法及说明如表 5-25 所示。

表 5-25　ListView 控件的常用方法及说明

方　　法	说　　明
Clear	从控件中移除所有项和列
FindItemWithText	查找以给定文本值开头的第一个 ListViewItem
FindNearestItem	按照指定的搜索方向，从给定点开始查找下一个项
GetItemAt	检索位于指定位置的项
Sort	对列表视图的项进行排序

ListView 是一种列表控件，在实现诸如显示文件详细信息这样的功能时，推荐使用该控件。另外，由于 ListView 有多种显示样式，因此在实现类似 Windows 系统的"缩略图"、"平铺"、"图标"、"列表"和"详细信息"等功能时，经常需要使用 ListView 控件。

【例 5-7】　创建一个 Windows 窗体应用程序，将 ListView 控件的 View 属性设置为 SmallIcon，然后使用 Groups 集合的 Add 方法创建两个分组，标题分别为"名称"和"类别"，排列方式为左对齐，最后向 ListView 控件中添加 6 项，然后设置每项的 Group 属性，将控件中的项进行分组，最后通过 3 个 Button 控件分别实现向 ListView 控件添加、移除和清空项的功能。程序运行结果如图 5-34 和图 5-35 所示。

图 5-34　程序运行结果

图 5-35　添加项后的结果

分析：

本例主要考查 ListView 控件的操作，其中，建立分组使用 Groups 对象的 Add 方法，添加项使用 Items 集合的 Add 方法，移除项使用 Items 集合的 RemoveAt 方法，清空项使用 Items 集合的 Clear 方法。

设计步骤如下：

(1) 程序设计界面。

创建一个 Windows 应用程序并命名为 ex5-7。在 Form1 窗体中添加一个 ListView 控件、一个 TextBox 控件(TextBox1)、3 个 Button 控件(Button1～Button3)，适当调整控件的大小及位置，如图 5-36 所示。

(2) 窗体及控件属性设置。

窗体及控件的 Text 属性设置如图 5-37 所示，设置 ListView 控件的 View 属性为 SmallIcon，适当调整控件的大小及位置。

图 5-36 程序设计界面

图 5-37 程序初始界面

(3) 设计代码。

打开 Form1 窗体，双击窗体空白处，添加窗体默认的 Form_Load 事件代码如下：

```csharp
private void Form1_Load(object sender, EventArgs e)
{
    //为 alistView1 建立两个组
    listView1.Groups.Add(new ListViewGroup("分组 1",HorizontalAlignment.Left));
    listView1.Groups.Add(new ListViewGroup("分组 2", HorizontalAlignment.Left));
    //向控件中添加项目
    listView1.Items.Add("高级语言程序设计");
    listView1.Items.Add("数据库原理与应用");
    listView1.Items.Add("网页设计");
    listView1.Items.Add("C#程序设计");
    listView1.Items.Add("图像处理技术");
    listView1.Items.Add("软件工程");
    //将 ListView1 控件中索引是 0、1、2 的项添加到第一个分组
    listView1.Items[0].Group = listView1.Groups[0];
    listView1.Items[1].Group = listView1.Groups[0];
    listView1.Items[2].Group = listView1.Groups[0];
    //将 ListView1 控件中索引是 3、4、5 的项添加到第二个分组
    listView1.Items[3].Group = listView1.Groups[1];
    listView1.Items[4].Group = listView1.Groups[1];
    listView1.Items[5].Group = listView1.Groups[1];
}
```

双击"添加"按钮，添加该按钮的单击事件代码如下：

```csharp
private void button1_Click(object sender, EventArgs e)
{
    if (textBox1.Text == "")
    {
        MessageBox.Show("要添加的项不能为空!");
    }
    else
        listView1.Items.Add(textBox1.Text.Trim());
}
```

双击"移除项"按钮，添加该按钮的单击事件代码如下：

```csharp
private void button2_Click(object sender, EventArgs e)
{
```

```csharp
    if (listView1.SelectedItems.Count == 0)
    {
            MessageBox.Show("请选中要移除的项!");
    }
    else
    {       //用RemoveAt方法移除选择的项
            listView1.Items.RemoveAt(listView1.SelectedItems[0].Index);
            listView1.SelectedItems.Clear();        //取消控件的选择
    }
}
```

双击"清空"按钮,添加该按钮的单击事件代码如下:

```csharp
private void button3_Click(object sender, EventArgs e)
{
    if (listView1.Items.Count == 0)
    {
            MessageBox.Show("列表视图中已经没有项了!");
    }
    else
            listView1.Clear();          //使用Clear方法移除所有项
}
```

(4) 执行程序。

按 F5 键或单击工具栏上的"启动调试"按钮,程序开始运行,界面如图 5-34 所示,在文本框中输入项,单击"添加"按钮,显示结果如图 5-35 所示。

说明:

(1) 在窗体加载事件中,首先为 ListView 控件建立了两个组,如果 ListView 控件中项数较多时,建立分组将便于管理。然后使用 Add 方法添加列表项,再通过设置每一项的 Group 属性将其加入相应的分组。

(2) 在执行移除指定项及清空项操作之前,需要判断要操作的对象是否为空,此功能通过判断 Count 属性值实现。

(3) 注意,新添加的项所在分组为 Default,用户也可以修改"添加"按钮的代码,使新添加的项加入某个组。

4. TreeView 控件——树视图

TreeView 控件又称为树视图控件,它可以为用户显示结点层次结构,而每个结点又可以包含子结点,包含子结点的结点称为父结点,其效果就像在 Windows 操作系统的 Windows 资源管理器功能的左窗口中显示文件和文件夹一样。TreeView 控件经常用来设计 Windows 窗体的左侧导航菜单。

TreeView 控件的常用属性及说明如表 5-26 所示。

表 5-26 TreeView 控件的常用属性及说明

属性	说明
CheckBoxes	获取或设置一个值,指示是否在控件中的树结点旁显示复选框
FullRowSelect	获取或设置一个值,指示选择突出显示是否跨越树视图控件的整个宽度
HideSelection	获取或设置一个值,指示选定的树结点是否即使在树视图已失去焦点时仍会保持突出显示

续表

属　性	说　明
ImageIndex	获取或设置树结点显示的默认图像的图像列表索引值
ImageList	获取或设置包含树结点所使用的 Image 对象的 ImageList
Nodes	获取分配给树视图控件的树结点集合
PathSeparator	获取或设置树结点路径所使用的分隔符串
SelectedImageIndex	获取或设置当树结点选定时所显示的图像的图像列表索引值
SelectedNode	获取或设置当前在树视图控件中选定的树结点
ShowNodeToolTips	获取或设置一个值，指示当鼠标指针悬停在 TreeNode 上时显示的工具提示
Sorted	获取或设置一个值，指示树视图中的树结点是否经过排序
VisibleCount	获取树视图控件中完全可见的树结点的数目

TreeView 控件的常用方法及说明如表 5-27 所示。

表 5-27　TreeView 控件的常用方法及说明

方　法	说　明
CollapseAll	折叠所有树结点
ExpandAll	展开所有树结点
GetNodeAt	检索位于指定位置的树结点
GetNodeCount	检索分配给树视图控件的树结点数

TreeView 控件的常用事件及说明如表 5-28 所示。

表 5-28　TreeView 控件的常用事件及说明

事　件	说　明
AfterCheck	在选中树结点复选框后发生
AfterCollapse	在折叠树结点后发生
AfterExpand	在展开树结点后发生
AfterSelect	在选定树结点后发生
NodeMouseClick	当用户使用鼠标单击 TreeNode 时发生
NodeMouseDoubleClick	当用户使用鼠标双击 TreeNode 时发生

5.2.5　容器控件

1. Panel 控件

Panel 控件又称为面板控件，它主要用于为其他控件提供可识别的分组，它可以使窗体的分类更详细，便于用户理解。

Panel 控件的常用属性及说明如表 5-29 所示。

2. GroupBox 控件

GroupBox 控件又称为分组框控件，它主要为其他控件提供分组，并且按照控件的分组来细分窗体的功能，其在所包含的控件集周围总是显示边框，而且可以显示标题，但是没有滚动条。

GroupBox 控件的常用属性及说明如表 5-30 所示。

表 5-29　Panel 控件的常用属性及说明

属　　性	说　　明
AutoScroll	获取或设置一个值,指示是否允许用户滚动浏览处于容器可见边界之外的控件
AutoScrollMargin	获取或设置自动滚动边距的大小
AutoScrollMinSize	获取或设置自动滚动的最小尺寸
BorderStyle	指示控件的边框样式

表 5-30　GroupBox 控件的常用属性及说明

属　　性	说　　明
AutoSize	指定控件是否自动调整自身的大小以适应其内容的大小
AutoSizeMode	指定用户界面元素自动调整自身大小的模式
MaximumSize	指定控件的最大大小
MinimumSize	指定控件的最小大小
Text	获取或设置分组框控件的标题

3. TabControl 控件

TabControl 控件又称为选项卡控件,它可以添加多个选项卡,然后可以在选项卡上添加子控件,这样就可以把窗体设计成多页,并且使窗体的功能划分为多个部分。选项卡控件的选项卡可以包含图片或其他控件。

TabControl 控件的常用属性及说明如表 5-31 所示。

表 5-31　TabControl 控件的常用属性及说明

属　　性	说　　明
Apperance	获取或设置一个值,指示是否在控件中的树结点旁显示复选框
HotTrack	获取或设置一个值,指示选择突出显示是否跨越树视图控件的整个宽度
ImageList	获取或设置一个值,指示选定的树结点是否即使在树视图已失去焦点时仍会保持突出显示
MultiLine	获取或设置树结点显示的默认图像的图像列表索引值
SelectedIndex	获取或设置包含树结点所使用的 Image 对象的 ImageList
SelectedTab	获取分配给树视图控件的树结点集合
TabCount	获取或设置树结点路径所使用的分隔符串
TabPages	获取或设置当树结点选定时所显示的图像的图像列表索引值

TabControl 控件的常用方法及说明如表 5-32 所示。

表 5-32　TabControl 控件的常用方法及说明

方　　法	说　　明
DeselectTab	折叠所有树结点
RemoveAll	展开所有树结点
SelectTab	检索位于指定位置的树结点

【例 5-8】　创建一个 Windows 窗体应用程序,在默认窗体中添加一个 TabControl 控件和两个 Button 控件,其中,TabControl 控件用于作为选项卡控制,Button 控件分别用来执

行添加和删除选项卡操作。程序运行结果如图 5-38 所示。

分析：

本例主要考查 TabControl 控件的使用，其中，添加选项卡使用控件的 TabPages 集合的 Add 方法实现，移除选项卡使用控件的 TabPages 集合的 Remove 方法实现。

设计步骤如下：

（1）程序设计界面。

创建一个 Windows 应用程序并命名为 ex5-8。在 Form1 窗体中添加一个 TabControl 控件（TabControl1）、两个 Button 控件（Button1 和 Button2），适当调整控件的大小及位置，如图 5-39 所示。

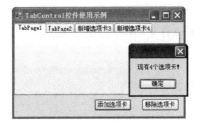

图 5-38　程序运行结果

图 5-39　程序设计界面

（2）窗体及控件属性设置。

窗体及控件的 Text 属性设置如图 5-38 所示，适当调整控件的大小及位置。

（3）设计代码。

打开 Form1 窗体，双击窗体空白处，添加窗体默认的 Form_Load 事件代码如下：

```
private void Form1_Load(object sender, EventArgs e)
{
    //设置选项卡的外观样式
    tabControl1.Appearance = TabAppearance.Normal;

}
```

双击"添加选项卡"按钮，添加该按钮的单击事件代码如下：

```
private void button1_Click(object sender, EventArgs e)
{
    //声明一个字符串变量,用于生成新增选项卡的名称
    string Title = "新增选项卡" + (tabControl1.TabCount + 1).ToString();
    TabPage MyTabPage = new TabPage(Title);
    //使用 tabControl 控件的 TabPages 属性的 Add 方法添加新的选项卡
    tabControl1.TabPages.Add(MyTabPage);
    MessageBox.Show("现有" + tabControl1.TabCount + "个选项卡!");
}
```

双击"移除选项卡"按钮，添加该按钮的单击事件代码如下：

```
private void button2_Click(object sender, EventArgs e)
{
    if (tabControl1.SelectedIndex == 0)
    {
```

```
            MessageBox.Show("请选择要移除的选项卡!");
    }
    else
    {
        //用tabControl控件的TabPages属性的Remove方法移除指定的选项卡
        tabControl1.TabPages.Remove(tabControl1.SelectedTab);
    }
}
```

(4) 执行程序。

按 F5 键或单击工具栏上的"启动调试"按钮,程序开始运行,单击"添加选项卡"按钮,将在控件中添加一个新的选项卡,图 5-38 显示的是第二次单击"添加选项卡"按钮后的界面。

说明:

(1) 选项卡控件中可以包含多个选项卡,每个选项卡属于 TabPages 集合中的一个对象。程序使用 TabPages 集合的 Add 方法添加选项卡,首先需要实例化一个 TabPage 对象,然后将该对象作为 Add 方法的参数进行调用。

(2) 移除控件中的选项卡通过 Remove 方法实现,首先要判断是否选中某个选项卡,选项卡的选择通过单击选项卡标题完成。其中,控件的 SelectedTab 属性用于指定选中的选项卡。

5.2.6 菜单与工具栏控件

1. 菜单控件

MenuStrip 控件又称为菜单控件,它主要用来设计程序的菜单栏,C♯中的 MenuStrip 控件支持多文档界面、菜单合并、工具提示和溢出等功能,开发人员可以通过添加访问键、快捷键、选中标记、图像和分隔条来增强菜单的可用性和可读性。

MenuStrip 控件的常用属性及说明如表 5-33 所示。

表 5-33 MenuStrip 控件的常用属性及说明

属 性	说 明
Items	获取或设置一个包含在文件对话框中选定的文件名的字符串
MdiWindowsListItem	获取对话框中所有选定文件的文件名
ShowItemToolTips	获取或设置当前文件名筛选器字符串,该字符串决定对话框的"另存为文件类型"或"文件类型"框中出现的选择内容
Stretch	获取或设置文件对话框显示的初始目录

使用 MenuStrip 控件设计菜单栏时需要注意以下两点:

(1) 在输入框中输入菜单项的名称,例如"文件(&F)"后,菜单中会自动显示"文件(F)",此处,"&"被识别为确认快捷键的字符,即通过键盘上的 Alt+F 组合键就可以打开该菜单。

(2) 开发人员可以通过菜单控件上的右键菜单为菜单项设置菜单,或者添加其他的菜单对象。

【例 5-9】 创建一个 Windows 窗体应用程序,在默认窗体中设计添加一个菜单,包括

"窗口"和"颜色"两个菜单标题项,各菜单标题项及说明如图 5-40 所示。要求执行菜单命令可以实现菜单文本所示的功能,例如,单击"半透明"菜单项将以半透明状态显示窗口。

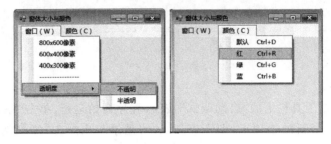

图 5-40　程序运行结果

分析:

本例主要考查 MenuStrip 控件的使用,菜单项功能的实现通过编写相应菜单项的单击事件来实现。

设计步骤如下:

(1) 程序设计界面。

创建一个 Windows 应用程序并命名为 ex5-9。在 Form1 窗体中添加一个 MenuStrip 控件(MenuStrip1),并设置窗体的 Text 属性为"窗体大小与颜色"。

(2) 设置菜单属性。

在菜单设计器中依次输入各菜单标题及菜单项的文本,其属性设置如表 5-34 所示。

表 5-34　菜单项的设计

菜 单 项	Name 属性	Text 属性	ShortCut 属性	说　明
menuItem1	menuW	窗口(&W)		"窗口"菜单标题项
×600 像素 ToolStripMenuItem	menuMax	800×600 像素		菜单项
×400 像素 ToolStripMenuItem	menuMid	600×400 像素		菜单项
×360 像素 ToolStripMenuItem	menuSmall	400×360 像素		菜单项
ToolStripMenuItem1	menuW_	—		分隔条
透明度 ToolStripMenuItem	menuO	透明度		菜单项
不透明 ToolStripMenuItem	menuOO	不透明		子菜单
半透明 ToolStripMenuItem	menuOMid	半透明		子菜单
颜色 CToolStripMenuItem	menuC	颜色(&C)		"颜色"菜单标题项
默认 ToolStripMenuItem	menuD	默认	Ctrl+D	菜单项
红 ToolStripMenuItem	menuR	红	Ctrl+R	菜单项
绿 ToolStripMenuItem	menuG	绿	Ctrl+G	菜单项
蓝 ToolStripMenuItem	menuB	蓝	Ctrl+B	菜单项

表中后 4 项的快捷键的设置需要修改该菜单项的 ShortCut 属性值。

(3) 设计代码。

打开 Form1 窗体,双击窗体空白处,进入代码编辑视图,首先在 Form1 类定义的类体中声明颜色(Color)类型字段如下:

```csharp
Color bColor;
```

添加窗体默认的 Form_Load 事件代码如下:

```csharp
private void Form1_Load(object sender, EventArgs e)
{
    //保存默认颜色
    bColor = this.BackColor;
}
```

双击"800×600 像素"菜单项,添加该菜单项的单击事件代码如下:

```csharp
private void menuMax_Click(object sender, EventArgs e)
{
    //设置窗体的长和宽
    this.Width = 800;
    this.Height = 600;
}
```

双击"600×400 像素"菜单项,添加该菜单项的单击事件代码如下:

```csharp
private void menuMid_Click(object sender, EventArgs e)
{
    this.Width = 600;
    this.Height = 400;
}
```

双击"400×360 像素"菜单项,添加该菜单项的单击事件代码如下:

```csharp
private void menuSmall_Click(object sender, EventArgs e)
{
    this.Width = 400;
    this.Height = 360;
}
```

双击"不透明"菜单项,添加该菜单项的单击事件代码如下:

```csharp
private void menuOO_Click(object sender, EventArgs e)
{
    this.Opacity = 1;              //设置不透明度为 100%
}
```

双击"半透明"菜单项,添加该菜单项的单击事件代码如下:

```csharp
private void menuOMid_Click(object sender, EventArgs e)
{
    this.Opacity = 0.5;            //设置不透明度为 50%
}
```

双击"默认"菜单项,添加该菜单项的单击事件代码如下:

```csharp
private void menuD_Click(object sender, EventArgs e)
{
    this.BackColor = bColor;       //设置背景色为默认颜色
}
```

双击"红"菜单项,添加该菜单项的单击事件代码如下:

```
private void menuR_Click(object sender, EventArgs e)
{
    this.BackColor = Color.Red;        //设置背景色为红色
}
```

双击"绿"菜单项,添加该菜单项的单击事件代码如下:

```
private void menuG_Click(object sender, EventArgs e)
{
    this.BackColor = Color.Green;      //设置背景色为绿色
}
```

双击"蓝"菜单项,添加该菜单项的单击事件代码如下:

```
private void menuB_Click(object sender, EventArgs e)
{
    this.BackColor = Color.Blue;       //设置背景色为蓝色
}
```

(4) 执行程序。

按 F5 键或单击工具栏上的"启动调试"按钮,程序开始运行。单击"窗口"菜单中的不同菜单项,将改变窗体的大小。单击"半透明"菜单,窗体将呈现半透明状态。单击"颜色"菜单中的不同菜单项,将改变窗体的背景色。

说明:

(1) MenuStrip 控件主要用于在程序窗体中显示菜单,其中,菜单标题项的快捷键是通过其 Text 属性中的"&"字符进行设置的,当菜单处于打开状态时,可以通过按下 Alt 键和相应的字母打开相应的菜单项。而菜单项的快捷键通过设置菜单项的 ShortCut 属性进行设置,例如,"红"菜单项对应的是 Ctrl+D,用户无须打开菜单,直接按 Ctrl+R 键,就相当于单击该菜单项。

(2) MenuStrip 控件中每个菜单项均有相应的单击事件,实现当单击该菜单项时的功能。

2. 快捷菜单控件

ContextMenuStrip 控件又称为快捷菜单控件,它用来表示快捷菜单。ContextMenuStrip 控件的常用属性与 MenuStrip 控件类似,不再详细介绍。

使用 ContextMenuStrip 控件设计菜单栏时需要注意以下两点:

(1) 在输入框中输入菜单项的名称,例如"显示主窗口(&S)"后,菜单中会自动显示"显示主窗口(S)",此处,"&"被识别为确认快捷键的字符,即通过键盘上的 Alt+S 组合键就可以打开该菜单。

(2) 快捷菜单创建完成之后,需要指定该快捷菜单是哪个窗体或控件的快捷菜单,这时只需要设置窗体或控件的 ContextMenuStrip 属性即可。

【例 5-10】 为例 5-9 添加一个快捷菜单,程序运行后的界面如图 5-41 所示,用户在窗体上右击,弹出图示的快捷菜单。执行其中的颜色命令可以产生与主菜单中相应命令等

图 5-41 程序运行结果

效的结果。某命令执行时菜单项左侧带有 ● 标记,再次执行该菜单命令取消相应的颜色及菜单项左侧的 ● 标记,将颜色恢复为背景色。

分析:

本例主要考查 ContextMenuStrip 控件的使用,由于程序中快捷菜单的命令与主菜单中的命令相对应,因此可以采用直接调用相应主菜单项单击事件代码的方式实现相应的功能。

设计步骤如下:

(1) 程序设计界面。

打开例 5-9 中的项目,在窗体中添加一个 ContextMenuStrip 控件,同时设置快捷菜单与窗体的关联。

(2) 设置对象属性。

设置快捷菜单的命令文本如图 5-41 所示,4 个菜单项的 Name 属性分别为 cMenuD、cMenuR、cMenuG 和 cMenuB;设置"默认"命令的 Checked 属性为 True,CheckState 属性为 Indeterminate(单选);设置快捷菜单各菜单项的 CheckOnClick 属性为 true。

(3) 设计代码。

双击"默认"快捷菜单,添加该菜单项的单击事件代码如下:

```csharp
private void cMenuD_Click(object sender, EventArgs e)
{
    if(cMenuD.Checked)
    {
        menuD_Click(sender,e);          //调用相应的主菜单项的 Click 事件代码
        //其他快捷菜单项标记为未选择
        cMenuR.Checked = cMenuG.Checked = cMenuB.Checked = false;
        cMenuD.CheckState = CheckState.Indeterminate;     //选择标记为"."
    }
    else                                //如果是未选中状态,则显示为默认颜色
    {
        cMenuD.CheckState = CheckState.Indeterminate;
        menuD_Click(sender,e);
    }
}
```

同样的方法,添加"红"、"绿"和"蓝"等快捷菜单的单击事件,代码与"默认"菜单类似。

(4) 执行程序。

按 F5 键或单击工具栏上的"启动调试"按钮,程序开始运行,右击鼠标将弹出如图 5-41 所示的快捷菜单,选择快捷菜单中的相应菜单项,将改变窗体的背景色。

说明:

(1) ContextMenuStrip 控件用于在程序窗体中显示快捷菜单,在程序运行时,通过鼠标右击打开。如果鼠标右键无法打开设计的快捷菜单,说明未设置快捷菜单与窗体的关联,这时可以在设计视图中选中窗体,然后在"属性"窗口中设置 ContextMenuStrip 属性,将快捷菜单与窗体相关联。

(2) 程序中快捷菜单项的命令与主菜单中的命令项相对应,因此在功能实现上采用直接调用相应主菜单项单击事件代码的方式实现,例如,"menuD_Click(sender,e);"即调用主

菜单中的菜单项的单击事件。

（3）快捷菜单中的某一菜单项被选中时，其余菜单项应为未选中状态，因此当设置某一菜单项为选中状态时，其余菜单项的 Checked 属性应为 false。主菜单执行某一颜色设置命令后，应设置快捷菜单中相应菜单项为被选中状态，而其他菜单为未选中状态，相应代码的修改请读者参照本例自行完成。

3．工具栏控件

ToolStrip 控件又称为工具栏控件，使用该控件可以创建具有 Windows XP、Office、Internet Explorer 或自定义的外观和行为的工具栏及其他用户界面元素，这些元素支持溢出及运行时项重新排序。

ToolStrip 控件的常用属性及说明如表 5-35 所示。

表 5-35　ToolStrip 控件的常用属性及说明

属　　性	说　　明
DefaultShowItemToolTips	获取一个值，指示默认情况下是否为 ToolStrip 显示工具提示
DisplayedItems	获取当前在 ToolStrip 上显示的项的子集，其中包括自动添加到 ToolStrip 中的项
ImageList	获取或设置包含 ToolStrip 项上显示的图像的图像列表
Items	获取属于 ToolStrip 的所有项
ShowItemToolTips	获取或设置一个值，指示是否要在 ToolStrip 项上显示工具提示

使用 ToolStrip 控件设计工具栏时需要注意以下几点：

（1）将 ToolStrip 控件添加到窗体上之后，单击工具栏中向下的箭头，在下拉菜单中有 8 种不同的类型。

- Button：包含文本和图像中可让用户选择的项。
- Label：包含文本和图像的项，不可以让用户选择，可以显示超链接。
- SplitButton：在 Button 的基础上增加了一个下拉菜单。
- DropDownButton：用于下拉菜单选择项。
- Separator：分隔符。
- ComboBox：显示一个 ComboBox 的项。
- TextBox：显示一个 TextBox 的项。
- ProgressBar：显示一个 ProgressBar 的项。

（2）添加相应的工具栏按钮后，可以设置其要显示的图像，具体方法是：选中要设置图像的工具栏按钮，右击，在弹出的快捷菜单中选择"设置图像"选项。

（3）工具栏中的按钮默认只显示图像，如果要以其他方式（比如只显示文本、同时显示图像和文本等）显示工具栏按钮，可以选中工具栏按钮，右击，在弹出的快捷菜单中选择 DisplayStyle 菜单项下面的各个子菜单项。

【例 5-11】　为例 5-10 应用程序设计一个工具栏，其中包括用于设置窗口透明度和设置窗口大小的 4 个工具按钮。其中，窗口透明度按钮为下拉菜单形式，要求在窗口透明度按钮和窗口大小按钮之间添加一个分隔线。当用户单击工具栏中的某个按钮时，可以执行菜单中的相应命令。程序运行后的界面如图 5-42 所示。

分析：

本例主要考查 ToolStrip 控件的使用，由于程序中工具栏按钮的命令与主菜单中的命令相对应，因此可以采用直接调用相应主菜单项单击事件代码的方式实现相应的功能。

设计步骤如下：

（1）程序设计界面。

打开例 5-10 中的项目，在窗体中添加一个工具栏控件 ToolStrip1，打开工具栏控件的添加按钮列表，依次选择一个 SplitButton（下拉菜单）按钮、一个 Spearator（分隔线）、3 个 Button 按钮。

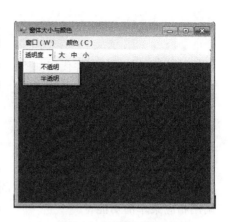

图 5-42　程序运行结果

单击"透明度"按钮，分别添加菜单项"不透明"与"半透明"。

（2）设置对象属性。

分别选择工具栏控件的各个按钮，依次设置各个按钮的 Text 属性为"透明度"、"大"、"中"、"小"。设置各个按钮的 DisplayStyle 属性为 Text（显示为文本），如图 5-42 所示。设置"透明度"按钮的 Name 属性为 btnO；设置"大"按钮的 Name 属性为 btnMax；设置"中"按钮的 Name 属性为 btnMid；设置"小"按钮的 Name 属性为 btnSmall。设置"不透明"菜单项的 Name 属性为 btnOO；设置"半透明"菜单项的 Name 属性为 btnOMid。

（3）设计代码。

双击工具栏中某个按钮或按钮的菜单项，即可进入代码窗口编辑相应按钮或菜单项的 Click 事件。

按钮的"不透明"菜单项的 Click 事件代码如下：

```
private void btnOO_Click(object sender, EventArgs e)
{
    menuOO_Click(sender,e);           //调用主菜单的"不透明"菜单项事件代码
}
```

按钮的"半透明"菜单项的 Click 事件代码如下：

```
private void btnOMid_Click(object sender, EventArgs e)
{
    menuOMid_Click(sender,e);         //调用主菜单的"半透明"菜单项事件代码
}
```

"大"按钮的 Click 事件代码如下：

```
private void btnMax_Click(object sender, EventArgs e)
{
    menuMax_Click(sender,e);
}
```

"中"按钮的 Click 事件代码如下：

```
private void btnMid_Click(object sender, EventArgs e)
{
```

```
        menuMid_Click(sender,e);
}
```

"小"按钮的 Click 事件代码如下:

```
private void btnSmall_Click(object sender, EventArgs e)
{
        menuSmall_Click(sender,e);
}
```

(4) 执行程序。

按 F5 键或单击工具栏上的"启动调试"按钮,程序开始运行,单击工具栏中相应的按钮将调用相应菜单的功能。

说明:

(1) ToolStrip 控件用于在程序窗体中显示工具栏按钮,在工具栏中添加按钮最快捷的方法是直接在设计视图中通过工具栏中添加按钮控件的下拉列表选择要添加的按钮类型。工具栏按钮一旦添加至工具栏,则单击某一按钮,即可在属性窗口设置其属性,而不必通过工具按钮集合编辑器。

(2) 程序中工具栏按钮的功能与主菜单中的命令项相对应,因此在功能实现上采用直接调用相应主菜单项单击事件代码的方式实现,例如,"menuOO_Click(sender,e);"即调用主菜单中的菜单项的单击事件。

4. 状态栏控件

StatusStrip 控件又称为状态栏控件,它通常放置在窗体的最底部,用于显示窗体上一些对象的相关信息,或者可以显示应用程序的信息。StatusStrip 控件由 ToolStripStatusLabel 对象组成,每个这样的对象都可以显示文本、图像或同时显示这二者;另外,StatusStrip 控件还可以包含 ToolStripDropDownButton、ToolStripSplitButton 和 ToolStripProgressBar 等控件。

StatusStrip 控件的常用属性及说明如表 5-36 所示。

表 5-36　StatusStrip 控件的常用属性及说明

属性	说　明
DefaultShowItemToolTips	获取一个值,指示默认情况下是否为 StatusStrip 显示工具提示
Items	获取属于 StatusStrip 的所有项
LayoutStyle	获取或设置一个值,指示 StatusStrip 如何对项集合进行布局

使用 StatusStrip 控件设计状态栏时需要注意以下两点:

(1) 将 StatusStrip 控件添加到窗体上之后,单击状态栏中向下的箭头,在下拉菜单中有 4 种不同的类型。

- StatusLabel:包含文本和图像的项,不可以让用户选择,可以显示超链接。
- ProgressBar:进度条显示。
- DropDownButton:用于下拉菜单选择项。
- SplitButton:在 Button 的基础上增加了一个下拉菜单。

(2) 添加相应的工具栏按钮后,可以在其"属性"对话框中通过设置 Text 属性来确定要显示的文本。

【例 5-12】 为例 5-11 应用程序添加一个包含 3 个面板的状态栏，3 个面板分别显示窗口大小、窗口透明度和窗口颜色。程序运行后的界面如图 5-43 所示。

分析：

本例主要考查 StatusStrip 控件的使用，状态栏的主要作用是显示窗体中一些有用的信息，因此需要修改相应菜单项和工具栏按钮的单击事件，以在状态栏中显示相应信息。

设计步骤如下：

（1）程序设计界面。

打开例 5-11 中的项目，在窗体中添加一个状态栏控件 StatusStrip1、3 个面板（ToolStripStatusLabel 1～ToolStripStatusLabel 3）。

图 5-43　程序运行结果

（2）设置对象属性。

设置状态栏 3 个面板的 Text 属性依次为"400×360 像素"、"不透明"、"默认颜色"。设置"400×360 像素"的 Name 属性为 lblS；设置"不透明"的 Name 属性为 lblO，设置"默认颜色"的 Name 属性为 lblC。

（3）设计代码。

单击"视图"→"代码"菜单或按 F7 键进入代码视图，在主菜单相应菜单项的 Click 事件中添加使用面板输出信息的代码。

"800×600 像素"菜单项的单击事件代码如下：

```
private void menuMax_Click(object sender, EventArgs e)
{
    //设置窗体的长和宽
    this.Width = 800;
    this.Height = 600;
    lblS.Text = "800×600 像素";        //新增向面板输出窗口大小信息功能的语句
}
```

"半透明"菜单项的单击事件代码如下：

```
private void menuOMid_Click(object sender, EventArgs e)
{
    this.Opacity = 0.5;              //设置不透明度为 50%
    lblO.Text = "半透明";             //新增向面板输出透明度信息功能的语句
}
```

"红"菜单项的单击事件代码如下：

```
private void menuR_Click(object sender, EventArgs e)
{
    this.BackColor = Color.Red;      //设置背景色为红色
    lblC.Text = "红色";               //新增向面板输出窗口颜色信息功能的语句
}
```

其他需要新增语句的菜单项与上面的代码类似。

（4）执行程序。

按 F5 键或单击工具栏上的"启动调试"按钮，程序开始运行，单击菜单中相应的命令，则在状态栏中显示相应的信息。图 5-43 所示为 400×360 像素、不透明、红色时状态栏的显示信息。

说明：

（1）StatusStrip 控件用于在程序窗体中显示状态栏信息，而状态栏控件可以由若干个 ToolStripStatus（面板）对象组成，显示为状态栏中的一个个小空格，每个 ToolStripStatus 中可以显示一种状态信息。

（2）StatusStrip 控件最常用的面板是 StatusLabel（标签面板），其属性及用法与 Label 控件相似。

5.2.7 对话框

1．"打开"对话框

OpenFileDialog 控件又称为"打开"对话框，它表示一个通用对话框，用户可以使用此对话框来指定一个或多个要打开的文件的文件名。

OpenFileDialog 控件的常用属性及说明如表 5-37 所示。

表 5-37　OpenFileDialog 控件的常用属性及说明

属　性	说　明
FileName	获取或设置一个包含在文件对话框中选定的文件名的字符串
FileNames	获取对话框中所有选定文件的文件名
Filter	获取或设置当前文件名筛选器字符串，该字符串决定对话框的"另存为文件类型"或"文件类型"框中出现的选择内容
InitialDirectory	获取或设置文件对话框显示的初始目录
Multiselect	获取或设置一个值，指示对话框是否允许选择多个文件
RestoreDirectory	获取或设置一个值，指示对话框在关闭前是否还原当前目录
SafeFileName	获取对话框中所选文件的文件名和扩展名，文件名不包含路径
SafeFileNames	获取对话框中所有选定文件的文件名和扩展名的数组，文件名不包含路径
Title	获取或设置文件对话框标题

OpenFileDialog 控件的常用方法及说明如表 5-38 所示。

表 5-38　OpenFileDialog 控件的常用方法及说明

方　法	说　明
ShowDialog	运行通用对话框

注意：本小节所介绍的几种对话框的最常用方法都是 ShowDialog 方法，而且该方法的用法也是类似的，所以在讲解下面几种对话框时，将不再用表格列出 ShowDialog 方法。

2．"另存为"对话框

SaveFileDialog 控件又称为"另存为"对话框，它表示一个通用对话框，用户可以使用此对话框来指定一个要将文件另存为的文件名。

SaveFileDialog 控件的常用属性及说明如表 5-39 所示。

表 5-39　SaveFileDialog 控件的常用属性及说明

属　　性	说　　明
CheckFileExists	获取或设置一个值,指示如果用户指定不存在的文件名,对话框是否显示警告
CheckPathExists	获取或设置一个值,指示如果用户指定不存在的路径,对话框是否显示警告
FileName	获取或设置一个包含在对话框中选定的文件名的字符串
FileNames	获取对话框中所有选定文件的文件名
Filter	获取或设置当前文件名筛选器字符串,该字符串决定对话框的"另存为文件类型"或"文件类型"框中出现的选择内容
InitialDirectory	获取或设置文件对话框显示的初始目录
RestoreDirectory	获取或设置一个值,指示对话框在关闭前是否还原当前目录
Title	获取或设置文件对话框标题

3. "浏览文件夹"对话框

FolderBrowserDialog 控件又称为"浏览文件夹"对话框,它主要用来提示用户选择文件夹。

FolderBrowserDialog 控件的常用属性及说明如表 5-40 所示。

表 5-40　FolderBrowserDialog 控件的常用属性及说明

属　　性	说　　明
RootFolder	获取或设置从其开始浏览的根文件夹
SelectedPath	获取或设置用户选定的路径
ShowNewFolderButton	获取或设置一个值,指示"新建文件夹"按钮是否显示在"浏览"文件夹对话框中

4. 字体对话框

FontDialog 控件又称为"字体"对话框,它主要用于公开系统上当前安装的字体,开发人员可以在 Windows 应用程序中将其用作简单的字体选择解决方案,而不是配置自己的对话框。默认情况下,"字体"对话框显示字体、字体样式和字体大小的列表框、删除线和下划线等效果的复选框、脚本(指给定字体可用的不同字符脚本,例如希伯来语或韩语等)的下拉列表以及字体外观等选项。

FontDialog 控件的常用属性及说明如表 5-41 所示。

表 5-41　FontDialog 控件的常用属性及说明

属　　性	说　　明
AllowVectorFonts	获取或设置一个值,指示对话框是否允许选择矢量字体
AllowVerticalFonts	获取或设置一个值,指示对话框是既显示垂直字体又显示水平字体,还是只显示水平字体
Color	获取或设置选定字体的颜色
FixedPitchOnly	获取或设置一个值,指示对话框是否只允许选择固定间距字体
Font	获取或设置选定的字体
FontMustExist	获取或设置一个值,指示对话框是否指定当用户试图选择不存在的字体或样式时的错误条件

续表

属性	说明
MaxSize	获取或设置用户可选择的最大磅值
MinSize	获取或设置用户可选择的最小磅值
ShowColor	获取或设置一个值,指示对话框是否显示颜色选择
ShowEffects	获取或设置一个值,指示对话框是否包含允许用户指定删除线、下划线和文本颜色选项的控件

5. 颜色对话框

ColorDialog 控件又称为颜色对话框,它表示一个通用对话框,该对话框显示可用的颜色以及允许用户定义自定义颜色的控件。

ColorDialog 控件的常用属性及说明如表 5-42 所示。

表 5-42 ColorDialog 控件的常用属性及说明

属性	说明
AllowFullOpen	获取或设置一个值,指示用户是否可以使用该对话框定义自定义颜色
AnyColor	获取或设置一个值,指示对话框是否显示基本颜色集中可用的所有颜色
Color	获取或设置用户选定的颜色
CustomColors	获取或设置对话框中显示的自定义颜色集
FullOpen	获取或设置一个值,指示用于创建自定义颜色的控件在对话框打开时是否可见
SolidColorOnly	获取或设置一个值,指示对话框是否限制用户只选择纯色

【例 5-13】 应用前面所介绍的通用对话框设计一个打开图片的 Windows 窗体应用程序,包括打开,保存,设置文件名颜色、字体,以及打印功能。打开图片后的界面如图 5-44 所示。

图 5-44 打开图片后的程序界面

分析:

本例主要考查通用对话框控件的使用,如"打开"对话框、"另存为"对话框、"颜色"对话框、"字体"对话框和"打印"对话框等。需要注意的是,将各个对话框添加到窗体上时并不是直接在窗体上显示出来的。

设计步骤如下:

(1) 程序设计界面。

新建一个 Windows 窗体项目,并命名为"EX5-13",从工具箱中拖放一个 PictureBox 控件、一个 RichTextBox 控件、5 个 Button 控件,并适当调整控件的大小和位置,然后从工具箱中添加一个 OpenFileDialog 控件、一个 SaveFileDialog 控件、一个 ColorDialog 控件、一个 FontDialog 控件、一个 PrintDialog 控件和一个 PrintDocument 控件到窗体中。

(2) 设置窗体和控件属性。

将窗体调整到适当的大小,并调整各个控件的大小及位置,窗体及控件的 Text 属性如

图 5-45 所示,其中,Button1~Button5 控件的 Text 属性分别设置为"打开"、"保存"、"颜色"、"字体"和"打印"。

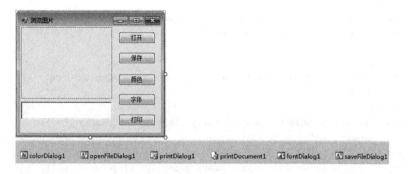

图 5-45 程序设计界面

(3) 设计代码。

切换到 Form1 的设计视图,分别双击 5 个 Button 控件,添加其相应的单击事件的代码。

"打开"按钮的单击事件代码如下:

```
private void button1_Click(object sender, EventArgs e)
{
    this.openFileDialog1.InitialDirectory = @"C:\Documents and Settings\All Users\Documents\My Pictures";        //设置文件对话框显示的初始目录
    this.openFileDialog1.Filter = "bmp 文件(*.bmp)|*.bmp|gif 文件(*.gif)|*.gif|Jpeg 文件(*.jpg)|*.jpg";        //设置当前选定筛选器字符串以决定对话框中文档类型选项
    this.openFileDialog1.FilterIndex = 3;        //设置对话框中当前选定筛选器的索引
    this.openFileDialog1.RestoreDirectory = true;        //关闭对话框,还原当前的目录
    this.openFileDialog1.Title = "选择图片";        //设置对话框的标题
    if (this.openFileDialog1.ShowDialog() == DialogResult.OK)
    {
        pictureBox1.SizeMode = PictureBoxSizeMode.Zoom;    //图像充满相框且维持比例
        string strpath = this.openFileDialog1.FileName;    //获取文件路径
        this.pictureBox1.Image = Image.FromFile(strpath);  //加载图片
        int index = strpath.LastIndexOf("\\");             //路径中最后一个反斜杠位置
        this.richTextBox1.Text = "文件名:" + this.openFileDialog1.FileName.Substring(index + 1);        //显示文件名
    }
}
```

"保存"按钮的单击事件代码如下:

```
private void button2_Click(object sender, EventArgs e)
{
    if (this.pictureBox1.Image != null)
    {
        saveFileDialog1.Filter = "Jpeg 图像(*.jpg)|*.jpg|Bitmap 图像(*.bmp)|*.bmp|Gif 图像(*.gif)|*.gif";
        saveFileDialog1.Title = "保存图片";        //设置对话框的标题
        saveFileDialog1.CreatePrompt = true;    //如果指定不存在的文件,提示允许创建该文件
        saveFileDialog1.OverwritePrompt = true;    //如果用户指定的文件名已存在,显示警告
```

```
            saveFileDialog1.ShowDialog();                    //弹出保存对话框
            if (saveFileDialog1.FileName != "")
            {
System.IO.FileStream fs = (System.IO.FileStream)saveFileDialog1.OpenFile();
            switch (saveFileDialog1.FilterIndex)             //选择保存文件类型
            {
                case 1:
this.pictureBox1.Image.Save(fs,System.Drawing.Imaging.ImageFormat.Jpeg);
                    break;
                case 2:
this.pictureBox1.Image.Save(fs, System.Drawing.Imaging.ImageFormat.Bmp);
                    break;
                case 3:
this.pictureBox1.Image.Save(fs, System.Drawing.Imaging.ImageFormat.Gif);
                    break;
            }
            fs.Close();                                      //关闭文件流
        }
    }
    else
    {
            MessageBox.Show("请选择要保存的图片");
    }
}
```

"颜色"按钮的单击事件代码如下：

```
private void button3_Click(object sender, EventArgs e)
{
    this.colorDialog1.AllowFullOpen = true;   //可以使用该对话框定义自定义颜色
    this.colorDialog1.AnyColor = true;        //显示基本颜色集中可用的所有颜色
    this.colorDialog1.FullOpen = true;        //创建自定义颜色的控件在对话框打开时是可见的
    this.colorDialog1.SolidColorOnly = false; //不限制只选择纯色
    this.colorDialog1.ShowDialog();           //弹出对话框
    this.richTextBox1.ForeColor = this.colorDialog1.Color;
                                              //设置richTextBox1中字体的颜色为选定的颜色
}
```

"字体"按钮的单击事件代码如下：

```
private void button4_Click(object sender, EventArgs e)
{
    this.fontDialog1.AllowVerticalFonts = true;
                                              //指示对话框是既显示垂直字体又显示水平字体
    this.fontDialog1.FixedPitchOnly = true;   //只允许选择固定间距字体
    this.fontDialog1.ShowApply = true;        //包含应用按钮
    this.fontDialog1.ShowEffects = true;
                                              //允许指定删除线、下划线和文本颜色选项的控件
    this.fontDialog1.ShowDialog();            //弹出对话框
    this.richTextBox1.Font = this.fontDialog1.Font;
                                              //设置richTextBox1中字体为选定的字体
}
```

"打印"按钮的单击事件代码如下：

```csharp
private void button5_Click(object sender, EventArgs e)
{
    this.printDialog1.AllowCurrentPage = true;          //显示当前页
    this.printDialog1.AllowPrintToFile = true;          //允许选择打印到文件
    this.printDialog1.AllowSelection = true;            //启用选择选项按钮
    this.printDialog1.AllowSomePages = true;            //启用页选项按钮
    this.printDialog1.Document = this.printDocument1;   //指定设置的 PrintDocument 对象
    this.printDialog1.PrinterSettings = this.printDocument1.PrinterSettings;
                                                        //打印页的默认设置
    this.printDialog1.PrintToFile = false;              //不选择打印到文件
    this.printDialog1.ShowHelp = true;                  //显示帮助按钮
    this.printDialog1.ShowNetwork = true;               //可以选择网络打印机
    if (this.printDialog1.ShowDialog() == DialogResult.OK)
    {
        this.printDocument1.Print();                    //打印输出
    }
}
```

（4）执行程序。

按 F5 键或单击工具栏上的"启动调试"按钮，程序开始运行。单击"打开"按钮，弹出"选择图片"对话框，选择要浏览的图片，如图 5-46 所示。单击"保存"按钮，弹出"保存图片"对话框，选择保存类型为".bmp"，输入文件名为"新概念车"，单击"保存"按钮弹出"保存图片"消息框，如图 5-47 所示。单击"颜色"按钮，弹出"颜色"对话框，如图 5-48 所示，选中红色并单击"确定"按钮，则文件名变成红色。单击"字体"按钮，弹出"字体"对话框，选择"小四"并单击"确定"按钮，则文件名的字体大小设置为"小四"，如图 5-49 所示。单击"打印"按钮，弹出"打印"对话框，如图 5-50 所示。

图 5-46 "选择图片"对话框

图 5-47 "保存图片"对话框

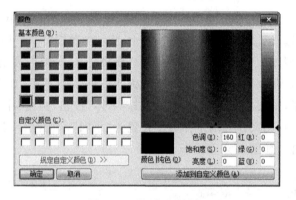

图 5-48 "颜色"对话框

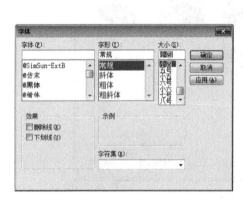

图 5-49 "字体"对话框

图 5-50 "打印"对话框

说明：

（1）本例中涉及"打开"、"保存"、"颜色"、"字体"和"打印"等多种通用对话框，这些对话框也是软件开发时最常用到的，读者可参阅本例中的注释语句理解这些组件的常用属性、方法和事件。

（2）文件类型的过滤通过指定组件的 Filter 属性实现，可参阅 OpenFileDialog 和 SaveFileDialog 控件的用法。

5.3 拓展知识

5.3.1 计时器组件

Timer 组件又称为计时器组件，它可以定期引发事件，时间间隔的长度由其 Interval 属性定义，其值以毫秒为单位。如果启动了计时器组件，则每个时间间隔引发一次 Tick 事件。

Timer 组件的常用属性及说明如表 5-43 所示。

表 5-43　Timer 控件的常用属性及说明

属　　性	说　　明
Enabled	获取或设置计时器是否正在运行
Interval	获取或设置在相对于上一次发生的 Tick 事件引发 Tick 事件之前的时间（以毫秒为单位）

Timer 组件的常用方法及说明如表 5-44 所示。

表 5-44　Timer 控件的常用方法及说明

方　　法	说　　明
Start	启动计时器
Stop	停止计时器

Timer 组件的常用事件及说明如表 5-45 所示。

表 5-45　Timer 控件的常用事件及说明

事　　件	说　　明
Tick	当指定的计时器间隔已过去而且计时器处于启用状态时发生

.NET 类库中提供了 3 种计时器，分别为 System.Windows.Forms.Timer、System.Threading.Timer 和 System.Timers.Timer。其中，System.Windows.Forms.Timer 计时器用于窗体设计，它运行在窗体线程之后，这样导致了其计时不准确和遗漏节拍的特点；System.Threading.Timer 计时器的每个计时回调都在一个工作者线程上执行，其计时相对准确；System.Timers.Timer 计时器其实是 System.Threading.Timer 计时器的一个包装，但它使用的是比较旧的计时机制，因此建议读者尽量不要使用该计时器。

【例 5-14】　创建一个 Windows 窗体应用程序，在默认窗体中添加两个 Label 控件、

3个NumericUpDown控件、一个Button控件和两个Timer组件,其中,Label控件用来显示系统当前时间和倒计时,NumericUpDown控件用来选择时、分、秒,Button控件用来设置倒计时,Timer组件用来控制实时显示系统当前时间和实时显示倒计时,程序运行界面如图5-51所示。

分析:

本例主要考查Timer组件的常用属性、方法和事件,获取系统当前时间可以使用DateTime.Now,实现本例功能的难点在于倒计时时间间隔的计算,可以使用DateAndTime类中的DateDiff方法实现。

设计步骤如下:

(1)程序设计界面。

新建一个Windows窗体项目,并命名为"EX5-14",从工具箱中拖放两个Label控件(Label1和Label2)、一个GroupBox控件、两个Timer控件(Timer1和Timer2),在GroupBox控件中添加4个Label控件(Label3~Label6)、3个NumericUpDown控件(numericUpDown1~numericUpDown3)和一个Button控件(Button1),并适当调整控件的大小和位置,如图5-52所示。

(2)设置窗体和控件属性。

将窗体调整到适当的大小,并调整各个控件的大小及位置,窗体及控件的Text属性如图5-53所示。

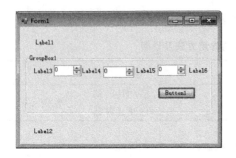

图5-52 程序设计界面

图5-53 程序初始界面

(3)设计代码。

首先,选择"项目"→"添加引用"命令,在"添加引用"对话框中的".NET"选项卡中添加Microsoft.VisualBasic组件引用。

按F7键切换到Form1的代码视图,添加Microsoft.VisualBasic命名空间的引用。

```
using Microsoft.VisualBasic;          //使用DateAndTime类
```

然后,在Form1类中定义两个DateTime类型的变量,分别用于记录当前时间和设置的到期时间。

```
DateTime dtNow, dtSet;
```

切换到设计视图,双击窗体空白处,添加窗体加载事件代码如下:

```csharp
private void Form1_Load(object sender, EventArgs e)
{
    timer1.Interval = 1000;                          //设置 timer1 计时器的执行时间间隔
    timer1.Enabled = true;                           //启动 timer1 计时器
    numericUpDown1.Value = DateTime.Now.Hour;        //显示当前时
    numericUpDown2.Value = DateTime.Now.Minute;      //显示当前分
    numericUpDown3.Value = DateTime.Now.Second;      //显示当前秒
}
```

添加 Button1 按钮的单击事件代码如下：

```csharp
private void button1_Click(object sender, EventArgs e)
{
    if (button1.Text == "设置")                      //判断按钮的文本是否为"设置"
    {
        button1.Text = "停止";                       //设置按钮的文本为"停止"
        timer2.Start();                              //启动 timer2 计时器
    }
    else if (button1.Text == "停止")
    {
        button1.Text = "设置";
        timer2.Stop();
        label2.Text = "倒计时已取消";
    }
}
```

添加 Timer1 和 Timer2 组件的单击事件代码如下：

```csharp
private void timer1_Tick(object sender, EventArgs e)
{
    label1.Text = "当前系统时间：" + DateTime.Now.ToLongTimeString();         //显示系统时间
    dtNow = Convert.ToDateTime(DateTime.Now.ToLongTimeString());              //记录系统时间
}
private void timer2_Tick(object sender, EventArgs e)
{
    //记录设置的到期时间
    dtSet = Convert.ToDateTime(numericUpDown1.Value + ":" + numericUpDown2.Value + ":" + numericUpDown3.Value);
    //计算倒计时
    long countdown = DateAndTime.DateDiff(DateInterval.Second, dtNow, dtSet, FirstDayOfWeek.Monday, FirstWeekOfYear.FirstFourDays);
    if (countdown > 0)
        label2.Text = "倒计时已设置,剩余" + countdown + "秒";
    else
        label2.Text = "倒计时已到";
}
```

（4）执行程序。

按 F5 键或单击工具栏上的"启动调试"按钮，程序开始运行，适当调整倒计时设置，运行结果如图 5-51 所示。

说明：

（1）由于需要根据设置的倒计时计算剩余时间，因此需要在 Form1 类中定义两个

DateTime 类型的变量,用于分别记录当前时间和设置时间。

(2) DateDiff 方法用于计算两个 DateTime 类型数据的间隔时间,该方法是 DateAndTime 类的方法,因此需要添加 Microsoft.VisualBasic 命名空间的引用,在此之前要先引用 Microsoft.VisualBasic 组件,否则会出错。

5.3.2 图形控件

1. 利用 PictureBox 控件显示图片

PictureBox 控件又称为图片显示控件,它主要用于显示位图、GIF、JPG、图元文件和图标格式的图片。

PictureBox 控件的常用属性及说明如表 5-46 所示。

表 5-46 PictureBox 控件的常用属性及说明

属性	说明
BorderStyle	指示控件的边框样式
ErrorImage	获取或设置在图像加载过程中发生错误时,或者图像加载取消时要显示的图像
Image	获取或设置由 PictureBox 显示的图像
ImageLocation	获取或设置要在 PictureBox 中显示的图像的路径或 URL
InitialImage	获取或设置在加载主图像时显示在 PictureBox 控件中的图像
SizeMode	指示如何显示图像

PictureBox 组件的常用方法及说明如表 5-47 所示。

表 5-47 PictureBox 控件的常用方法及说明

方法	说明
Load	在 PictureBox 中显示图像
LoadAsync	异步加载图像

2. 通过 ImageList 组件设置图片集合

ImageList 组件又称为图片存储组件,它主要用于存储图片资源,然后在控件上显示出来,这样就简化了对图片的管理。ImageList 组件的主要属性是 Images,它包含关联控件将要使用的图片。每个单独的图片可以通过其索引值或键值来访问。另外,ImageList 组件中的所有图片都将以同样的大小显示,该大小由其 ImageSize 属性设置,较大的图片将缩小至适当的尺寸。

ImageList 组件的常用属性及说明如表 5-48 所示。

表 5-48 ImageList 组件的常用属性及说明

属性	说明
ColorDepth	获取图像列表的颜色深度
Images	获取此图像列表的 ImageList.ImageCollection
ImageSize	获取或设置图像列表中的图像大小
ImageStream	获取与此图像列表关联的 ImageListStreamer

【例 5-15】 创建一个 Windows 窗体应用程序,在默认窗体中添加一个 PictureBox 控件、3 个 Button 控件和一个 ImageList 组件,其中,PictureBox 控件用来显示图像,Button 控件用来执行加载图像一、图像二和移除图像功能,ImageList 组件用来存储图像集合。程序运行界面如图 5-54 所示。

分析:

本例主要考查 PictureBox 控件和 ImageList 组件的常用属性、方法和事件,难点在于 ImageList 组件的用法,通过调用 Images 属性的 Clear 方法清除图像列表中的图像,通过 Add 方法向组件中添加图像。

设计步骤如下:

(1) 程序设计界面。

新建一个 Windows 窗体项目,并命名为"EX5-15",从工具箱中拖放一个 PictureBox 控件、3 个 Button 控件和一个 ImageList 组件,并适当调整控件的大小和位置。

(2) 设置窗体和控件属性。

将窗体调整到适当的大小,并调整各个控件的大小及位置,窗体及控件的 Text 属性如图 5-55 所示。

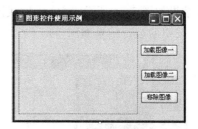

图 5-54　程序运行界面　　　　　图 5-55　程序设计界面

(3) 设计代码。

切换到设计视图,双击窗体空白处,添加窗体加载事件代码如下:

```
private void Form1_Load(object sender, EventArgs e)
{
    imageList1.ColorDepth = ColorDepth.Depth32Bit;        //设置图像的颜色深度
}
```

添加 Button1 按钮的单击事件代码如下:

```
private void button1_Click(object sender, EventArgs e)
{
    imageList1.Images.Clear();      //清除图像
    string path = "01.jpg";         //设置要加载的第一张图片的路径
    Image img = Image.FromFile(path,true);    //创建一个 Image 对象
    imageList1.Images.Add(img);     //使用 Image 属性的 Add 方法向控件中添加图像
    imageList1.ImageSize = new Size(215,135); //设置显示图片的大小
    //设置 pictureBox1 的图像索引是 imageList1 控件索引为 0 的图片
    pictureBox1.Image = imageList1.Images[0];
}
```

添加 Button2 按钮的单击事件代码如下：

```
private void button2_Click (object sender, EventArgs e)
{
    string path = "02.jpg";                              //设置要加载的第二张图片的路径
    Image img = Image.FromFile(path,true);               //创建一个 Image 对象
    imageList1.Images.Add(img);                          //使用 Image 属性的 Add 方法向控件中添加图像
    imageList1.ImageSize = new Size(215,135);            //设置显示图片的大小
    //设置 pictureBox1 的图像索引是 imageList1 控件索引为 0 的图片
    pictureBox1.Image = imageList1.Images[1];
}
```

添加 Button3 按钮的单击事件代码如下：

```
private void button3_Click (object sender, EventArgs e)
{
    imageList1.Images.RemoveAt(0);      //使用 RemoveAt 方法移除图像
    pictureBox1.Image = null;           //清空图像
}
```

(4) 执行程序。

按 F5 键或单击工具栏上的"启动调试"按钮，程序开始运行。单击"加载图像一"按钮的运行结果如图 5-54 所示。单击"加载图像二"按钮的运行结果如图 5-56 所示。单击"移除图像"按钮的运行结果如图 5-57 所示。

图 5-56 加载图像二　　　　　　　　　图 5-57 移除图像

说明：

(1) 单击"加载图像一"按钮，将指定的图像文件加入到 ImageList1 组件的图像集合中，并设置图像的显示大小，然后将图像集合中的元素赋值给 PictureBox1 控件的 Image 属性，即在图片显示框中显示出来。

(2) 对于一些经常用到图片或图标的控件，经常与 ImageList 组件一起使用，比如在使用工具栏控件、树控件和列表控件时，经常使用 ImageList 组件存储它们需要用到的一些图片或图标，然后在程序中通过 ImageList 组件的索引项来方便地获取需要的图片或图标。

5.3.3 进度条控件

ProgressBar 控件又称为进度条控件，它通过在水平放置的方框中显示适当数目的矩形块来指示工作的进度，工作完成时，进度条被填满，进度条通常用于帮助用户了解一项工作完成的进度。

ProgressBar 控件的常用属性及说明如表 5-49 所示。

表 5-49 ProgressBar 控件的常用属性及说明

属 性	说 明
Height	获取或设置控件的高度
MarqueeAnimationSpeed	获取或设置进度块在进度栏内滚动所用的时间段,以毫秒为单位
Maximum	获取或设置控件范围的最大值
Minimum	获取或设置控件范围的最小值
Step	获取或设置调用 PerformStep 方法增加进度栏的当前位置时所根据的数量
Style	获取或设置在进度栏上指示进度应使用的方式
Value	获取或设置进度栏的当前位置
Width	获取或设置控件的宽度

ProgressBar 控件的常用方法及说明如表 5-50 所示。

表 5-50 ProgressBar 控件的常用方法及说明

方 法	说 明
Increment	按指定的数量增加进度栏的当前位置
PerformStep	按照 Step 属性的数量增加进度栏的当前位置

5.3.4 打印组件

1. PageSetupDialog 组件——打印设置

PageSetupDialog 组件主要用于设置页面详细信息以便打印,它允许用户设置边框和边距调整量、页眉和页脚以及纵向或横向打印。

PageSetupDialog 组件的常用属性及说明如表 5-51 所示。

表 5-51 PageSetupDialog 组件的常用属性及说明

属 性	说 明
AllowMargins	获取或设置一个值,指示是否启用对话框边距部分
AllowOrientation	获取或设置一个值,指示是否启用对话框方向部分(横向对纵向)
AllowPaper	获取或设置一个值,指示是否启用对话框纸张部分(纸张大小和纸张来源)
AllowPrinter	获取或设置一个值,指示是否启用"打印机"按钮
Document	获取或设置一个值,指示从中获取页面设置的 PrintDocument
MinMargins	获取或设置一个值,指示允许用户选择的最小边距(以百分之一英寸为单位)
PageSettings	获取或设置一个值,指示要修改的页设置
PrinterSettings	获取或设置用户单击对话框中"打印机"时修改的打印机设置
ShowHelp	获取或设置一个值,指示"帮助"按钮是否可见
ShowNetwork	获取或设置一个值,指示"网络"按钮是否可见

PageSetupDialog 组件的常用方法及说明如表 5-52 所示。

表 5-52 PageSetupDialog 组件的常用方法及说明

方 法	说 明
ShowDialog	显示"页面设置"对话框

2. PrintDocument 组件——设置打印文档

PrintDocument 组件主要用于设置要打印的文档。PrintDocument 组件的常用属性及说明如表 5-53 所示。

表 5-53　PrintDocument 组件的常用属性及说明

属　性	说　明
DefaultPageSettings	获取或设置页设置，用作要打印的所有面的默认设置
DocumentName	获取或设置打印文档时要显示的文档名
OriginAtMargins	获取或设置一个值，指示与页关联的图形对象的位置是位于用户指定边距内，还是位于该页可打印区域的左上角
PrinterSettings	获取或设置对文档进行打印的打印机

PrintDocument 组件的常用方法及说明如表 5-54 所示。

表 5-54　PrintDocument 组件的常用方法及说明

方　法	说　明
Print	开始文档的打印进程

PrintDocument 组件的常用事件及说明如表 5-55 所示。

表 5-55　PrintDocument 组件的常用事件及说明

事　件	说　明
BeginPrint	在调用 Print 方法并且在打印文档的第一页之前发生
EndPrint	打印完文档的最后一页时发生
PrintPage	当需要为当前页打印的输出时发生

3. PrintPreviewDialog 组件——打印预览

PrintPreviewDialog 组件主要用于显示文档打印后的外观，该组件包含打印、放大、显示一页或多页和关闭此对话框的按钮。

PrintPreviewDialog 组件的常用属性及说明如表 5-56 所示。

表 5-56　PrintPreviewDialog 组件的常用属性及说明

属　性	说　明
Document	获取或设置要预览的文档
UseAntiAlias	获取或设置一个值，指示打印是否使用操作系统的防锯齿功能

PrintPreviewDialog 组件的常用方法及说明如表 5-57 所示。

表 5-57　PrintPreviewDialog 组件的常用方法及说明

方　法	说　明
ShowDialog	显示"打印预览"对话框

4. PrintDialog 组件——打印对话框

PrintDialog 组件主要用于选择打印机、要打印的页以及确定其他与打印相关的设置，通过 PrintDialog 组件可以选择全部打印、打印选定的页范围或打印选定内容等。

PrintDialog 组件的常用属性及说明如表 5-58 所示。

表 5-58 PrintDialog 组件的常用属性及说明

属　　性	说　　明
AllowCurrentPage	获取或设置一个值,指示是否显示"当前页"选项按钮
AllowPrintToFile	获取或设置一个值,指示是否启用"打印到文件"复选框
AllowSelection	获取或设置一个值,指示是否启用"选择"选项按钮
AllowSomePages	获取或设置一个值,指示是否启用"页"选项按钮
Document	获取或设置一个值,指示用于获取 PrintSettings 的 PrintDocument
PrinterSettings	获取或设置对话框修改的打印机设置
PrintToFile	获取或设置一个值,指示是否选中"打印到文件"复选框
ShowHelp	获取或设置一个值,指示"帮助"按钮是否可见
ShowNetwork	获取或设置一个值,指示"网络"按钮是否可见
UseEXDialog	获取或设置一个值,指示在运行 Windows XP 或更高版本的系统上,此对话框是否应当以 Windows XP 样式显示

PrintDialog 组件的常用方法及说明如表 5-59 所示。

表 5-59 PrintDialog 组件的常用方法及说明

方　　法	说　　明
ShowDialog	显示"打印"对话框

5.3.5 鼠标和键盘事件

在 Windows 应用程序中,用户主要依靠鼠标和键盘下达命令和输入各种数据,C♯应用程序可以响应多种键盘及鼠标事件,这些事件都有一个事件处理程序,可以在 Windows 应用程序中为这些事件处理程序编写代码。本小节主要介绍常用的鼠标和键盘事件。

1. 键盘事件

C♯主要为用户提供了 3 种键盘事件:按下某个 ASCII 字符键时发生 KeyPress 事件,按下任意键时发生 KeyDown 事件和释放键盘上任意键时发生 KeyUp 事件。

只有获得焦点的对象才能够接受键盘事件。只有当窗体为活动窗体且其上所有控件均未获得焦点时,窗体才获得焦点。这种情况只有在空窗体和窗体上的控件都无效时才发生。但是,如果将窗体上的 KeyPreview 属性设置为 true,则窗体就会在控件识别其键盘事件之前抢先接受这些键盘事件。

键盘事件彼此之间并不相互排斥,按下一个键时产生 KeyPress 和 KeyDown 事件,放开该键时产生一个 KeyUp 事件,但应注意 KeyPress 事件并不能识别所有的按键。

在按下 Tab 键时,除非窗体上每个控件都无效或每个控件的 TabStop 属性均为 False,否则将产生焦点转移事件,而不会触发键盘事件。若窗体上有一个命令按钮,且窗体的 AcceptButton 或 CancelButton 属性指向该按钮,则用户按下 Enter 键或 Esc 键时将激发按钮的 Click 事件,而不是键盘事件。

1) KeyPress 事件

当用户按下又放开某个 ASCII 字符键时,会引发当前拥有焦点对象的 KeyPress 事件。通过 KeyEventArgs 类的返回参数可以判断用户按下的是哪个键。例如,在窗体、文本框等控件的 KeyPress 事件过程中书写类似如下代码,可以实现用户按键的判断。

```
private void Form1_KeyPress(object sender,KeyPressEventArgs e)
{
    if(e.KeyChar == Keys.Enter)
        label1.Text = "你按下了<Enter>键";
}
```

ASCII 字符集不仅包含标准键盘上的字符、数字和标点符号,还包含大多数控制键。但是 KeyPress 事件只能识别 Enter、Tab、Backspace 等键,下列情况是 KeyPress 事件不能识别的:

(1) 不能识别 Shift、Ctrl、Alt 键的特殊组合。

(2) 不能识别箭头方向键。

(3) 不能识别 PageUp 和 PageDown 键。

(4) 不能区分数字小键盘与主键盘数字键。

(5) 不能识别与菜单命令无联系的功能键。

但由于编写 KeyPress 事件的代码稍简单一些,所以通常能够用 KeyPress 事件解决的问题,不建议用 KeyUp 或 KeyDown 事件解决。注意,Windows ANSI 字符集对应 256 个字符,包括标准拉丁字母、出版符等,这些字符用唯一的一个字节数值(0~255)表示,ASCII 字符实际上是 ANSI 的一个子集,(0~127)代表键盘上的标准字母、数字和标点符号。

【例 5-16】 创建一个 Windows 窗体应用程序,在默认窗体中添加两个 Label 控件,用户按下某个键后在一个 Label 中显示该键名及对应的 ASCII 码值,在另一个 Label 中显示使用方法提示。程序运行界面如图 5-58 所示。

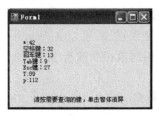

图 5-58 程序运行界面

分析:

本例主要考查 KeyPress 事件,需要注意的是在获取某个键对应的 ASCII 码时,非显示字符需要单独进行处理。

设计步骤如下:

(1) 程序设计界面。

新建一个 Windows 窗体项目,并命名为"EX5-16",从工具箱中拖放两个 Label 控件,并适当调整控件的大小和位置,如图 5-58 所示。

(2) 设置窗体和控件属性。

对象的初始属性在窗体 Form1 的加载事件中通过代码进行设置。

(3) 设计代码。

切换到设计视图,双击窗体空白处,添加窗体加载事件代码如下:

```
private void Form1_Load(object sender, EventArgs e)
{
    label1.Text = "";              //清空标签 label1 的内容
    label2.Text = "请按需要查询的键,单击窗体清屏";
}
```

切换到设计视图,在窗体的属性窗口中单击"事件"按钮,双击 Click,添加 Form1 窗体的 Click 事件代码如下:

```csharp
private void Form1_Click(object sender, EventArgs e)
{
    label1.Text = "";           //清空标签 label1 的内容
}
```

同样的方法,添加 Form1 的 KeyPress 事件代码如下:

```csharp
private void Form1_KeyPress(object sender, KeyPressEventArgs e)
{
    switch(e.KeyChar)              // e.KeyChar 返回用户在键盘上按下的字符
    {
        case(char)Keys.Back:       //如果按下的是<Backspace>键,非显示字符
            label1.Text = "退格键: " + (int)Keys.Back + "\n" + label1.Text;
            break;
        case(char)Keys.Tab:        //如果按下的是<Tab>键,非显示字符
            label1.Text = "Tab 键: " + (int)Keys.Tab + "\n" + label1.Text;
            break;
        case(char)Keys.Enter:      //如果按下的是<Enter>键,非显示字符
            label1.Text = "回车键: " + (int)Keys.Enter + "\n" + label1.Text;
            break;
        case(char)Keys.Space:      //如果按下的是<空格>键,非显示字符
            label1.Text = "空格键: " + (int)Keys.Space + "\n" + label1.Text;
            break;
        case(char)Keys.Escape:     //如果按下的是<Esc>键,非显示字符
            label1.Text = "Esc 键: " + (int)Keys.Escape + "\n" + label1.Text;
            break;
        default:                   //如果按下的是 ASCII 码为其他值的键(显示字符)
            label1.Text = e.KeyChar + ":" + (int)e.KeyChar + "\n" + label1.Text;
            break;
    }
}
private void button3_Click (object sender, EventArgs e)
{
    imageList1.Images.RemoveAt(0);   //使用 RemoveAt 方法移除图像
    pictureBox1.Image = null;        //清空图像
}
```

(4) 执行程序。

按 F5 键或单击工具栏上的"启动调试"按钮,程序开始运行,运行结果如图 5-58 所示。

说明:

(1) 由于非显示字符需要单独进行处理,因此用 switch 结构进行处理,根据按下的键不同,执行不同的分支。

(2) 非显示字符用 Keys.Back 这种形式表示,而对于可显示字符则用 e.KeyChar 表示。

2) KeyDown 和 KeyUp 事件

KeyDown 和 KeyUp 事件发生在用户按下键盘上某键时,通常可编写其事件代码以判

断用户按键的情况。

（1）判断、处理用户按键。

当用户按下键盘上的任意键时，会引发当前拥有焦点对象的 KeyDown 事件。用户放开键盘上任意键时，会引发 KeyUp 事件。KeyDown 和 KeyUp 事件通过 e.KeyCode 或 e.KeyValue 返回用户按键对应的 ASCII 码，常用非字符键的 KeyCode 值及对应的 Keys 枚举常数如表 5-60 所示。

表 5-60　常用非字符键的 KeyCode 值

功能键	KeyCode	常　　数	功能键	KeyCode	常　　数
F1~F10	112~121	Keys.F1~Keys.F10	End	35	Keys.End
Backspace	8	Keys.Back	Insert	45	Keys.Insert
Tab	9	Keys.Tab	Delete	46	Keys.Delete
Enter	13	Keys.Enter	Capslock	20	Keys.Capital
Esc	27	Keys.Escape	←	37	Keys.Left
PageUp	33	Keys.Prior	↑	38	Keys.Up
PageDown	34	Keys.Next	→	39	Keys.Right
Home	36	Keys.Home	↓	40	Keys.Down

（2）判断、处理组合键。

在 KeyDown 和 KeyUp 事件中，如果希望判断用户曾使用了怎样的 Ctrl、Shift、Alt 组合键，可通过对象 e 的 Control、Shift 和 Alt 属性判断。

例如，下列代码使用户在 TextBox1 中按下 Ctrl＋Shift＋Alt＋End 键时结束运行。

```
if(e.Alt&&e.Control&&e.Shift&&e.KeyValue == 35)
    this.Close();
```

KeyDown 和 KeyUp 事件的重要功能之一就是能够处理组合按键动作，这也是它们与 KeyPress 事件主要的不同点之一。

【例 5-17】创建一个 Windows 窗体应用程序，设计一个数字文本加密程序，当用户在文本框中输入一个数字字符时，程序自动将其按一定的规律（算法）转换成其他字符并显示到文本框中，在标签控件中显示原始字符。按 Backspace 键可删除光标前一个字符，标签中的内容随之变化，程序运行界面如图 5-59 所示。按 Enter 键显示如图 5-60 所示的消息框，单击"确定"按钮结束程序运行。若用户按下 Ctrl＋Shift＋End 组合键，则直接结束程序运行。

图 5-59　程序运行界面

图 5-60　确认退出

本例中数字字符转换规则如表 5-61 所示。

表 5-61 数字字符转换规则

原始字符	转换后字符	原始字符	转换后字符
1	!	6	$
2	&	7	*
3	#	8	@
4	/	9	\
5	)	0	+

分析：

本例可以通过文本框的 KeyDown 和 KeyUp 事件实现程序功能。当用户在文本框中输入数字时，首先触发文本框 TextBox1 的 KeyDown 事件，此时要求程序将用户输入的内容进行连接（Backspace 键除外）。如果用户按下的是 Backspace 键，则从文本框和标签中的现有内容中减去最后一个字符。

当用户按键并抬起时触发 TextBox1 的 KeyUp 事件，此时要求程序判断用户按下的是哪个键，并根据上述字符转换表进行转换。如果用户按下的是 Enter 键，则显示信息框提示用户确认退出。

设计步骤如下：

（1）程序设计界面。

新建一个 Windows 窗体项目，并命名为"EX5-17"，从工具箱中拖放一个 TextBox 控件和一个 Label 控件，并适当调整控件的大小和位置，如图 5-59 所示。

（2）设置窗体和控件属性。

对象的初始属性在窗体 Form1 的加载事件中通过代码进行设置。

（3）设计代码。

首先在 Form1 类定义的类体中声明字符串型字段 x，该字段需要在两个事件过程中使用，代码如下：

```
string x;
```

切换到设计视图，双击窗体空白处，添加窗体加载事件代码如下：

```
private void Form1_Load(object sender, EventArgs e)
{
    textBox1.Text = "";
    label1.Text = "您实际输入的是：";
    this.Text = "数字加密程序";
}
```

切换到设计视图，在 TextBox1 控件的属性窗口中单击"事件"按钮，双击 KeyDown，添加 TextBox1 控件的 KeyDown 事件代码如下：

```
private void textBox1_KeyDown(object sender, KeyEventArgs e)
{
    if (textBox1.Text == "")
        x = "";
```

```
            else
                x = textBox1.Text;
            //如果用户按下的不是<Backspace>键
            if ((int)e.KeyCode != (int)Keys.Back && (e.KeyValue >= 48 && e.KeyValue <= 57 || e.
KeyValue >= 96 && e.KeyValue <= 105))
            {    //将输入的实际字符存入Label1的text属性中
                if (e.KeyValue < 96)         //录入键区的数字键
                    label1.Text += (char)e.KeyValue;
                else                         //数字键区的数字键
                    label1.Text += (char)(e.KeyValue - 48);
            }
            //如果按下的是<Backspace>键,删除标签中最后一个字符
            else if ((int)e.KeyCode == (int)Keys.Back)
            {
                if (label1.Text[label1.Text.Length - 1] == ':')
                    return;
                label1.Text = label1.Text.Remove(label1.Text.Length - 1);
            }
        }
}
```

同样的方法,添加 TextBox1 控件的 KeyUp 事件代码如下:

```
private void textBox1_KeyUp(object sender, KeyEventArgs e)
{
    //如果用户按下了<Ctrl>+<Shift>+<End>组合键,则直接退出
    if (e.Control && e.Shift && e.KeyValue == 35)
        this.Close();
    //如果用户按下的不是<Backspace>或<Enter>键
    if ((int)e.KeyCode != (char)Keys.Back && (int)e.KeyCode != (char)Keys.Enter)
    {
        switch ((int)e.KeyCode)
        {
            case (char)Keys.D1:             //录入键区的"1"与数字键区的"1"共享同一操作
            case (char)Keys.NumPad1:
                textBox1.Text = x + "!"; break;
            case (char)Keys.D2:
            case (char)Keys.NumPad2:
                textBox1.Text = x + "&"; break;
            case (char)Keys.D3:
            case (char)Keys.NumPad3:
                textBox1.Text = x + "#"; break;
            case (char)Keys.D4:
            case (char)Keys.NumPad4:
                textBox1.Text = x + "/"; break;
            case (char)Keys.D5:
            case (char)Keys.NumPad5:
                textBox1.Text = x + ")"; break;
            case (char)Keys.D6:
            case (char)Keys.NumPad6:
                textBox1.Text = x + " $ "; break;
            case (char)Keys.D7:
            case (char)Keys.NumPad7:
                textBox1.Text = x + " * "; break;
            case (char)Keys.D8:
```

```
            case (char)Keys.NumPad8:
                textBox1.Text = x + "@"; break;
        case (char)Keys.D9:
        case (char)Keys.NumPad9:
                textBox1.Text = x + "\\"; break;
        case (char)Keys.D0:
        case (char)Keys.NumPad0:
                textBox1.Text = x + " + "; break;
        }
        textBox1.SelectionStart = textBox1.TextLength;      //将文本框中的光标移动到最后
    }
    //如果用户单击了"确定"按钮则结束程序运行
    if (MessageBox.Show("您确实要退出程序吗?", "确认退出",
MessageBoxButtons.OKCancel, MessageBoxIcon.Information) == DialogResult.OK)
        this.Close();
}
```

(4) 执行程序。

按 F5 键或单击工具栏上的"启动调试"按钮,程序开始运行,运行结果如图 5-59 所示,用户按下 Enter 键时显示如图 5-60 所示的消息框。

说明:

(1) 本例从最简单的原理上结合 KeyDown 和 KeyUp 事件,介绍了数字加密的基本方法,在实际应用中通常是将用户的输入转换(加密)后保存在数据文件中,读取时还需要一个反向转换(解密)程序将数据还原。

(2) 本例只对 0 到 9 共 10 个数字字符进行了处理,当用户输入其他可显示或不可显示字符时不起作用,感兴趣的读者可自行修改程序以实现更多字符的处理。

2. 鼠标事件

所谓鼠标事件,是指用户操作鼠标时触发的事件,如单击鼠标左键、单击鼠标右键、用鼠标指向某个对象等。C#支持的鼠标事件很多,本小节重点介绍 MouseDown、MouseUp 和 MouseMove 这 3 种事件,可以通过这 3 种事件使应用程序对鼠标位置及状态的变化作出响应,大多数控件都能够识别这些鼠标事件。

系统是通过 MouseEventArgs 类为 MouseDown、MouseUp 和 MouseMove 事件提供数据的,使用该类的成员可以有效地判断用户按下了哪个键、按下并放开几次鼠标键、鼠标轮转动情况及当前鼠标指针所在的位置(X、Y)坐标。

当鼠标指针位于窗体上无控件的区域时,窗体将识别鼠标事件。当鼠标指针在控件上时,控件将识别鼠标事件。如果按下鼠标按键不放,则对象将继续识别后面的鼠标事件,直到用户释放鼠标按键。

1) 鼠标事件发生的顺序

当用户操作鼠标时,将触发一些鼠标事件。这些事件的发生顺序如下。

(1) MouseEnter:当鼠标指针进入控件时触发的事件。

(2) MouseMove:当鼠标指针在控件上移动时触发的事件。

(3) MouseHover/MouseDown/MouseWheel:MouseHover 事件当鼠标指针悬停在控件上时被触发;MouseDown 事件在用户按下鼠标键时被触发;MouseWheel 事件在拨动鼠标滚轮并且控件有焦点时被触发。

(4) MouseUp：当用户在控件上按下的鼠标释放时触发 MouseUp 事件。

(5) MouseLeave：当鼠标指针离开控件时触发 MouseLeave 事件。

掌握各种鼠标事件的触发顺序对合理响应用户的鼠标操作，编写出正确、高效的应用程序，有十分重要的意义。

2) MouseDown 和 MouseUp 事件

当鼠标指针在某个控件上，用户按下鼠标键时，将发生 MouseDown 事件。当指针保持在控件上，用户释放鼠标键时，发生 MouseUp 事件。当用户移动鼠标指针到控件上时，将发生 MouseMove 事件。开发人员可通过编写 MouseDown、MouseUp 事件代码来判断和处理用户对鼠标的操作。

MouseEventArgs 类的常用属性如表 5-62 所示。

表 5-62　MouseEventArgs 类的常用属性

属 性	说 明
Button	获取曾按下的是哪个鼠标按钮，Button 属性的取值可使用 MouseButtons 枚举成员
Clicks	获取按下并释放鼠标按钮的次数（整型）。1 表示单击，2 表示双击
Delta	获取鼠标滚轮已转动的制动器数的有符号计数。制动器是鼠标轮的一个凹凸
X 或 Y	获取当前鼠标所在位置的 X 或 Y 坐标

MouseButtons 枚举成员的常用值如表 5-63 所示。

表 5-63　MouseButtons 枚举成员

成员	值	说 明
Left	1048576	按下了鼠标左键
Middle	4194304	按下了鼠标中键（仅对 3 键鼠标有效）
Right	2097152	按下了鼠标右键
None	0	没有按键

例如，下列语句判断用户是否右键双击了窗体，若是则退出程序。

```
private void Form1_MouseDown(object sender,MouseEventArgs e)
{
    if(e.Button == MouseButtons.Right && e.Clicks == 2)
        this.Close();
}
```

【例 5-18】　创建一个 Windows 窗体应用程序，设计一个 MouseDown 事件的示例程序，程序启动后，当用户在窗体上单击或双击右键或左键时，屏幕上显示用户的操作，程序运行结果如图 5-61 所示。

图 5-61　程序运行界面

分析：

本例可以通过窗体的 MouseDown 事件进行处理，通过 MouseEventArgs 类的属性值进行判断。

设计步骤如下：

（1）程序设计界面。

新建一个 Windows 窗体项目，并命名为"EX5-18"，从工具箱中拖放一个 Label 控件，并适当调整控件的大小和位置。

（2）设置窗体和控件属性。

设置窗体 Form1 的 Text 属性为"MouseDown 事件应用示例"，设置 Label1 的 Font 属性为适当大字号并加粗。

（3）设计代码。

切换到设计视图，在窗体的属性窗口中单击"事件"按钮，选中 MouseDown 事件，双击，添加该事件代码如下：

```csharp
private void Form1_MouseDown(object sender, MouseEventArgs e)
{
    string str1 = "", str2 = "";
    switch (e.Button)        //判断用户按下了哪个鼠标键
    {
        case MouseButtons.Right: str1 = "右"; break;
        case MouseButtons.Left:  str1 = "左"; break;
    }
    switch (e.Clicks)        //判断用户连续按下并释放了几次鼠标键
    {
        case 1: str2 = "单"; break;
        case 2: str2 = "双"; break;
    }
    label1.Text = "您" + str2 + "击了鼠标" + str1 + "键!";
    label1.Left = (this.Width - label1.Width) / 2;  //居中显示
}
```

（4）执行程序。

按 F5 键或单击工具栏上的"启动调试"按钮，程序开始运行，单击鼠标左键的运行结果如图 5-61 左图所示，双击鼠标右键的运行结果如图 5-61 右图所示。

说明：

（1）本例通过 MouseEventArgs 类的 Button 属性值判断是左键还是右键，通过 MouseEventArgs 类的 Clicks 属性值判断用户是连续按下并释放了几次鼠标键。

（2）将 Label1 控件的 MouseDown 事件共享窗体的 MouseDown 事件（Form1_MouseDown），则不论在窗体上还是在标签 Label1 上操作鼠标的按键，都将执行同样的操作，使得程序更加完善。

3. MouseMove 事件

当用户在移动鼠标指针到控件上时触发 MouseMove 事件，与该事件相关的事件还有 MouseEnter 和 MouseLeave 事件，分别在鼠标指针进入控件和离开控件时发生。

MouseMove 事件与前面介绍过的 MouseDown 和 MouseUp 事件一样，通过

MouseEventArgs 类的属性为事件提供数据,对于 MouseMove 事件来说,应用最多的是 MouseEventArgs 类的 X 属性和 Y 属性,这两个属性用于返回当前鼠标位置的坐标值。

【例 5-19】 创建一个 Windows 窗体应用程序,要求将鼠标指针指向和离开按钮 Button1 时,按钮上显示的图片不同。当鼠标在窗体上移动时,标签中实时显示当前指针的坐标值(X,Y),程序运行结果如图 5-62 所示。

图 5-62 程序运行界面

分析:

本例可以通过窗体的 MouseMove 事件进行处理,通过 MouseEventArgs 类的 X 和 Y 属性值获取当前鼠标位置坐标,按钮中显示的图片通过 Image 属性进行设置。

设计步骤如下:

(1) 程序设计界面。

新建一个 Windows 窗体项目,并命名为"EX5-19",从工具箱中拖放一个 Label 控件和一个 Button 控件,并适当调整控件的大小和位置。

(2) 设置窗体和控件属性。

设置窗体 Form1 的 Text 属性为"MouseMove 事件应用示例",设置 Label1 的 Font 属性为适当大字号并加粗。

(3) 设计代码。

切换到设计视图,双击窗体空白处,添加窗体的加载事件代码如下:

```
private void Form1_Load(object sender, EventArgs e)
{
    label1.Text = "当前鼠标的位置为:";
    button1.Text = "";
    button1.Image = Image.FromFile("face1.gif");        //向按钮上添加图标
}
```

切换到设计视图,在窗体的属性窗口中单击"事件"按钮,选中 MouseMove 事件,双击,添加该事件代码如下:

```
private void Form1_MouseMove(object sender, MouseEventArgs e)
{
    //e.X 和 e.Y 为 MouseEventArgs 类返回的当前鼠标位置坐标
    label1.Text = "当前鼠标的位置为:" + e.X + "," + e.Y;
}
```

同样方式添加 Button1 控件的 MouseEnter 事件和 MouseLeave 事件代码如下:

```
private void button1_MouseEnter(object sender, EventArgs e)
{
    button1.Image = Image.FromFile("face2.gif");
```

```
}
private void button1_MouseLeave(object sender, EventArgs e)
{
    button1.Image = Image.FromFile("face1.gif");
}
```

(4) 执行程序。

按 F5 键或单击工具栏上的"启动调试"按钮,程序开始运行,鼠标放置在按钮上的运行结果如图 5-62 左图所示,鼠标离开按钮的运行结果如图 5-62 右图所示。

说明：

(1) 本例中 MouseEventArgs 类的 X 属性和 Y 属性返回的是当前鼠标位置坐标。

(2) 程序中用到的两个图片文件被复制到项目的 Bin 文件夹中的 Debug 文件夹下,这样在为按钮加载图像时,可以不指定文件路径,如代码中的"Image.FromFile("face1.gif")"。

5.4 本章小结

Windows 窗体应用程序是运行在用户计算机本地的基于 Windows 的应用程序,提供了丰富的用户界面以实现用户交互,并可以访问操作系统服务和用户计算机提供的资源。

窗体是向用户显示信息的可视画面,窗体包含可添加到窗体上的各种控件。

控件是显示数据或接收数据输入的相对独立的用户界面元素,如标签、文本框、按钮、单选按钮、复选框、分组框、组合框、列表框、复选列表框、图片框、图像列表和定时器等。

通过属性窗口,可以设置各种控件的属性,通过编写各个控件的事件处理程序,可以实现各种逻辑功能。

通过本章的学习,要求掌握 Windows 窗体及常用控件的使用方法与技巧,主菜单、工具栏、状态栏及通用对话框控件的使用方法与技巧,在 Windows 应用程序设计中灵活运用,从而设计出功能强大、界面美观的应用程序。

5.5 单元实训

实训目的：

(1) 熟练掌握窗体的属性、方法和事件。
(2) 熟练掌握常用控件的属性、方法和事件。
(3) 掌握菜单栏、工具栏、状态栏的添加与设置。
(4) 掌握使用菜单栏、工具栏完成特定的功能。
(5) 学会综合运用控件,设计出功能强大、界面美观的 Windows 应用程序。

实训参考学时：

4～8 学时

实训内容：

(1) 创建一个 Windows 窗体应用程序,程序的设计界面如图 5-63 所示。

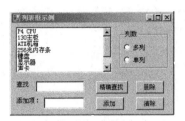

图 5-63　程序设计界面

程序运行时,单击"多列"单选按钮将使列表框显示多列,单击"单列"单选按钮将使列表框以一列的形式显示。在"查找"文本框中输入一个字符串,然后单击"精确查找"按钮,如果列表项中有与输入的字符串精确匹配的项,则找到并选中该项,如果没有则给出提示信息。单击"删除"按钮将删除选中的选项。在"添加项"文本框中输入一个字符串,然后单击"添加"按钮将把该字符串作为列表项添加到列表框中。单击"清除"按钮将清除列表框中的所有列表项。

(2) 创建一个类似于记事本菜单的窗体,程序运行结果如图 5-64 所示,要求快捷菜单也与记事本程序相同,各个菜单项的功能不要求实现。

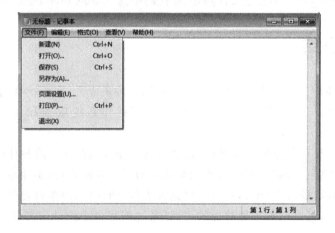

图 5-64　菜单的运行结果

(3) 创建一个 Windows 应用程序,单击"说明"按钮将打开一个非模式对话框,单击"登录"按钮,将打开一个模式对话框。程序运行结果如图 5-65 至图 5-67 所示。

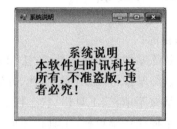

图 5-65　主窗体　　　　　　　　　图 5-66　非模式说明窗口

(4) 设计一个键盘事件应用程序,程序启动后,当用户按下 Ctrl+Alt+F8 组合键时,屏幕显示如图 5-68 所示的界面,经过 5 秒后程序自动结束。

第5章　Windows窗体与控件

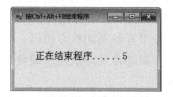

图 5-67　模式登录窗口　　　　　　　　图 5-68　结束程序时的界面

(5) 设计一个小游戏：程序启动后窗体上显示如图 5-69 所示的界面，当用户试图用鼠标捕捉图标时总不能成功。但右键双击窗体后，图标不再移动，用户指向图标后显示如图 5-70 所示的界面，双击鼠标游戏重新开始运行。

图 5-69　程序运行时的界面　　　　　　图 5-70　完成捕捉

实训难点提示：

(1) 第(1)题的难点在于如何对列表框内的选项进行精确查找。精确查找的核心代码如下：

```
private void button1_Click(object sender, System.EventArgs e)      //精确查找
{   string findstr;      int n;
    findstr = textBox1.Text ;                    //获取要查找的字符串
    n = listBox1.FindStringExact(findstr);       //在列表框中精确查找
    if (n > = 0)                                 //如果找到
        listBox1.SetSelected(n,true);            //把找到的项选中
    else                                         //没有查找到
        MessageBox.Show ("无此选项","找不到提示框");   //显示找不到信息
}
```

(2) 第(2)题仅是一个菜单界面设计，并不要求实现功能，因此按照添加菜单及设计菜单标题的方法即可完成。在设计时要注意快捷方式的设置。

(3) 第(3)题主要考查多窗体程序的设计，非模式窗体用 Show() 方法打开，模式窗体用 ShowDialog() 方法打开。注意输入的密码与预设的密码进行比较，不论正确与否都应弹出消息框进行提示。

(4) 第(4)题的难点在于倒计时的设计，可以通过在 Timer 控件的 Tick 事件中通过变量值的递减实现。

(5) 第(5)题的难点在于如何设计游戏界面，可以考虑在图 5-69 和图 5-70 所示的文本和图像位置分别设计两组控件（Label 和 PictureBox），窗体加载时只保留左下角的一组（Label1 和 PictureBox1）可见，右键双击鼠标时，隐藏左下角的控件，显示右上角的 PictureBox2 控件，PictureBox2 控件的 MouseEnter 事件中显示"恭喜你"的信息。图像文

件可以复制到项目所在文件夹中的 Debug 文件夹中,在加载时不需要路径。

实训报告:

(1) 书写各题的核心代码。

(2) 简述常见的鼠标及键盘事件有哪些,它们分别由哪个类来提供事件处理程序所需的数据。

(3) 举例说明如何判断用户在触发 KeyDown 或 KeyUp 事件时,曾使用了怎样的 Ctrl、Shift、Alt 组合键。

(4) 总结本次实训的完成情况,并撰写实训体会。

习题 5

一、选择题

1. 在 C#.NET 中,用来创建主菜单的对象是( )。
   A. Menu　　　　B. MenuItem　　　　C. MenuStrip　　　　D. Item

2. 下面所列举的应用程序中,不是多文档应用程序的是( )。
   A. Word　　　　B. Excel　　　　C. PowerPoint　　　　D. 记事本

3. 加载窗体时触发的事件是( )。
   A. Click　　　　B. Load　　　　C. GotFoucs　　　　D. DoubleClick

4. 建立访问键时,需在菜单标题的字母前添加的符号是( )。
   A. !　　　　B. #　　　　C. $　　　　D. &

5. 使用 Dirctory 类的下列方法,可以获取指定文件夹中的文件的是( )。
   A. Exists()　　　　　　　　　　B. GetFiles()
   C. GetDirectories()　　　　　　D. CreateDirectory()

二、填空题

1. 在 C#.NET 中,窗体父子关系通过_____窗口来创建。

2. 根据 Windows 窗体的显示状态,可以分为_____窗体和_____窗体。

3. 将文本框设置为只读,可以通过修改_____属性实现。

4. _____控件又称为菜单控件,主要用来设计程序的菜单栏。

5. 计时器控件每隔一定的时间间隔引发一次_____事件。

6. ProgressBar 控件又称为_____控件。

7. 将文本框控件设置为密码文本框,可以通过修改_____属性实现。

三、问答题

1. Windows 应用程序的菜单通常由哪些部分组成?

2. 在实际应用中,菜单可以分为哪两种形式?在 C# 中设计菜单使用哪两种控件?请简述其设计步骤。

3. 简述工具栏与菜单共享代码的方法。

4. 简述状态栏面板 StatusStrip 的主要属性及作用。

5. 简述模式窗体与非模式窗体的区别。

6. 简述 KeyPress 事件与 KeyDown、KeyUp 事件的主要不同点。

第6章

文件操作

本章学习目标

(1) 熟练掌握多窗口程序设计。
(2) 熟练掌握 Visual Studio 中添加 dll 的方法。
(3) 掌握 Visual C# 中的异常处理机制。
(4) 掌握 C# 中关于磁盘、文件夹、文件处理的相关控件。
(5) 掌握 C# 中关于磁盘、文件夹、文件处理的相关类。

6.1 典型项目及分析

典型项目一：文件和文件夹的管理——简单资源管理器的实现

【项目任务】

设计一个 Windows 窗体应用程序，实现 Windows 操作系统资源管理器的基本功能，如图 6-1 所示。

【学习目标】

通过本项目的学习，进一步熟悉 Windows 窗体应用程序的设计方法与技巧，熟练掌握多窗口程序设计，熟悉 System.IO 命名空间下的相关类，熟悉 C# 编程实现磁盘管理、文件夹操作、文件操作的相关方法。

【知识要点】

(1) Windows 窗体应用程序的设计方法。
(2) 常用控件的属性设置。
(3) 菜单和工具栏菜单的设计。
(4) 掌握 C# 编程中路径的表示方法。
(5) 掌握 C# 编程中 System.IO 中的相关类。

【实现步骤】

(1) 设计程序界面。

创建一个 Windows 窗体应用程序（项目），设计程序主界面，添加控件，效果如图 6-2 所示。

设计"关于"界面，添加控件，效果如图 6-3 所示。

254 C#.NET 程序设计案例教程

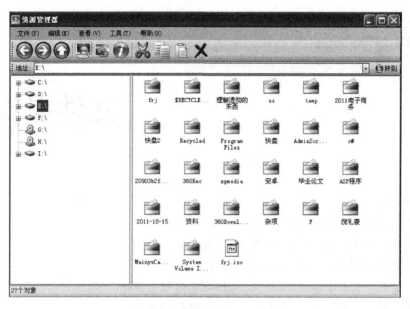

图 6-1 项目任务一程序运行界面

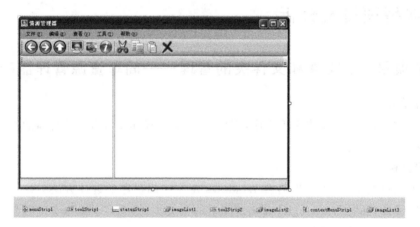

图 6-2 程序主界面

图 6-3 "关于"界面

设计"属性"界面,添加控件,效果如图 6-4 所示。

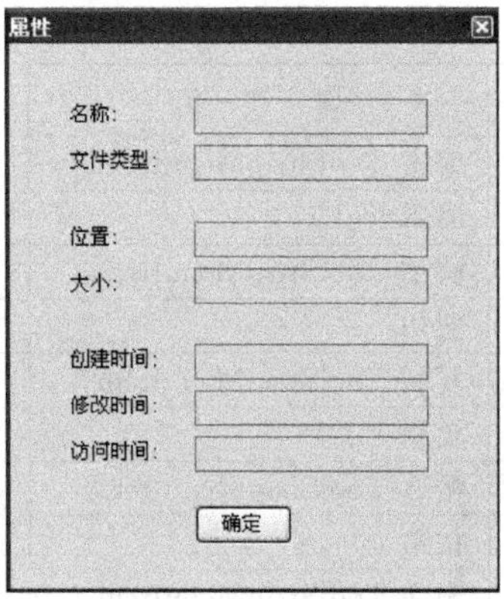

图 6-4 "属性"界面

(2) 设计窗体及控件属性。

如图 6-2 所示的窗体 Name：Form1,Text：资源管理器,控件如表 6-1 所示。

表 6-1 图 6-2 所示的窗体控件

控件类型	属 性	属 性 值
MenuStrip	Name	MenuStrip1
	Text	MenuStrip1
ToolStrip	Name	ToolStrip1
	Text	ToolStrip1
ToolStrip	Name	ToolStrip2
	Text	ToolStrip2
StatusStrip	Name	StatusStrip1
	Text	StatusStrip1
ImageList	Name	ImageList1
ImageList	Name	ImageList2
ImageList	Name	ImageList3
ContextMenuStrip	Name	ContextMenuStrip1

ContextMenuStrip1 控件添加事件 contextMenuStrip1_Opening,菜单栏控件 MenuStrip1 添加文件、编辑、查看、工具、帮助几个菜单项。"文件"菜单项的可选项如表 6-2 所示。

表 6-2 "文件"菜单项的可选项

控件类型	属 性	属 性 值	事 件
ToolStrip MenuItem	Name	文件 ToolStripMenuItem	
	Text	文件(&F)	
	Name	属性 ToolStripMenuItem	属性 ToolStripMenuItem_Click
	Text	属性	
	Name	关闭 ToolStripMenuItem	
	Text	关闭	关闭 ToolStripMenuItem_Click

"编辑"菜单项的可选项如表 6-3 所示。

表 6-3 "编辑"菜单项的可选项

控件类型	属性	属性值	事件
ToolStrip MenuItem	Name	编辑 ToolStripMenuItem	
	Text	编辑(&E)	
	Name	剪切 ToolStripMenuItem	剪切 ToolStripMenuItem_Click
	Text	剪切	
	Name	复制 ToolStripMenuItem	
	Text	复制	复制 ToolStripMenuItem_Click
	Name	粘贴 ToolStripMenuItem	
	Text	粘贴	粘贴 ToolStripMenuItem_Click
	Name	删除 ToolStripMenuItem	
	Text	删除	删除 ToolStripMenuItem_Click

"查看"菜单项的可选项如表 6-4 所示。

表 6-4 "查看"菜单项的可选项

控件类型	属性	属性值	事件
ToolStrip MenuItem	Name	查看 ToolStripMenuItem	
	Text	查看(&V)	
	Name	工具栏 ToolStripMenuItem	工具栏 ToolStripMenuItem_Click
	Text	工具栏	
	Checked	True	
	CheckState	Checked	
	Enabled	True	
ToolStrip MenuItem	Name	地址栏 ToolStripMenuItem	地址栏 ToolStripMenuItem_Click
	Text	地址栏	
	Checked	True	
	CheckState	Checked	
	Enabled	True	
ToolStrip MenuItem	Name	状态栏 ToolStripMenuItem	状态栏 ToolStripMenuItem_Click
	Text	状态栏	
	Checked	True	
	CheckState	Checked	
	Enabled	True	
ToolStrip MenuItem	Name	toolStripMenuItem1	
ToolStrip MenuItem	Name	大图标 ToolStripMenuItem	大图标 ToolStripMenuItem_Click
	Text	大图标	
	Checked	True	
	CheckState	Checked	
	Enabled	True	
ToolStrip MenuItem	Name	小图标 ToolStripMenuItem	小图标 ToolStripMenuItem_Click

控件类型	属性	属性值	事件
ToolStrip MenuItem	Text	小图标	
ToolStrip MenuItem	Name	列表 ToolStripMenuItem	列表 ToolStripMenuItem_Click
	Text	列表	
ToolStrip MenuItem	Name	详细信息 ToolStripMenuItem	详细信息 ToolStripMenuItem_Click
	Text	详细信息	
	Enabled	True	
ToolStrip MenuItem	Name	ToolStripMenuItem2	
	Name	刷新 ToolStripMenuItem	刷新 ToolStripMenuItem_Click
	Text	刷新	
	Enabled	True	

"工具"菜单项的可选项如表 6-5 所示。

表 6-5 "工具"菜单项的可选项

控件类型	属性	属性值	事件
ToolStrip MenuItem	Name	工具 ToolStripMenuItem	
	Text	工具(&T)	
	Name	搜索 ToolStripMenuItem	搜索 ToolStripMenuItem_Click
	Text	搜索	
	Enabled	True	

"帮助"菜单项的可选项如表 6-6 所示。

表 6-6 "帮助"菜单项的可选项

控件类型	属性	属性值	事件
ToolStrip MenuItem	Name	帮助 ToolStripMenuItem	
	Text	帮助(&H)	
	Name	关于 ToolStripMenuItem	关于 ToolStripMenuItem_Click
	Text	关于资源管理器	
	Enabled	True	

工具栏添加的控件如表 6-7 所示。

表 6-7 工具栏添加的控件

控件类型	属性	属性值	事件
Tool StripButton	Name	ToolStripButton3	ToolStripButton3_Click
	ToolTipText	向上	
Tool StripButton	Name	ToolStripButton5	ToolStripButton5_Click
	ToolTipText	刷新	

续表

控件类型	属性	属性值	事件
Tool StripButton	Name	ToolStripButton6	ToolStripButton6_Click
	ToolTipText	属性	
Tool StripButton	Name	ToolStripButton9	ToolStripButton9_Click
	ToolTipText	剪切	
Tool StripButton	Name	ToolStripButton10	ToolStripButton10_Click
	ToolTipText	复制	
Tool StripButton	Name	ToolStripButton11	ToolStripButton11_Click
	ToolTipText	粘贴	
Tool StripButton	Name	ToolStripButton12	ToolStripButton12_Click
	ToolTipText	删除	
Tool StripButton	Name	ToolStripButton1	ToolStripButton1_Click
	ToolTipText	Blog	

快捷菜单的控件如表 6-8 所示。

表 6-8 快捷菜单的控件

控件类型	属性	属性值	事件
Context MenuStrip	Name	ContextMenuStrip1	ContextMenuStrip1_Openin
	ToolTipText	向上	
Tool StripMenuItem	Name	打开 ToolStripMenuItem1	打开 ToolStripMenuItem1_Click
	Text	打开	
Tool StripMenuItem	Name	查看 ToolStripMenuItem1	查看 ToolStripMenuItem1_Click
	Text	查看	
Tool StripMenuItem	Name	刷新 ToolStripMenuItem1	刷新 ToolStripMenuItem1_Click
	Text	刷新	
Tool StripMenuItem	Name	剪切 ToolStripMenuItem2	剪切 ToolStripMenuItem2_Click
	Text	剪切	
Tool StripMenuItem	Name	复制 ToolStripMenuItem2	复制 ToolStripMenuItem2_Click
	Text	复制	
Tool StripMenuItem	Name	删除 ToolStripMenuItem2	删除 ToolStripMenuItem2_Click
	Text	删除	
Tool StripMenuItem	Name	粘贴 ToolStripMenuItem1	粘贴 ToolStripMenuItem1_Click
	Text	粘贴	
Tool StripMenuItem	Name	新建文件夹 ToolStripMenuItem	新建文件夹 ToolStripMenuItem_Click
	Text	新建文件夹	
Tool StripMenuItem	Name	属性 ToolStripMenuItem	属性 ToolStripMenuItem_Click
	Text	属性	

左侧树形菜单如表 6-9 所示。

表 6-9　左侧树形菜单的控件

控件类型	属　　性	属　性　值
TreeView	TreeView1	ContextMenuStrip1
	事件名称	事件
	AfterSelect	TreeView1_AfterSelect
	BeforeExpand	TreeView1_BeforeExpand

右侧显示区域控件如表 6-10 所示。

表 6-10　右侧显示区域控件

控件类型	属　　性	属　性　值
ListView	Name	ListView1
	事件名称	事件
	ItemActivate	ListView1_ItemActivate

图 6-3 所示的窗体 name：FormAbout，text：关于 File Explorer，控件如表 6-11 所示。

表 6-11　图 6-3 所示的窗体的控件

控件类型	属　　性	属　性　值
Label	Name	Label3
	Text	C♯写的小程序，模仿 Windows 资源管理器
Label	Name	Label1
	Text	作者倪礼豪：
LinkLabel	Name	LinkLabel1
	Text	http：//www.xxddp.com
Label	Name	Label2
	Text	本程序链接：
LinkLabel	Name	LinkLabel2
	Text	http：//www.xxddp.com
Button	Name	Button1
	Text	确定
	Chick 事件	Button1_Click

图 6-4 所示的窗体 Name：FormAttributes，Text：属性，控件如表 6-12 所示。

表 6-12　图 6-4 所示的窗体的控件

控件类型	属　　性	属　性　值
Label	Name	Label1
	Text	名称：
TextBox	Name	TextBox1
Label	Name	Label7
	Text	文件类型：
TextBox	Name	TextBox2

续表

控件类型	属　性	属　性　值
Label	Name	Label2
	Text	位置：
TextBox	Name	TextBox3
Label	Name	Label3
	Text	大小：
TextBox	Name	TextBox4
Label	Name	Label5
	Text	创建时间：
TextBox	Name	TextBox5
Label	Name	Label5
	Text	修改时间：
TextBox	Name	TextBox6
Label	Name	Label6
	Text	访问时间：
TextBox	Name	TextBox7
Button	Name	Button1
	Text	确定
	Click 事件	Button1_Click

(3) 设计代码。

定义变量：

```
private string currentPath = "";                    //当前路径
private string[] sources = new string[100];         //复制文件的源路径
private bool IsMove = false;                        //是否移动
```

定义列出磁盘方法：

```
private void ListDrivers()
{
    treeView1.Nodes.Clear();
    listView1.Items.Clear();
    currentPath = "";
    toolStripComboBox1.Text = currentPath;
    DriveInfo[] drivers = DriveInfo.GetDrives();
    foreach (DriveInfo driver in drivers)
    {
        TreeNode node = treeView1.Nodes.Add(driver.Name);
        ListViewItem item = listView1.Items.Add(driver.Name);
        item.Name = driver.Name;
        //判断驱动器类型,用不同图标显示
        switch (driver.DriveType)
        {
            case DriveType.CDRom:                   //光驱
                {
                    node.ImageIndex = 1;
                    node.SelectedImageIndex = 1;
```

```
                        item.ImageIndex = 1;
                        break;
                    }
                default:        //默认显示为磁盘图标
                    {
                        node.ImageIndex = 0;
                        node.SelectedImageIndex = 0;
                        item.ImageIndex = 0;
                        break;
                    }
            }
        }
        foreach (TreeNode node in treeView1.Nodes)
        {
            NodeUpdate(node);
        }
    }
```

定义方法，实现更新结点，列出当前文件夹下的子文件夹的功能：

```
private void NodeUpdate(TreeNode node)
{
    try
    {
        node.Nodes.Clear();
        DirectoryInfo dir = new DirectoryInfo(node.FullPath);
        DirectoryInfo[] dirs = dir.GetDirectories();
        foreach (DirectoryInfo d in dirs)
        {
            node.Nodes.Add(d.Name);
        }
    }
    catch
    {
    }
}
```

定义方法，实现更新列表，列出当前目录下的文件夹和文件的功能：

```
private void ListUpdate(string newPath)
{
    if (newPath == "")
        ListDrivers();
    else
    {
        try
        {
            DirectoryInfo currentDir = new DirectoryInfo(newPath);
            DirectoryInfo[] dirs = currentDir.GetDirectories();      //获取文件夹
            FileInfo[] files = currentDir.GetFiles();                //获取文件
            //删除 ImageList 中的程序图标
            foreach (ListViewItem item in listView1.Items)
            {
                if (item.Text.EndsWith(".exe"))
```

```csharp
                {
                    imageList2.Images.RemoveByKey(item.Text);
                    imageList3.Images.RemoveByKey(item.Text);
                }
            }
            listView1.Items.Clear();
            //列出文件夹
            foreach (DirectoryInfo dir in dirs)
            {
                ListViewItem dirItem = listView1.Items.Add(dir.Name, 2);
                dirItem.Name = dir.FullName;
                dirItem.SubItems.Add("");
                dirItem.SubItems.Add("文件夹");
                dirItem.SubItems.Add(dir.LastWriteTimeUtc.ToString());
            }
            //列出文件
            foreach (FileInfo file in files)
            {
                ListViewItem fileItem = listView1.Items.Add(file.Name);
                if (file.Extension == ".exe" || file.Extension == "") //程序文件或无扩展名
                {
                    Icon fileIcon = GetSystemIcon.GetIconByFileName(file.FullName);
                    imageList2.Images.Add(file.Name, fileIcon);
                    imageList3.Images.Add(file.Name, fileIcon);
                    fileItem.ImageKey = file.Name;
                }
                else     //其他文件
                { //ImageList 中不存在此类图标
                    if (!imageList2.Images.ContainsKey(file.Extension))
                    {
                        Icon fileIcon = GetSystemIcon.GetIconByFileName(file.FullName);
                        imageList2.Images.Add(file.Extension, fileIcon);
                        imageList3.Images.Add(file.Extension, fileIcon);
                    }
                    fileItem.ImageKey = file.Extension;
                }
                fileItem.Name = file.FullName;
                fileItem.SubItems.Add(file.Length.ToString() + "字节");
                fileItem.SubItems.Add(file.Extension);
                fileItem.SubItems.Add(file.LastWriteTimeUtc.ToString());
            }
            currentPath = newPath;
            toolStripComboBox1.Text = currentPath;                     //更新地址栏
toolStripStatusLabel1.Text = listView1.Items.Count + "个对象";  //更新状态栏
        }
        catch (Exception ex)
        {
MessageBox.Show(ex.Message, "Error", MessageBoxButtons.OK, MessageBoxIcon.Error);
        }
    }
}
```

定义方法,实现打开文件夹或文件功能:

```csharp
private void Open()
{
    if (listView1.SelectedItems.Count > 0)
    {
        string newPath = listView1.SelectedItems[0].Name;
        try
        {
            //判断是目录还是文件
            if (Directory.Exists(newPath))
                ListUpdate(newPath);
            else
                Process.Start(newPath);         //打开文件
        }
        catch (Exception ex)
        {
MessageBox.Show(ex.Message, "Error", MessageBoxButtons.OK, MessageBoxIcon.Error);
        }
    }
}
```

定义方法,实现显示属性窗口功能:

```csharp
private void ShowAttributes()
{
    if (listView1.SelectedItems.Count == 0)       //无对象选中时,显示当前文件夹属性
    {
        FormAttributes FormAttributes1 = new FormAttributes(currentPath);
    }
    else     //有对象选中时,显示第一个选中对象的属性
    {
FormAttributes FormAttributes1 = new FormAttributes(listView1.SelectedItems[0].Name);
    }
}
```

定义方法,实现剪切功能:

```csharp
private void Cut()
{
    Copy();
    IsMove = true;
}
```

定义方法,实现复制功能:

```csharp
private void Copy()
{
    if (listView1.SelectedItems.Count == 0)
        return;
    sources = new string[100];
    int i = 0;
    foreach (ListViewItem item in listView1.SelectedItems)
    {
        sources[i++] = item.Name;
```

```
        }
        IsMove = false;
}
```

定义方法，实现复制或移动文件功能：

```
private void CopyFile(string source)
{
    try
    {
        FileInfo file = new FileInfo(source);
        string destination = Path.Combine(currentPath, file.Name);
        if (destination == source)                //目标路径和源路径相同,返回
            return;
        if (IsMove)                               //移动
            file.MoveTo(destination);
        else                                      //复制
            file.CopyTo(destination);

    }
    catch (Exception ex)
    {
     MessageBox.Show(ex.Message, "Error", MessageBoxButtons.OK, MessageBoxIcon.Error);
    }
}
```

定义方法，实现递归复制文件夹下的所有文件功能：

```
private void CopyAll(DirectoryInfo source, DirectoryInfo target)
{
    //判断目标文件夹是否是源文件夹的子文件夹,是则返回
    for (DirectoryInfo temp = target.Parent; temp != null; temp = temp.Parent)
    {
        if (temp.FullName == source.FullName)
        {
            MessageBox.Show("无法复制!目标文件夹是源文件夹的子文件夹!", "Error",
MessageBoxButtons.OK, MessageBoxIcon.Error);
            return;
        }
    }
    FileInfo[] files = source.GetFiles();
    DirectoryInfo[] dirs = source.GetDirectories();
    // 检查目标文件夹是否存在,不存在则创建
    if (Directory.Exists(target.FullName) == false)
    {
        Directory.CreateDirectory(target.FullName);
    }
    //复制所有文件
    foreach (FileInfo fi in files)
    {
        fi.CopyTo(Path.Combine(target.ToString(), fi.Name));
    }
    //递归复制子文件夹
    foreach (DirectoryInfo diSourceSubDir in dirs)
```

```csharp
        {
            DirectoryInfo nextTargetSubDir = target.CreateSubdirectory(diSourceSubDir.Name);
            CopyAll(diSourceSubDir, nextTargetSubDir);
        }
}
```

定义方法,实现复制或移动文件夹功能:

```csharp
private void CopyDirectory(string source)
{
    try
    {
        DirectoryInfo dir = new DirectoryInfo(source);
        string destination = Path.Combine(currentPath, dir.Name);
        if (destination == source)           //目标路径和源路径相同,返回
            return;
        if (IsMove)                          //移动
            dir.MoveTo(destination);
        else                                 //复制
        {
            CopyAll(dir, new DirectoryInfo(destination));
        }

    }
    catch (Exception ex)
    {
        MessageBox.Show(ex.Message, "Error", MessageBoxButtons.OK, MessageBoxIcon.Error);
    }
}
```

定义方法,实现粘贴功能:

```csharp
private void Paste()
{
    if (sources[0] == null)                  //无源文件则返回
        return;
    if (!Directory.Exists(currentPath))      //当前路径无效则返回
        return;
    for (int i = 0; sources[i] != null; i++)
    {
        if (File.Exists(sources[i]))         //文件
        {
            CopyFile(sources[i]);
        }
        else if (Directory.Exists(sources[i])) //文件夹
        {
            CopyDirectory(sources[i]);
        }
    }
    ListUpdate(currentPath);
    sources = new string[100];
}
```

定义方法,实现删除文件夹或文件功能:

```
private void Delete()
{
    if (listView1.SelectedItems.Count == 0)
        return;
    DialogResult result = MessageBox.Show("确定要删除吗?","确认删除",MessageBoxButtons.YesNo,MessageBoxIcon.Information);
    if (result == DialogResult.No)
        return;
    try
    {
        foreach (ListViewItem item in listView1.SelectedItems)
        {
            string path = item.Name;
            if (File.Exists(path))          //文件
                File.Delete(path);
            else if (Directory.Exists(path)) //文件夹
                Directory.Delete(path, true);
            listView1.Items.Remove(item);
        }
    }
    catch (Exception ex)
    {
        MessageBox.Show(ex.Message, "Error", MessageBoxButtons.OK, MessageBoxIcon.Error);
    }
}
```

定义方法,实现新建文件夹功能:

```
private void CreateFolder()
{
    try
    {
        string path = Path.Combine(currentPath, "重命名");
        int i = 1;
        string newPath = path;
        while (Directory.Exists(newPath))
        {
            newPath = path + i;
            i++;
        }
        Directory.CreateDirectory(newPath);
        listView1.Items.Add(newPath, "重命名" + (i - 1 == 0 ? "" : (i - 1).ToString()), 2);
    }
    catch (Exception ex)
    {
        MessageBox.Show(ex.Message, "Error", MessageBoxButtons.OK, MessageBoxIcon.Error);
    }
}
```

定义方法,实现清除功能:

```
private void ClearCheck()
{
```

```
    大图标ToolStripMenuItem.Checked = false;
    小图标ToolStripMenuItem.Checked = false;
    详细信息ToolStripMenuItem.Checked = false;
    列表ToolStripMenuItem.Checked = false;
    大图标ToolStripMenuItem1.Checked = false;
    小图标ToolStripMenuItem1.Checked = false;
    详细信息ToolStripMenuItem1.Checked = false;
    列表ToolStripMenuItem1.Checked = false;
}
```

双击窗体,切换到代码视图,在 Form1_Load 事件中调用列出磁盘方法:

```
ListDrivers();
```

TreeView1 控件的 AfterSelect 事件:

```
private void treeView1_AfterSelect(object sender, TreeViewEventArgs e)
{
    e.Node.Expand();
    ListUpdate(e.Node.FullPath);
}
```

treeView1 控件的 BeforeExpand 事件:

```
private void treeView1_BeforeExpand(object sender, TreeViewCancelEventArgs e)
{
    NodeUpdate(e.Node);                        //更新当前结点
    foreach (TreeNode node in e.Node.Nodes)    //更新所有子结点
    {
        NodeUpdate(node);
    }
}
```

listView1 控件的 ItemActivate 事件:

```
private void listView1_ItemActivate(object sender, EventArgs e)
{
    Open();
}
```

属性 ToolStripMenuItem 控件的 Click 事件:

```
private void 属性ToolStripMenuItem_Click(object sender, EventArgs e)
{
    ShowAttributes();
}
```

关闭 ToolStripMenuItem 控件的 Click 事件:

```
private void 关闭ToolStripMenuItem_Click(object sender, EventArgs e)
{
    this.Close();
}
```

剪切 ToolStripMenuItem 控件的 Click 事件：

```csharp
private void 剪切ToolStripMenuItem_Click(object sender, EventArgs e)
{
    Cut();
}
```

复制 ToolStripMenuItem 控件的 Click 事件：

```csharp
private void 复制ToolStripMenuItem_Click(object sender, EventArgs e)
{
    Copy();
}
```

粘贴 ToolStripMenuItem 控件的 Click 事件：

```csharp
private void 粘贴ToolStripMenuItem_Click(object sender, EventArgs e)
{
    Paste();
}
```

删除 ToolStripMenuItem 控件的 Click 事件：

```csharp
private void 删除ToolStripMenuItem_Click(object sender, EventArgs e)
{
    Delete();
}
```

工具栏 ToolStripMenuItem 控件的 Click 事件：

```csharp
private void 工具栏ToolStripMenuItem_Click(object sender, EventArgs e)
{
    toolStrip1.Visible = !toolStrip1.Visible;
}
```

地址栏 ToolStripMenuItem 控件的 Click 方法：

```csharp
private void 地址栏ToolStripMenuItem_Click(object sender, EventArgs e)
{
    toolStrip2.Visible = !toolStrip2.Visible;
}
```

状态栏 ToolStripMenuItem 控件的 Click 事件：

```csharp
private void 状态栏ToolStripMenuItem_Click(object sender, EventArgs e)
{
    statusStrip1.Visible = !statusStrip1.Visible;
}
```

大图标 ToolStripMenuItem 控件的 Click 事件：

```csharp
private void 大图标ToolStripMenuItem_Click(object sender, EventArgs e)
{
    ClearCheck();
    大图标ToolStripMenuItem.Checked = true;
    大图标ToolStripMenuItem1.Checked = true;
```

```
    listView1.View = View.LargeIcon;
}
```

小图标 ToolStripMenuItem 控件的 Click 事件：

```
private void 小图标ToolStripMenuItem_Click(object sender, EventArgs e)
{
    ClearCheck();
    小图标ToolStripMenuItem.Checked = true;
    小图标ToolStripMenuItem1.Checked = true;
    listView1.View = View.SmallIcon;
}
```

列表 ToolStripMenuItem 控件的 Click 事件：

```
private void 列表ToolStripMenuItem_Click(object sender, EventArgs e)
{
    ClearCheck();
    列表ToolStripMenuItem.Checked = true;
    列表ToolStripMenuItem1.Checked = true;
    listView1.View = View.List;
}
```

详细信息 ToolStripMenuItem 控件的 Click 事件：

```
private void 详细信息ToolStripMenuItem_Click(object sender, EventArgs e)
{
    ClearCheck();
    详细信息ToolStripMenuItem.Checked = true;
    详细信息ToolStripMenuItem1.Checked = true;
    listView1.View = View.Details;
}
```

刷新 ToolStripMenuItem 控件的 Click 事件：

```
private void 刷新ToolStripMenuItem_Click(object sender, EventArgs e)
{
    ListUpdate(currentPath);
}
```

关于 FileExplorerToolStripMenuItem 控件的 Click 事件：

```
private void 关于FileExplorerToolStripMenuItem_Click(object sender, EventArgs e)
{
    FormAbout FormAbout1 = new FormAbout();
    FormAbout1.Show();
}
```

ToolStripButton3 控件的 Click 事件：

```
private void toolStripButton3_Click(object sender, EventArgs e)
{
    if (currentPath == "")
        return;
    DirectoryInfo dir = new DirectoryInfo(currentPath);
    if (dir.Parent != null)
```

```
        {
            ListUpdate(dir.Parent.FullName);
        }
        else
        {
            ListDrivers();
        }
}
```

ToolStripButton5 控件的 Click 事件：

```
private void toolStripButton5_Click(object sender, EventArgs e)
{
    ListUpdate(currentPath);
}
```

ToolStripButton6 控件的 Click 事件：

```
private void toolStripButton6_Click(object sender, EventArgs e)
{
    ShowAttributes();
}
```

ToolStripButton9 控件的 Click 事件：

```
private void toolStripButton9_Click(object sender, EventArgs e)
{
    Cut();
}
```

ToolStripButton10 控件的 Click 事件：

```
private void toolStripButton10_Click(object sender, EventArgs e)
{
    Copy();
}
```

ToolStripButton11 控件的 Click 事件：

```
private void toolStripButton11_Click(object sender, EventArgs e)
{
    Paste();
}
```

ToolStripButton12 控件的 Click 事件：

```
private void toolStripButton12_Click(object sender, EventArgs e)
{
    Delete();
}
```

ToolStripButton8 控件的 Click 事件：

```
private void toolStripButton8_Click(object sender, EventArgs e)
{
    Process.Start("http://www.xxddp.com");
}
```

ToolStripButton7 控件的 Click 事件：

```csharp
private void toolStripButton7_Click(object sender, EventArgs e)
{
    string newPath = toolStripComboBox1.Text;
    if (newPath == "")
        return;
    ListUpdate(newPath);
}
```

ToolStripComboBox1 控件的 KeyPress 事件：

```csharp
private void toolStripComboBox1_KeyPress(object sender, KeyPressEventArgs e)
{
    if (e.KeyChar == (char)Keys.Enter)
    {
        string newPath = toolStripComboBox1.Text;
        if (newPath == "")
            return;
        ListUpdate(newPath);
    }
}
```

ToolStripStatusLabel2 控件的 Click 事件：

```csharp
private void toolStripStatusLabel2_Click(object sender, EventArgs e)
{
    Process.Start("http://www.xxddp.com");
}
```

窗体的 SizeChanged 事件：

```csharp
private void Form1_SizeChanged(object sender, EventArgs e)
{
    toolStripComboBox1.Width = this.Width - 112;
}
```

ContextMenuStrip1 控件的 Opening 事件：

```csharp
private void contextMenuStrip1_Opening(object sender, CancelEventArgs e)
{
    Point point = listView1.PointToClient(Cursor.Position);
    ListViewItem item = listView1.GetItemAt(point.X, point.Y);
//获得鼠标坐标处的 ListViewItem
    if (item == null)         //当前位置没有 ListViewItem
    {
        打开 ToolStripMenuItem1.Visible = false;
        剪切 ToolStripMenuItem2.Visible = false;
        复制 ToolStripMenuItem2.Visible = false;
        删除 ToolStripMenuItem2.Visible = false;
        查看 ToolStripMenuItem1.Visible = true;
        刷新 ToolStripMenuItem1.Visible = true;
        粘贴 ToolStripMenuItem1.Visible = true;
        新建文件夹 ToolStripMenuItem.Visible = true;
    }
```

```
        else                       //当前位置有 List View ltem
        {
            查看 ToolStripMenuItem1.Visible = false;
            刷新 ToolStripMenuItem1.Visible = false;
            粘贴 ToolStripMenuItem1.Visible = false;
            新建文件夹 ToolStripMenuItem.Visible = false;
            打开 ToolStripMenuItem1.Visible = true;
            剪切 ToolStripMenuItem2.Visible = true;
            复制 ToolStripMenuItem2.Visible = true;
            删除 ToolStripMenuItem2.Visible = true;
        }
}
```

打开 ToolStripMenuItem1 控件的 Click 事件：

```
private void 打开 ToolStripMenuItem1_Click(object sender, EventArgs e)
{
    Open();
}
```

大图标 ToolStripMenuItem1 控件的 Click 事件：

```
private void 大图标 ToolStripMenuItem1_Click(object sender, EventArgs e)
{
    ClearCheck();
    大图标 ToolStripMenuItem.Checked = true;
    大图标 ToolStripMenuItem1.Checked = true;
    listView1.View = View.LargeIcon;
}
```

小图标 ToolStripMenuItem1 控件的 Click 事件：

```
private void 小图标 ToolStripMenuItem1_Click(object sender, EventArgs e)
{
    ClearCheck();
    小图标 ToolStripMenuItem.Checked = true;
    小图标 ToolStripMenuItem1.Checked = true;
    listView1.View = View.SmallIcon;
}
```

列表 ToolStripMenuItem1 控件的 Click 事件：

```
private void 列表 ToolStripMenuItem1_Click(object sender, EventArgs e)
{
    ClearCheck();
    列表 ToolStripMenuItem.Checked = true;
    列表 ToolStripMenuItem1.Checked = true;
    listView1.View = View.List;
}
```

详细信息 ToolStripMenuItem1 控件的 Click 事件：

```
private void 详细信息 ToolStripMenuItem1_Click(object sender, EventArgs e)
{
    ClearCheck();
```

```
    详细信息ToolStripMenuItem.Checked = true;
    详细信息ToolStripMenuItem1.Checked = true;
    listView1.View = View.Details;
}
```

剪切 ToolStripMenuItem2 控件的 Click 事件：

```
private void 剪切ToolStripMenuItem2_Click(object sender, EventArgs e)
{
    Cut();
}
```

复制 ToolStripMenuItem2 控件的 Click 事件：

```
private void 复制ToolStripMenuItem2_Click(object sender, EventArgs e)
{
    Copy();
}
```

删除 ToolStripMenuItem2 控件的 Click 事件：

```
private void 删除ToolStripMenuItem2_Click(object sender, EventArgs e)
{
    Delete();
}
```

粘贴 ToolStripMenuItem1 控件的 Click 事件：

```
private void 粘贴ToolStripMenuItem1_Click(object sender, EventArgs e)
{
    Paste();
}
```

新建文件夹 ToolStripMenuItem 控件的 Click 事件：

```
private void 新建文件夹ToolStripMenuItem_Click(object sender, EventArgs e)
{
    CreateFolder();
}
```

属性 ToolStripMenuItem1 控件的 Click 事件：

```
private void 属性ToolStripMenuItem1_Click(object sender, EventArgs e)
{
    ShowAttributes();
}
```

刷新 ToolStripMenuItem1 控件的 Click 事件：

```
private void 刷新ToolStripMenuItem1_Click(object sender, EventArgs e)
{
    ListUpdate(currentPath);
}
```

"关于"页面代码编写，ormAbout.cs 文件 linkLabel1 控件的 LinkClicked 事件：

```csharp
private void linkLabel1_LinkClicked(object sender, LinkLabelLinkClickedEventArgs e)
{
    Process.Start("http://www.xxddp.com");
}
```

LinkLabel2 控件的 LinkClicked 事件：

```csharp
private void linkLabel2_LinkClicked(object sender, LinkLabelLinkClickedEventArgs e)
{
    Process.Start("http://www.xxddp.com");
}
```

Button1 控件的 Click 事件：

```csharp
private void button1_Click(object sender, EventArgs e)
{
    this.Close();
}
```

"属性"窗体代码实现，先定义 FormAttributes 方法：

```csharp
public FormAttributes(string path)
{
    InitializeComponent();
    if (Directory.Exists(path))
    {
        DirectoryInfo dir = new DirectoryInfo(path);
        this.FileName = dir.Name;
        this.FileType = "文件夹";
        this.FileLocation = (dir.Parent != null) ? dir.Parent.FullName : null;
        this.FileCreationTime = dir.CreationTime.ToString();
        this.FileLastWriteTime = dir.LastAccessTimeUtc.ToString();
        this.FileLastAccessTime = dir.LastAccessTimeUtc.ToString();
        //this.FileLength = dir.
    }
    else if (File.Exists(path))
    {
        FileInfo file = new FileInfo(path);
        this.FileName = file.Name;
        this.FileType = file.Extension;
        this.FileLocation = (file.DirectoryName != null) ? file.DirectoryName : null;
        this.FileCreationTime = file.CreationTime.ToString();
        this.FileLastWriteTime = file.LastAccessTimeUtc.ToString();
        this.FileLastAccessTime = file.LastAccessTimeUtc.ToString();
        this.FileLength = file.Length.ToString() + "字节";
    }
    this.Show();
}
```

定义属性：

```csharp
public string FileName
{
    get { return textBox1.Text;}
```

```csharp
        set { textBox1.Text = value; }
    }
    public string FileType
    {
        get { return textBox2.Text; }
        set { textBox2.Text = value; }
    }

    public string FileLocation
    {
        get { return  textBox3.Text;}
        set { textBox3.Text = value; }
    }

    public string FileLength
    {
        get { return textBox4.Text; }
        set { textBox4.Text = value; }
    }

    public string FileCreationTime
    {
        get { return textBox5.Text; }
        set { textBox5.Text = value; }
    }

    public string FileLastWriteTime
    {
        get { return textBox6.Text; }
        set { textBox6.Text = value; }
    }

    public string FileLastAccessTime
    {
        get { return textBox7.Text; }
        set { textBox7.Text = value; }
    }
```

Button1 控件的 Click 事件：

```csharp
private void button1_Click(object sender, EventArgs e)
{
    this.Close();
}
```

（4）执行程序。

按 F5 键或单击工具栏上的"启动调试"按钮，程序开始运行，结果如图 6-1 所示。

说明：

（1）理解在实现资源管理器功能中编写的各个方法，掌握其作用，体会面向对象编程中抽象与封装的意义。

（2）体会在 C# WinForm 编程中多窗口程序的编写。

（3）控件的事件过程是当触发相应事件时执行的代码，例如，按钮控件的单击事件"Button1_Click"是当单击按钮时触发。如果是控件的默认事件，在"设计"视图中双击该控件即可直接进入该事件的代码编写状态。如果不是控件的默认事件，则需要在"属性"窗口中切换到"方法"窗口，在其中选择相应的事件进行双击。注意，所有的事件过程的头部不要自己在"代码"视图中输入，而应该让系统自动生成，否则无法与控件进行自动绑定。

（4）程序中各个控件的属性，本例中是直接在"设计"视图中通过"属性"窗口进行设置的，也可以通过在"Form_Load"事件过程中编写代码进行设置。

（5）学会在 C♯ 实现对属性的只读、只写、读写操作。由于属性具有方法的本质特征，属性当然也有方法的种种修饰，除了方法的多参数带来的方法重载等特性属性不具备外，virtual、sealed、override、abstract 等修饰符对属性和方法有同样的行为。但属性的存取修饰往往为 public，否则就失去了属性作为类的公共接口的意义，属性常常被实现为读、写两个方法。

典型项目二：文件的 I/O 操作——注册表编辑器

【项目任务】

设计一个注册表编辑器程序，程序的运行结果如图 6-5 所示。

图 6-5　典型项目二程序运行结果

【学习目标】

通过本项目的学习，进一步熟悉 Windows 窗体应用程序的设计方法与技巧，熟悉 C♯ 编程实现对注册表操作的相关方法，初步了解程序注册的一种方法。

【知识要点】

（1）Windows 窗体应用程序的设计方法。

（2）树(TreeView)控件的使用方法。

（3）掌握读写注册表的方法。

（4）初步了解软件注册的一种实现方法。

【实现步骤】

(1) 设计程序界面。

新建一个 Windows 窗体应用程序,Name:frmRegMgr,Text:frmRegMgr,向窗体中添加 3 个上下文菜单:ContextMenuStrip:cms_lvw_new、cms_lvw_upd 和 cms_tvw,一个状态栏控件 StatusStrip:statusStrip1,一个图形列表控件 ImageList:imagelist,左窗格是树形菜单 TreeView:tvw_reg_keys,右窗格是 ListView:lvw_item,如图 6-6 所示。

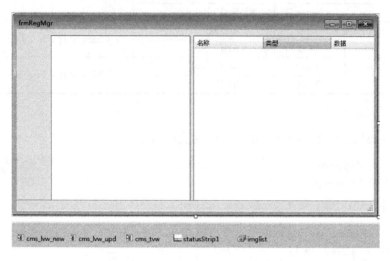

图 6-6　典型项目三程序设计界面

frmUpdReg 窗体 Name:frmUpdReg,Text:frmUpdReg,添加两个 Label,两个 TextBox,两个 Button 如图 6-7 所示。

图 6-7　frmUpdReg 窗体设计界面

(2) 设计窗体及控件属性。

frmRegMgr 窗体控件如表 6-13 所示。

表 6-13　frmRegMgr 窗体控件

控件类型	属　性	属　性　值	事　件
ContextMenuStrip	Name	cms_lvw_new	Opening 事件:cms_lvw_new_Opening
ContextMenuStrip	Name	cms_lvw_upd	
ContextMenuStrip	Name	cms_tvw	Opening 事件:cms_tvw_Opening
StatusStrip	Name	statusStrip1	
ImageList	Name	imglist	
TreeView	Name	tvw_reg_keys	
ListView	Name	lvw_item	

frmUpdReg 窗体控件如表 6-14 所示。

表 6-14 frmUpdReg 窗体控件

控件类型	属　性	属　性　值	事　件
Label	Name	Label1	
TextBox	Name	txtName	
Label	Name	Label2	
TextBox	Name	txtValue	
Button	Name	btnOk	Chick 事件：btnOk_Click
	Text	确定	
Button	Name	btnCancel	Chick 事件：btnCancel_Click
	Text	取消	

（3）设计代码。

在 frmRegMgr.cs 文件中导入命名空间的代码如下：

```
using System.Threading;
using Microsoft.Win32;
```

定义变量：

```
private int default_width;
private int default_height;
private TextBox txtBox;
```

定义 getRootKey 方法，获取注册表信息：

```
private RegistryKey getRootKey(TreeNode tn)
{
    RegistryKey rk = null;
    if (tn.FullPath.StartsWith("我的电脑\\" + Registry.ClassesRoot.Name))
    {
        rk = Registry.ClassesRoot;
    }
    else if (tn.FullPath.StartsWith("我的电脑\\" + Registry.CurrentUser.Name))
    {
        rk = Registry.CurrentUser;
    }
    else if (tn.FullPath.StartsWith("我的电脑\\" + Registry.LocalMachine.Name))
    {
        rk = Registry.LocalMachine;
    }
    else if (tn.FullPath.StartsWith("我的电脑\\" + Registry.Users.Name))
    {
        rk = Registry.Users;
    }
    else if (tn.FullPath.StartsWith("我的电脑\\" + Registry.CurrentConfig.Name))
    {
        rk = Registry.CurrentConfig;
    }
    return rk;
}
```

定义 GetKeyPath 方法：

```csharp
private string getKeyPath(TreeNode tn, RegistryKey regKey)
{
    return tn.FullPath.Replace("我的电脑\\" + regKey.Name + "\\", "");
}
```

定义 SetNextThreeNode 方法：

```csharp
private void SetNextThreeNode(RegistryKey reg_key, TreeNode current_Node)
{
    string[] keys = reg_key.GetSubKeyNames();
    if (current_Node.Nodes.Count == 0)
    {
        for (int i = 0; i < keys.Length; i++)
        {
            current_Node.Nodes.Add("", keys[i], 1);
        }
    }
}
```

定义 AddItem 方法：

```csharp
private void AddItem(TreeNode node)
{
    this.lvw_item.Items.Clear();
    int i = 0;
    bool isExit = false;
    string addText = "";
    do
    {
        i++;
        addText = "新项 #" + i;
        isExit = ExitsItem(addText, true, node);
    } while (isExit);
    node.Nodes.Add(addText);
    this.tvw_reg_keys.SelectedNode = node.Nodes[node.Nodes.Count - 1];
    DisplayTextBox(0, addText, true, true);
}
```

添加 frmRegManager 窗体的 Load 事件代码如下：

```csharp
private void frmRegManager_Load(object sender, EventArgs e)
{
    default_width = this.Width;
    default_height = this.Height;
    this.MaximumSize = new Size(Screen.PrimaryScreen.Bounds.Width, Screen.PrimaryScreen.Bounds.Height);
    this.tvw_reg_keys.Nodes.Add("", "我的电脑", 0);
    this.tvw_reg_keys.Nodes[0].Nodes.Add("", Registry.ClassesRoot.Name, 1);
    this.tvw_reg_keys.Nodes[0].Nodes.Add("", Registry.CurrentUser.Name, 1);
    this.tvw_reg_keys.Nodes[0].Nodes.Add("", Registry.LocalMachine.Name, 1);
    this.tvw_reg_keys.Nodes[0].Nodes.Add("", Registry.Users.Name, 1);
    this.tvw_reg_keys.Nodes[0].Nodes.Add("", Registry.CurrentConfig.Name, 1);
    ImageList img_list = new ImageList();
```

```csharp
            img_list.ImageSize = new Size(1, 16);
            this.lvw_item.SmallImageList = img_list;
}
```

添加 tvw_reg_keys 控件的 AfterExpand 事件代码如下：

```csharp
private void tvw_reg_keys_AfterExpand(object sender, TreeViewEventArgs e)
{
    RegistryKey rk = getRootKey(e.Node);
    if (rk != null)
    {
        foreach (TreeNode node in e.Node.Nodes)
        {
            try
            {
                if (node.Nodes.Count > 0)
                {
                    break;
                }
                string fullPath = node.FullPath;
                fullPath = fullPath.Replace("我的电脑\\" + rk.Name + "\\", "");
                RegistryKey registry_key = rk.OpenSubKey(fullPath);
                if (registry_key != null)
                {
                    SetNextThreeNode(registry_key, node);
                }
            }
            catch (Exception ex)
            {
            }
        }
    }
    else
    {
        SetNextThreeNode(Registry.ClassesRoot, e.Node.Nodes[0]);
        SetNextThreeNode(Registry.CurrentUser, e.Node.Nodes[1]);
        SetNextThreeNode(Registry.LocalMachine, e.Node.Nodes[2]);
        SetNextThreeNode(Registry.Users, e.Node.Nodes[3]);
        SetNextThreeNode(Registry.CurrentConfig, e.Node.Nodes[4]);
    }
}
```

添加 tvw_reg_keys 控件的 AfterSelect 事件代码如下：

```csharp
private void tvw_reg_keys_AfterSelect(object sender, TreeViewEventArgs e)
{
    this.tssl_state.Text = e.Node.FullPath;
    if (e.Node.FullPath.Equals("我的电脑"))
    {
        e.Node.SelectedImageIndex = 0;
        this.lvw_item.Items.Clear();
    }
    else
    {
```

```csharp
            e.Node.SelectedImageIndex = 2;
            RegistryKey rk = getRootKey(e.Node);
            if (rk != null)
            {
                try
                {
                    rk = rk.OpenSubKey(getKeyPath(e.Node, rk));
                    if (rk != null)
                    {
                        string[] key_names = rk.GetValueNames();
                        if (key_names.Length > 0)
                        {
                            this.lvw_item.Items.Clear();
                            foreach (string name in key_names)
                            {
                                ListViewItem lvi = new ListViewItem(string.IsNullOrEmpty(name) ? "(默认)" : name);
                                string valueKind = rk.GetValueKind(name).ToString();
                                lvi.SubItems.Add(valueKind);
                                if (valueKind.Equals("MultiString"))
                                {
                                    string value = "";
                                    string[] val = (string[])rk.GetValue(name);
                                    if (val != null && val.Length > 0)
                                    {
                                        val = (string[])rk.GetValue(name);
                                        foreach (string s in val)
                                        {
                                            value += s + " ";
                                        }
                                    }
                                    lvi.SubItems.Add(value.Trim());
                                }
                                else
                                {
                                    lvi.SubItems.Add(rk.GetValue(name).ToString());
                                }
                                this.lvw_item.Items.Insert(0, lvi);
                            }
                        }
                        else
                        {
                            this.lvw_item.Items.Clear();
                        }
                    }
                }
                catch (Exception ex) { this.lvw_item.Items.Clear(); };
            }
            else
            {
                this.lvw_item.Items.Clear();
            }
        }
    }
```

添加 tvw_reg_keys 控件的 NodeMouseClick 事件代码如下：

```csharp
private void tvw_reg_keys_NodeMouseClick(object sender, TreeNodeMouseClickEventArgs e)
{
    if (e.Button == MouseButtons.Right)
    {
        this.tvw_reg_keys.SelectedNode = e.Node;
    }
}
```

添加 tvw_reg_keys 控件的 MouseCaptureChanged 事件代码如下：

```csharp
private void tvw_reg_keys_MouseCaptureChanged(object sender, EventArgs e)
{
    if (txtBox != null && txtBox.Visible == true)
    {
        txt_Leave(sender, e);
    }
}
```

添加 cms_tvw 控件的 Opening 事件代码如下：

```csharp
private void cms_tvw_Opening(object sender, CancelEventArgs e)
{
    this.展开TreeToolStripMenuItem.Enabled = true;
    if (this.tvw_reg_keys.SelectedNode.IsExpanded)
    {
        this.展开TreeToolStripMenuItem.Text = "折叠";
    }
    else
    {
        if (this.tvw_reg_keys.SelectedNode.Nodes.Count > 0)
        {
            this.展开TreeToolStripMenuItem.Text = "展开";
        }
        else
        {
            this.展开TreeToolStripMenuItem.Enabled = false;
        }
    }
    if (this.tvw_reg_keys.SelectedNode.FullPath.Equals("我的电脑"))
    {
        this.新建TreeToolStripMenuItem.Enabled = false;
        this.删除TreeToolStripMenuItem.Enabled = false;
    }
    else if (this.tvw_reg_keys.SelectedNode.FullPath.Split('\\').Length == 2)
    {
        this.新建TreeToolStripMenuItem.Enabled = true;
        this.删除TreeToolStripMenuItem.Enabled = false;
    }
    else
    {
        this.新建TreeToolStripMenuItem.Enabled = true;
        this.删除TreeToolStripMenuItem.Enabled = true;
```

```
    }
}
```

添加展开 TreeToolStripMenuItem 控件的 Click 事件代码如下:

```csharp
private void 展开TreeToolStripMenuItem_Click(object sender, EventArgs e)
{
    this.tvw_reg_keys.SelectedNode.Toggle();
}
```

添加项 TreeToolStripMenuItem 控件的 Click 事件代码如下:

```csharp
private void 项TreeToolStripMenuItem_Click(object sender, EventArgs e)
{
    项ToolStripMenuItem_Click(sender, e);
}
```

添加字符串值 TreeSToolStripMenuItem 控件的 Click 事件代码如下:

```csharp
private void 字符串值TreeSToolStripMenuItem_Click(object sender, EventArgs e)
{
    字符串值ToolStripMenuItem_Click(sender, e);
}
```

添加多字符串值 TreeToolStripMenuItem 控件的 Click 事件代码如下:

```csharp
private void 多字符串值TreeToolStripMenuItem_Click(object sender, EventArgs e)
{
    多字符串值ToolStripMenuItem_Click(sender, e);
}
```

添加可扩充字符串值 TreeToolStripMenuItem 控件的 Click 事件代码如下:

```csharp
private void 可扩充字符串值TreeToolStripMenuItem_Click(object sender, EventArgs e)
{
    可扩充字符串值ToolStripMenuItem_Click(sender, e);
}
```

添加删除 TreeToolStripMenuItem 控件的 Click 事件代码如下:

```csharp
private void 删除TreeToolStripMenuItem_Click(object sender, EventArgs e)
{
    DialogResult dr = MessageBox.Show("确认要删除项和所有其子项?", "删除项",
MessageBoxButtons.YesNo, MessageBoxIcon.Warning);
    if (dr == DialogResult.Yes)
    {
        if (DeleteReg(true, this.tvw_reg_keys.SelectedNode.Text))
        {
            this.tvw_reg_keys.SelectedNode.Remove();
        }
    }
}
```

添加重命名 TreeToolStripMenuItem1 控件的 Click 事件代码如下:

```csharp
private void 重命名TreeToolStripMenuItem1_Click(object sender, EventArgs e)
{
    DisplayTextBox(0, this.tvw_reg_keys.SelectedNode.Text, true, false);
}
```

添加 lvw_item 控件的 DoubleClick 事件代码如下：

```csharp
private void lvw_item_DoubleClick(object sender, EventArgs e)
{
    修改ToolStripMenuItem_Click(sender, e);
}
```

添加 lvw_item 控件的 MouseUp 事件代码如下：

```csharp
private void lvw_item_MouseUp(object sender, MouseEventArgs e)
{
    if (e.Button == MouseButtons.Right)
    {
        if (this.lvw_item.SelectedItems.Count > 0)
        {
            this.lvw_item.ContextMenuStrip = this.cms_lvw_upd;
        }
        else
        {
            this.lvw_item.ContextMenuStrip = this.cms_lvw_new;
        }
    }
}
```

添加 cms_lvw_new 控件的 Opening 事件代码如下：

```csharp
private void cms_lvw_new_Opening(object sender, CancelEventArgs e)
{
    if (!this.tvw_reg_keys.SelectedNode.FullPath.Contains("\\"))
    {
        this.新建ToolStripMenuItem.Enabled = false;
    }
    else
    {
        this.新建ToolStripMenuItem.Enabled = true;
    }
}
```

添加 ToolStripMenuItem 控件的 Click 事件代码如下：

```csharp
private void 项ToolStripMenuItem_Click(object sender, EventArgs e)
{
    AddItem(this.tvw_reg_keys.SelectedNode);
}
```

添加字符串值 ToolStripMenuItem 控件的 Click 事件代码如下：

```csharp
private void 字符串值ToolStripMenuItem_Click(object sender, EventArgs e)
{
    CreateValue(RegistryValueKind.String);
}
```

添加二进制值 ToolStripMenuItem 控件的 Click 事件代码如下：

```csharp
private void 二进制值ToolStripMenuItem_Click(object sender, EventArgs e)
{
    CreateValue(RegistryValueKind.Binary);
}
```

添加 DWORDToolStripMenuItem 控件的 Click 事件代码如下：

```csharp
private void DWORDToolStripMenuItem_Click(object sender, EventArgs e)
{
    CreateValue(RegistryValueKind.DWord);
}
```

添加多字符串值 ToolStripMenuItem 控件的 Click 事件代码如下：

```csharp
private void 多字符串值ToolStripMenuItem_Click(object sender, EventArgs e)
{
    CreateValue(RegistryValueKind.MultiString);
}
```

添加可扩充字符串值 ToolStripMenu 控件的 Click 事件代码如下：

```csharp
private void 可扩充字符串值ToolStripMenuItem_Click(object sender, EventArgs e)
{
    CreateValue(RegistryValueKind.ExpandString);
}
```

添加修改 ToolStripMenuItem 控件的 Click 事件代码如下：

```csharp
private void 修改ToolStripMenuItem_Click(object sender, EventArgs e)
{
    if (this.lvw_item.SelectedItems.Count > 0)
    {
        bool isEnable = false;
        bool isMultiString = false;
        int upd_index = this.lvw_item.SelectedItems[0].Index;
        string typeValue = this.lvw_item.Items[upd_index].SubItems[1].Text;
        if (typeValue.Equals("String") || typeValue.Equals("MultiString") || typeValue.Equals("ExpandString"))
        {
            isEnable = true;
            if (typeValue.Equals("MultiString"))
            {
                isMultiString = true;
            }
        }
        frmUpdReg updReg = new frmUpdReg(this.lvw_item.Items[upd_index].Text, this.lvw_item.Items[upd_index].SubItems[2].Text, isEnable, isMultiString);
        updReg.ShowDialog();
        if (updReg.upd_value != null)
        {
            string history = this.lvw_item.Items[upd_index].SubItems[2].Text;
            this.lvw_item.Items[upd_index].SubItems[2].Text = updReg.upd_value;
            object value = updReg.upd_value;
```

```csharp
                if (isMultiString)
                {
                    value = updReg.upd_value.Split(' ');
                }
                if (! UpdateRegValue(this.lvw_item.Items[upd_index].Text, getValueType
(typeValue), value))
                {
                    this.lvw_item.Items[upd_index].SubItems[2].Text = history;
                }
            }
        }
    }
}
```

添加删除 ToolStripMenuItem 控件的 Click 事件代码如下：

```csharp
private void 删除ToolStripMenuItem_Click(object sender, EventArgs e)
{
    if (this.lvw_item.SelectedItems.Count > 0)
    {
        DialogResult dr = MessageBox.Show("确认要删除该数据?", "删除数据",
MessageBoxButtons.YesNo, MessageBoxIcon.Warning);
        if (dr == DialogResult.Yes)
        {
            int sel_index = this.lvw_item.SelectedItems[0].Index;
            if (DeleteReg(false, this.lvw_item.Items[sel_index].Text))
            {
                this.lvw_item.Items[sel_index].Remove();
            }
        }
    }
}
```

添加重命名 ToolStripMenuItem 控件的 Click 事件代码如下：

```csharp
private void 重命名ToolStripMenuItem_Click(object sender, EventArgs e)
{
    if (this.lvw_item.SelectedItems.Count > 0)
    {
        int sel_index = this.lvw_item.SelectedItems[0].Index;
        DisplayTextBox(sel_index, this.lvw_item.Items[sel_index].Text, false, false);
    }
}
```

定义 DisplayTextBox 方法：

```csharp
private void DisplayTextBox(int item_index, string value, bool aboutTree, bool isCreate)
{
    txtBox = new TextBox();
    txtBox.Leave += new EventHandler(txt_Leave);
    txtBox.Multiline = true;
    txtBox.Text = value;
    txtBox.PreviewKeyDown += new PreviewKeyDownEventHandler(txtBox_PreviewKeyDown);
    txtBox.Tag = isCreate;
    if (!aboutTree)
```

```
        {
                txtBox.Size = new Size(this.lvw_item.Items[item_index].GetBounds
(ItemBoundsPortion.ItemOnly).Width + 5, aboutTree ? 16 : 18);
            int x = this.lvw_item.Items[item_index].SubItems[0].Bounds.X;
            int y = this.lvw_item.Items[item_index].SubItems[0].Bounds.Y;
            txtBox.Location = new Point(x, y);
            this.lvw_item.Controls.Add(txtBox);
        }
        else
        {
            txtBox.Size = new Size(this.tvw_reg_keys.SelectedNode.Bounds.Width + 5, aboutTree
? 16 : 18);
            txtBox.Location = new Point(this.tvw_reg_keys.SelectedNode.Bounds.X - 1, this.tvw_
reg_keys.SelectedNode.Bounds.Y - 1);
            this.tvw_reg_keys.Controls.Add(txtBox);
        }
        this.txtBox.Focus();
        this.txtBox.SelectAll();
}
```

定义 txtBox 控件的 PreviewKeyDown 事件：

```
private void txtBox_PreviewKeyDown(object sender, PreviewKeyDownEventArgs e)
{
    if (e.KeyValue == 13)
    {
        this.txtBox.Leave -= new EventHandler(txt_Leave);
        txt_Leave(sender, e);
        this.txtBox.Leave += new EventHandler(txt_Leave);
    }
}
```

定义 txt 控件的 Leave 事件：

```
private void txt_Leave(object sender, EventArgs e)
{
    if (this.txtBox.Visible)
    {
        if (txtBox.Parent.Name.Equals("lvw_item"))
        {
            if (!txtBox.Text.Equals(this.lvw_item.SelectedItems[0].Text))
            {
                if (!ExitsItem(txtBox.Text, false, this.tvw_reg_keys.SelectedNode))
                {
                    string valueType = this.lvw_item.SelectedItems[0].SubItems[1].Text;
                    RegistryValueKind rvk = getValueType(valueType);
                    object valueMsg = this.lvw_item.SelectedItems[0].SubItems[2].Text;
                    if (DeleteReg(false, this.lvw_item.SelectedItems[0].Text))
                    {
                        int index = this.lvw_item.SelectedItems[0].Index;
                        this.lvw_item.SelectedItems[0].Remove();
                        ListViewItem lvi = new ListViewItem(txtBox.Text);
                        lvi.SubItems.Add(valueType);
                        lvi.SubItems.Add(valueMsg.ToString());
```

```csharp
                    this.lvw_item.Items.Insert(index, lvi);
                    this.lvw_item.Items[index].Selected = true;
                    if (rvk == RegistryValueKind.MultiString)
                    {
                        valueMsg = valueMsg.ToString().Replace("\r\n", " ");
                        valueMsg = valueMsg.ToString().Split(' ');
                    }
                    UpdateRegValue(this.txtBox.Text, rvk, valueMsg);
                }
            }
            else
            {
                this.txtBox.Visible = false;
                MessageBox.Show("无法把该值重命名为 " + this.txtBox.Text + " 因为该值已经存在,请键入其他值.", "编辑注册表", MessageBoxButtons.OK, MessageBoxIcon.Error);
            }
        }
        this.lvw_item.Focus();
    }
    else
    {
        if (!txtBox.Text.Equals(this.tvw_reg_keys.SelectedNode.Text))
        {
            bool isExits = ExitsItem(txtBox.Text, true, this.tvw_reg_keys.SelectedNode.Parent);
            if (isExits)
            {
                this.txtBox.Visible = false;
                MessageBox.Show("无法把该项重命名为 " + this.txtBox.Text + " 因为该项已经存在,请键入其他值、", "编辑注册表", MessageBoxButtons.OK, MessageBoxIcon.Error);
            }
            else
            {
                this.tvw_reg_keys.SelectedNode.Text = txtBox.Text;
            }
        }
        AddRegItem(this.tvw_reg_keys.SelectedNode.Text);
        this.tvw_reg_keys.Focus();
    }
    this.txtBox.Visible = false;
}
```

定义方法 AddRegItem,实现更新项:

```csharp
private bool AddRegItem(string name)
{
    RegistryKey regKey = getRootKey(this.tvw_reg_keys.SelectedNode);
    if (regKey != null)
    {
        string path = getKeyPath(this.tvw_reg_keys.SelectedNode.Parent, regKey);
        path += "\\" + name;
        regKey.CreateSubKey(path);
```

```csharp
            regKey.Close();
            return true;
        }
        return false;
    }
```

定义方法 UpdateRegValue,实现更新值:

```csharp
private bool UpdateRegValue(string name, RegistryValueKind rvk, object value)
{
    RegistryKey regKey = getRootKey(this.tvw_reg_keys.SelectedNode);
    if (regKey != null)
    {
        string path = getKeyPath(this.tvw_reg_keys.SelectedNode, regKey);
        regKey = regKey.OpenSubKey(path, true);
        if (regKey != null)
        {
            if (rvk != RegistryValueKind.Unknown)
            {
                regKey.SetValue(name, value, rvk);
            }
            else
            {
                regKey.SetValue(name, value);
            }
            regKey.Close();
            return true;
        }

    }
    return false;
}
```

定义方法 DeleteReg,删除注册表中的项或值:

```csharp
private bool DeleteReg(bool aboutTree, string name)
{
    try
    {
        RegistryKey rootKey = getRootKey(this.tvw_reg_keys.SelectedNode);
        if (rootKey != null)
        {
            string path = getKeyPath(this.tvw_reg_keys.SelectedNode, rootKey);
            if (!aboutTree)
            {
                path = getKeyPath(this.tvw_reg_keys.SelectedNode, rootKey);
                RegistryKey regKey = rootKey.OpenSubKey(path, true);
                if (regKey != null)
                {
                    regKey.DeleteValue(name, false);
                    regKey.Close();
                    return true;
                }
            }
```

```csharp
            else
            {
                RegistryKey regKey = rootKey.OpenSubKey(path, true);
                if (regKey != null && regKey.SubKeyCount > 0)
                {
                    DeleteRegItem(regKey);
                }
                path = getKeyPath(this.tvw_reg_keys.SelectedNode.Parent, rootKey);
                regKey = rootKey.OpenSubKey(path, true);
                if (regKey != null)
                {
                    regKey.DeleteSubKey(name, false);
                    regKey.Close();
                    return true;
                }
            }
        }
    }
    catch (Exception ex)
    {
        return false;
    }
    return false;
}
```

定义方法 DeleteRegItem，删除该项下的所有子项的子项：

```csharp
private void DeleteRegItem(RegistryKey regKey)
{
    string[] keys = regKey.GetSubKeyNames();
    foreach (string key in keys)
    {
        RegistryKey reg_key = regKey.OpenSubKey(key, true);
        if (reg_key != null && reg_key.SubKeyCount > 0)
        {
            DeleteRegItem(reg_key);
            reg_key.Close();
        }
        else
        {
            regKey.DeleteSubKey(key);
            reg_key.Close();
        }
    }
    regKey.Close();
}
```

定义方法 ExitsItem，根据项名称检查该项是否存在：

```csharp
private bool ExitsItem(string name, bool isItem, TreeNode node)
{
    RegistryKey regKey = getRootKey(node);
    if (regKey != null)
    {
```

```csharp
            string[] keys = null;
            regKey = regKey.OpenSubKey(getKeyPath(node, regKey));
            if (regKey != null)
            {
                if (isItem)
                    keys = regKey.GetSubKeyNames();
                else
                    keys = regKey.GetValueNames();
                foreach (string key in keys)
                {
                    if (key.Equals(name))
                        return true;
                }
            }
    }
    return false;
}
```

定义方法 getValueType，获取对应的值类型：

```csharp
private RegistryValueKind getValueType(string valueStr)
{
    if (valueStr.Equals("String"))
    {
        return RegistryValueKind.String;
    }
    else if (valueStr.Equals("MultiString"))
    {
        return RegistryValueKind.MultiString;
    }
    else if (valueStr.Equals("ExpandString"))
    {
        return RegistryValueKind.ExpandString;
    }
    else
    {
        return RegistryValueKind.Unknown;
    }
}
```

定义方法，创建数据值：

```csharp
private void CreateValue(RegistryValueKind rvk)
{
    int i = 0;
    bool isExit = false;
    string addText = "";
    do
    {
        i++;
        addText = "新值 #" + i;
        isExit = ExitsItem(addText, false, this.tvw_reg_keys.SelectedNode);
    } while (isExit);
    ListViewItem lvi = new ListViewItem(addText);
```

```csharp
        lvi.SubItems.Add(rvk.ToString());
        lvi.SubItems.Add("");
        this.lvw_item.Items.Add(lvi);
        this.lvw_item.Items[this.lvw_item.Items.Count - 1].Selected = true;
        if (rvk == RegistryValueKind.MultiString)
        {
            UpdateRegValue(addText, rvk, new string[] { "" });
        }
        else
        {
            UpdateRegValue(addText, rvk, "");
        }
        DisplayTextBox(this.lvw_item.Items.Count - 1, addText, false, true);
    }
```

添加 frmRegMgr 控件的 SizeChanged 事件代码如下：

```csharp
private void frmRegMgr_SizeChanged(object sender, EventArgs e)
{
    int width = 0;
    int height = 0;
    if (this.Width > default_width)
    {
        width = this.Width - default_width;
        this.panel_lvw.Size = new Size(638 + width, this.panel_lvw.Size.Height);
    }
    else if (this.Width < default_width)
    {
        width = default_width - this.Width;
        this.panel_lvw.Size = new Size(638 - width, this.panel_lvw.Size.Height);
    }
    else
    {
        this.panel_lvw.Size = new Size(638, this.panel_lvw.Size.Height);
    }
    if (this.Height > default_height)
    {
        height = this.Height - default_height;
        this.panel_tvw.Size = new Size(this.panel_tvw.Size.Width, 522 + height);
        this.panel_lvw.Size = new Size(this.panel_lvw.Size.Width, 522 + height);
    }
    else if (this.Height < default_height)
    {
        height = default_height - this.Height;
        this.panel_tvw.Size = new Size(this.panel_tvw.Size.Width, 522 - height);
        this.panel_lvw.Size = new Size(this.panel_lvw.Size.Width, 522 - height);
    }
    else
    {
        this.panel_tvw.Size = new Size(this.panel_tvw.Size.Width, 522);
        this.panel_lvw.Size = new Size(this.panel_lvw.Size.Width, 522);
    }
}
```

实现更新注册表对应的 frmUpdReg.cs 文件,定义变量:

```csharp
public string upd_value;
```

定义 frmUpdReg 方法:

```csharp
public frmUpdReg(string upd_name, string upd_value, bool isEnable, bool isMultiString)
{
    InitializeComponent();
    if (isMultiString)
    {
        SetWindow();
        upd_value = upd_value.Replace(" ", "\r\n");
    }
    this.txtName.Text = upd_name;
    this.txtValue.Text = upd_value;
    this.txtValue.Enabled = isEnable;
    this.btnOk.Enabled = isEnable;
}
```

添加 btnOk 控件的 Click 事件代码如下:

```csharp
private void btnOk_Click(object sender, EventArgs e)
{
    upd_value = this.txtValue.Text.Replace("\r\n", " ");
    this.Close();
}
```

添加 btnCancel 控件的 Click 事件代码如下:

```csharp
private void btnCancel_Click(object sender, EventArgs e)
{
    upd_value = null;
    this.Close();
}
```

定义方法 SetWindow,设置窗体:

```csharp
private void SetWindow()
{
    this.MaximumSize = new Size(372, 294);
    this.MinimumSize = new Size(372, 294);
    this.txtValue.Size = new Size(337, 161);
    this.txtValue.Multiline = true;
    this.txtValue.ScrollBars = ScrollBars.Vertical;
    this.btnOk.Location = new Point(194, 231);
    this.btnCancel.Location = new Point(275, 231);
}
```

说明:

(1) 掌握快捷菜单 ContextMenuStrip 的用法、鼠标事件等相关知识。

(2) 掌握 StatusStrip、TreeView 菜单的使用方法。

(3) 调用 Windows API,需要引入命名空间"using Microsoft.Win32;"。

(4) 掌握编程实现删除注册表项、增加项的方法。具体如下。

定义方法 DeleteReg,删除注册表中的项或值:

```
private bool DeleteReg(bool aboutTree, string name)
{
    try
    {
        RegistryKey rootKey = getRootKey(this.tvw_reg_keys.SelectedNode);
        if (rootKey != null)
        {
            string path = getKeyPath(this.tvw_reg_keys.SelectedNode, rootKey);
            if (!aboutTree)
            {
                path = getKeyPath(this.tvw_reg_keys.SelectedNode, rootKey);
                RegistryKey regKey = rootKey.OpenSubKey(path, true);
                if (regKey != null)
                {
                    regKey.DeleteValue(name, false);
                    regKey.Close();
                    return true;
                }
            }
            else
            {
                RegistryKey regKey = rootKey.OpenSubKey(path, true);
                if (regKey != null && regKey.SubKeyCount > 0)
                {
                    DeleteRegItem(regKey);
                }
                path = getKeyPath(this.tvw_reg_keys.SelectedNode.Parent, rootKey);
                regKey = rootKey.OpenSubKey(path, true);
                if (regKey != null)
                {
                    regKey.DeleteSubKey(name, false);
                    regKey.Close();
                    return true;
                }
            }
        }
    }
    catch (Exception ex)
    {
        return false;
    }
    return false;
}
```

定义方法 DeleteRegItem,删除该项下的所有子项的子项:

```
private void DeleteRegItem(RegistryKey regKey)
{
    string[] keys = regKey.GetSubKeyNames();
    foreach (string key in keys)
    {
        RegistryKey reg_key = regKey.OpenSubKey(key, true);
```

```
            if (reg_key ! = null && reg_key.SubKeyCount > 0)
            {
                DeleteRegItem(reg_key);
                reg_key.Close();
            }
            else
            {
                regKey.DeleteSubKey(key);
                reg_key.Close();
            }
        }
        regKey.Close();
    }
```

定义方法 ExitsItem，根据项名称检查该项是否存在：

```
private bool ExitsItem(string name,bool isItem,TreeNode node)
{
    RegistryKey regKey = getRootKey(node);
    if (regKey ! = null)
    {
        string[] keys = null;
        regKey = regKey.OpenSubKey(getKeyPath(node, regKey));
        if (regKey ! = null)
        {
            if (isItem)
                keys = regKey.GetSubKeyNames();
            else
                keys = regKey.GetValueNames();
            foreach (string key in keys)
            {
                if (key.Equals(name))
                    return true;
            }
        }
    }
    return false;
}
```

6.2 必备知识

要在 Visual C# 2010 中进行磁盘、文件夹与文件的处理，可以使用 3 种方式：使用 FileSystemObject、使用 .NET Framework 类和使用 Microsoft.VisualBasic.Devices 命名空间的 My.Computer.FileSystem 对象。

基于功能完整性与未来性的考虑，建议用 .NET Framework 类来完成文件的输入输出操作。基本上，用来进行磁盘、文件夹与文件处理操作的相关类绝大多数位于 System.IO 命名空间中，为了避免在使用这些类时编写冗长的代码，建议在窗体或类的开头处使用 using 语句导入 System.IO 命名空间：using System.IO。

6.2.1 System.IO 命名空间和文件操作类

在应用程序里面经常需要使用文件来保存数据,这就要使用文件的输入输出操作。System.IO 命名空间包含允许在数据流和文件上进行同步和异步读取及写入的类型。System.IO 命名空间包含的类如表 6-15 所示。

表 6-15 System.IO 命名空间包含的类

类	说明
BinaryReader	用特定的编码将基元数据类型读作二进制值
BinaryWriter	以二进制形式将基元类型写入流,并支持用特定的编码写入字符串
BufferedStream	读取和写入另一个流。无法继承此类
Directory	公开用于创建、移动和枚举目录和子目录的静态方法
DirectoryInfo	公开用于创建、移动和枚举和子目录的实例方法
DirectoryNotFoundException	当找不到文件或目录的一部分时所引发的异常
EndOfStreamException	读操作试图走出流的末尾时引发的异常
ErrorEventArgs	为 Error 事件提供事件数据
File	提供用于创建、复制、删除、移动和打开文件的静态方法,并协助创建 FileStream 对象
FileInfo	提供创建、复制、删除、移动和打开文件的实例方法,并协助创建 FileStream 对象
FileLoadException	当找到文件却不能加载它时引发的异常
FileNotFoundException	试图访问磁盘上不存在的文件失败时引发的异常
FileStream	公开以文件为主的 Stream,既支持同步读写也支持异步读写操作
FileSystemEventArgs	提供目录事件的数据:Changed,Created,Deleted
FileSystemInfo	为 FileInfo 和 DirectoryInfo 对象提供基类
FileSystemWatcher	侦听文件系统更改通知,并在目录或目录中的文件发生更改时引发事件
IntemalBufferOverFlowException	内部缓冲溢出时引发的异常
IODescriptionAttribute	设置可视化设计器在引用事件、扩展程序或属性时可显示的说明
IOException	发生 I/O 错误时引发的异常
MemoryStream	创建其支持存储区为内存的流
Path	对包含文件或目录路径信息的 String 实例执行操作。这些操作是以跨平台的方式执行的
PathTooLongExceptiion	当路径名或文件名超过系统定义的最大长度时引发的异常
RanamedEventArgs	为 Renamed 事件提供数据
Stream	提供字节序列的一般视图
StreamReader	实现一个 TextReader,使其以一种特定的编码从字节流中读取字符
StreamWriter	实现一个 TextWriter,使其以一种特定的编码向流中写入字符
StringReader	实现从字符进行读取的 TextReader
StringWriter	将信息写入字符串。该信息存储在基础 StringBuilder 中
TextReader	表示可读取连续字符系列的阅读器
TextWriter	表示可以编写一个有序字符系列的编写器。该类为抽象类

6.2.2 文件基本操作

文件的基本操作主要有创建文件、复制文件、更改文件的名称、删除文件、从文本文件读取数据。

【例 6-1】 创建文件的程序运行界面如图 6-8 所示。

主要代码实现如下。

先引入命名空间：

图 6-8 创建文件的程序运行界面

```
using System.IO;
```

创建文件的控件 button1 的 Click 事件：

```
private void button1_Click(object sender, EventArgs e)
{
    string myTextFilePath = @"C:\Test.txt";
    // 检查文件是否存在,如果存在的话,询问使用者是否要覆盖它
    if (File.Exists(myTextFilePath))
    {
        if (MessageBox.Show(
         "文件已经存在,您要覆盖它吗?",
         "请注意",
         MessageBoxButtons.YesNo,
         MessageBoxIcon.Warning) == DialogResult.No)
        {
            // 跳离程序并返回
            return;
        }
    }
    try
    {
        // 使用 File 类的 CreateText 方法来建立一个文本文件并取得其 StreamWriter 对象
        using (StreamWriter sw = File.CreateText(myTextFilePath))
        {
            // 通过 StreamWriter 对象将数据写入新建立的文本文件
            sw.WriteLine("1.台湾微软公司资深顾问与讲师。从 1992 年开始于台湾微软主讲研讨会。");
            sw.WriteLine("2.资深计算机图书作家。拥有 60 本以上的著作。");
            sw.WriteLine("3.商务部信息专业人员鉴定计划命(审)题委员。");
            sw.WriteLine("4.劳动部职业培训司 Visual Basic 能力本位教材编撰委员。");
            sw.WriteLine();
            sw.WriteLine("建立日期时间: " + DateTime.Now.ToString());
            sw.Flush();
        }
        // 读取并显示出新建立的文本文件的内容
        txtResult.Text = File.ReadAllText(myTextFilePath);
        MessageBox.Show("OK!");
    }
    catch (Exception ex)
    {
        MessageBox.Show(
```

```
                "文件无法建立、写入或读取。" + Environment.NewLine +
                "请确认文件名称是否正确," +
                "以及您是否拥有建立、写入或读取权限。" +
                Environment.NewLine + Environment.NewLine + "异常:" + ex.Message);
    }
}
```

【例 6-2】 复制文件的程序运行界面如图 6-9 所示。

图 6-9　复制文件的程序运行界面

先引入命名空间:

```
using System.IO;
```

复制文件的控件 Button1 的 Click 事件:

```
private void button1_Click(object sender, EventArgs e)
{
    try
    {
        // 使用 File.Copy 方法来复制文件
        File.Copy(@"C:\Text\工作与人生.txt", @"C:\Test1.txt", true);
        // 使用 FileInfo 对象的 CopyTo 方法来复制文件
        FileInfo myFileInfo = new FileInfo(@"C:\Text\工作与人生.txt");
        myFileInfo.CopyTo(@"C:\Test2.txt", true);
        MessageBox.Show("OK!");
    }
    catch (Exception ex)
    {
        MessageBox.Show(ex.Message);
        return;
    }
}
```

【例 6-3】 更改文件的名称的程序运行界面如图 6-10 所示。

图 6-10　更改文件的名称的程序运行界面

先引入命名空间:

```
using System.IO;
using System.Diagnostics;
using Microsoft.VisualBasic.Devices;
```

更改文件的控件 Button1 的 Click 事件：

```csharp
private void button1_Click(object sender, EventArgs e)
{
    try
    {
        Computer MyComputer = new Computer();
        // 先复制文件以便稍后更名之用
        File.Copy(@"C:\Text\工作与人生.txt", @"C:\Test1.txt", true);
        File.Copy(@"C:\Text\工作与人生.txt", @"C:\Test2.txt", true);
        File.Copy(@"C:\Text\工作与人生.txt", @"C:\Test3.txt", true);
        // 使用 File 类的 Move 方法来更改文件名称
        File.Move(@"C:\Test1.txt", @"C:\我的第一个测试文件.txt");
        // 使用 FileInfo 对象的 MoveTo 方法来更改文件名称
        FileInfo myFileInfo = new FileInfo(@"C:\Test2.txt");
        myFileInfo.MoveTo(@"C:\我的第二个测试文件.txt");
        // 使用 My.Computer.FileSystem.RenameFile 方法来更改文件名称
        MyComputer.FileSystem.RenameFile(@"C:\Test3.txt", "我的第三个测试文件.txt");
        MessageBox.Show("OK!");
    }
    catch (Exception ex)
    {
        MessageBox.Show(ex.Message);
        return;
    }
}
```

【例 6-4】 删除文件的程序运行界面如图 6-11 所示。

图 6-11 删除文件的程序运行界面

先引入命名空间：

```csharp
using System.IO;
```

删除文件的控件 Button1 的 Click 事件：

```csharp
private void button1_Click(object sender, EventArgs e)
{
    try
    {
        // 先复制文件以便稍后删除之用
        File.Copy(@"C:\Text\工作与人生.txt", @"C:\Test1.txt", true);
        File.Copy(@"C:\Text\工作与人生.txt", @"C:\Test2.txt", true);
        // 使用 File 类别的 Delete 方法来删除文件
        if (File.Exists(@"C:\Test1.txt"))
        {
            File.Delete(@"C:\Test1.txt");
        }
```

```
            // 使用 FileInfo 对象的 Delete 方法来删除文件
            FileInfo myFileInfo = new FileInfo(@"C:\Test2.txt");
            if (myFileInfo.Exists)
            {
                myFileInfo.Delete();
            }
            MessageBox.Show("OK!");
        }
        catch (Exception ex)
        {
            MessageBox.Show(ex.Message);
            return;
        }
    }
```

【例6-5】 从文本文件读取数据的程序运行界面如图6-12所示。

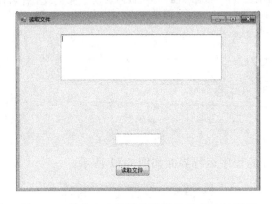

图 6-12 从文本文件读取数据的程序运行界面

先引入命名空间：

```
using System.IO;
```

从文本文件读取数据的控件button1的Click事件：

```
private void button1_Click(object sender, EventArgs e)
{
    try
    {
        using (StreamReader myStreamReader = File.OpenText("C:\\Text\\作者小档案.txt"))
        {
            string myInputString;
            int rowCount = 0;
            // 清除文本框的内容
            txtResult.Clear();
            // 读取文本框的第一行数据
            myInputString = myStreamReader.ReadLine();
            // 只要还有剩余的行就持续读取
            while (myInputString != null)
            {
                // 在将所读取的行数据置入文本框
```

```
                    // 中时替其加上一个行号
                    txtResult.Text += rowCount.ToString() + ": " +
                    myInputString + Environment.NewLine;
                    rowCount += 1;
                    // 读取下一行数据
                    myInputString = myStreamReader.ReadLine();
                }
                // 显示出文字文件的总行数
                txtCount.Text = rowCount.ToString();
            }
            MessageBox.Show("OK!");
        }
        catch (Exception ex)
        {
            MessageBox.Show(
                "文件无法打开或读取." + Environment.NewLine +
                "请确认文件名称是否正确," +
                "以及您是否有读取权限。" +
                Environment.NewLine + Environment.NewLine + "异常: " + ex.Message);
        }
    }
}
```

6.2.3 文件夹基本操作

文件夹的基本操作主要有创建文件夹、删除文件夹、列举目录。

【例 6-6】 创建文件夹的程序运行界面如图 6-13 所示。

图 6-13 创建文件夹的程序运行界面

先引入命名空间:

```
using System.IO;
```

创建文件夹的程序的控件 Button1 的 Click 事件:

```
private void button1_Click(object sender, EventArgs e)
{
    try
    {
        if (!Directory.Exists("C:\\AlexDirDemo\\Test1"))
        {
            Directory.CreateDirectory("C:\\AlexDirDemo\\Test1");
        }
        // 根据起始目录建立一个 DirectoryInfo 对象
        DirectoryInfo myDirectoryInfo = new DirectoryInfo("C:\\AlexDirDemo");
```

```csharp
        // 检查接下来想要新建立的子文件夹是否已经存在
        DirectoryInfo[] entries = myDirectoryInfo.GetDirectories("Test2");
        // 如果不存在任何名称相符的子文件夹便建立它
        if (entries.Length == 0)
        {
            myDirectoryInfo.CreateSubdirectory("Test2");
        }
        // 根据指定的路径建立一个 DirectoryInfo 对象
        myDirectoryInfo = new DirectoryInfo("C:\\AlexDirDemo\\Test3");
        // 如果该路径不存在的话就调用 DirectoryInfo 对象的 Create 方法来建立它
        if (!myDirectoryInfo.Exists)
        {
            myDirectoryInfo.Create();
        }
    }
    catch (Exception ex)
    {
        MessageBox.Show(ex.Message);
        return;
    }
    MessageBox.Show("创建成功!");
}
```

【例 6-7】 删除文件夹的程序运行界面如图 6-14 所示。

图 6-14 删除文件夹的程序运行界面

先引入命名空间:

```csharp
using System.IO;
```

删除文件夹的程序的控件 Button1 的 Click 事件:

```csharp
private void button1_Click(object sender, EventArgs e)
{
    try
    {
        // 先建立文件夹以便用于后续的删除示范
        if (!Directory.Exists("C:\\AlexDirDemo"))
        {
            Directory.CreateDirectory("C:\\AlexDirDemo\\Test1");
            Directory.CreateDirectory("C:\\AlexDirDemo\\Test2");
            Directory.CreateDirectory("C:\\AlexDirDemo\\Test3");
        }
        // 删除子文件夹 Test1
        Directory.Delete("C:\\AlexDirDemo\\Test1", true);
```

```
            // 删除子文件夹 Test2
            DirectoryInfo myDirectoryInfo = new DirectoryInfo("C:\\AlexDirDemo\\Test2");
            myDirectoryInfo.Delete(true);
            // 将文件夹 C:\AlexDirDemo 及其以下的文件和子文件夹全数删除
            Directory.Delete("C:\\AlexDirDemo", true);
            MessageBox.Show("OK!");
        }
        catch (Exception ex)
        {
            MessageBox.Show(ex.Message);
            return;
        }
    }
}
```

【例 6-8】 文件的程序运行界面如图 6-15 所示。

图 6-15 文件的程序运行界面

先引入命名空间：

```
using System.IO;
```

文件程序的控件 DiskDriveComboBox 的 SelectedIndexChanged 事件：

```
private void DiskDriveComboBox_SelectedIndexChanged(object sender, EventArgs e)
{
    if (DiskDriveComboBox.SelectedIndex != -1)
    {
        try
        {
            string[] subdirectoryEntries = Directory.GetDirectories((string)DiskDriveComboBox.SelectedItem);
            DirectoryComboBox.DataSource = subdirectoryEntries;
        }
        catch (Exception ex)
        {
            MessageBox.Show(ex.Message);
            DirectoryComboBox.DataSource = null;
            txtResult.Clear();
        }
    }
}
```

DirectoryComboBox 控件的 SelectedIndexChanged 事件：

```csharp
private void DirectoryComboBox_SelectedIndexChanged(object sender, EventArgs e)
{
    if (DirectoryComboBox.SelectedIndex != -1)
    {
        // 建立一个对应至使用者所选取之文件夹的 DirectoryInfo 对象
        DirectoryInfo theDir = new DirectoryInfo((string)DirectoryComboBox.SelectedItem);
        StringBuilder sb = new StringBuilder();
        // 判断文件夹是否存在
        if (theDir.Exists)
        {
            // 显示关于该文件夹的基本信息
            sb.Append("此文件夹的完整路径是：");
            sb.Append(theDir.FullName);
            sb.Append("，它是");
            sb.Append(theDir.Parent.Name);
            sb.AppendLine(" 的子文件夹。");
            sb.Append("根文件夹：");
            sb.AppendLine(theDir.Root.Name);
            sb.Append("属性：");
            sb.AppendLine(theDir.Attributes.ToString());
            sb.Append("建立时间：");
            sb.AppendLine(theDir.CreationTime.ToString());
            sb.Append("最近一次的访问时间：");
            sb.AppendLine(theDir.LastAccessTime.ToString());
            sb.Append("最近一次的写入时间：");
            sb.AppendLine(theDir.LastWriteTime.ToString());
            sb.AppendLine("");
            // 以下的程序代码会列出文件夹的内容
            FileSystemInfo[] entries;
            try
            {
                entries = theDir.GetFileSystemInfos();
            }
            catch
            {
                sb.Append("您没有权限来列示此文件夹。");
                txtResult.Text = sb.ToString();
                return;
            }
            foreach (FileSystemInfo entry in entries)
            {
                if (entry.Attributes == FileAttributes.Directory)
                {
                    sb.Append("子文件夹：");
                }
                else
                {
                    sb.Append("文件：");
                }
                sb.AppendLine(entry.Name);
            }
```

```
        }
        else
        {
            sb.Append("文件夹不存在或是您没有权限来查看它。");
        }
        txtResult.Text = sb.ToString();
    }
}
```

窗体的 Load 事件：

```
DiskDriveComboBox.Items.AddRange(Directory.GetLogicalDrives());
```

6.2.4 文本文件的读写

【例 6-9】 读取文本文件的示例程序运行界面如图 6-16 所示。

图 6-16　读取文本文件的示例程序

先引入命名空间：

```
using System.IO;
```

读取文本文件的程序的控件 voidb 的 Click 事件：

```
private voidb_Click(object sender, EventArgs e)
{
    try
    {
        txtResult.Clear();
        string[] myTextFileReader = File.ReadAllLines(@"C:\Text\工作与人生.txt",
Encoding.UTF8);
        foreach (string s in myTextFileReader)
        {
            txtResult.AppendText(s + Environment.NewLine);
        }
    }
    catch (Exception ex)
    {
        MessageBox.Show(
        "文件无法打开或读取。" + Environment.NewLine +
        "请确认文件名称是否正确," +
```

```
            "以及您是否有读取权限。" +
            Environment.NewLine + Environment.NewLine + "异常:" + ex.Message);
    }
}
```

【例 6-10】 写入文本文件的示例程序运行界面如图 6-17 所示。

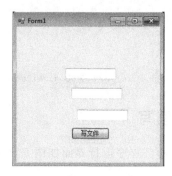

图 6-17 写入文本文件的示例程序

先引入命名空间:

```
using System.IO;
```

写入文本文件的程序的控件 Button1 的 Click 事件:

```
private void button1_Click(object sender, EventArgs e)
{
    try
    {
        // 使用 File 类的 AppendAllText 方法来增添数据至文本文件
        File.AppendAllText(txtFileName.Text, Environment.NewLine + txtNewData.Text);
        ReadEntireFile();
        MessageBox.Show("OK!");
    }
    catch (Exception ex)
    {
        MessageBox.Show(
            "文件无法打开或写入。" + Environment.NewLine +
            "请确认文件名称是否正确," +
            "以及您是否有写入权限。" +
            Environment.NewLine + Environment.NewLine + "异常:" + ex.Message);
    }
}
```

定义方法 ReadEntireFile( ),实现读文件功能:

```
private void ReadEntireFile()
{
    try
    {
        txtResult.Text = File.ReadAllText(txtFileName.Text);
        txtResult.SelectionStart = txtResult.Text.Length;
        txtResult.ScrollToCaret();
```

```
        }
        catch (Exception ex)
        {
            MessageBox.Show(
            "文件无法打开或读取。" + Environment.NewLine +
            "请确认文件名称是否正确," +
            "以及您是否有读取权限。" +
            Environment.NewLine + Environment.NewLine + "异常: " + ex.Message);
        }
    }
```

6.3 拓展知识

【例 6-11】 读取二进制文件的示例程序运行界面如图 6-18 所示。

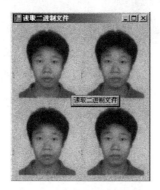

图 6-18 读取二进制文件

先引入命名空间:

```
using System.IO;
```

Button1 控件的 Click 事件:

```
private void button1_Click(object sender, EventArgs e)
{
    try
    {
        using (FileStream fs = File.OpenRead("C:\\nlh.jpg"))
        {
            Image myPicture;
            // 将图形文件的数据读入一个 Byte 数组中
            Byte[] myBinaryData = new Byte[(int)(fs.Length)];
            fs.Read(myBinaryData, 0, (int)(fs.Length));
            // 根据 Byte 数组来建立一个 MemoryStream 对象
            MemoryStream buffer = new MemoryStream(myBinaryData);
            // 将 MemoryStream 对象的目前位置移至开头处
            buffer.Position = 0;
            // 将图形文件的二进制数据读入一个 Image 对象中
            myPicture = Image.FromStream(buffer);
```

```
                this.BackgroundImage = myPicture;
                MessageBox.Show("OK!");
            }
        }
        catch (Exception ex)
        {
            MessageBox.Show(ex.Message);
        }
    }
```

【例 6-12】 写入二进制文件的示例程序运行界面如图 6-19 所示。

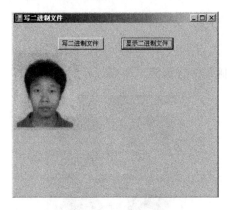

图 6-19 写入二进制文件

引入命名空间：

```
using System.IO;
```

定义常量：

```
private const string myPictureSource = "C:\\nlh.JPG";
private const string myPictureTarget = @"C:\Test.JPG";
```

btnWriteBinary 控件的 Click 事件：

```
private void btnWriteBinary_Click(object sender, EventArgs e)
    {
    this.btnDisplayPicture.Enabled = false;
    try
    {
        // using(FileStream fs = File.OpenRead(myPictureSource) ...
        using (FileStream fs = File.Open(myPictureSource, FileMode.Open, FileAccess.Read),
fsOut = File.OpenWrite(myPictureTarget))
        {
            Byte[] myBinaryData = new Byte[4096];
            int count = 0;
            count = fs.Read(myBinaryData, 0, 4096);
            while (count > 0)
            {
                fsOut.Write(myBinaryData, 0, count);
                count = fs.Read(myBinaryData, 0, 4096);
```

```
            }
            fsOut.Flush();
            fsOut.Close();
            this.btnDisplayPicture.Enabled = true;
            MessageBox.Show("写入完成!");
        }
    }
    catch (Exception ex)
    {
        MessageBox.Show(ex.Message);
    }
}
```

btnDisplayPicture 控件的 Click 事件：

```
private void btnDisplayPicture_Click(object sender, EventArgs e)
{
    try
    {
        using (FileStream ImageStream = new FileStream(myPictureTarget, FileMode.Open, FileAccess.Read))
        {
            PictureBox1.Image = Image.FromStream(ImageStream);
        }
    }
    catch (Exception ex)
    {
        MessageBox.Show(ex.ToString());
    }
}
```

6.4 本章小结

通过本章的学习，应掌握 System.IO 命名空间类的基本结构，掌握实现资源管理器、读写注册表的基本方法，掌握判断文件夹、文件是否存在的方法，掌握创建、删除、移动、重命名文件夹和文件的方法，掌握修改文件属性的方法，熟练读写文件，并初步理解软件注册的基本思想。

6.5 单元实训

实训目的：
（1）掌握判断文件夹、文件是否存在的方法。
（2）掌握创建、删除、移动、重命名文件夹和文件的方法。
（3）掌握修改文件属性的方法。
（4）熟练读写文件的方法。
（5）理解软件注册的基本方法。

（6）掌握读写注册表的基本方法。

实训参考学时：

4～6学时

实训内容：

（1）写一个程序，检测C盘根目录下是否存在文件wzvcst.txt，如果不存在，则创建wzvcst.txt文件，并向其写入文本"你好，温州科技职业学院"；如果存在，则向其追加内容"你好，温州科技职业学院"。

（2）列举C盘根目录下的所有记事本文件，显示文件名，并打包压缩成txt.zip文件，然后复制到D盘根目录下，重命名为txt_bak.zip。

（3）修改D盘根目录下txt_bak.zip文件的属性为隐藏。

（4）删除C盘根目录下的所有记事本文件。

（5）对（4）中的程序实现注册表注册功能。

实训难点提示：

（1）设置文件属性示例：

```csharp
using System;
using System.IO;
using System.Text;
class Test
{
    public static void Main()
    {
        string path = @"c:/temp/MyTest.txt";
        // Delete the file if it exists.
        if (!File.Exists(path))
        {
            File.Create(path);
        }
        if ((File.GetAttributes(path) & FileAttributes.Hidden) == FileAttributes.Hidden)
        {
            // Show the file.
            File.SetAttributes(path, FileAttributes.Archive);
            Console.WriteLine("The {0} file is no longer hidden.", path);
        }
        else
        {
            // Hide the file.
            File.SetAttributes(path, File.GetAttributes(path) | FileAttributes.Hidden);
            Console.WriteLine("The {0} file is now hidden.", path);
        }
    }
}
```

（2）文件压缩与解压缩的方法：

```csharp
using System.IO;
using System.IO.Compression;
public static void CompressFile(string path)
{
```

```csharp
    FileStream sourceFile = File.OpenRead(path);
    FileStream destinationFile = File.Create(path + ".gz");
    byte[] buffer = new byte[sourceFile.Length];
    sourceFile.Read(buffer, 0, buffer.Length);
    using (GZipStream output = new GZipStream(destinationFile,
        CompressionMode.Compress))
    {
    Console.WriteLine("Compressing {0} to {1}.", sourceFile.Name,
            destinationFile.Name, false);
        output.Write(buffer, 0, buffer.Length);
    }
    // Close the files.
    sourceFile.Close();
    destinationFile.Close();
}
public static void UncompressFile(string path)
{
    FileStream sourceFile = File.OpenRead(path);
    FileStream destinationFile = File.Create(path + ".txt");
    // Because the uncompressed size of the file is unknown,
    // we are using an arbitrary buffer size.
    byte[] buffer = new byte[4096];
    int n;
    using (GZipStream input = new GZipStream(sourceFile,
        CompressionMode.Decompress, false))
    {
        Console.WriteLine("Decompressing {0} to {1}.", sourceFile.Name,
            destinationFile.Name);
        n = input.Read(buffer, 0, buffer.Length);
        destinationFile.Write(buffer, 0, n);
    }
    // Close the files.
    sourceFile.Close();
    destinationFile.Close();
}
```

实训报告:

(1) 书写各题的核心代码。

(2) 总结软件注册的基本思路和方法。

(3) 总结本次实训的完成情况,并撰写实训体会。

习题 6

一、选择题

1. C♯ Winform 编程对文件夹操作,通常需要引入命名空间(　　)。

    A. using System.IO   B. using System.IO

    C. using System.IO   D. System.Data.OleDb

2. 实现递归删除文件夹目录及文件,下列程序中:

```
public static void DeleteFolder(string dir)
{
    if (Directory.____2____(dir))          //如果存在这个文件夹,则删除之
    {
        foreach (string d in ____3____.GetFileSystemEntries(dir))
        {
            if (File.Exists(d))
                File.____4____(d);          //直接删除其中的文件
            else
                ____5____(d);               //递归删除子文件夹
        }
        Directory.Delete(dir);              //删除已空文件夹
    }
}
```

A. Exist　　　　　　B. Exists　　　　　　C. Directory
D. Delete　　　　　 E. DeleteFolder　　　F. DeleteDirectory

2. 应选择（　　）。
3. 应选择（　　）。
4. 应选择（　　）。
5. 应选择（　　）。

二、填空题

1. C#文件操作,通常要引入_____命名空间。
2. 语句"Directory.Delete(@"f:\bbs2", true);"的作用是_____。
3. 语句"string[] dirs = Directory.GetDirectories(@"f:\", "b*");"的作用是_____。
4. 设置文件属性的方法是_____。
5. 确定文件是否存在的方法是_____。
6. File.AppendText FileInfo.AppendText 的作用是_____。

三、问答题

1. 请写出递归删除文件夹及文件的程序片段。
2. 软件注册通常有哪些方法？各自的优缺点是什么？
3. 阅读以下程序片段,说明该方法的主要功能。

```
public static void CopyFolder(string strFromPath, string strToPath)
{
    //如果源文件夹不存在,则创建
    if (!Directory.Exists(strFromPath))
    {
        Directory.CreateDirectory(strFromPath);
    }
    //取得要拷贝的文件夹名
    string strFolderName = strFromPath.Substring(strFromPath.LastIndexOf("\\") + 1,
        strFromPath.Length - strFromPath.LastIndexOf("\\") - 1);
    //如果目标文件夹中没有源文件夹则在目标文件夹中创建源文件夹
    if (!Directory.Exists(strToPath + "\\" + strFolderName))
    {
        Directory.CreateDirectory(strToPath + "\\" + strFolderName);
```

```csharp
    }
    //创建数组保存源文件夹下的文件名
    string[] strFiles = Directory.GetFiles(strFromPath);
    //循环拷贝文件
    for(int i = 0;i < strFiles.Length;i++)
    {
        //取得拷贝的文件名,只取文件名,地址截掉
        string strFileName = strFiles[i].Substring(strFiles[i].LastIndexOf("\\") + 1,
        strFiles[i].Length - strFiles[i].LastIndexOf("\\") - 1);
        //开始拷贝文件,true 表示覆盖同名文件
        File.Copy(strFiles[i],strToPath + "\\" + strFolderName + "\\" + strFileName,true);
    }
    //创建 DirectoryInfo 实例
    DirectoryInfo dirInfo = new DirectoryInfo(strFromPath);
    //取得源文件夹下的所有子文件夹名称
    DirectoryInfo[] ZiPath = dirInfo.GetDirectories();
    for (int j = 0;j < ZiPath.Length;j++)
    {
        //获取所有子文件夹名
        string strZiPath = strFromPath + "\\" + ZiPath[j].ToString();
        //把得到的子文件夹当成新的源文件夹,从头开始新一轮的拷贝
        CopyFolder(strZiPath,strToPath + "\\" + strFolderName);
    }
}
```

第 7 章 数据库操作

本章学习目标
(1) 掌握数据库的使用和数据库表的设计。
(2) 熟练掌握 ADO.NET 对象的使用。
(3) 掌握采用 LINQ 技术访问数据库。
(4) 熟练掌握开发数据库管理信息系统的方法。

7.1 典型项目及分析

典型项目：学生选课与课程成绩管理系统的设计与实现

【项目任务】

本项目将设计一个学生选课与课程成绩管理系统。该系统具备以下几个功能模块：管理员登录、学生信息管理(包含学生信息录入、学生信息查询、学生信息编辑、学生信息删除)、课程信息管理(包含课程信息录入、课程信息查询、课程信息编辑、课程信息删除)、学生选课管理、学生成绩管理、班级管理、用户管理等。

该项目包含以下文件,如图 7-1 所示。
(1) 用户登录界面 Login.cs。
(2) 系统主界面 MainFrm.cs。
(3) 自定义数据库工具类 MyTool.cs。
(4) 学生选课管理 NewChooseCourse.cs。
(5) 课程信息录入 NewCourse.cs。
(6) 学生信息录入 NewStu.cs。
(7) 学生成绩管理 NewStuScore.cs。
(8) 课程信息管理 QueryCourse.cs。
(9) 学生信息查询 QueryStu.cs。
(10) 学生信息编辑 UpdateStu.cs。
(11) 班级信息管理 ClassManage.cs。
(12) 用户信息管理 UserManage.cs。

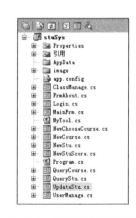

图 7-1 项目文件列表图

第7章 数据库操作

【学习目标】

(1) 熟悉 ADO.NET 数据库编程。

(2) 学习开发一个较为完整的数据库应用系统。

(3) 熟悉数据库工具类的设计和使用,提高开发工作效率。

【知识要点】

(1) 数据控件 DataGridView 的使用。

(2) ADO.NET 对象的使用。

(3) 数据库管理系统的设计方法与开发。

【任务 7-1:数据库设计】

(1) 本系统采用 SQL Server 2008 作为后台数据库,数据库名字为 StuMagSys。本数据库包含 5 个表,如图 7-2 所示。

(2) 数据表设计。

① Student(学生信息表),如表 7-1 所示。

图 7-2 数据库结构

表 7-1 Student(学生信息表)

列 名	备 注	主 键	数据类型 长度	允许空	外 键 关 联
Student_id	学生 ID 号	√(标识,自动增长)	Numeric 9		选课表 Student_course 的 Student_id
Student_name	学生姓名		Nvarchar 50		
Sex	性别		Nvarchar 50	√	
Birth	出生年月日		smalldatetime	√	
Nation	民族		Nvarchar 50	√	
Class_id	班级 ID 号		Numeric 9		班级信息表 Class 的 Class_id
Entrance_date	入学日期		smalldatetime		
home	籍贯		Nvarchar 50	√	
politic	政治面貌		Nvarchar 50	√	
ID	身份证号码		Nvarchar 50	√	
Job	职位		Nvarchar 50	√	
specialty	专业		Nvarchar 50	√	
age	年龄		Numeric 9	√	

② Course(课程信息表),如表 7-2 所示。

表 7-2 Course(课程信息表)

列 名	备 注	主 键	数据类型 长度	允许空	外 键 关 联
Course_id	课程 ID 号	√(标识,自动增长)	Numeric 9		Student_course 表的 Course_id
Course_name	课程名字		Nvarchar 50		
Credit	学分		Numeric 9	√	

③ Class(班级信息表),如表 7-3 所示。

表 7-3　Class(班级信息表)

列　名	备　注	主　键	数据类型　长度	允许空	外键关联
Class_id	班级 ID 号	√(标识,自动增长)	Numeric 9		Student 表的 Class_id
Class_name	班级名字		Nvarchar 50		
Grade	年级		Numeric 9	√	
SumStu	当前学生人数		Numeric 9	√	
MaxNum	最大学生人数		Numeric 9	√	

④ Student_course(选课表),如表 7-4 所示。

表 7-4　Student_course(选课表)

列　名	备　注	主　键	数据类型　长度	允许空	外键关联
id	ID	√(标识,自动增长)	Numeric 9		
Course_id	课程 ID 号	√	Numeric 9		Course 表的 Course_id
Student_id	学生 ID 号	√	Numeric 9		Student 表的 Student_id
Score	成绩		Numeric 9	√	

⑤ SyUser(用户表),如表 7-5 所示。

表 7-5　SyUser(用户表)

列　名	备　注	主　键	数据类型　长度	允许空	外键关联
Use_id	用户 ID	√	Numeric 9		
Use_name	用户名		Nvarchar 50	√	
Password	密码		Nvarchar 50	√	

【任务 7-2:数据库工具类 MyTool.cs 的设计】

本系统设计了一个数据库工具类 MyTool.cs,里面设计了一些方法,用于对数据库的操作,以及为窗体之间数据的传递做中间人。

```
class MyTool
{
    //定义数据库连接字符串
    public static string connStr = "server = localhost\\sqlexpress;database = StuMagSys;
    Integrated Security = SSPI;";
    public static DataGridView myDataGridView;          //用来在窗体间传递数据,做中间人
    public static string currentUserName;               //当前登录用户
    public static string student_id;
    public static string student_name;
    public static string class_id;
    public static string class_name;
    //通过学生名字获取学生 ID
    public static string getStudentIdByStudentName(string studentName)
    {
        string sqlStr = " select student_ id from student where student_ name = '" +
        studentName + "'";
        SqlConnection sqlConnection1 = new SqlConnection(MyTool.connStr);
```

```csharp
        sqlConnection1.Open();
        SqlCommand sqlCommand1 = new SqlCommand(sqlStr, sqlConnection1);    //创建命令
        string studentId = sqlCommand1.ExecuteScalar().ToString();
        return studentId;
    }
    //通过课程名字获取课程 ID
    public static string getCourseIdByCourseName(string courseName)
    {
        string sqlStr = "select course_id from course where course_name = '" + courseName + "'";
        SqlConnection sqlConnection1 = new SqlConnection(MyTool.connStr);
        sqlConnection1.Open();
        SqlCommand sqlCommand1 = new SqlCommand(sqlStr, sqlConnection1);    //创建命令
        string courseId = sqlCommand1.ExecuteScalar().ToString();
        return courseId;
    }
    //通过班级名字获取班级 ID
    public static string getClassIdByClassName(string className)
    {
        string sqlStr = "select class_id from class where class_name = '" + className + "'";
        SqlConnection sqlConnection1 = new SqlConnection(MyTool.connStr);
        sqlConnection1.Open();
        SqlCommand sqlCommand1 = new SqlCommand(sqlStr, sqlConnection1);    //创建命令
        string classId = sqlCommand1.ExecuteScalar().ToString();
        return classId;
    }
    //通过班级 ID,查询该班的所有学生姓名,并放入到指定下拉框中
    public static void getStuListByClassId(string classId, ComboBox comboBox)
    {
        string sqlStr = "select student_name from student where class_id = '" + classId + "'";
        SqlConnection sqlConnection1 = new SqlConnection(MyTool.connStr);
        sqlConnection1.Open();
        SqlDataAdapter sqlDataAdapter1 = new SqlDataAdapter(sqlStr, sqlConnection1);    //执行
        DataSet dataSet1 = new DataSet();
        sqlDataAdapter1.Fill(dataSet1, "student");    //查询的结果存放在数据集里
        comboBox.Items.Clear();                       //先清空下拉框数据,防止重复
        comboBox.Text = "";
        //通过 FOR 循环给下拉框填充数据
        for (int i = 0; i < dataSet1.Tables["student"].Rows.Count; i++)
        {
            comboBox.Items.Add(dataSet1.Tables["student"].Rows[i]["student_name"]);
        }
        if (comboBox.Items.Count > 0)
        {
            comboBox.SelectedIndex = 0;
        }
    }
    //查询到指定的字段的数据,并填充到指定下拉框中
    public static void queryDataToCombo(string sqlStr, string columnName, ComboBox comboBox1)
    {
        SqlConnection sqlConnection1 = new SqlConnection(MyTool.connStr);
        sqlConnection1.Open();
        SqlDataAdapter sqlDataAdapter1 = new SqlDataAdapter(sqlStr, sqlConnection1);//执行
        DataSet dataSet1 = new DataSet();
```

```csharp
        sqlDataAdapter1.Fill(dataSet1);        //查询的结果存放在数据集里
        comboBox1.Items.Clear();               //先清空下拉框数据,防止重复
        for (int i = 0; i < dataSet1.Tables[0].Rows.Count; i++)    //通过FOR循环给下拉框
                                                                    //填充数据
        {
            comboBox1.Items.Add(dataSet1.Tables[0].Rows[i][columnName]);
        }
        comboBox1.SelectedIndex = 0;
    }
    //查询到指定的数据记录,并填充到数据控件 GridView 中
    public static void queryDataToGrid(string sqlStr, DataGridView dataGridView1)
    {
        SqlConnection sqlConnection1 = new SqlConnection(MyTool.connStr);//创建数据库连接
        SqlDataAdapter sqlDataAdapter1 = new SqlDataAdapter(sqlStr, sqlConnection1);
                    //利用已创建好的 sqlConnection1,创建数据适配器 sqlDataAdapter1
        DataSet dataSet1 = new DataSet();    //创建数据集对象
        sqlDataAdapter1.Fill(dataSet1);      //执行查询,查询的结果存放在数据集里
        dataGridView1.DataSource = dataSet1.Tables[0];    //绑定数据
    }
    //执行指定的 SQL 命令语句(insert,update,delete),并返回命令所影响的行数.
    public static int executeCommand(string sqlStr)
    {
        SqlConnection sqlConnection1 = new SqlConnection(MyTool.connStr);//创建数据库连接
        sqlConnection1.Open();                 //打开数据库连接
        SqlCommand sqlCommand1 = new SqlCommand(sqlStr, sqlConnection1);
        int Succnum = sqlCommand1.ExecuteNonQuery();    //执行 SQL 命令
        return Succnum;
    }
}
```

【任务 7-3：用户登录界面 Login.cs 的设计】

设计界面如图 7-3 所示。

设计步骤如下：

（1）新建 Windows 窗体应用程序。

（2）按图 7-3 添加控件：拖入两个 Button 控件、两个 GroupBox 控件、两个 Label、两个 TextBox 控件,并将这些控件调整到合适的位置。

（3）设置控件的属性,属性设置如表 7-6 所示。

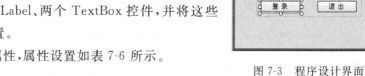

图 7-3　程序设计界面

表 7-6　设置窗体和控件属性

对　　象	属　　性	属　性　值
按钮 Button1	Text	登录
按钮 Button2	Text	退出
窗体 Form1	Text	登录系统
框架 GroupBox1	Text	请输入用户名密码
标签 Label1	Text	用户名：
标签 Label2	Text	密码：

(4) 编写代码。

① 在代码顶部，导入 ADO.NET 类的命名空间：

```
using System.Data.SqlClient;
```

② 在类的首部定义一些用到的变量：

```
private SqlConnection sqlConnection1;
private SqlCommand sqlCommand1;
private SqlDataAdapter sqlDataAdapter1;
DataSet dataSet1;              //每次使用都需要用 new DataSet() 来初始化
private string connStr = "server = localhost\\sqlexpress; database = StuMagSys; Integrated Security = SSPI;";
private string sqlStr;
```

③ 单击"登录"按钮，触发该按钮的单击事件，验证用户名和密码，通过验证把当前用户名传递到工具类 MyTool 的 currentUserName，以备后面使用，并跳转到系统主界面 MainFrm.cs，否则提示用户名/密码错误。按钮 button1 的 button1_Click 事件代码如下：

```
private void button1_Click(object sender, EventArgs e)
{
    sqlStr = "select * from syuser where Use_name = '" + this.txtUserName.Text.Trim() + "'
    and password = '" + txtPasswords.Text + "'    ";//根据用户输入的用户名和密码初始化查询
                                                    //更新数据库字符串
    sqlConnection1 = new SqlConnection(connStr);            //连接到数据库
    sqlConnection1.Open();
    sqlDataAdapter1 = new SqlDataAdapter(sqlStr, sqlConnection1);//执行数据库操作
    dataSet1 = new DataSet();
    sqlDataAdapter1.Fill(dataSet1, "syuser");     //把查询结果放入到数据集的临时表,该临时
                                                  //表命名为 syuser
    sqlConnection1.Close();
    DataTable mytable = dataSet1.Tables["syuser"];
    if (mytable.Rows.Count > 0)
    {
        this.Hide();                                    //隐藏当前窗体
        MyTool.currentUserName = txtUserName.Text;
        //把用户名传递给工具类 MyTool 的属性 currentUserName.(系统主界面 MainFrm 到时候会
        //从该属性获取当前登录用户名,工具类充当数据传递中间人.)
        MainFrm mainFrm = new MainFrm();
        mainFrm.Show();                                 //打开主菜单界面
    }
    else
    {
        MessageBox.Show("用户名/密码错误!请重试!","确认", MessageBoxButtons.OK);
    }
}
```

④ 单击"退出"按钮，触发该按钮的单击事件则关闭当前窗体。按钮 button2 的 button2_Click 事件代码如下：

```
private void button2_Click (object sender, EventArgs e)
    {
    this.Close();          //关闭当前窗体
}
```

【任务 7-4：系统主界面 MainFrm.cs 的设计】

设计界面如图 7-4 所示。

图 7-4 程序设计界面

设计步骤如下：

(1) 新建 Windows 窗体应用程序。

(2) 按图 7-4 添加控件：拖入一个 MenuStrip、一个 PictureBox、一个 StatusStrip，并将这些控件调整到合适的位置。

(3) 设置控件的属性，属性设置如表 7-7 所示。

表 7-7 设置窗体和控件属性

对 象	属 性	属 性 值
窗体 MainFrm	Text	学生选课与课程成绩管理系统 V0.1 版
PictureBox1	BackgroundImage	（导入图片）
菜单 MenuStrip1		（按图设置菜单项）
StatusStrip1 的 ToolStripStatusLabel1	Text	欢迎使用学生信息管理系统！

(4) 编写代码。

① 在代码顶部导入 ADO.NET 类的命名空间：

```
using System.Data.SqlClient;
```

② 系统主界面的下方要显示出欢迎信息和当前登录用户的名字，这个工作需要在窗体的 Load 事件里完成。窗体 MainFrm 的 MainFrm_Load 事件代码如下：

```
private void MainFrm_Load(object sender, EventArgs e)
{
    //读取工具类 MyTool 的 currentUserName,显示当前登录的用户名
    this.toolStripStatusLabel1.Text = "当前登录用户：" + MyTool.currentUserName;
}
```

③ 添加各个菜单项的 Click 事件，该事件代码功能是创建对应的窗体对象，并用 Show() 显示出来。比如"课程信息录入"菜单项的 Click 事件（创建对应的 NewCourse.cs 窗体对

象,并用Show()显示出来)。注意:前提是已经创建了NewCourse.cs的窗体。

```
private void InputCourse_Click(object sender, EventArgs e)
{
        //创建对应的窗体对象,并用Show()显示出来
        NewCourse nc = new NewCourse();
        nc.Show();
}
```

【任务7-5:课程信息录入界面NewCourse.cs的设计】

设计界面如图7-5所示。

设计步骤如下:

(1) 新建Windows窗体应用程序。

(2) 按图7-5添加控件:拖入两个Button控件、一个GroupBox控件、两个Label、两个TextBox控件,并将这些控件调整到合适的位置。

(3) 设置控件的属性,属性设置如表7-8所示。

图7-5 程序设计界面

表7-8 设置窗体和控件属性

对　　象	属　　性	属　性　值
窗体 NewCourse	Text	课程信息录入
按钮 Button1	Text	录入
按钮 Button2	Text	退出
窗体 Form1	Text	课程信息录入
框架 GroupBox1	Text	课程信息
标签 Label1	Text	课程名称
标签 Label2	Text	学分

(4) 编写代码。

① 在代码顶部导入ADO.NET类的命名空间:

```
using System.Data.SqlClient;
```

② 在类的首部定义一些用到的变量:

```
//定义数据库连接字
private string connStr = "server = localhost\\sqlexpress;database = StuMagSys;Integrated Security = SSPI;";
private SqlConnection sqlConnection1;
private SqlCommand sqlCommand1;
private string sqlStr;
```

③ 单击"录入"按钮,把新的课程信息录入到课程表中,录入成功弹出提示消息框。按钮Button1的Button1_Click事件代码如下:

```
private void button1_Click(object sender, EventArgs e)
    {
        sqlStr = "insert into course(course_name,credit)values('" + textBox1.Text + "','" + textBox2.Text + "')";
        sqlConnection1 = new SqlConnection(connStr);           //创建数据库连接
```

```
        sqlConnection1.Open();                              //打开数据库连接
    sqlCommand1 = new SqlCommand(sqlStr, sqlConnection1);   //创建 command 对象
        int Succnum = sqlCommand1.ExecuteNonQuery();        //执行 SQL 命令
        sqlConnection1.Close();
if (Succnum > 0) MessageBox.Show("录入成功");               //如果执行成功,则弹出对话框
    }
```

④ 单击"退出"按钮,触发该按钮的单击事件则关闭当前窗体。按钮 Button2 的 Button2_Click 事件代码如下:

```
private void button2_Click (object sender, EventArgs e)
{
        this.Close();           //关闭当前窗体
}
```

【任务 7-6：课程信息查询界面 QueryCourse.cs 的设计】

设计界面如图 7-6 所示。

图 7-6　程序设计界面

设计步骤如下:

(1) 新建 Windows 窗体应用程序。

(2) 按图 7-6 添加控件:拖入 4 个 Button 控件、3 个 GroupBox 控件、两个 Label 控件、两个 TextBox、一个 DataGridView 控件,并将这些控件调整到合适的位置。

(3) 设置控件的属性,属性设置如表 7-9 所示。

表 7-9　设置窗体和控件属性

对　　象	属　　性	属　性　值
窗体 QueryCourse	Text	课程信息查询
按钮 Button1	Text	查询
按钮 Button2	Text	编辑
按钮 Button3	Text	删除
按钮 Button4	Text	退出
窗体 Form1	Text	课程信息查询

续表

对　象	属　性	属　性　值
框架 GroupBox1	Text	查询
框架 GroupBox2	Text	查询结果
框架 GroupBox3	Text	操作
标签 Label1	Text	课程名称
标签 Label2	Text	学分

(4) 编写代码。

① 在代码顶部导入 ADO.NET 类的命名空间：

```
using System.Data.SqlClient;
```

② 在类的首部定义一些用到的变量：

```
private SqlConnection sqlConnection1;
private SqlCommand sqlCommand1;
private SqlDataAdapter sqlDataAdapter1;
DataSet dataSet1;
private string sqlStr;
```

③ 添加窗体 QueryCourse 的 QueryCourse_Load 事件代码如下：

```
private void QueryCourse_Load(object sender, EventArgs e)
{
    label2.Visible = false;                              //让 Label2 不可见,隐藏起来
    textBox2.Visible = false;                            //让 TextBox2 不可见,隐藏起来
    sqlStr = " select course_id as 课程编号,course_name as 课程名称,credit as 学分 from
              course ";
    sqlConnection1 = new SqlConnection(MyTool.connStr);  //创建数据库连接
    sqlConnection1.Open();
    sqlDataAdapter1 = new SqlDataAdapter(sqlStr, sqlConnection1);
                      //利用已创建好的 sqlConnection1,创建数据适配器 sqlDataAdapter1
    dataSet1 = new DataSet();                            //创建结果集
    sqlDataAdapter1.Fill(dataSet1, "course");            //执行查询,查询的结果存放在数据集里
    sqlConnection1.Close();
    dataGridView1.DataSource = dataSet1.Tables["course"]; //绑定数据
}
```

④ 添加按钮 Button1 的 Button1_Click 事件代码如下：

```
private void button1_Click (object sender, EventArgs e)
{
    sqlStr = " select course_id as 课程编号,course_name as 课程名称,credit as 学分 from
              course ";
    sqlStr = sqlStr + " where course_name like '%" + textBox1.Text.Trim() + "%'";
    sqlConnection1 = new SqlConnection(MyTool.connStr);   //创建数据库连接
    sqlConnection1.Open();
    sqlDataAdapter1 = new SqlDataAdapter(sqlStr, sqlConnection1);
                      //利用已创建好的 sqlConnection1,创建数据适配器 sqlDataAdapter1
    dataSet1 = new DataSet();                             //创建结果集
    sqlDataAdapter1.Fill(dataSet1, "course");             //执行查询,查询结果存放在数据集里
    dataGridView1.DataSource = dataSet1.Tables["course"]; //绑定数据
    sqlConnection1.Close();
}
```

⑤ 添加按钮 Button2 的 Button2_Click 事件代码如下：

```csharp
private void button2_Click (object sender, EventArgs e)
{
    if (button2.Text == "编辑")
    {
        button2.Text = "保存修改";
        label2.Visible = true;
        textBox2.Visible = true;
    }
    else if (button2.Text == "保存修改")
    {
        if (dataGridView1.SelectedRows.Count <= 0)
        {
            MessageBox.Show("请选中要修改的数据行");
            return;
        }
        sqlStr = "update course set course_name = '" + textBox1.Text + "',credit = '" +
        textBox2.Text + "'where course_id = '" + dataGridView1.CurrentRow.Cells[0].Value.
        ToString() + "'";
        sqlConnection1 = new SqlConnection(MyTool.connStr);
        sqlCommand1 = new SqlCommand(sqlStr, sqlConnection1);
        sqlConnection1.Open();
        int Succnum = sqlCommand1.ExecuteNonQuery();
        sqlConnection1.Close();
        if (Succnum > 0) MessageBox.Show("修改成功");
        button2.Text = "编辑";
        label2.Visible = false;
        textBox2.Visible = false;
        //调用查询按钮的代码,刷新窗体上的 DataGridView 里的数据
        this.button1_Click(sender, e);
    }
}
```

⑥ 添加按钮 Button3 的 Button3_Click 事件代码如下：

```csharp
private void button3_Click (object sender, EventArgs e)
{
    if (MessageBox.Show("您确认要删除该记录吗?", "确认", MessageBoxButtons.YesNoCancel) == DialogResult.Yes)
    {                                                             //获取选中行的学生 ID 号
        string course_id = this.dataGridView1.CurrentRow.Cells[0].Value.ToString();
        sqlStr = "delete from course where course_id = " + course_id + " ";
        sqlConnection1 = new SqlConnection(MyTool.connStr);     //创建连接
        sqlCommand1 = new SqlCommand(sqlStr, sqlConnection1);   //创建命令
        sqlConnection1.Open();                                   //打开连接
        int Succnum = sqlCommand1.ExecuteNonQuery();             //执行命令
        sqlConnection1.Close();                                  //关闭连接
        //调用查询按钮的代码,刷新窗体上的 DataGridView 里的数据
        this.button1_Click(sender, e);
    }
}
```

⑦ 添加按钮 Button4 的 Button4_Click 事件代码如下：

```
private void button4_Click (object sender, EventArgs e)
{
        this.Close();            //关闭当前窗体
}
```

⑧ 添加 DataGridView1 的 DataGridView1_MouseClick 事件代码如下：

```
private void dataGridView1_MouseClick(object sender, MouseEventArgs e)
{
        textBox1.Text = dataGridView1.CurrentRow.Cells[1].Value.ToString() ;
        textBox2.Text = dataGridView1.CurrentRow.Cells[2].Value.ToString();
}
```

程序运行结果如图 7-7 和图 7-8 所示。

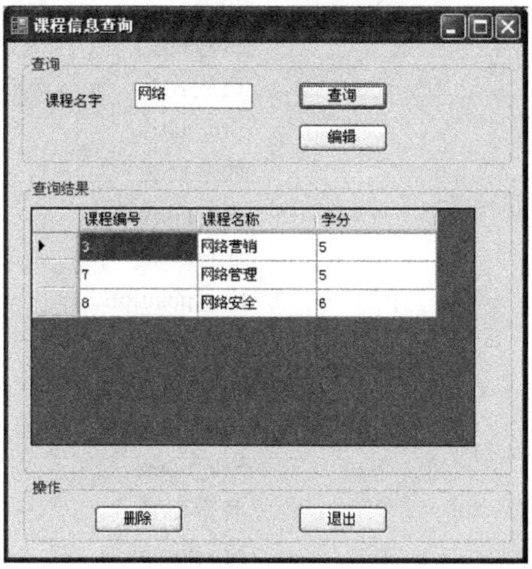

图 7-7　程序运行界面 1　　　　　　图 7-8　程序运行界面 2

【任务 7-7：学生信息录入界面 NewStu.cs 的设计】

设计界面如图 7-9 所示。

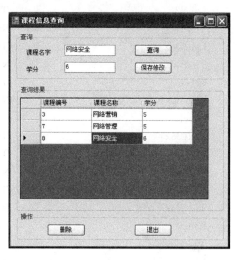

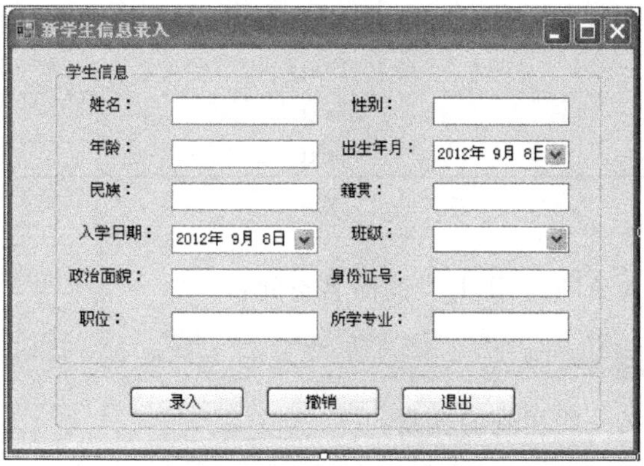

图 7-9　程序设计界面

设计步骤如下：

（1）新建 Windows 窗体应用程序。

（2）按图 7-9 添加控件：拖入 3 个 Button 控件、两个 GroupBox 控件、12 个 Label 控件、9 个 TextBox 控件、两个 DateTimePicker 控件、一个 ComboBox 控件，并将这些控件调整到合适的位置。

（3）设置控件的属性，属性设置如表 7-10 所示。

表 7-10 设置窗体和控件属性

对 象	属 性	属 性 值
窗体 NewStu	Text	新学生信息录入
Label1	Text	姓名：
TextBox1	Name	Stu_name
Label2	Text	年龄：
TextBox2	Name	Stu_age
Label3	Text	民族：
TextBox3	Name	Stu_nation
Label4	Text	政治面貌：
TextBox4	Name	Stu_politic
Label5	Text	职位：
TextBox5	Name	Stu_position
Label6	Text	性别：
TextBox6	Name	Stu_sex
Label7	Text	籍贯：
TextBox7	Name	Stu_home
Label8	Text	身份证号：
TextBox8	Name	Stu_idnum
Label9	Text	所学专业：
TextBox9	Name	Stu_specialty
Label10	Text	班级：
ComboBox1	Name	classList
Label11	Text	入学日期：
Label12	Text	出生年月：
Button1	Text	录入
Button2	Text	撤销
Button3	Text	退出

（4）编写代码。

① 在代码顶部导入 ADO.NET 类的命名空间：

```
Using System.Data.SqlClient;
```

② 在类的首部定义一些用到的变量：

```
private SqlConnection sqlConnection1;
private SqlCommand sqlCommand1;
```

```
private SqlDataAdapter sqlDataAdapter1;
DataSet dataSet1;
private string sqlStr;
```

③ 添加窗体 NewStu 的 NewStu_Load 事件代码如下:

```
Private void NewStu_Load(object sender, EventArgs e)
{
    sqlStr = "select Class_name from class";
    sqlConnection1 = new SqlConnection(MyTool.connStr);
    sqlConnection1.Open();
    sqlDataAdapter1 = new SqlDataAdapter(sqlStr, sqlConnection1);    //执行 SQL 语句
    dataSet1 = new DataSet();
    sqlDataAdapter1.Fill(dataSet1, "Class");    //查询的结果存放在数据集里
    sqlConnection1.Close();
    //通过 FOR 循环给下拉框填充数据
    for (int i = 0; i < dataSet1.Tables["Class"].Rows.Count; i++)
    {
        classList.Items.Add(dataSet1.Tables["Class"].Rows[i]["Class_name"]);
    }
    if (classList.Items.Count > 0)
    {
        classList.SelectedIndex = 0;            //让下拉框选中第一项数据
    }
}
```

④ 添加"录入"按钮 Button1 的 Button1_Click 事件代码如下:

```
Private void button1_Click (object sender, EventArgs e)
{                       //保证学生姓名和班级必须得到填写
    if (classList.SelectedItem.ToString().Trim() == "" || Stu_name.Text == "")
    {
        MessageBox.Show("学生姓名、班级必须填写!", "提示");
    }
    else
    {
        //首先需要检索出学生的班级号才可以在学生表中进行插入新记录
        //SQL 命令字符串
        sqlStr = "select Class_id from class where Class_name = '" + classList.SelectedItem.
        ToString().Trim() + "'";
        sqlConnection1 = new SqlConnection(MyTool.connStr);     //创建数据库连接
        sqlConnection1.Open();
        sqlCommand1 = new SqlCommand();
        sqlCommand1.CommandText = sqlStr;
        sqlCommand1.Connection = sqlConnection1;
        string ClassId = sqlCommand1.ExecuteScalar().ToString();
        //在学生表中插入新记录
        sqlStr = "insert into student(student_name, sex, Entrance_date, Class_id, Birth,
        Nation" + ", home, politic, ID, Job, specialty, age) values( '" + Stu_name.Text.Trim()
        + "','" + Stu_sex.Text.Trim() + "','" + dateTimePicker1.Value.Date.ToString() +
        "','" + ClassId + "','" + dateTimePicker2.Value.Date.ToString() + "','" + Stu_
        nation.Text.Trim() + "','" + Stu_home.Text.Trim() + "','" + Stu_politic.Text.Trim
        () + "','" + Stu_idnum.Text.Trim() + "','" + Stu_position.Text.Trim() + "','" +
        Stu_specialty.Text.Trim() + "','" + Stu_age.Text.Trim() + "')";
        sqlConnection1 = new SqlConnection(MyTool.connStr);    //创建数据库连接
```

```
        sqlConnection1.Open();                                    //打开数据库连接
        sqlCommand1 = new SqlCommand(sqlStr, sqlConnection1);     //command 对象
        int Succnum = sqlCommand1.ExecuteNonQuery();              //执行 SQL 命令
        sqlConnection1.Close();
        if (Succnum > 0) MessageBox.Show("录入成功");   //如果成功,则弹出对话框
    }
}
```

⑤ 添加"撤销"按钮 Button2 的 Button2_Click 事件代码如下:

```
Private void button2_Click(object sender, EventArgs e)
{
    Stu_name.Text = "";
    Stu_sex.Text = "";
    Stu_age.Text = "";
    Stu_home.Text = "";
    Stu_nation.Text = "";
    Stu_specialty.Text = "";
    Stu_position.Text = "";
    Stu_idnum.Text = "";
    Stu_politic.Text = "";
}
```

⑥ 添加"退出"按钮 button3 的 button3_Click 事件代码如下:

```
Private void button3_Click (object sender, EventArgs e)
{
    this.Close();
}
```

【任务 7-8:学生信息查询界面 QueryStu.cs 的设计】

设计界面如图 7-10 所示。

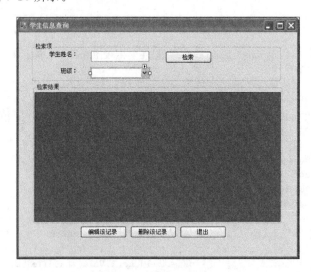

图 7-10 程序设计界面

设计步骤如下:

(1) 新建 Windows 窗体应用程序。

(2) 按图 7-10 添加控件：拖入 4 个 Button 控件、两个 GroupBox 控件、一个 Label 控件、一个 TextBox 控件、一个 ComboBox 控件和一个 DataGridView 控件，并将这些控件调整到合适的位置。

(3) 设置控件的属性，属性设置如表 7-11 所示。

表 7-11 设置窗体和控件属性

对　　象	属　　性	属　性　值
窗体 QueryStu	Text	学生信息查询
GroupBox1	Text	检索项
GroupBox2	Text	检索结果
Label1	Text	学生姓名：
Label2	Text	班级：
ComboBox1	Name	ClassList
Button1	Text	检索
Button2	Text	编辑该记录
Button3	Text	删除该记录
Button4	Text	退出

(4) 编写代码。

① 在代码顶部导入 ADO.NET 类的命名空间：

```
Using System.Data.SqlClient;
```

② 在类的首部定义一些用到的变量：

```
private SqlConnection sqlConnection1;
private SqlCommand sqlCommand1;
private SqlDataAdapter sqlDataAdapter1;
DataSet dataSet1;
private string sqlStr;
```

③ 添加窗体 QueryStu 的 QueryStu_Load 事件代码如下：

```
Private void QueryStu_Load(object sender, EventArgs e)
{
    //填充班级下拉框
    sqlStr = "select Class_name from class";
    sqlConnection1 = new SqlConnection(MyTool.connStr);
    sqlConnection1.Open();
    sqlDataAdapter1 = new SqlDataAdapter(sqlStr, sqlConnection1);      //执行 SQL 语句
    dataSet1 = new DataSet();
    sqlDataAdapter1.Fill(dataSet1, "Class");                           //查询的结果存放在数据集里
    sqlConnection1.Close();
    //通过 FOR 循环给下拉框填充数据
    for (int i = 0; i < dataSet1.Tables["Class"].Rows.Count; i++)
    {
        classList.Items.Add(dataSet1.Tables["Class"].Rows[i]["Class_name"]);
    }
    sqlStr = " SELECT Student_id as 学生 ID, Student_name as 姓名, class_name as 班级, Sex as 性别, Birth as 生日, Nation as 民族, Entrance_date as 入学日期, home as 籍贯, politic as 政治面貌, ID as 身份证号码, Job as 职务, specialty as 专业, age as 年龄 FROM Student,class where student.class_id = class.class_id ";
```

```
        sqlConnection1 = new SqlConnection(MyTool.connStr);       //创建数据库连接
        sqlConnection1.Open();
        sqlDataAdapter1 = new SqlDataAdapter(sqlStr, sqlConnection1);    //创建数据适配器
        dataSet1 = new DataSet();                                 //创建数据集对象
        sqlDataAdapter1.Fill(dataSet1, "student");         //执行查询,查询结果存在数据集中
        sqlConnection1.Close();
        dataGridView1.DataSource = dataSet1.Tables["student"];    //绑定数据
    }
```

④ 添加"检索"按钮 Button1 的 Button1_Click 事件代码如下：

```
Private void button1_Click (object sender, EventArgs e)
{
    sqlStr = " SELECT Student_id as 学生ID, Student_name as 姓名, class_name as 班级,Sex as
    性别, Birth as 生日, Nation as 民族, Entrance_date as 入学日期, home as 籍贯, politic as
    政治面貌, ID as 身份证号码, Job as 职务, specialty as 专业, age as 年龄 FROM Student,class
    where student.class_id = class.class_id ";
    sqlStr = sqlStr + "and Student_name like '%" + textBox1.Text.Trim() + "%'";
    if (classList.Text != "") sqlStr = sqlStr + " and class.class_name = '" + classList.
    Text + "'";
    sqlConnection1 = new SqlConnection(MyTool.connStr);       //创建数据库连接
    sqlConnection1.Open();
    sqlDataAdapter1 = new SqlDataAdapter(sqlStr, sqlConnection1);
                        //利用已创建好的 sqlConnection1,创建数据适配器 sqlDataAdapter1
    ataSet1 = new DataSet();                                  //创建数据集对象
    sqlDataAdapter1.Fill(dataSet1, "student");         //执行查询,查询的结果存在数据集中
    sqlConnection1.Close();
    dataGridView1.DataSource = dataSet1.Tables["student"]; //绑定数据
}
```

⑤ 添加"编辑该记录"按钮 Button2 的 Button2_Click 事件代码如下：

```
Private void button2_Click (object sender, EventArgs e)
{
    if (dataGridView1.SelectedCells.Count > 0)
    {
        MyTool.myDataGridView = this.dataGridView1;
        UpdateStu updateStu = new UpdateStu();
        updateStu.ShowDialog();
        //关闭编辑窗体后调用查询按钮代码,刷新查询窗体上 DataGridView
        this.button1_Click(sender, e);
    }
    else MessageBox.Show("请选择一行数据");
}
```

⑥ 添加"删除该记录"按钮 Buton3 的 Button3_Click 事件代码如下：

```
Private void button3_Click(object sender, EventArgs e)
{
    if (MessageBox.Show("您确认要删除该记录吗?","确认", MessageBoxButtons.YesNoCancel) =
    = DialogResult.Yes)
    {                                                         //获取选中行的学生 ID 号
        string stu_id = this.dataGridView1.CurrentRow.Cells[0].Value.ToString();
        sqlStr = "delete from student where student_id = " + stu_id + " ";
        sqlConnection1 = new SqlConnection(MyTool.connStr);      //创建连接
        sqlCommand1 = new SqlCommand(sqlStr, sqlConnection1);    //创建命令
        sqlConnection1.Open();                                   //打开连接
        int Succnum = sqlCommand1.ExecuteNonQuery();             //执行命令
```

```
        sqlConnection1.Close();          //关闭连接
        //调用查询按钮的代码,刷新窗体上的 DataGridView 里的数据
        this.button1_Click(sender, e);
    }
}
```

⑦ 添加"退出"按钮 Button4 的 Button4_Click 事件代码如下：

```
Private void button3_Click (object sender, EventArgs e)
{
    this.Close();
}
```

程序运行结果如图 7-11 所示。

图 7-11　程序运行界面

【任务 7-9：学生信息编辑界面 UpdateStu.cs 的设计】

设计界面如图 7-12 所示。

图 7-12　程序设计界面

设计步骤如下：

（1）新建 Windows 窗体应用程序。

（2）按图 7-12 添加控件：拖入 3 个 Button 控件、两个 GroupBox 控件、12 个 Label 控件、9 个 TextBox 控件、两个 DateTimePicker 控件、一个 ComboBox 控件，并将这些控件调整到合适的位置。

（3）设置控件的属性，如表 7-12 所示。

表 7-12　设置窗体和控件属性

对　　象	属　　性	属　性　值
窗体 UpdateStu	Text	编辑学生信息
Label1	Text	姓名：
TextBox1	Name	Stu_name
Label2	Text	年龄：
TextBox2	Name	Stu_age
Label3	Text	民族：
TextBox3	Name	Stu_nation
Label4	Text	政治面貌：
TextBox4	Name	Stu_politic
Label5	Text	职位：
TextBox5	Name	Stu_position
Label6	Text	性别：
TextBox6	Name	Stu_sex
Label7	Text	籍贯：
TextBox7	Name	Stu_home
Label8	Text	身份证号：
TextBox8	Name	Stu_idnum
Label9	Text	所学专业：
TextBox9	Name	Stu_specialty
Label10	Text	班级：
ComboBox1	Name	ClassList
Label11	Text	入学日期：
Label12	Text	出生年月：
Button1	Text	保存修改
Button2	Text	退出
GroupBox1	Text	学生信息

（4）编写代码。

① 在代码顶部导入 ADO.NET 类的命名空间：

```
using System.Data.SqlClient;
```

② 在类的首部定义一些用到的变量：

```
private SqlConnection sqlConnection1;
private SqlCommand sqlCommand1;
```

```csharp
private SqlDataAdapter sqlDataAdapter1;
DataSet dataSet1;
private string sqlStr;
```

③ 添加窗体 UpdateStu 的 UpdateStu_Load 事件代码如下：

```csharp
private void UpdateStu_Load(object sender, EventArgs e)
{                                    //为班级下拉框填充数据
    dataSet1 = new DataSet();
    sqlStr = "select Class_name from class";
    sqlConnection1 = new SqlConnection(MyTool.connStr);
    sqlConnection1.Open();
    sqlDataAdapter1 = new SqlDataAdapter(sqlStr, sqlConnection1);//执行 SQL 语句
    sqlDataAdapter1.Fill(dataSet1, "Class");        //查询的结果存放在数据集里
    sqlConnection1.Close();
    //通过 FOR 循环给下拉框填充数据
    for (int i = 0; i < dataSet1.Tables["Class"].Rows.Count; i++)
    {
        this.classList.Items.Add(dataSet1.Tables["Class"].Rows[i]["class_name"]);
    }
    classList.SelectedIndex = 0;
    //填充控件的值
    Stu_name.Text = MyTool.myDataGridView.CurrentRow.Cells[1].Value.ToString();
    classList.Text = MyTool.myDataGridView.CurrentRow.Cells[2].Value.ToString();
    Stu_sex.Text = MyTool.myDataGridView.CurrentRow.Cells[3].Value.ToString();
    dateTimePicker2.Text = MyTool.myDataGridView.CurrentRow.Cells[4].Value.ToString();
    Stu_nation.Text = MyTool.myDataGridView.CurrentRow.Cells[5].Value.ToString();
    dateTimePicker1.Text = MyTool.myDataGridView.CurrentRow.Cells[6].Value.ToString();
    Stu_home.Text = MyTool.myDataGridView.CurrentRow.Cells[7].Value.ToString();
    Stu_politic.Text = MyTool.myDataGridView.CurrentRow.Cells[8].Value.ToString();
    Stu_idnum.Text = MyTool.myDataGridView.CurrentRow.Cells[9].Value.ToString();
    Stu_job.Text = MyTool.myDataGridView.CurrentRow.Cells[10].Value.ToString();
    Stu_specialty.Text = MyTool.myDataGridView.CurrentRow.Cells[11].Value.ToString();
    Stu_age.Text = MyTool.myDataGridView.CurrentRow.Cells[12].Value.ToString();
}
```

④ 添加"保存修改"按钮 Button1 的 Button1_Click 事件代码如下：

```csharp
private void button1_Click (object sender, EventArgs e)
{
    //保证学生姓名和入学日期必须得到填写
    if (dateTimePicker1.Value.Date.ToString() == "" || Stu_name.Text == "" || Stu_age.Text =="")
    {
        MessageBox.Show("学生姓名、入学时间、班级、年龄 必须填写!", "提示");
    }
    else
    {
        //首先需要检索出学生的班级号才可以在学生表中进行插入新记录
        dataSet1 = new DataSet();
        sqlStr = "select Class_id from class where Class_name = '" + classList.SelectedItem.ToString().Trim() + "'";
        sqlConnection1 = new SqlConnection(MyTool.connStr);
        sqlConnection1.Open();
        sqlCommand1 = new SqlCommand();
        sqlCommand1.CommandText = sqlStr;
        sqlCommand1.Connection = sqlConnection1;
```

```
        string ClassId = sqlCommand1.ExecuteScalar().ToString();
        //更新记录
        sqlStr = "update student set student_name = '" + Stu_name.Text.Trim() + "',sex = '" +
        Stu_sex.Text.Trim() + "', Entrance_date = '" + dateTimePicker1.Value.Date.
        ToString() + "',Class_id= '" + ClassId + "',Birth = '" + dateTimePicker2.Value.
        Date.ToString() + "'.'" +           ", Nation = '" + Stu_nation.Text.Trim() + "',
        home = '" + Stu_home.Text.Trim() + "',politic = '" + Stu_politic.Text.Trim() + "', ID
        = '" + Stu_idnum.Text.Trim() + "', Job = '" + Stu_job.Text.Trim() + "', specialty =
        '" + Stu_specialty.Text.Trim() + "', age = " + Stu_age.Text.Trim() + " where
        student_id = " + MyTool.myDataGridView.CurrentRow.Cells[0].Value.ToString() ;
        sqlConnection1 = new SqlConnection(MyTool.connStr);
        sqlCommand1 = new SqlCommand(sqlStr, sqlConnection1);
        sqlConnection1.Open();
        int Succnum = sqlCommand1.ExecuteNonQuery();
        sqlConnection1.Close();
        if (Succnum > 0) MessageBox.Show("修改成功");
    }
}
```

⑤ 添加"退出"按钮 Button2 的 Button2_Click 事件代码如下：

```
private void button2_Click (object sender, EventArgs e)
{
        this.Close();
}
```

【任务 7-10：选课信息管理界面 NewChooseCourse.cs 的设计】

设计界面如图 7-13 所示。

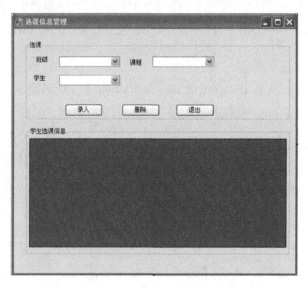

图 7-13 程序设计界面

设计步骤如下：

（1）新建 Windows 窗体应用程序。

(2) 按图 7-13 添加控件：拖入 3 个 Button 控件、两个 GroupBox 控件、3 个 Label 控件、3 个 ComboBox 控件、一个 DataGridView 控件，并将这些控件调整到合适的位置。

(3) 设置控件的属性，如表 7-13 所示。

表 7-13 设置窗体和控件属性

对 象	属 性	属 性 值
窗体 NewChooseCourse	Text	选课信息管理
Label1	Text	班级
ComboBox1	Name	ClassList
Label2	Text	学生
ComboBox 2	Name	StudentList
Label3	Text	课程
ComboBox 3	Name	CourseList
GroupBox1	Text	选课
GroupBox2	Text	学生选课信息
Button1	Text	录入
Button2	Text	删除
Button3	Text	退出

(4) 编写代码。

① 在代码顶部导入 ADO.NET 类的命名空间：

```
using System.Data.SqlClient;
```

② 在类的首部定义一些用到的变量：

```
private SqlConnection sqlConnection1;
private SqlCommand sqlCommand1;
private SqlDataAdapter sqlDataAdapter1;
DataSet dataSet1;
private string sqlStr;
```

③ 添加窗体 NewChooseCourse 的 NewChooseCourse _Load 事件代码如下：

```
private void NewChooseCourse_Load(object sender, EventArgs e)
{                                                              //填充班级下拉框
    sqlStr = "select Class_name from class";
    sqlConnection1 = new SqlConnection(MyTool.connStr);
    sqlConnection1.Open();
    sqlDataAdapter1 = new SqlDataAdapter(sqlStr, sqlConnection1); //执行 SQL 语句
    dataSet1 = new DataSet();
    sqlDataAdapter1.Fill(dataSet1, "Class");                   //查询的结果存放在数据集里
    sqlConnection1.Close();
    //通过 FOR 循环给下拉框填充数据
    for (int i = 0; i < dataSet1.Tables["Class"].Rows.Count; i++)
    {
        classList.Items.Add(dataSet1.Tables["Class"].Rows[i]["Class_name"]);
    }
    classList.SelectedIndex = 0;
    //填充课程下拉框
```

```
    sqlStr = "select course_name from course";
    sqlConnection1 = new SqlConnection(MyTool.connStr);
    sqlConnection1.Open();
    sqlDataAdapter1 = new SqlDataAdapter(sqlStr, sqlConnection1);//执行 SQL 语句
    dataSet1 = new DataSet();
    sqlDataAdapter1.Fill(dataSet1, "course");                    //查询的结果存放在数据集里
    sqlConnection1.Close();
    for (int i = 0; i < dataSet1.Tables["course"].Rows.Count; i++)
    {
        courseList.Items.Add(dataSet1.Tables["course"].Rows[i]["course_name"]);
    }
    courseList.SelectedIndex = 0;
}
```

④ 添加"班级"下拉列表框 ClassList 的 ClassList_SelectedIndexChanged 事件代码如下：

```
private void classList_SelectedIndexChanged(object sender, EventArgs e)
{
    string classId = MyTool.getClassIdByClassName(classList.Text);
    studentList.Items.Clear();
    MyTool.getStuListByClassId(classId, studentList);
}
```

⑤ 添加"学生"下拉列表框 StudentList 的 StudentList_SelectedIndexChanged 事件代码如下：

```
private void studentList_SelectedIndexChanged(object sender, EventArgs e)
{
    string studentId = MyTool.getStudentIdByStudentName(studentList.Text);
    sqlStr = "select choosecourse.id as 记录 ID,student_name as 学生姓名,class_name as 班级,
    course_name as 课程,course.credit as 学分 from student,course,choosecourse,class where
    student.student_id = ChooseCourse.student_id and course.course_id = ChooseCourse.course_
    id and class.class_id = student.class_id and student.student_id = '" + studentId + "'";
    sqlConnection1 = new SqlConnection(MyTool.connStr);          //创建数据库连接
    sqlConnection1.Open();
    sqlDataAdapter1 = new SqlDataAdapter(sqlStr, sqlConnection1); //创建适配器
    dataSet1 = new DataSet();                                     //创建数据集对象
    sqlDataAdapter1.Fill(dataSet1, "student");                    //执行查询,结果存放在数据集里
    sqlConnection1.Close();
    dataGridView1.DataSource = dataSet1.Tables["student"];        //绑定数据
}
//填充学生下拉框
    sqlStr = "select student_name from student";
    sqlConnection1 = new SqlConnection(MyTool.connStr);
    sqlConnection1.Open();
    sqlDataAdapter1 = new SqlDataAdapter(sqlStr, sqlConnection1); //执行 DSQL 语句
    dataSet1 = new DataSet();
    sqlDataAdapter1.Fill(dataSet1, "Student");                    //查询的结果存放在数据集里
    sqlConnection1.Close();
    for (int i = 0; i < dataSet1.Tables["Student"].Rows.Count; i++)
                                                                  //通过 FOR 循环给下拉框填充数据
    {
studentList.Items.Add(dataSet1.Tables["Student"].Rows[i]["student_name"]);
    }
    studentList.SelectedIndex = 0;
```

⑥ 添加"录入"按钮 Button1 的 Button1_Click 事件代码如下：

```csharp
private void button1_Click(object sender, EventArgs e)
{
    string studentId = MyTool.getStudentIdByStudentName(studentList.Text);
    string courseId = MyTool.getCourseIdByCourseName(courseList.Text);
    sqlStr = "insert into ChooseCourse(student_id,course_id)values('" + studentId + "','" + courseId + "')";
    sqlConnection1 = new SqlConnection(MyTool.connStr);          //创建数据库连接
    sqlConnection1.Open();                                        //打开数据库连接
    sqlCommand1 = new SqlCommand(sqlStr, sqlConnection1);         //创建 command 对象
    int Succnum = sqlCommand1.ExecuteNonQuery();                  //执行 SQL 命令
    if (Succnum > 0) MessageBox.Show("录入成功");                  //如果执行成功,则弹出对话框
    studentList_SelectedIndexChanged(sender, e);
}
```

⑦ 添加"删除"按钮 Button2 的 Button2_Click 事件代码如下：

```csharp
private void button2_Click (object sender, EventArgs e)
{
    if (MessageBox.Show("您确认要删除该记录吗?", "确认", MessageBoxButtons.YesNoCancel) == DialogResult.Yes)
    {
                                                                  //获取选中行的学生 ID 号
        string id = this.dataGridView1.CurrentRow.Cells[0].Value.ToString();
        sqlStr = "delete from choosecourse where id =" + id + " ";
        sqlConnection1 = new SqlConnection(MyTool.connStr);       //创建连接
        sqlCommand1 = new SqlCommand(sqlStr, sqlConnection1);     //创建命令
        sqlConnection1.Open();                                     //打开连接
        int Succnum = sqlCommand1.ExecuteNonQuery();               //执行命令
        sqlConnection1.Close();                                    //关闭连接
        //调用查询按钮的代码,刷新窗体上的 DataGridView 里的数据
        studentList_SelectedIndexChanged(sender, e);
    }
}
```

⑧ 添加"退出"按钮 Button3 的 Button3_Click 事件代码如下：

```csharp
private void button3_Click (object sender, EventArgs e)
{
    this.Close();
}
```

程序运行结果如图 7-14 所示。

【任务 7-11：选课信息管理界面 NewStuScore.cs 的设计】

程序设计界面如图 7-15 所示。

设计步骤如下：

（1）新建 Windows 窗体应用程序。

（2）按图 7-15 添加控件：拖入 3 个 Button 控件、两个 GroupBox 控件、4 个 Label 控件、两个 ComboBox 控件、两个 TextBox 控件、一个 DataGridView 控件,并将这些控件调整到合适的位置。

（3）设置控件的属性,如表 7-14 所示。

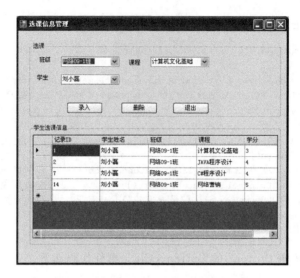

图 7-14　程序运行界面

图 7-15　程序设计界面

表 7-14　设置窗体和控件属性

对　　象	属　　性	属　性　值
窗体 NewStuScore	Text	学生成绩管理
Label1	Text	班级
ComboBox1	Name	ClassList
Label2	Text	学生
ComboBox 2	Name	StudentList
Label3	Text	课程
Label4	Text	分数
GroupBox1	Text	成绩
GroupBox2	Text	学生成绩信息
Button1	Text	录入
Button2	Text	删除
Button3	Text	退出

(4) 编写代码。

① 在代码顶部导入 ADO.NET 类的命名空间：

```
using System.Data.SqlClient;
```

② 在类的首部定义一些用到的变量：

```
private SqlConnection sqlConnection1;
private SqlCommand sqlCommand1;
private SqlDataAdapter sqlDataAdapter1;
DataSet dataSet1;
private string sqlStr;
```

③ 添加窗体 NewStuScore 的 NewStuScore_Load 事件代码如下：

```
private void NewStuScore_Load(object sender, EventArgs e)
{
    textBox1.ReadOnly = true;
    MyTool.queryDataToCombo("select Class_name from class", "class_name", classList);
}
```

④ 添加"班级"下拉列表框 ClassList 的 ClassList_SelectedIndexChanged 事件代码如下：

```
private void classList_SelectedIndexChanged(object sender, EventArgs e)
{
    string classId = MyTool.getClassIdByClassName(classList.Text);
    studentList.Items.Clear();
    MyTool.getStuListByClassId(classId, studentList);
}
```

⑤ 添加"学生"下拉列表框 StudentList 的 StudentList_SelectedIndexChanged 事件代码如下：

```
private void studentList_SelectedIndexChanged(object sender, EventArgs e)
{
    textBox2.Text = "";
    textBox1.Text = "";
    string studentId = MyTool.getStudentIdByStudentName(studentList.Text);
    sqlStr = "select choosecourse.id as 记录ID,student_name as 学生姓名,class_name as 班级,course_name as 课程,score as 成绩 from student,course,choosecourse,class where student.student_id = ChooseCourse.student_id and course.course_id = ChooseCourse.course_id and class.class_id = student.class_id and student.student_id = '" + studentId + "'";
    MyTool.queryDataToGrid(sqlStr, dataGridView1);
}
```

⑥ 添加"录入"按钮 Button1 的 Button1_Click 事件代码如下：

```
private void button1_Click(object sender, EventArgs e)
{
    sqlStr = "update ChooseCourse set score = " + textBox2.Text + " where id = '" + dataGridView1.CurrentRow.Cells[0].Value.ToString() + "'";
    MyTool.executeCommand(sqlStr);
    studentList_SelectedIndexChanged(sender, e);
}
```

⑦ 添加"删除"按钮 Button2 的 Button2_Click 事件代码如下：

```
private void button2_Click (object sender, EventArgs e)
{
    if (MessageBox.Show("您确认要删除该记录吗?", "确认", MessageBoxButtons.YesNoCancel) ==
    DialogResult.Yes)
    {
        sqlStr = " update ChooseCourse set score = null where id = '" + dataGridView1.
CurrentRow.Cells[0].Value.ToString() + "'";
        MyTool.executeCommand(sqlStr);
        studentList_SelectedIndexChanged(sender, e);
    }
}
```

⑧ 添加"退出"按钮 Button3 的 Button3_Click 事件代码如下：

```
private void button3_Click (object sender, EventArgs e)
{
    this.Close();
}
```

程序运行结果如图 7-16 所示。

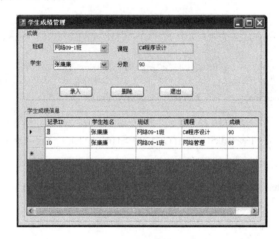

图 7-16　程序运行界面

7.2　必备知识

7.2.1　ADO.NET 概述

ADO.NET 是一组向 .NET Framework 程序员公开数据访问服务的类。ADO.NET 为创建分布式数据共享应用程序提供了一组丰富的组件。它提供了对关系数据、XML 和应用程序数据的访问，因此是 .NET Framework 中不可缺少的一部分。ADO.NET 支持多种开发需求，包括创建由应用程序、工具、语言或 Internet 浏览器使用的前端数据库客户端和中间层业务对象。

ADO.NET 通过数据处理将数据访问分解为多个可以单独使用或一前一后使用的不

连续组件。ADO.NET 包含用于连接到数据库、执行命令和检索结果的 .NET Framework 数据提供程序。这些结果或者被直接处理，放在 ADO.NET DataSet 对象中以便以特别的方式向用户公开，并与来自多个源的数据组合；或者在层之间传递。DataSet 对象也可以独立于 .NET Framework 数据提供程序，用于管理应用程序本地的数据或源自 XML 的数据。

NET 框架数据提供程序用于连接到数据库、执行命令和检索结果。可以直接处理检索到的结果，或将其放入 ADO.NET DataSet 对象，以便与来自多个源的数据或在层之间进行远程处理的数据组合在一起，以特殊方式向用户公开。.NET 框架数据提供的程序是轻量的，它在数据源和代码之间创建了一个最小层，以便在不以功能为代价的前提下提高性能。下面列出了 .NET Framework 中包含的 .NET 框架数据提供程序及其说明。

(1) SQL Server .NET 框架数据提供程序：提供对 Microsoft SQL Server 7.0 版本或更高版本的数据访问。使用 System.Data.SqlClient 命名空间。

(2) OLE DB .NET 框架数据提供程序：适用于 OLE DB 公开的数据源。使用 System.Data.OleDb 命名空间。

(3) ODBC .NET 框架数据提供程序：适用于 ODBC 公开的数据源。使用 System.Data.Odbc 命名空间。

(4) Oracle .NET 框架数据提供程序：适用于 Oracle 数据源。Oracle .NET Framework 数据提供程序支持 Oracle 客户端软件 8.1.7 版本和更高版本，使用 System.Data.OracleClient 命名空间。

ADO.NET 用于访问和操作数据的两个主要组件是 .NET 数据提供程序和 DataSet。它们的组成结构如图 7-17 所示。

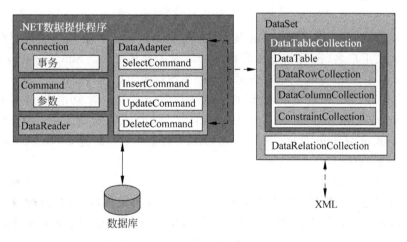

图 7-17 .NET 数据提供程序和 DataSet

ADO.NET 的 .NET 数据提供程序充当应用程序和数据源之间的桥梁，使您可以执行命令以及使用 DataReader 或 DataAdapter 检索数据。ADO.NET 更新数据时会使用 DataAdapter、DataSet 和 Command 对象；此外，还可以使用事务。

ADO.NET 的体系结构如图 7-18 所示，该图阐释了 .NET 数据提供程序和 DataSet 之间的关系。数据在后台数据库服务器与前台应用程序之间流动，被读取、修改、添加、删除，当中通过多个环节，需要 SqlConnection、SqlCommand、SqlDataAdapter 等数据提供程序和 DataSet

数据集配合完成。另外,如果只是读取数据,可以通过 SqlDataReader 直接读取,不用 DataSet。

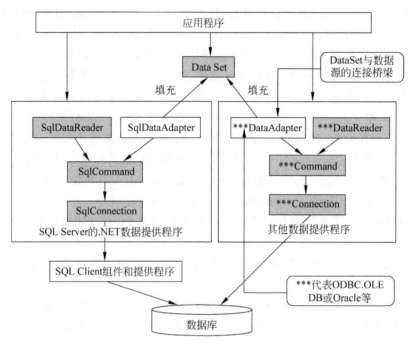

图 7-18　ADO.NET 体系结构图

ADO.NET 包含以下对象。

1) SqlConnection 对象

和数据库连接,必须使用数据库连接对象(SqlConnection)。连接帮助指明数据库服务器、数据库名字、用户名、密码和连接数据库所需要的其他参数。SqlConnection 对象会被 SqlCommand 对象使用,这样就能够知道是在哪个数据源上面执行命令。

根据所用的 .NET 数据提供程序的不同,Connection 对象也分为多种,分别是 SqlConnection、OleDbConnection、OdbcConnection 和 OracleConnection。SQL Server 数据库对应的是 SqlConnection 对象;Access 和 Oracle 数据库对应的是 OleDbConnection,它支持 OLE DB 的数据库。

2) SqlCommand 对象

成功与数据建立连接后,就可以用 SqlCommand 对象来执行查询、修改、插入、删除等命令。SqlCommand 对象常用的方法有 ExecuteReader()方法、ExecuteScalar()方法和 ExecuteNonQuery()方法,针对不同的 SQL 命令可以选择不同的方法来执行。ExecuteReader()方法返回 SqlDataReader 对象来实现查询结果,而对于 insert、update 及 delete 这些命令,则主要使用 ExecuteNonQuery()方法,如果只需要查询单独的聚集值(如 sum、count 等),则使用 ExecuteScalar()方法是最好的选择。

3) SqlDataReader 对象

SqlDataReader 对象是一个简单的数据集,用于从数据源中检索只读数据集,常用于检索大量数据,同时 SqlDataReader 对象还是一种非常节省资源的数据对象。SqlDataReader 对象可通过 SqlCommand 对象的 ExecuteReader 方法从数据源中检索数据来创建。

考虑性能的因素，从 DataReader 返回的数据都是快速的且只是"向前"的数据流。这意味着只能按照一定的顺序从数据流中取出数据。这对于速度来说是有好处的，但是如果需要操作数据，更好的办法是使用 DataSet。

4) DataSet 对象

在从数据库完成数据抽取后 DataSet 就是数据的存放地，它是各种数据源中的数据在计算机内存中映射成的缓存，DataSet 也可以看成是一个数据容器。同时它在客户端实现读取、更新数据库等过程中起到了中间部件的作用。因此，它可以用于多种不同的数据源，用于 XML 数据，或用于管理应用程序本地的数据。

DataSet 对象是数据在内存中的表示形式。它包括多个 DataTable 对象，而 DataTable 包含列和行，就像一个普通的数据库中的表。甚至能够定义表之间的关系来创建主从关系 (parent-child relationships)。DataSet 是在特定的场景下使用——帮助管理内存中的数据并支持对数据的断开操作的。DataSet 是被所有 Data Providers 使用的对象，因此它并不像 Data Provider 一样需要特别的前缀。

5) SqlDataAdapter 对象

SqlDataAdapter 类用作 ADO.NET 对象模型中和数据连接部分和未连接部分之间的桥梁。SqlDataAdapter 从数据库中获取数据，并将其存储在 DataSet 中。SqlDataAdapter 也可能取得 DataSet 中的更新，并将它们提交给数据库。

SqlDataAdapter 是为处理脱机数据而设计的，调用其 Fill 方法填充 DataSet 时甚至不需要与数据库的活动连接。即如果调用 Fill 方法时，SqlDataAdapter 与数据库的连接不是打开时，SqlDataAdapter 将打开数据库连接，查询数据库，提取查询结果，将查询结果填入 DataSet，然后关闭数据库的连接。

如果只需要执行 SQL 语句或存储过程，就没必要用到 DataAdapter，直接用 SqlCommand 的 Execute 系列方法就可以了。SqlDataAdapter 的作用是实现 DataSet 和 DB 之间的桥梁，比如将对 DataSet 的修改更新到数据库。

SqlDataAdapter 的数据更新的执行机制是：当调用 SqlDataAdapter.Update()时，检查 DataSet 中的所有行，然后对每一个修改过的 Row 执行 SqlDataAdapter.UpdateCommand，也就是说，如果未修改 DataSet 中的数据，SqlDataAdapter.UpdateCommand 不会执行。

6) 选择 DataReader 或 DataSet

在决定应用程序应使用 DataReader（请参见使用 DataReader 检索数据（ADO.NET））还是应使用 DataSet（请参见 DataSet、DataTable 和 DataView（ADO.NET））时，应考虑应用程序所需的功能类型。使用 DataSet 可执行以下操作：

(1) 在应用程序中将数据缓存在本地，以便可以对数据进行处理。如果只需要读取查询结果，则 DataReader 是更好的选择。

(2) 在层间或从 XML Web services 对数据进行远程处理。

(3) 与数据进行动态交互，如绑定到 Windows 窗体控件或组合并关联来自多个源的数据。

(4) 对数据执行大量的处理，而不需要与数据源保持打开的连接，从而将该连接释放给其他客户端使用。

如果不需要 DataSet 所提供的功能，则可以通过使用 DataReader 以向前、只读方式返回数据，从而提高应用程序的性能。虽然 DataAdapter 使用 DataReader 来填充 DataSet 的内容（请参见从 DataAdapter 填充数据集（ADO.NET）），但使用 DataReader 可以提升性能，因为这样可以节省 DataSet 所使用的内存，并将省去创建 DataSet 并填充其内容所需的处理。

7.2.2 使用 SqlConnection 类连接数据库

SqlConnection 类是用来连接数据库的。使用 SqlConnection 类连接数据库，需要用到该类的一些方法和属性，还需要设置数据库连接字符串。

SqlConnection 类的常用属性如表 7-15 所示。

表 7-15 SqlConnection 类的常用属性

属性名称	描述
CommandTimeout	定义了使用 Execute 方法运行一条 SQL 命令的最长时限，能够中断并产生错误。默认值为 30 秒，设定为 0 表示没有限制
ConnectionString	设定连接数据源的信息，包括 FileName、Password、UserId、DataSource、Provider 等参数
ConnectionTimeout	设置在终止尝试和产生错误前建立数据库连接期间所等待的时间，该属性设置或返回指示等待连接打开的时间的长整型值（单位为秒），默认值为 15。如果将该属性设置为 0，ADO 将无限等待直到连接打开
DefaultDatabase	定义连接默认数据库
Mode	建立连接之前，设定连接的读写方式，决定是否可更改目前数据。0——不设定（默认）；1——只读；2——只写；3——读写
Provider	设置连接的数据提供者（数据库管理程序），默认值是 MSDASQL（Microsot-ODBC For OLEDB）
State	读取当前链接对象的状态，取 0 表示关闭，1 表示打开

SqlConnection 类的常用方法如表 7-16 所示。

表 7-16 SqlConnection 类的常用方法

方法名称	描述
Open	使用 ConnectionString 所指定的属性设置打开数据库连接
Close	关闭与数据库的连接。这是关闭任何打开连接的首选方法
Dispose	释放由 Component 占用的资源
CreateCommand	创建并返回一个与 SqlConnection 关联的 SqlCommand 对象

连接到数据库的步骤如下：

（1）在代码顶部引入 ADO.NET 类的命名空间：

```
Using System.Data.SqlClient;
```

（2）定义数据库连接字符串。指明要连接到的数据库服务器的 IP 地址或者计算机名，指明要连接哪个数据库，登录数据库的账号、密码等。

```
标准连接(数据库登录验证模式)：
string connStr = "server = 计算机名或 IP 地址;database = 数据库名;userid = 用户名;password = 密码";
信任连接(Windows 身份验证模式)：
string connStr = "server = 计算机名或 IP 地址;database = 数据库名;Integrated Security = SSPI; Persist Security Info = false";
```

(3) 利用定义好的数据库连接字符串来创建 SqlConnection 对象。

```
SqlConnection conn = new SqlConnection(connStr);
```

(4) 执行 SqlConnection 对象的 open() 方法，打开数据库连接，连接到数据库。

```
conn.open();
```

(5) 对数据库访问好之后，可以调用 SqlConnection 对象的 close() 方法，断开连接。

```
1conn.close();
```

【例 7-1】 使用 SqlConnection 对象。

任务描述：创建一个应用程序，该程序演示使用 SqlConnection 对象连接到数据库。

分析：要连接到数据库需要几个条件：

(1) 引入 ADO.NET 类的命名空间。
(2) 创建数据库连接字符串。
(3) 利用定义好的数据库连接字符串来创建 SqlConnection 对象。

设计步骤如下：

(1) 新建 Windows 窗体应用程序。
(2) 添加控件：拖入一个 Button 控件、一个 Label 控件，并将这些控件调整到合适的位置。
(3) 设置控件的属性，如表 7-17 所示。

表 7-17 设置窗体和控件属性

对象	属性	属性值
标签 Label 1	Text	Label1
按钮 Button1	Text	连接数据库

(4) 编写代码。

① 在代码顶部导入 ADO.NET 类的命名空间：

```
using System.Data.SqlClient;
```

② 添加控件 Button1 的 Click 事件代码如下：

```
private void button1_Click(object sender, EventArgs e)
{
    //定义数据库连接字符串.指明要连接的数据库服务器地址是 本地服务器,连接到
    //数据库 master,登录方式是 windows用户登录验证方式
    string connStr = " server = localhost; database = master; Integrated Security = SSPI;
    Persist Security Info = false ";
    //创建 SqlConnection 对象
    SqlConnection conn = new SqlConnection(connStr);
    try
    {
        conn.Open();              //打开数据库连接
        label1.ForeColor = Color.Green;
        label1.Text = "数据库连接成功!";
    }
```

```
        catch
        {
            label1.ForeColor = Color.Red;
            label1.Text = "数据库连接失败!";
        }
        conn.Close();//断开数据库连接
    }
```

执行程序,程序运行结果如图 7-19 和图 7-20 所示。

图 7-19　程序设计界面

图 7-20　单击按钮后的界面

说明:

(1) localhost 表示本地计算机。

(2) master 是数据库服务器预装的系统数据库。

(3) 本程序使用了 try…catch 语法来捕获异常。

7.2.3　使用 SqlCommand 对象操作数据库

使用 SqlCommand 对象查询数据库并返回 Recordset 对象中的记录,以便执行大量操作或处理数据库结构;也可以直接对数据库数据进行添加数据、修改数据、删除数据等操作。

SqlCommand 对象的常用属性和方法如表 7-18 所示。

表 7-18　SqlCommand 对象的常用属性和方法

类　别	名　　称	说　　明
属性	CommandText	获取或设置对数据库执行的 SQL 语句
	Connection	获取或设置此 Command 对象使用的 Connection 对象的名称
方法	ExecuteNonQuery	执行 SQL 语句并返回受影响的行数
	ExecuteReader	执行查询语句,返回 DataReader 对象
	ExecuteScalar	执行查询,返回结果集中第一行的第一列

【例 7-2】　使用 SqlCommand 对象,操作数据库,进行添加、修改、删除数据。

任务描述:创建一个应用程序,该程序演示使用 SqlCommand 对象,操作数据库,进行添加、修改、删除数据。

需要预先导入本案例需要的数据库 StuMagSys,该数据库中的班级信息表 class 有 4 个字段:class_id(主键,已被设置为种子标识会自动填充)、class_name(班级名称)、grade(年级)和 NumStu(班级人数)。

分析：要使用 SqlCommand 对象对数据库进行操作，需要以下几个步骤：

(1) 引入 ADO.NET 类的命名空间。

(2) 创建数据库连接字符串。

(3) 利用定义好的数据库连接字符串来创建 SqlConnection 对象，并用 open 方法打开连接。

(4) 创建 SqlCommand 对象。

(5) 定义一个字符串变量，内容是要执行的 SQL 命令。

(6) 把 SQL 命令字符串赋值给 SqlCommand 对象的 CommandText 属性。

(7) 把 SqlConnection 对象赋值给 SqlCommand 对象的 Connection 属性。

(8) 执行 SqlCommand 对象的 ExecuteNonQuery()方法。

设计步骤如下：

(1) 新建 Windows 窗体应用程序。

(2) 添加控件：拖入一个 Button 控件，并将这个控件调整到合适的位置。

(3) 设置控件的属性，如表 7-19 所示。

表 7-19　设置窗体和控件属性

对　　象	属　　性	属　性　值
按钮 Button1	Text	执行 Sql 命令

程序设计界面如图 7-21 所示。

图 7-21　程序设计界面

(4) 编写代码。

① 在代码顶部导入 ADO.NET 类的命名空间：

```
using System.Data.SqlClient;
```

② 添加控件 Button1 的 Click 事件代码如下：

```
private void button1_Click(object sender, EventArgs e)
{
    //定义数据库连接字符串.指明要连接的数据库服务器地址是本地服务器,连接到数据库
    //StuMagSys,登录方式是 windows 用户登录验证方式
```

```
string connStr = "server = localhost;database = StuMagSys;Integrated Security = SSPI;
Persist Security Info = false ";
//创建 SqlConnection 对象
SqlConnection mySqlConnection = new SqlConnection(connStr);
mySqlConnection.Open();                              //打开数据库连接
SqlCommand mySqlCommand = new SqlCommand();          //创建 command 对象
//定义一个字符串变量,内容是要执行的 SQL 命令,可以是任何 SQL 命令语句 string cmdStr =
//"insert into class(class_name,grade,NumStu) values('网络12-1班',2012,45)";
//把 SQL 命令字符串赋值给 SqlCommand 对象的 CommandText 属性
mySqlCommand.CommandText = cmdStr;
//把 SqlConnection 对象赋值给 SqlCommand 对象的 Connection 属性
mySqlCommand.Connection = mySqlConnection;
//执行 SqlCommand 对象的 ExecuteNonQuery()方法
mySqlCommand.ExecuteNonQuery();
mySqlConnection.Close();                             //执行完毕,要关闭数据库连接
}
```

执行程序,程序运行结果如图 7-22 所示。

图 7-22 程序运行界面

说明:

(1) localhost 表示本地计算机。

(2) 本例中定义的 SQL 命令可以是任何 SQL 命令语句,包括插入、修改、删除数据等命令。

【例 7-3】 使用 SqlCommand 对象。

任务描述:创建一个应用程序,读取界面上一些控件的值,并使用 SqlCommand 对象,把这些数据插入到数据库 StuMagSys 里的班级信息表 class 中。

需要预先导入本案例需要的数据库 StuMagSys,该数据库中的班级信息表 class 有 4 个字段:class_id(主键,已被设置为种子标识会自动填充)、class_name(班级名称)、grade(年级)和 NumStu(班级人数)。

分析:要使用 SqlCommand 对象对数据库进行操作,需要以下几个步骤:

(1) 引入 ADO.NET 类的命名空间。

(2) 创建数据库连接字符串。

(3) 利用定义好的数据库连接字符串来创建 SqlConnection 对象,并用 open 方法打开连接。

(4) 创建 SqlCommand 对象。

(5) 定义一个字符串变量,内容是要执行的 SQL 命令。

(6) 把 SQL 命令字符串赋值给 SqlCommand 对象的 CommandText 属性。

(7) 把 SqlConnection 对象赋值给 SqlCommand 对象的 Connection 属性。

(8) 执行 SqlCommand 对象的 ExecuteNonQuery()方法。

设计步骤如下:

(1) 新建 Windows 窗体应用程序。

(2) 添加控件:拖入一个 Button 控件、一个 groupBox 控件、3 个 Label 控件、3 个 TextBox 控件,并将这些控件调整到合适的位置。

(3) 设置控件的属性,如表 7-20 所示。

表 7-20 设置窗体和控件属性

对　　象	属　　性	属　性　值
按钮 Button1	Text	添加
窗体 Form1	Text	班级信息录入
框架 GroupBox1	Text	添加班级信息
标签 Label1	Text	班级名称
标签 Label2	Text	年级
标签 Label3	Text	学生人数
文本框 TextBox1		
文本框 TextBox2		
文本框 TextBox3		

程序布局界面、设计界面如图 7-23 和图 7-24 所示。

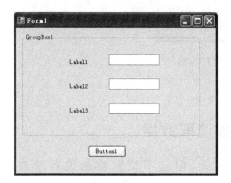

图 7-23　程序布局界面　　　　　　　图 7-24　程序设计界面

(4) 编写代码。

① 在代码顶部导入 ADO.NET 类的命名空间:

```
using System.Data.SqlClient;
```

② 添加控件 button1 的 Click 事件代码如下:

```
private void button1_Click(object sender, EventArgs e)
{
    //定义数据库连接字符串.指明要连接的数据库服务器地址是本地服务器,连接到数据库 StuMagSys.
    //登录方式是 windows 用户登录验证方式
    string connStr = "server = localhost;database = StuMagSys;Integrated Security = SSPI;
    Persist Security Info = false ";
    //创建 SqlConnection 对象
    SqlConnection mySqlConnection = new SqlConnection(connStr);
    mySqlConnection.Open();                          //打开数据库连接
    SqlCommand mySqlCommand = new SqlCommand();      //创建 command 对象
    //定义一个字符串变量,内容是要执行的 SQL 命令.
    string cmdStr = "insert into class(class_name,grade,NumStu) values('" + textBox1.Text.
    ToString() + "'," + textBox2.Text.ToString() + "," + textBox3.Text.ToString() + ")";
    //把 SQL 命令字符串赋值给 SqlCommand 对象的 CommandText 属性
```

```
            mySqlCommand.CommandText = cmdStr;
            //把 SqlConnection 对象赋值给 SqlCommand 对象的 Connection 属性
            mySqlCommand.Connection = mySqlConnection;
            //执行 SqlCommand 对象的 ExecuteNonQuery()方法
            mySqlCommand.ExecuteNonQuery();
            mySqlConnection.Close();//执行完毕,要关闭数据库连接
        }
```

执行程序,程序运行结果如图 7-25 所示。

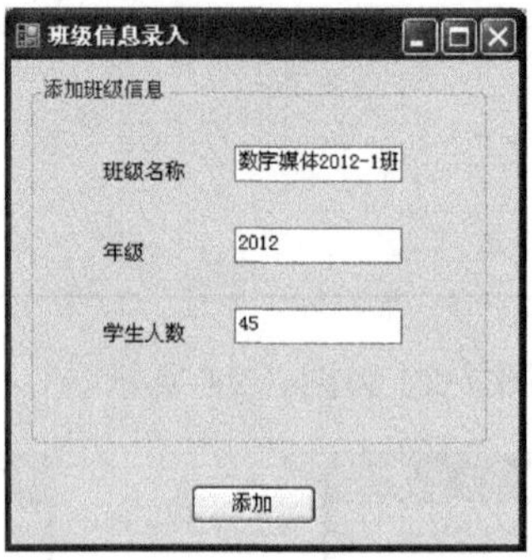

图 7-25 程序运行界面

说明:localhost 表示本地计算机。

7.2.4 使用 SqlDataReader 对象读取数据

SqlDataReader 类可以从数据库中读取数据,但它不能对数据进行修改、删除。SqlDataReader 想供一个来自数据库的快速、仅向前、只读数据流。若要创建 SqlDataReader,必须调用 SqlCommand 对象的 ExecuteReader 方法,而不要直接使用构造函数。

SqlDataReader 的常用方法如表 7-21 所示。

表 7-21 SqlDataReader 的常用方法

方法名称	说明
Read()	使 SqlDataReader 对象前进到下一条记录
Close()	关闭 SqlDataReader 对象
GetValue(int i)	获取以本机格式表示的指定列的值

【例 7-4】 使用 SqlDataReader 对象读取数据。

任务描述:创建一个应用程序,使用 SqlDataReader 对象读取数据。实现通过按班级名称来查询班级信息,并显示查询到的结果。

需要预先导入本案例需要的数据库 StuMagSys,该数据库中的班级信息表 class 有 4 个字段:class_id(主键,已被设置为种子标识会自动填充)、class_name(班级名称)、grade(年级)和 NumStu(班级人数)。

分析:要使用 SqlDataReader 对象对数据库进行数据读取,需要以下几个步骤:
(1) 引入 ADO.NET 类的命名空间。

(2) 创建数据库连接字符串。

(3) 利用定义好的数据库连接字符串来创建 SqlConnection 对象,并用 open 方法打开连接。

(4) 创建 SqlCommand 对象。

(5) 定义一个字符串变量,内容是要执行的 SQL 命令。

(6) 把 SQL 命令字符串赋值给 SqlCommand 对象的 CommandText 属性。

(7) 把 SqlConnection 对象赋值给 SqlCommand 对象的 Connection 属性。

(8) 通过 SqlCommand 对象的 ExecuteReader 方法来创建 SqlDataReader 对象。

(9) 通过 while 循环取出 DataReader 里面的数据记录,并显示在界面上。

设计步骤如下:

(1) 新建 Windows 窗体应用程序。

(2) 添加控件:拖入一个 Button 控件、一个 GroupBox 控件、两个 Label 控件、一个 TextBox 控件,并将这些控件调整到合适的位置。

(3) 设置控件的属性,如表 7-22 所示。

表 7-22 设置窗体和控件属性

对象	属性	属性值
按钮 Button1	Text	查询
窗体 Form1	Text	班级信息查询
框架 GroupBox1	Text	查询结果
标签 Label1	Text	班级名称
标签 Label2		
文本框 TextBox1		

程序布局界面、设计界面如图 7-26 和图 7-27 所示。

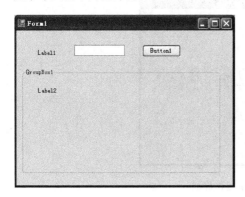

图 7-26 程序布局界面

图 7-27 程序设计界面

(4) 编写代码。

① 在代码顶部导入 ADO.NET 类的命名空间:

```
using System.Data.SqlClient;
```

② 添加控件 button1 的 Click 事件代码如下:

```csharp
private void button1_Click(object sender, EventArgs e)
{
    //定义数据库连接字符串,指明要连接的数据库服务器地址是本地服务器,连接到数据库
    //StuMagSys,登录方式是 windows 用户登录验证方式
    string connStr = "server = localhost;database = StuMagSys;Integrated Security = SSPI;
    Persist Security Info = false ";
    //创建 SqlConnection 对象
    SqlConnection mySqlConnection = new SqlConnection(connStr);
    mySqlConnection.Open();                           //打开数据库连接
    SqlCommand mySqlCommand = new SqlCommand();       //创建 command 对象
    //定义一个字符串变量,内容是要执行的 SQL 命令,按班级名称查询.
    string cmdStr = "select * from class where class_name like '%" + textBox1.Text.ToString()
    + "%'";
    //把 SQL 命令字符串赋值给 SqlCommand 对象的 CommandText 属性
    mySqlCommand.CommandText = cmdStr;
    //把 SqlConnection 对象赋值给 SqlCommand 对象的 Connection 属性
    mySqlCommand.Connection = mySqlConnection;
    //通过 SqlCommand 对象的 ExecuteReader 方法,来创建 SqlDataReader 对象
    SqlDataReader mySqlDataReader = mySqlCommand.ExecuteReader();
    label2.Text = "";           //每次查询的时候,要先清空之前显示的查询结果,否则会叠加
    while (mySqlDataReader.Read()) //通过 while 循环取出 DataReader 里面的数据记录
    {
        label2.Text = label2.Text.ToString() + "班级 ID 号:" + mySqlDataReader["class_
        id"] + " 班级名称:" + mySqlDataReader["class_name"] + " 年级:" +
        mySqlDataReader["grade"] + " 班级人数:" + mySqlDataReader["numstu"] + "\n";
    }
    mySqlDataReader.Close();    //SqlDataReader 对象使用完后,要关闭
    mySqlConnection.Close();    //执行完毕,要关闭数据库连接
}
```

执行程序,程序运行结果如图 7-28 所示。

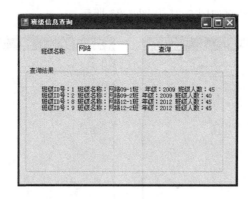

图 7-28 程序运行界面

备注:localhost 表示本地计算机。

7.2.5 使用 DataSet 和 SqlDataAdapter 对象查询数据

SqlDataAdapter 是用于填充 DataSet 和更新 SQL Server 数据库的一组数据命令和一

个数据库连接。SqlDataAdapter 的常用方法如表 7-23 所示。

表 7-23　SqlDataAdapter 的常用方法

方法名称	说明
Dispose	释放所使用的资源
Fill(DataSet,String)	把数据填充入数据集,并以指定的字符串命名
Update(DataSet)	为指定 DataSet 中每个已插入、已更新或已删除的行调用相应的 INSERT、UPDATE 或 DELETE 语句

DataSet 对象是数据在内存中的表示形式。它包括多个 DataTable 对象,而 DataTable 包含列和行,就像一个普通的数据库中的表。DataSet 的常用属性和方法如表 7-24 所示。

表 7-24　DataSet 的常用属性和方法

类别	名称	说明
属性	Tables	获取包含在 DataSet 中的表的集合
方法	Clear	通过移除所有表中的所有行来清除任何数据的 DataSet,但不清除表的机构
	Copy	复制 DataSet 的结构和数据
	Clone	复制 DataSet 的结构,包括所有 DataTable 架构、关系和约束。不要复制任何数据
	HasChanges 方法	判断当前数据集是否发生了更改,更改的内容包括添加行、修改行或删除行
	Merge	将指定的 DataSet、DataTable、DataRow 对象及其架构合并到当前 DataSet 中
	Reset	清除数据集包含的所有表中的数据,而且清除表结构

【例 7-5】 使用 DataSet 和 SqlDataAdapter 对象查询数据。

任务描述:创建一个应用程序,使用 DataSet 和 SqlDataAdapter 对象查询数据。实现通过按班级名称和年级来查询班级信息,并显示查询到的结果。

需要预先导入本案例需要的数据库 StuMagSys,该数据库中的班级信息表 class 有 4 个字段:class_id(主键,已被设置为种子标识会自动填充)、class_name(班级名称)、grade(年级)和 NumStu(班级人数)。

分析:要使用 DataSet 和 SqlDataAdapter 对象对数据库进行数据读取,需要以下几个步骤:

(1) 引入 ADO.NET 类的命名空间。

(2) 创建数据库连接字符串。

(3) 利用定义好的数据库连接字符串来创建 SqlConnection 对象,并用 open 方法打开连接。

(4) 定义一个字符串变量,内容是要执行的 SQL 命令。

(5) 利用 SQL 命令字符串和 SqlConnection 对象创建 SqlDataAdapter 数据适配器对象。

(6) 创建一个空的 DataSet 数据集对象。

(7) 调用 SqlDataAdapter 对象的 Fill 方法时，查询数据库，提取查询结果，将查询结果填入 DataSet。

(8) 定义一个 DataTable 数据表对象，把 DataSet 里存放的查询结果赋值给它。

(9) 通过 for 循环访问数据表里的每一行，并把数据显示出来。

(10) 通过 while 循环取出 DataReader 里面的数据记录，并显示在界面上。

设计步骤如下：

(1) 新建 Windows 窗体应用程序。

(2) 添加控件：拖入一个 Button 控件、一个 GroupBox 控件、3 个 Label 控件、一个 TextBox 控件和一个下拉框 ComboBox 控件，并将这些控件调整到合适的位置。

(3) 设置控件的属性，如表 7-25 所示。

表 7-25　设置窗体和控件属性

对象	属性	属性值
按钮 Button1	Text	查询
窗体 Form1	Text	班级信息查询
框架 GroupBox1	Text	查询结果
标签 Label1	Text	班级名称
标签 Label2	Text	
标签 Label3	Text	年级
文本框 TextBox1	Text	
下拉框 ComboBox1	Text	2012
	Items	2006 2007……2020

程序布局界面、设计界面如图 7-29 和图 7-30 所示。

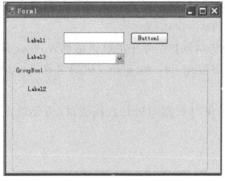

图 7-29　程序布局界面

图 7-30　程序设计界面

(4) 编写代码。

① 在代码顶部导入 ADO.NET 类的命名空间：

```
using System.Data.SqlClient;
```

② 添加控件 Button1 的 Click 事件代码如下：

```csharp
private void button1_Click(object sender, EventArgs e)
{
    //定义数据库连接字符串,指明要连接的数据库服务器地址是本地服务器,连接到数据库
    //StuMagSys,登录方式是 windows用户登录验证方式
    string connStr = "server = localhost; database = StuMagSys; Integrated Security = SSPI;
    Persist Security Info = false ";
    //创建 SqlConnection 对象
    SqlConnection mySqlConnection = new SqlConnection(connStr);
    mySqlConnection.Open();                              //打开数据库连接
    //定义一个字符串变量,内容是要执行的 SQL 命令,按班级名称和年级查询
    string cmdStr = "select * from class where class_name like '%" + textBox1.Text.
    ToString() + "%'and grade = " + comboBox1.Text.ToString();
    //利用 SQL 命令字符串和 SqlConnection 对象创建数据适配器对象
    SqlDataAdapter mySqlDataAdapter = new SqlDataAdapter(cmdStr, mySqlConnection);
    //创建一个空的 DataSet 数据集对象
    DataSet myDataSet = new DataSet();
    //调用 SqlDataAdapter 对象的 Fill 方法时,查询数据库,将查询结果填入 DataSet
    mySqlDataAdapter.Fill(myDataSet, "class");
    //定义一个 DataTable 数据表对象,把 DataSet 里的存放查询结果赋值给它
    DataTable myDataTable = myDataSet.Tables[0];
    label2.Text = "";              //每次查询的时候,要先清空之前显示的查询结果,否则会叠加
    //通过 for 循环访问数据表里的每一行,并把数据显示在控件 label2 里
    for (int i = 0; i < myDataTable.Rows.Count; i++)
    {
        DataRow myDataRow = myDataSet.Tables[0].Rows[i];  //定义数据行 DataRow
        label2.Text = label2.Text.ToString() + "班级 ID 号：" + myDataRow["class_id"] + "
        班级名称：" + myDataRow["class_name"] + " 年级：" + myDataRow["grade"] + " 班级
        人数：" + myDataRow["numstu"] + "\n";
    }
    mySqlConnection.Close();                           //执行完毕,要关闭数据库连接
}
```

执行程序,程序运行结果如图 7-31 所示。

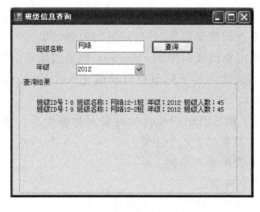

图 7-31　程序运行界面

7.2.6 DataGridView 控件

DataGridView 控件提供一种强大而灵活的以表格形式显示数据的方式。当需要在 Windows 窗体应用程序中显示表格数据时，请首先考虑使用 DataGridView 控件，然后再考虑使用其他控件。若要以小型网格显示只读值，或者使用户能够编辑具有数百万条记录的表，DataGridView 控件将提供可以方便地进行编程以及有效地利用内存的解决方案。

可以用很多方式扩展 DataGridView 控件，以便将自定义行为内置在应用程序中。例如，可以采用编程方式指定自己的排序算法，以及创建自己的单元格类型。通过选择一些属性，可以轻松地自定义 DataGridView 控件的外观。可以将许多类型的数据存储区用作数据源，也可以在没有绑定数据源的情况下操作 DataGridView 控件。

虽然 DataGridView 控件替代了以前版本的 DataGrid 控件并增加了功能，但是为了实现向后兼容并考虑到将来的使用（如果您选择的话），仍然保留了 DataGrid 控件。

使用 DataGridView 控件，可以显示和编辑来自多种不同类型的数据源的表格数据。将数据绑定到 DataGridView 控件非常简单和直观，在大多数情况下，只需设置 DataSource 属性即可。在绑定到包含多个列表或表的数据源时，只需将 DataMember 属性设置为指定要绑定的列表或表的字符串即可。

DataGridView 的常用属性和方法如表 7-26 所示。

表 7-26 DataGridView 的常用属性和方法

类别	名称	说明
属性	CurrenRow	获取包含当前单元格的行
	DataSource	获取或设置数据源 DataGridView 显示数据
	Name	获取或设置控件的名称
	Rows	获取在 DataGridView 控件包含所有行的集合
	SortOrder	获取指示控件的项是按升序或降序排序，或者未排序的值

【例 7-6】 使用 DataSet 和 SqlDataAdapter 对象查询数据，查询结果显示在 DataGridView 控件中。

任务描述：创建一个应用程序，使用 DataSet 和 SqlDataAdapter 对象查询数据。实现通过按班级名称和年级来查询班级信息，并显示查询到的结果。

需要预先导入本案例需要的数据库 StuMagSys，该数据库中的班级信息表 class 有 4 个字段：class_id（主键，已被设置为种子标识会自动填充）、class_name（班级名称）、grade（年级）和 NumStu（班级人数）。

分析：要使用 DataSet 和 SqlDataAdapter 对象对数据库进行数据查询，查询结果显示在 DataGridView 控件中，需要以下几个步骤：

(1) 引入 ADO.NET 类的命名空间。
(2) 创建数据库连接字符串。
(3) 利用定义好的数据库连接字符串来创建 SqlConnection 对象，并用 open 方法打开连接。
(4) 定义一个字符串变量，内容是要执行的 SQL 命令。

(5）利用 SQL 命令字符串和 SqlConnection 对象创建 SqlDataAdapter 数据适配器对象。

（6）创建一个空的 DataSet 数据集对象。

（7）调用 SqlDataAdapter 对象的 Fill 方法时，查询数据库，提取查询结果，将查询结果填入 DataSet。

（8）把 DataSet 中的数据赋值给 DataGridView 的 DataSource 属性，让数据显示在 DataGridView 中。

设计步骤如下：

（1）新建 Windows 窗体应用程序。

（2）添加控件：拖入一个 Button 控件、一个 GroupBox 控件、两个 Label 控件、一个 DataGridView 控件和一个下拉框 ComboBox 控件，并将这些控件调整到合适的位置。

（3）设置控件的属性，如表 7-27 所示。

表 7-27　设置窗体和控件属性

对象	属性	属性值
按钮 Button1	Text	查询
窗体 Form1	Text	班级信息查询
框架 GroupBox1	Text	查询结果
标签 Label1	Text	班级名称
标签 Label2	Text	年级
下拉框 ComboBox1	Text	2012
	Items	2006 2007……2020

程序设计界面如图 7-32 所示。

图 7-32　程序布局界面

（4）编写代码。

① 在代码顶部导入 ADO.NET 类的命名空间：

```
using System.Data.SqlClient;
```

② 添加控件 Button1 的 Click 事件代码如下：

```csharp
private void button1_Click(object sender, EventArgs e)
{
    //定义数据库连接字符串.指明要连接的数据库服务器地址是本地服务器,连接到数据库
    //StuMagSys,登录方式是 windows 用户登录验证方式
    string connStr = "server = localhost;database = StuMagSys;Integrated Security = SSPI;
    Persist Security Info = false ";
    //创建 SqlConnection 对象
    SqlConnection mySqlConnection = new SqlConnection(connStr);
    mySqlConnection.Open();                                      //打开数据库连接
    //定义一个字符串变量,内容是要执行的 SQL 命令,按班级名称和年级查询
    string cmdStr = "select class_id as 班级编号,class_name as 班级名字, grade as 年级,
    numstu as 班级人数 from class where class_name like '%" + textBox1.Text.ToString() +
    "%' and grade = " + comboBox1.Text.ToString();
    //利用 SQL 命令字符串和 SqlConnection 对象创建 SqlDataAdapter 数据适配器对象
    SqlDataAdapter mySqlDataAdapter = new SqlDataAdapter(cmdStr, mySqlConnection);
    //创建一个空的 DataSet 数据集对象
    DataSet myDataSet = new DataSet();
    //调用 SqlDataAdapter 对象的 Fill 方法时,查询数据库,将查询结果填入 DataSet
    mySqlDataAdapter.Fill(myDataSet, "class");
    dataGridView1.DataSource = myDataSet.Tables["class"];
    //把 DataSet 中的数据赋值给 DataGridView 的 DataSource 属性,让数据显示在 DataGridView 中
    mySqlConnection.Close();                                     //执行完毕,要关闭数据库连接
}
```

执行程序,程序运行结果如图 7-33 所示。

图 7-33　程序运行界面

7.3　拓展知识

7.3.1　BindingSource 控件

BindingSource 控件是 .NET Framework 2.0 提供的新控件之一。BindingSource 控件与数据源建立连接,然后将窗体中的控件与 BindingSource 控件建立绑定关系来实现数据绑定,简化数据绑定的过程。BindingSource 控件既是一个连接后台数据库的渠道,又是一

个数据源,因为 BindingSource 控件既支持向后台数据库发送命令来检索数据,又支持直接通过 BindingSource 控件对数据进行访问、排序、筛选和更新操作。BindingSource 控件能够自动管理许多绑定问题。BindingSource 控件没有运行时界面,无法在用户界面上看到该控件。BindingSource 控件通过 Current 属性访问当前记录,通过 List 属性访问整个数据表。

表 7-28 列出了 BindingSource 控件的常用属性。

表 7-28 BindingSource 的常用属性

属 性	说 明
AllowEdit	指示是否可以编辑 BindingSource 控件中的记录
AllowNew	指示是否可以使用 AddNew 方法向 BindingSource 控件添加记录
AllowRemove	指示是否可以从 BindingSource 控件中删除记录
Count	获取 BindingSource 控件中的记录数
CurrencyManager	获取与 BindingSource 控件关联的当前记录管理器
Current	获取 BindingSource 控件中的当前记录
DataMember	获取或设置连接器当前绑定到的数据源中的特定数据列表或数据库表
DataSource	获取或设置连接器绑定到的数据源
Filter	获取或设置用于筛选的表达式
Item	获取或设置指定索引的记录
Sort	获取或设置用于排序的列名来指定排序

通过 Current 属性及 RemoveCurrent、EndEdit、CancelEdit、Add 和 AddNew 方法可实现对当前记录的编辑操作。表 7-29 列出了 BindingSource 控件的常用方法。

表 7-29 BindingSource 的常用方法

方 法	说 明
Add	将现有项添加到内部列表中
CancelEdit	从列表中移除所有元素
EndEdit	将挂起的更改应用于基础数据源
Find	在数据源中查找指定的项
MoveFirst	移至列表中的第一项
MoveLast	移至列表中的最后一项
MoveNext	移至列表中的下一项
MovePrevious	移至列表中的上一项
RemoveCurrent	从列表中移除当前项

【例 7-7】 利用 BindingSource 控件进行数据绑定。

任务描述:创建一个应用程序,使用 DataSet、SqlDataAdapter 对象查询数据,并使用 BindingSource 控件进行数据绑定。实现通过按班级名称和年级来查询班级信息,并显示查询到的结果。

需要预先导入本案例需要的数据库 StuMagSys,该数据库中的班级信息表 class 有 4 个字段:class_id(主键,已被设置为种子标识会自动填充)、class_name(班级名称)、grade(年级)和 NumStu(班级人数)。

分析：要使用 DataSet 和 SqlDataAdapter 对象对数据库进行查询数据，查询结果显示在 DataGridView 控件中，需要以下几个步骤：

(1) 引入 ADO.NET 类的命名空间。

(2) 创建数据库连接字符串。

(3) 利用定义好的数据库连接字符串来创建 SqlConnection 对象，并用 open 方法打开连接。

(4) 定义一个字符串变量，内容是要执行的 SQL 命令。

(5) 利用 SQL 命令字符串和 SqlConnection 对象创建 SqlDataAdapter 数据适配器对象。

(6) 创建一个空的 DataSet 数据集对象。

(7) 调用 SqlDataAdapter 对象的 Fill 方法时，查询数据库，提取查询结果，将查询结果填入 DataSet。

(8) 把数据集对象 myDataSet 设置为 BindingSource1 控件的数据源。

(9) 把班级信息表绑定到 bindingSource1。

(10) 把 BindingSource1 设置为控件 DataGridView1 的数据源。

设计步骤如下：

(1) 新建 Windows 窗体应用程序。

(2) 添加控件：拖入 5 个 Button 控件、一个 BindSource 控件、一个 GroupBox 控件、两个 Label 控件、一个 DataGridView 和一个下拉框 ComboBox 控件，并将这些控件调整到合适的位置。

(3) 设置控件的属性，如表 7-30 所示。

表 7-30　设置窗体和控件属性

对　象	属　性	属　性　值
按钮 Button1	Text	查询
按钮 Button2	Text	首记录
按钮 Button3	Text	上一条
按钮 Button4	Text	下一条
按钮 Button5	Text	末记录
窗体 Form1	Text	班级信息查询
框架 GroupBox1	Text	查询结果
标签 Label1	Text	班级名称
标签 Label2	Text	年级
下拉框 ComboBox1	Text	2012
	Items	2006 2007……2020

设计界面如图 7-34 所示。

(4) 编写代码。

① 在代码顶部导入 ADO.NET 类的命名空间：

```
using System.Data.SqlClient;
```

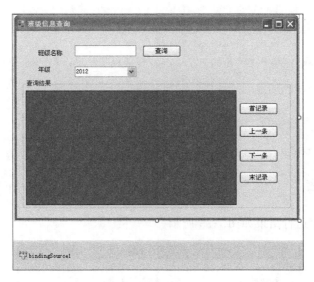

图 7-34 程序布局界面

② 添加控件 Button1 的 Click 事件代码如下:

```
private void button1_Click(object sender, EventArgs e)
{
    //定义数据库连接字符串.指明要连接的数据库服务器地址是本地服务器,连接到数据库
    //StuMagSys,登录方式是 windows 用户登录验证方式
    string connStr = "server = localhost;database = StuMagSys;Integrated Security = SSPI;
    Persist Security Info = false ";
    //创建 SqlConnection 对象
    SqlConnection mySqlConnection = new SqlConnection(connStr);
    mySqlConnection.Open();                        //打开数据库连接
    //定义一个字符串变量,内容是要执行的 SQL 命令,按班级名称和年级查询
    string cmdStr = "select class_id as 班级编号,class_name as 班级名字,grade as 年级,
    numstu as 班级人数 from class where class_name like '%" + textBox1.Text.ToString() +
    "%' and grade = " + comboBox1.Text.ToString();
    //利用 SQL 命令字符串和 SqlConnection 对象创建 SqlDataAdapter 数据适配器对象
    SqlDataAdapter mySqlDataAdapter = new SqlDataAdapter(cmdStr, mySqlConnection);
    //创建一个空的 DataSet 数据集对象
    DataSet myDataSet = new DataSet();
    //调用 SqlDataAdapter 对象的 Fill 方法时,查询数据库,将查询结果填入 DataSet
    mySqlDataAdapter.Fill(myDataSet, "class");
    //把数据集对象 myDataSet 设置为 bindingSource1 控件的数据源
    bindingSource1.DataSource = myDataSet;
    bindingSource1.DataMember = "class";           //把班级信息表绑定到 bindingSource1
    //把 bindingSource1 设置为控件 dataGridView1 的数据源
    dataGridView1.DataSource = bindingSource1;
    mySqlConnection.Close();                       //执行完毕,要关闭数据库连接
}
```

③ 添加控件 Button2、Button3、Button4、Button5 的 Click 事件代码如下:

```
private void button2_Click(object sender, EventArgs e)
{
    bindingSource1.MoveFirst();              //移动到首记录
```

```csharp
}
private void button3_Click(object sender, EventArgs e)
{
        bindingSource1.MovePrevious();      //移动到上一条记录
}
private void button4_Click(object sender, EventArgs e)
{
        bindingSource1.MoveNext();          //移动到下一条记录
}
private void button5_Click(object sender, EventArgs e)
{
        bindingSource1.MoveLast();          //移动到末记录
}
```

执行程序,程序运行结果如图 7-35 所示。

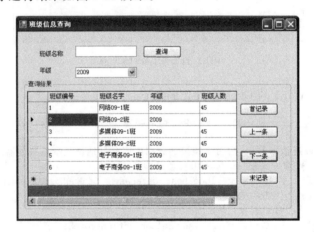

图 7-35 程序运行界面

7.3.2 BindingNavigator 控件

BindingNavigator 控件由 ToolStrip 和一系列 ToolStripItem 对象组成,完成大多数常见的与数据相关的操作,如添加数据、删除数据和定位数据。BindingNavigator 控件一般要与 BindingSource 控件一起使用,因为对于 BindingNavigator 控件上的每个按钮,都有一个对应的 BindingSource 组件成员,其以编程方式允许有相同功能。例如,MoveFirstItem 按钮对应于 BindingSource 组件的 MoveFirst 方法,DeleteItem 按钮对应于 RemoveCurrent 方法,等等。尽管 BindingNavigator 可以绑定到任何数据源,但它被设计为通过其 BindingSource 属性与 BindingSource 组件集成。

因此,定义一个 BindingSource,并将 BindingNavigator 和 DataGridView 的数据源都设置为 BindingSource,可保证 BindingNavigator 和 DataGridView 的数据同步。

尽管该控件显示在设计界面的非可视化区域,但它可以显示为导航工具条的形式,最初停靠在窗体的顶端,也可以向其他的常规工具条一样停靠在窗体的任意边界上。实际上,BindingNavigator 在很多方面和工具条一样——可以在 Items 列表中添加按钮和其他控件。在窗体上添加 BindingNavigator 时,Visual Studio 会自动添加一系列实现标准数据功能的按钮,如移动到第一个或者最后一个项,移动到前一个或者后一个项,以及添加、移动和保存。BindingNavigator 的一个优点是不仅可以创建标准控件,而且可以将它们组合起来。

【例 7-8】 利用 BindingNavigator 控件进行数据绑定,将一个数据集合与该控件绑定,以进行数据联动的显示效果。

任务描述:创建一个应用程序,使用 DataSet、SqlDataAdapter 对象查询数据,并使用 BindingSource、BindingNavigator 控件进行数据绑定,进行数据联动。

需要预先导入本案例需要的数据库 StuMagSys,该数据库中的班级信息表 class 有 4 个字段:class_id(主键,已被设置为种子标识会自动填充)、class_name(班级名称)、grade(年级)和 NumStu(班级人数)。

分析:要使用 DataSet 和 SqlDataAdapter 对象对数据库进行数据查询,并使用 BindingSource、BindingNavigator 控件进行数据绑定,进行数据联动,查询结果显示在 DataGridView 控件中,需要以下几个步骤:

(1) 引入 ADO.NET 类的命名空间。
(2) 创建数据库连接字符串。
(3) 利用定义好的数据库连接字符串来创建 SqlConnection 对象,并用 open 方法打开连接。
(4) 定义一个字符串变量,内容是要执行的 SQL 命令。
(5) 利用 SQL 命令字符串和 SqlConnection 对象创建 SqlDataAdapter 数据适配器对象。
(6) 创建一个空的 DataSet 数据集对象。
(7) 调用 SqlDataAdapter 对象的 Fill 方法时,查询数据库,提取查询结果,将查询结果填入 DataSet。
(8) 把数据集对象 myDataSet 设置为 BindingSource1 控件的数据源。
(9) 把班级信息表绑定到 BindingSource1。
(10) 把 BindingSource1 设置为控件 DataGridView1 的数据源。
(11) 把 BindingSource1 设置为控件 BindingNavigator1 的数据源。

设计步骤如下:
(1) 新建 Windows 窗体应用程序。
(2) 添加控件:拖入一个 Button 控件、一个 BindSource 控件、一个 BindingNavigator 控件、一个 GroupBox 控件、两个 Label 控件、一个 DataGridView 控件和一个下拉框 ComboBox 控件,并将这些控件调整到合适的位置。
(3) 设置控件的属性,如表 7-31 所示。

表 7-31 设置窗体和控件属性

对　　象	属　　性	属　性　值
按钮 Button1	Text	查询
窗体 Form1	Text	班级信息查询
框架 GroupBox1	Text	查询结果
标签 Label1	Text	班级名称

续表

对　象	属　性	属　性　值
标签 Label2	Text	年级
BindingNavigator	BindingSource	BindingSource1
下拉框 ComboBox1	Text	2012
	Items	2006 2007……2020

设计界面如图 7-36 所示。

图 7-36　程序布局界面

（4）编写代码。

① 在代码顶部导入 ADO.NET 类的命名空间：

```
using System.Data.SqlClient;
```

② 添加窗体 Form1 的 Form1_Load 事件代码如下：

```
private void Form1_Load(object sender, EventArgs e)
{
    //定义数据库连接字符串.指明要连接的数据库服务器地址是本地服务器,连接到数据库
    //StuMagSys,登录方式是 windows 用户登录验证方式
    string connStr = " server = localhost; database = StuMagSys; Integrated Security = SSPI;
    Persist Security Info = false ";
    //创建 SqlConnection 对象
    SqlConnection mySqlConnection = new SqlConnection(connStr);
    mySqlConnection.Open();                           //打开数据库连接
    //定义一个字符串变量,内容是要执行的 SQL 命令,按班级名称和年级查询
    string cmdStr = "select class_id as 班级编号,class_name as 班级名字, grade as 年级,
    numstu as 班级人数 from class";
    //利用 SQL 命令字符串和 SqlConnection 对象创建 SqlDataAdapter 数据适配器对象
    SqlDataAdapter mySqlDataAdapter = new SqlDataAdapter(cmdStr, mySqlConnection);
    //创建一个空的 DataSet 数据集对象
```

```csharp
    DataSet myDataSet = new DataSet();
    //调用 SqlDataAdapter 对象的 Fill 方法时,查询数据库,将查询结果填入 DataSet
    mySqlDataAdapter.Fill(myDataSet, "class");
    //把数据集对象 myDataSet 设置为 bindingSource1 控件的数据源
    bindingSource1.DataSource = myDataSet;
    bindingSource1.DataMember = "class";//把班级信息表绑定到 bindingSource1
    //把 bindingSource1 设置为控件 dataGridView1 的数据源
    dataGridView1.DataSource = bindingSource1;
    mySqlConnection.Close();//执行完毕,要关闭数据库连接
}
```

③ 添加控件 Button1 的 Click 事件代码如下:

```csharp
private void button1_Click(object sender, EventArgs e)
{
    //定义数据库连接字符串.指明要连接的数据库服务器地址是本地服务器,连接到数据库
    //StuMagSys,登录方式是 windows 用户登录验证方式
    string connStr = "server = localhost;database = StuMagSys;Integrated Security = SSPI;
    Persist Security Info = false ";
    //创建 SqlConnection 对象
    SqlConnection mySqlConnection = new SqlConnection(connStr);
    mySqlConnection.Open();                      //打开数据库连接
    //定义一个字符串变量,内容是要执行的 SQL 命令,按班级名称和年级查询
    string cmdStr = "select class_id as 班级编号,class_name as 班级名字, grade as 年级,
    numstu as 班级人数 from class where class_name like '%" + textBox1.Text.ToString() +
    "%' and grade = " + comboBox1.Text.ToString();
    //利用 SQL 命令字符串和 SqlConnection 对象创建 SqlDataAdapter 数据适配器对象
    SqlDataAdapter mySqlDataAdapter = new SqlDataAdapter(cmdStr, mySqlConnection);
    //创建一个空的 DataSet 数据集对象
    DataSet myDataSet = new DataSet();
    //调用 SqlDataAdapter 对象的 Fill 方法时,查询数据库,将查询结果填入 DataSet
    mySqlDataAdapter.Fill(myDataSet, "class");
    //把数据集对象 myDataSet 设置为 bindingSource1 控件的数据源
    bindingSource1.DataSource = myDataSet;
    bindingSource1.DataMember = "class";          //把班级信息表绑定到 bindingSource1
    //把 bindingSource1 设置为控件 dataGridView1 的数据源
    dataGridView1.DataSource = bindingSource1;
    mySqlConnection.Close();                     //执行完毕,要关闭数据库连接
}
```

执行程序,程序运行结果如图 7-37 所示。

图 7-37 程序运行界面

7.3.3 LINQ 组件

现在的数据格式越来越多,数据库、XML、数组、哈希表等每一种都有自己操作数据的方式,学起来很麻烦,于是 LINQ 诞生了。LINQ 以一种统一的方式操作各种数据源,减少数据访问的复杂性。

LINQ(语言集成查询,Language INtegrated Query)是一组用于 C♯ 和 Visual Basic 语言的扩展。它允许编写 C♯ 或者 Visual Basic 代码以查询数据库相同的方式操作内存数据。比起使用 ADO.NET 进行数据库操作要方便很多,不需要使用 SqlConnection、SQLCommand、SQLDataAdapter 等 ADO.NET 对象,让开发人员关注于查询。

LINQ 是在 Visual Studio 2008 中的 .NET Framework 3.5 中出现的技术,所以在创建新项目的时候必须使用 NET Framework 3.5 或者更高版本,否则无法使用 LINQ。

LINQ To SQL 语法规则如下:

1) where 语句

使用方法跟 SQL 语句一样。例如,使用 where 筛选课程名字为"专业英语"的课程记录。

```
var result = from c in course
             where c.Course_name == "专业英语"
select c;
```

2) select 语句

例如,使用 select 筛选课程学分>2 的课程 ID 号(course_id)、课程名称(course_name),并起别名。

```
var r = from cou in course
    where cou.credit > 2
select new
{
    课程号 = cou.course_id,
    课程名 = cou.course_name
}
```

3) 利用 Contains 实现模糊查询

例如,查询课程名字中包含"网络"两个字的课程的信息。

```
var result = from c in course
             where course.course_name.Contains("网络")
select new
{
    课程编号 = course.Course_id,
    课程名字 = course.Course_name,
    学分 = course.Credit
};
```

4) orderby

使用 orderby 可以进行升序(ascending)或者降序(descending)排序,默认是升序排序。

例如,使用 where 筛选课程名字为"专业英语"的课程记录,并按课程 ID 号降序排序。

```
var result = from c in course
        where c.Course_name == "专业英语"
        orderby c.course_id descending
select c;
```

【例7-9】 使用LINQ技术进行课程信息管理模块CourseManage.cs的设计,包含添加、查询、删除、保存等功能。

设计界面如图7-38所示。

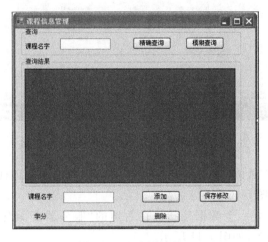

图7-38 程序设计界面

设计步骤如下:

(1) 新建Windows窗体应用程序。

(2) 按图7-38添加控件:拖入5个Button控件、两个GroupBox控件、3个Label控件、一个DataGridView控件,并将这些控件调整到合适的位置。

(3) 设置控件的属性,如表7-32所示。

表7-32 设置窗体和控件属性

对　　象	属　　性	属　性　值
窗体CourseManage	Text	课程信息管理
Label1	Text	课程名字
Label2	Text	课程名字
Label3	Text	学分
GroupBox1	Text	查询
GroupBox2	Text	查询结果
Button1	Text	精确查询
Button2	Text	模糊查询
Button3	Text	添加
Button4	Text	删除
Button5	Text	保存修改

在"解决方案资源管理器"中选中当前项目并右击,选择"添加"→"新建项"命令,弹出如图7-39所示的对话框。选择"LINQ to SQL 类",保存名称为DataClasses1.dbml。

图 7-39　新建 LINQ 数据类

保存后,就可以在右边的"解决方案资源管理器"中出现刚刚创建的 LinqToSql 类文件 DataClasses1.dbml,如图 7-40 所示。

操作数据库需要建立一个数据连接。在右边的"服务器资源管理器"中右击"数据连接",选择"添加连接"命令,如图 7-41 所示。

图 7-40　建立 LinqToSql 类文件

图 7-41　选择"添加连接"命令

在"服务器名"下拉列表框中输入"localhost\sqlexpress",选择"使用 Windows 身份验证"单选按钮,选中本项目数据库 StuMagSys,如图 7-42 所示。

单击"确定"按钮,"服务器资源管理器"中出现该数据连接,如图 7-43 所示。

双击"解决方案资源管理器"中的 DataClassess1.dbml 文件,从右边把需要的数据表拖放到该文件中,如图 7-44 所示。

(4) 编写代码。

① 在类的首部定义一些用到的变量:

```
//定义数据库连接字符串.指明要连接的数据库服务器地址是本地服务器,连接到数据库
//StuMagSys,登录方式是 windows 用户登录验证方式
string connStr = "server = localhost\\sqlexpress;database = StuMagSys;Integrated Security =
SSPI; Persist Security Info = false ";
//定义一个 DataClasses1DataContext 类的变量 linq,以备后面使用
DataClasses1DataContext linq;
```

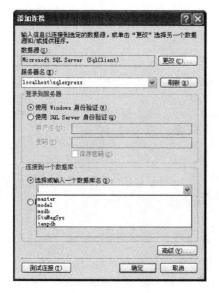

图 7-42　添加连接　　　　　　　图 7-43　服务器资源管理器

图 7-44　拖放数据库表

② 添加"精确查询"按钮 Button1 的 Button1_Click 事件代码如下：

```
private void button1_Click(object sender, EventArgs e)
{
    linq = new DataClasses1DataContext(connStr);
    //查询
    var result = from course in linq.Course
                 where course.Course_name == textBox1.Text
    select new
    {
        课程编号 = course.Course_id,
        课程名字 = course.Course_name,
        学分 = course.Credit
    };
    //查询结果显示在 DataGridView 数据控件里
    dataGridView1.DataSource = result;
}
```

③ 添加"模糊查询"按钮 Button2 的 Button2_Click 事件代码如下：

```csharp
private void button2_Click(object sender, EventArgs e)
{
    linq = new DataClasses1DataContext(connStr);
    //模糊查询
    var result = from course in linq.Course
                 where course.Course_name.Contains(textBox1.Text)
                 select new
                 {
                     课程编号 = course.Course_id,
                     课程名字 = course.Course_name,
                     学分 = course.Credit
                 };
    //查询结果显示在 DataGridView 数据控件里
    dataGridView1.DataSource = result;
}
```

④ 添加"添加"按钮 Button3 的 Button3_Click 事件代码如下：

```csharp
private void button3_Click (object sender, EventArgs e)
{
    linq = new DataClasses1DataContext(connStr);
    //构建一个 Course 数据表对象进行插入
    Course course = new Course();
    course.Course_name = textBox2.Text;
    course.Credit = int.Parse(textBox3.Text);
    linq.Course.InsertOnSubmit(course);
    linq.SubmitChanges();
    MessageBox.Show("信息添加成功!");
}
```

⑤ 添加"删除"按钮 Button4 的 Button4_Click 事件代码如下：

```csharp
private void button5_Click (object sender, EventArgs e)
{
    if (dataGridView1.SelectedRows.Count <= 0)
    {
        MessageBox.Show("请选中要删除的数据行");
        return;
    }
    linq = new DataClasses1DataContext(connStr);
    //查找要删除的记录
    var result = from course in linq.Course
                 where course.Course_id == int.Parse(dataGridView1.CurrentRow.Cells[0].Value.ToString())
                 select course;
    linq.Course.DeleteAllOnSubmit(result);
    linq.SubmitChanges();
    MessageBox.Show("信息删除成功!");
}
```

⑥ 添加"保存修改"按钮 Button5 的 Button5_Click 事件代码如下：

```csharp
private void button5_Click(object sender, EventArgs e)
{
    if (dataGridView1.SelectedRows.Count <= 0)
    {
        MessageBox.Show("请选中要修改的数据行");
        return;
    }
    linq = new DataClasses1DataContext(connStr);
    //查找要修改的记录
    var result = from course in linq.Course
                 where course.Course_id == int.Parse(dataGridView1.CurrentRow.Cells[0].Value.
                    ToString())
                 select course;
    //通过循环,对指定的记录进行逐条修改
    foreach (Course course in result)
    {
        course.Course_name = textBox2.Text;
        course.Credit = int.Parse(textBox3.Text);
        linq.SubmitChanges();
    }
    MessageBox.Show("信息修改成功!");
}
```

⑦ 添加 dataGridView1 的 dataGridView1_MouseClick 事件代码如下：

```csharp
private void dataGridView1_MouseClick(object sender, MouseEventArgs e)
{
    textBox2.Text = dataGridView1.CurrentRow.Cells[1].Value.ToString();
    textBox3.Text = dataGridView1.CurrentRow.Cells[2].Value.ToString();
}
```

7.4 本章小结

ADO.NET 提供对诸如 SQL Server 和 XML 这样的数据源以及通过 OLE DB 和 ODBC 公开的数据源的一致访问。共享数据的使用方应用程序可以使用 ADO.NET 连接这些数据源,并可以检索、处理和更新其中包含的数据。熟练掌握利用 ADO.NET 进行数据库访问,是每个软件开发工作者必须掌握的技能。

7.5 单元实训

实训目的：

（1）让学生掌握使用 ADO.NET 访问数据库的方法,以及 SQL Server T-SQL 语法。
（2）让学生掌握使用应用软件开发工具开发数据库管理系统的基本方法。
（3）让学生掌握 C# 开发完整项目的工作流程。

(4) 让学生熟练掌握采用 LINQ 技术访问数据库,开发应用系统的方法。

实训参考学时：

10～12 学时

实训内容：

(1) 根据已学知识,独立完成学生选课与成绩管理系统中班级管理模块、用户管理模块的设计,包括界面设计、代码编写。

(2) 利用 LINQ 技术,另外设计开发一个学生选课与成绩管理系统。程序界面可以效仿本章前面学习的学生选课与成绩管理系统。

实训难点提示：

(1) 全局应用程序工具类 MyTool 的设计。

(2) 程序界面的设计要符合客户的使用习惯,尽量人性化一点。

(3) 代码编写的时候,逻辑层次要搞清楚。

(4) 需求分析要尽量完善,这样可以减少后续的修改程序的工作量。

实训报告：

(1) 书写各题的核心代码。

(2) 描述数据库应用系统软件开发的基本思路和方法。

(3) 总结本次实训的完成情况,并撰写实训体会。

习题 7

一、选择题

1. ADO.NET 中数据库连接利用的是(　　)。
   A. SQLCommand　　　　　　B. SQLDataAdapter
   C. SQLDataReader　　　　　D. SQLConnection

2. 插入、删除数据可用 SqlCommand 对象的(　　)方法。
   A. ExecuteReader　　　　　B. ExecuteScalar
   C. ExecuteNonQuery　　　　D. EndExecuteNonQuery

3. 在 ADO.NET 中,为访问 DataTable 对象从数据源提取的数据行,可使用 DataTable 对象的(　　)属性。
   A. Rows　　B. Columns　　C. Constraints　　D. DataSet

4. SQL Server 的 Windows 身份验证机制是指当网络用户尝试连接到 SQL Server 数据库时,(　　)。
   A. Windows 获取用户输入的用户和密码,并提交给 SQL Server 进行身份验证,并决定用户的数据库访问权限
   B. SQL Server 根据用户输入的用户和密码,提交给 Windows 进行身份验证,并决定用户的数据库访问权限
   C. SQL Server 根据已在 Windows 网络中登录的用户的网络安全属性,对用户身份进行验证,并决定用户的数据库访问权限
   D. 登录到本地 Windows 的用户均可无限制访问 SQL Server 数据库

5. 下列 C# 语句：

```
SqlConnection Conn1 = new SqlConnection( );
Conn1.C;
Conn1.Open( );
SqlConnection Conn2 = new SqlConnection( );
Conn2.C;
Conn2.Open( );
```

将创建（　　）个连接池来管理这些 SqlConnection 对象。

  A. 1　　　　　　B. 2　　　　　　C. 0　　　　　　D. 0.5

二、填空题

1. 为了在程序中使用 DataSet 类定义数据集对象，应在文件开始处添加对命名空间 _____ 的引用。

2. 为创建在 SQL Server 2000 中执行 Select 语句的 Command 对象，可先建立到 SQL Server 2000 数据库的连接，然后使用连接对象的 _____ 方法创建 SqlCommand 对象。

三、问答题

1. 采用 LINQ 技术访问数据库与采用 ADO.NET 访问数据库，有什么优势？
2. LINQ 的语法跟一般 SQL 语句的语法有哪些区别？
3. DataSet 与 SQLDataReader 有哪些区别？

第8章 网络通信编程

本章学习目标
(1) 了解 TCP/IP 结构及其基本概念。
(2) 掌握 .NET 网络编程基础知识。
(3) 掌握套接字编程的基本原理。
(4) 掌握 C#中的多线程编程方法。

8.1 典型项目及分析

典型项目一:即时聊天工具的设计与实现(一)

【项目任务】
用 Visual Studio 2010 工具实现一个局域网即时聊天工具服务器端程序。

【学习目标】
进一步掌握 Visual Studio 2010 程序开发步骤,掌握 C#网络编程涉及的命名空间,掌握 TCP/IP 协议相关知识,掌握套接字编程的基本原理,初步熟悉 .NET 中的网络组件。

【知识要点】
(1) Visual Studio 2010 窗体应用程序开发步骤。
(2) .NET 网络编程基础知识。
(3) .NET 中的网络组件。
(4) 掌握套接字编程的基本原理。

【实现步骤】
(1) 选择菜单栏中的"文件"→"新建"→"项目"(快捷键:Ctrl+Shift+N),打开"新建项目"对话框,"项目类型"选择 Visual C#,"模板"选择"Windows 窗体应用程序"选项,名称为"ChatServer"。

(2) 设置好各参数后,单击"确定"按钮,就可以创建 Windows 窗体应用程序,然后设置 Text 属性为"聊天室服务器",如图 8-1 所示。

(3) 添加框架控件。单击工具箱中的 GroupBox 控件,在窗体中添加该控件,并设置其 Text 属性为"Socket 连接监听",如图 8-2 所示。

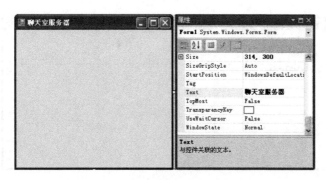

图 8-1　设置窗体属性

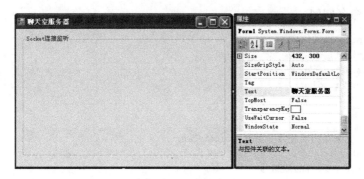

图 8-2　设计窗体

（4）在窗体中添加控件，如表 8-1 所示。

表 8-1　在窗体中添加控件

控件类型	属性设置	属性值
Label	Name	Label1
	Text	当前在线用户：
TextBox	Name	tbSocketClientsNum
	ReadOnly	True
Label	Name	Label2
	Text	Socket 端口号：
TextBox	Name	tbSocketPort
	Text	1234
Button	Name	btnSocketStart
	Text	Socket 启动
Button	Name	btnSocketStop
	Text	Socket 停止
ListBox	Name	lbSocketClients
RichTextBox	Name	rtbSocketMsg

设置控件的属性及位置后效果如图 8-3 所示。

（5）添加代码。

双击窗体，进入代码视图，引入命名空间，定义公用变量并赋值，具体代码如下。

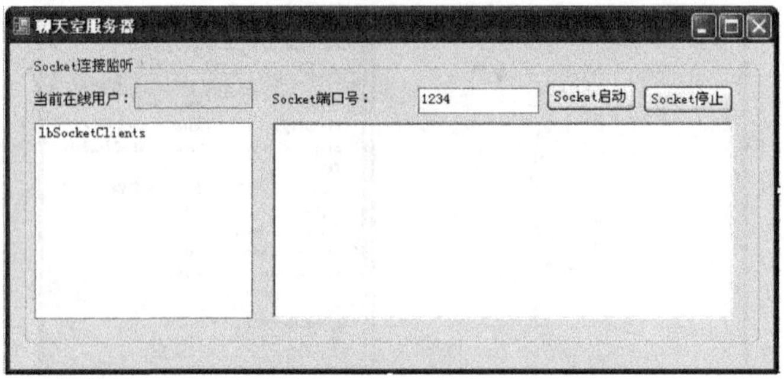

C#.NET 程序设计案例教程

图 8-3 添加按钮

① 先引入命名空间：

```
using System.Collections;
using System.Net;
using System.Net.Sockets;
using System.Threading;
```

② 定义常量：

```
//clients 数组保存当前在线用户的 Client 数量
internal static Hashtable clients = new Hashtable();
//该服务器默认的监听的端口号
private TcpListener listener;
//服务器可以支持的客户端的连接数
static int MAX_NUM = 100;
```

③ 创建函数：

```
private string getIPAddress()
{
    // 获得本机局域网 IP 地址
    IPAddress[] AddressList = Dns.GetHostByName(Dns.GetHostName()).AddressList;
    if (AddressList.Length < 1)
    {
        return "";
    }
    return AddressList[0].ToString();
}

private static string getDynamicIPAddress()
{
    // 获得拨号动态分配 IP 地址
    IPAddress[] AddressList = Dns.GetHostByName(Dns.GetHostName()).AddressList;
    if (AddressList.Length < 2)
    {
        return "";
    }
    return AddressList[1].ToString();
}

private int getValidPort(string port)
{
    int lport;
```

```csharp
//测试端口号是否有效
try
{
    //是否为空
    if (port == "")
    {
        throw new ArgumentException("端口号为空,不能启动服务");
    }
    lport = System.Convert.ToInt32(port);
}
catch (Exception e)
{
    //ArgumentException,
    //FormatException,
    //OverflowException
    Console.WriteLine("无效的端口号: " + e.ToString());
    this.rtbSocketMsg.AppendText("无效的端口号: " + e.ToString() + "\n");
    return -1;
}
return lport;
}
//立刻启动一个新的线程来处理与客户端的信息交互
private void StartSocketListen()
{
    while (Form1.SocketServiceFlag)
    {
        try
        {
            if (listener.Pending())
            {
                Socket socket = listener.AcceptSocket();
                if (clients.Count >= MAX_NUM)
                {
                    this.rtbSocketMsg.AppendText("nlh" + MAX_NUM + ",拒绝新的连接\n");
                    socket.Close();
                }
                else
                {
                    Client client = new Client(this, socket);
                    Thread clientService = new Thread(
                    new ThreadStart(client.ServiceClient));
                    clientService.Start();
                }
            }
            Thread.Sleep(200);
        }
        catch (Exception ex)
        {
            this.rtbSocketMsg.AppendText(ex.Message.ToString() + "\n");
        }
    }
}
public void addUser(string username)
{
```

```
            this.rtbSocketMsg.AppendText(username + "已经添加");
            this.lbSocketClients.Items.Add(username);
            this.tbSocketClientsNum.Text = System.Convert.ToString(clients.Count);
        }
        public void removeUser(string username)
        {
            this.rtbSocketMsg.AppendText(username + "已经添加");
            this.lbSocketClients.Items.Remove(username);
            this.tbSocketClientsNum.Text = System.Convert.ToString(clients.Count);
        }
        public string GetUserList()
        {
            string Rtn = "";
            for (int i = 0; i < lbSocketClients.Items.Count; i++)
            {
                Rtn = Rtn + lbSocketClients.Items[i].ToString() + "|";
            }
            return Rtn;
        }
        public void updateUI(string msg)
        {
            this.rtbSocketMsg.AppendText(msg + "\n");
        }
```

④ 创建 Client 类：

```
public class Client
{
    private string name;
    private Socket currentSocket = null;
    private string ipAddress;
    private Form1 server;
    private string state = "closed";
    public Client(Form1 server, Socket clientSocket)
    {
        this.server = server;
        this.currentSocket = clientSocket;
        ipAddress = getRemoteIPAddress();
    }
    public string Name
    {
        get
        {
            return name;
        }
        set
        {
            name = value;
        }
    }
    public Socket CurrentSocket
    {
        get
        {
```

```csharp
            return currentSocket;
        }
        set
        {
            currentSocket = value;
        }
    }
    public string IpAddress
    {
        get
        {
            return ipAddress;
        }
    }
    private string getRemoteIPAddress()
    {
        return ((IPEndPoint)currentSocket.RemoteEndPoint).Address.ToString();
    }
    public void ServiceClient()
    {
        string[] tokens = null;
        byte[] buff = new byte[1024];
        bool keepConnect = true;
        while (keepConnect && Form1.SocketServiceFlag)
        {
            tokens = null;
            try
            {
                if (currentSocket == null || currentSocket.Available < 1)
                {
                    Thread.Sleep(300);
                    continue;
                }
                //接收数据并存储在 Euff 数组中
                int len = currentSocket.Receive(buff);
                //将字符数组转化为字符串
                string clientCommand = System.Text.Encoding.Default.GetString(buff, 0, len);
                tokens = clientCommand.Split(new Char[] { '|' });
                if (tokens == null)
                {
                    Thread.Sleep(200);
                    continue;
                }
            }
            catch (Exception e)
            {
                server.updateUI("发生错误: " + e.ToString());
            }
            if (tokens[0] == "CONN")
            {
                this.name = tokens[1];
                if (Form1.clients.Contains(this.name))
                {
                    SendToClient(this, "ERR|User " + this.name + "已经存在");
```

```csharp
                }
                else
                {
                    Hashtable syncClients = Hashtable.Synchronized(Form1.clients);
                    syncClients.Add(this.name, this);
                    server.addUser(this.name);
                    System.Collections.IEnumerator myEnumerator = Form1.clients.Values.GetEnumerator();
                    while (myEnumerator.MoveNext())
                    {
                        Client client = (Client)myEnumerator.Current;
                        SendToClient(client, "JOIN|" + tokens[1] + "|");
                        Thread.Sleep(100);
                    }
                    state = "connected";
                    SendToClient(this, "ok");
                    string msgUsers = "LIST|" + server.GetUserList();
                    SendToClient(this, msgUsers);
                }
            }
            else if (tokens[0] == "LIST")
            {
                if (state == "connnected")
                {
                    string msgUsers = "LIST|" + server.GetUserList();
                    SendToClient(this, msgUsers);
                }
                else
                {
                    //send err to server
                    SendToClient(this, "ERR|state error,ê?Please login first");
                }
            }
            else if (tokens[0] == "CHAT")
            {
                if (state == "connected")
                {
                    //向所有当前在线的用户转发此信息
                    System.Collections.IEnumerator myEnumerator = Form1.clients.Values.GetEnumerator();
                    while (myEnumerator.MoveNext())
                    {
                        Client client = (Client)myEnumerator.Current;
                        //将"发送者的用户名:发送内容"转发给用户
                        SendToClient(client, tokens[1]);
                    }
                    server.updateUI(tokens[1]);
                }
                else
                {
                    //send err to server
                    SendToClient(this, " ERR|state error,Please login first ");
                }
            }
            else if (tokens[0] == "PRIV")
```

```csharp
            {
                if (state == "connected")
                {
                    string sender = tokens[1];
                    //tokens[2]中保存了接收者的用户
                    string receiver = tokens[2];
                    //tokens[3]中保存了发送的内容
                    string content = tokens[3];
                    string message = sender + " ---> " + receiver + ":" + content;
                    //仅将信息转发给发送者和接收者
                    if (Form1.clients.Contains(sender))
                    {
                        SendToClient((Client)Form1.clients[sender], message);
                    }
                    if (Form1.clients.Contains(receiver))
                    {
                    SendToClient((Client)Form1.clients[receiver], message);
                    }
                    server.updateUI(message);
                }
                else
                {
                    //send err to server
                    SendToClient(this, " ERR|state error,Please login first ");
                }
            }
            else if (tokens[0] == "EXIT")
            {
                if (Form1.clients.Contains(tokens[1]))
                {
                    Client client = (Client)Form1.clients[tokens[1]];
                    //将该用户对应的 Client 对象从 clients 中删除
                Hashtable syncClients = Hashtable.Synchronized(Form1.clients);
                    syncClients.Remove(client.name);
                    server.removeUser(client.name);
                    string message = "QUIT|" + tokens[1];
    System.Collections.IEnumerator myEnumerator = Form1.clients.Values.GetEnumerator();
                    while (myEnumerator.MoveNext())
                    {
                        Client c = (Client)myEnumerator.Current;
                        SendToClient(c, message);
                    }
                    server.updateUI("QUIT");
                }
                //退出当前线程
                break;
            }
            Thread.Sleep(200);
        }
    }
}
//SendToClient()方法实现了向客户端发送消息
private void SendToClient(Client client, string msg)
{
  System.Byte[] message = System.Text.Encoding.Default.GetBytes( msg.ToCharArray());
```

```
            client.CurrentSocket.Send(message, message.Length, 0);
        }
    }
```

⑤ 双击 btnSocketStart 按钮,启动 Socket 事件,代码如下:

```
private void btnSocketStart_Click(object sender, EventArgs e)
{
    int port = getValidPort(tbSocketPort.Text);
    if (port < 0)
    {
        return;
    }
    string ip = this.getIPAddress();
    try
    {
        IPAddress ipAdd = IPAddress.Parse(ip);
        //IPAddress ipAdd = IPAddress.Parse("10.1.5.6");
        //创建服务器套接字
        listener = new TcpListener(ipAdd, port);
        //开始监听服务器端口
        listener.Start();
        this.rtbSocketMsg.AppendText("Socket 服务器已经启动,正在监听" + ipAdd + "端口号:
" + this.tbSocketPort.Text + "\n");
        //启动一个新的线程,执行方法 this.StartSocketListen,
        Form1.SocketServiceFlag = true;
        Thread thread = new Thread(new ThreadStart(this.StartSocketListen));
        thread.Start();
        this.btnSocketStart.Enabled = false;
        this.btnSocketStop.Enabled = true;
    }
    catch (Exception ex)
    {
         this.rtbSocketMsg.AppendText(ex.Message.ToString() + "\n");
    }
}
```

⑥ 双击 btnSocketStop 按钮,启动 Socket 事件,代码如下:

```
private void btnSocketStop_Click(object sender, EventArgs e)
{
    Form1.SocketServiceFlag = false;
    this.btnSocketStart.Enabled = true;
    this.btnSocketStop.Enabled = false;
}
```

⑦ 添加 tbSocketPort 内容改变时的事件过程,代码如下:

```
private void tbSocketPort_TextChanged(object sender, EventArgs e)
{
    this.btnSocketStart.Enabled = (this.tbSocketPort.Text != "");
}
```

⑧ 在 Form1.Designer.cs 添加代码如下：

```
this.Closing += new System.ComponentModel.CancelEventHandler(this.Form1_Closing);
```

⑨ 在 Form.cs 添加代码如下：

```
private void Form1_Closing(object sender, System.ComponentModel.CancelEventArgs e)
{
    Form1.SocketServiceFlag = false;
}
```

（6）运行程序。按 F5 键，或单击工具栏上的"启动调试"按钮，运行程序，就会自动加载指定的 GIF 动画，单击"播放动画"按钮，就可以播放 GIF 动画，如图 8-4 所示。

图 8-4　聊天室服务器界面设计

说明：

（1）通过本项目，了解网络编程涉及的命名空间有哪些。

（2）掌握获取 IP 地址的方法。

```
private string getIPAddress()
{
    // 获得本机局域网 IP 地址
    IPAddress[] AddressList = Dns.GetHostByName(Dns.GetHostName()).AddressList;
    if (AddressList.Length < 1)
    {
        return "";
    }
    return AddressList[0].ToString();
}
private static string getDynamicIPAddress()
{
    // 获得拨号动态分配 IP 地址
    IPAddress[] AddressList = Dns.GetHostByName(Dns.GetHostName()).AddressList;
    if (AddressList.Length < 2)
    {
        return "";
    }
    return AddressList[1].ToString();
}
private int getValidPort(string port)
{
```

```csharp
        int lport;
        //测试端口号是否有效
        try
        {
            //是否为空
            if (port == "")
            {
                throw new ArgumentException("端口号为空,不能启动服务");
            }
            lport = System.Convert.ToInt32(port);
        }
        catch (Exception e)
        {
            //ArgumentException,
            //FormatException,
            //OverflowException
            Console.WriteLine("无效的端口号: " + e.ToString());
            this.rtbSocketMsg.AppendText("无效的端口号: " + e.ToString() + "\n");
            return -1;
        }
        return lport;
    }
```

(3)掌握Socket启动线程的方法。

```csharp
    private void StartSocketListen()
    {
        while (Form1.SocketServiceFlag)
        {
            try
            {
                if (listener.Pending())
                {
                    Socket socket = listener.AcceptSocket();
                    if (clients.Count >= MAX_NUM)
                    {
                        this.rtbSocketMsg.AppendText("nlh" + MAX_NUM + ",拒绝新的连接\n");
                        socket.Close();
                    }
                    else
                    {
                        Client client = new Client(this, socket);
                        Thread clientService = new Thread( new ThreadStart(client.ServiceClient));
                        clientService.Start();
                    }
                }
                Thread.Sleep(200);
            }
            catch (Exception ex)
            {
                this.rtbSocketMsg.AppendText(ex.Message.ToString() + "\n");
            }
        }
    }
```

(4) 掌握在 Socket 编程中服务端向客户端发送消息的方法。

典型项目二：即时聊天工具的设计与实现（二）

【项目任务】

用 Visual Studio 2010 工具实现一个局域网即时聊天工具客户端程序。

【学习目标】

进一步掌握 Visual Studio 2010 程序开发步骤，掌握 C♯ 网络编程涉及的命名空间，掌握 TCP/IP 协议相关知识，掌握套接字编程的基本原理，初步熟悉 .NET 中的网络组件，重点掌握编程实现网络通信程序中客户端程序的实现方法。

【知识要点】

（1）Visual Studio 2010 窗体应用程序开发步骤。
（2）.NET 网络编程基础知识。
（3）.NET 中的网络组件。
（4）重点掌握编程实现网络通信程序中客户端程序的实现方法。

【实现步骤】

（1）参照服务端程序的实现，设计客户端程序界面，如表 8-2 所示。

表 8-2 客户端程序界面

空间类型	属 性	属 性 值
Groupbox	Name	GroupBox1
	Text	聊天服务器设置
Label	Name	Label5
	Text	服务器地址：
Label	Name	Label4
	Text	端口号：
Label	Name	Label3
	Text	用户名：
TextBox	Name	txtHost
	Text	127.0.0.1
TextBox	Name	txtPort
	Text	1234
TextBox	Name	tbUserName
	Text	
Button	Name	btnLogin
	Text	登入
Button	Name	btnExit
	Text	离开
Label	Name	Label2
	Text	当前在线用户列表：
ListBox	Name	lstUsers
Label	Name	Label1
	Text	系统消息：

续表

空间类型	属 性	属 性 值
RichTextBox	Name	rtbMsg
CheckBox	Name	cbPrivate
	Text	悄悄话
TextBox	Name	tbSendContent
Form	Name	ChatClientForm

设计界面如图 8-5 所示。

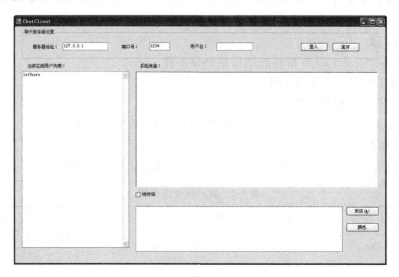

图 8-5　客户端界面

(2) 定义常量。

```
//与服务器的连接
TcpClient tcpClient;
//与服务器数据交互的流通道
private NetworkStream Stream;
//客户端的状态
private static string CLOSED = "closed";
private static string CONNECTED = "connected";
private System.Windows.Forms.TextBox tbUserName;
private System.Windows.Forms.CheckBox cbPrivate;
private string state = CLOSED;
private bool stopFlag;
private Color color;
```

(3) 定义方法。

```
//ServerResponse()方法用于接收从服务器发回的信息,
//根据不同的命令,执行相应的操作
private void ServerResponse()
{
    //定义一个 byte 数组,用于接收从服务器端发送来的数据,
    //每次所能接收的数据包的最大长度为 1024 个字节
```

```csharp
byte[] buff = new byte[1024];
string msg;
int len;
try
{
    if(!Stream.CanRead)
    {
        return;
    }
    stopFlag = false;
    while(!stopFlag)
    {
        //从流中得到数据,并存入到buff字符数组中 len = Stream.Read(buff,0,buff.Length);
        if (len < 1)
        {
            Thread.Sleep(200);
            continue;
        }
        //将字符数组转化为字符串
        msg = System.Text.Encoding.Default.GetString(buff,0,len);
        msg.Trim();
        string[] tokens = msg.Split(new Char[]{'|'});
        //tokens[0]中保存了命令标志符(LIST 或 JOIN 或 QUIT) if (tokens[0].ToUpper() ==
        //"OK")
        {
            //处理响应
            add("命令执行成功");
        }
        else if (tokens[0].ToUpper() == "ERR")
        {
            //命令执行错误
            add("命令执行错误: " + tokens[1]);
        }
        else if(tokens[0] == "LIST")
        {
            //此时从服务器返回的消息格式:
            //命令标志符(LIST)|用户名1|用户名2…(所有在线用户名)|
            add("获得用户列表");
            //更新在线用户列表
            lstUsers.Items.Clear();
            for(int i = 1; i < tokens.Length - 1; i++)
            {
                lstUsers.Items.Add(tokens[i].Trim());
            }
        }
        else if(tokens[0] == "JOIN")
        {
            //此时从服务器返回的消息格式:
            //命令标志符(JOIN)|刚刚登入的用户名|
            add(tokens[1] + " " + "已经进入了聊天室");
            this.lstUsers.Items.Add(tokens[1]);
            if (this.tbUserName.Text == tokens[1])
            {
                this.state = CONNECTED;
```

```csharp
                    }
                }
                else if(tokens[0] == "QUIT")
                {
                    if (this.lstUsers.Items.IndexOf(tokens[1])>-1)
                    {
                        this.lstUsers.Items.Remove(tokens[1]);
                    }
                    add("用户: " + tokens[1] + "已经离开");
                }
                else
                {
                    //如果从服务器返回的其他消息格式,
                    //则在 ListBox 控件中直接显示
                    add(msg);
                }
            }
            //关闭连接
            tcpClient.Close();
        }
        catch
        {
            add("网络发生错误");
        }
    }
    private void add(string msg)
    {
        if (!color.IsEmpty)
        {
            this.rtbMsg.SelectionColor = color;
        }
        this.rtbMsg.SelectedText = msg + "\n";
    }
```

(4) 定义事件。

```csharp
//当单击"发送"按钮时,便会进入 btnSend_Click 处理程序.
//在 btnSend_Click 处理程序中,如果不是私聊,
//将"CHAT"命令发送给服务器,
//否则(为私聊),将"PRIV"命令发送给服务器,
//注意命令格式一定要与服务器端的命令格式一致
private void btnSend_Click(object sender, System.EventArgs e)
{
    try
    {
        if(!this.cbPrivate.Checked)
        {
            //此时命令的格式是:
            //命令标志符(CHAT)|发送者的用户名:发送内容|
            string message = "CHAT|" + this.tbUserName.Text +":"+ tbSendContent.Text +"|";
            tbSendContent.Text = "";
            tbSendContent.Focus();
            //将字符串转化为字符数组
            Byte[] outbytes = System.Text.Encoding.Default.GetBytes(message.ToCharArray());
```

```csharp
                    Stream.Write(outbytes,0,outbytes.Length);
            }
            else
            {
                if(lstUsers.SelectedIndex == -1)
                {
                    MessageBox.Show("请在列表中选择一个用户","提示信息","提示信息",
                    MessageBoxButtons.OK,MessageBoxIcon.Exclamation);
                    return;
                }
                string receiver = lstUsers.SelectedItem.ToString();
                //消息的格式是:
                //命令标志符(PRIV)|发送者的用户名|接收者的用户名|发送内容|
string message = "PRIV|" + this.tbUserName.Text + "|" + receiver + "|" + tbSendContent.Text + "|";
                tbSendContent.Text = "";
                tbSendContent.Focus();
                //将字符串转化为字符数组
    byte[] outbytes = System.Text.Encoding.ASCII.GetBytes(message.ToCharArray());
                Stream.Write(outbytes,0,outbytes.Length);
            }
        }
        catch
        {
            this.rtbMsg.AppendText("网络发生错误");
        }
    }
//连接聊天服务器
private void btnLogin_Click(object sender, System.EventArgs e)
{
    if (state == CONNECTED)
    {
        return;
    }
    if(this.tbUserName.Text.Length == 0)
    {
        MessageBox.Show("请输入呢称!","提示信息", MessageBoxButtons.OK,MessageBoxIcon.Exclamation);
        this.tbUserName.Focus();
        return;
    }
    try
    {
        //创建一个客户端套接字,它是Login 的一个公共属性,
        //将被传递给 ChatClient 窗体
        tcpClient = new TcpClient();
        //向指定的 IP 地址的服务器发出连接请求
        tcpClient.Connect(IPAddress.Parse(txtHost.Text), Int32.Parse(txtPort.Text));
        //获得与服务器数据交互的流通道(NetworkStream)
        Stream = tcpClient.GetStream();
        //启动一个新的线程,执行方法 this.ServerResponse(),
        //以便来响应从服务器发回的信息
        Thread thread = new Thread(new ThreadStart(this.ServerResponse));
        thread.Start();
        //向服务器发送"CONN"请求命令,
```

```csharp
            //此命令的格式与服务器端的定义的格式一致,
            //命令格式为:命令标志符(CONN)|发送者的用户名|
            string cmd = "CONN|" + this.tbUserName.Text + "|";
            //将字符串转化为字符数组
            Byte[] outbytes = System.Text.Encoding.Default.GetBytes(cmd.ToCharArray());
            Stream.Write(outbytes,0,outbytes.Length);
        }
        catch(Exception ex)
        {
            MessageBox.Show(ex.Message);
        }
    }
    //设置字体颜色
    private void btnColor_Click(object sender, System.EventArgs e)
    {
        ColorDialog colorDialog1 = new ColorDialog();
        colorDialog1.Color = this.rtbMsg.SelectionColor;
        if(colorDialog1.ShowDialog() == System.Windows.Forms.DialogResult.OK &&
                colorDialog1.Color != this.rtbMsg.SelectionColor)
        {
            this.rtbMsg.SelectionColor = colorDialog1.Color;
            color = colorDialog1.Color;
        }
    }
    //当单击"离开"按钮时,便进入了btnExit_Click处理程序.
    //在btnExit_Click处理程序中,
    //将"EXIT"命令发送给服务器,此命令格式要与服务器端的命令格式一致
    private void btnExit_Click_1(object sender, System.EventArgs e)
    {
        if (state == CONNECTED)
        {
            string message = "EXIT|" + this.tbUserName.Text + "|";
            //将字符串转化为字符数组
          Byte[ ]outbytes = System.Text.Encoding.Default.GetBytes(message.ToCharArray());
            Stream.Write(outbytes,0,outbytes.Length);
            this.state = CLOSED;
            this.stopFlag = true;
            this.lstUsers.Items.Clear();
        }
    }
    private void ChatClientForm_Closing(object sender, System.ComponentModel.CancelEventArgs e)
    {
        btnExit_Click_1(sender, e);
    }
```

在ChatClientForm.Designer.cs添加代码如下:

```
this.Closing += new System.ComponentModel.CancelEventHandler(this.ChatClientForm_Closing);
```

(5) 运行程序。

① 启动服务端,如图8-6所示。

② 启动客户端,设置服务端地址、端口号、用户名,单击"登入"按钮,如图8-7所示。

启动客户端,设置服务端地址、端口号、用户名,单击"登入"按钮,如图8-8所示。

图 8-6 服务端程序界面

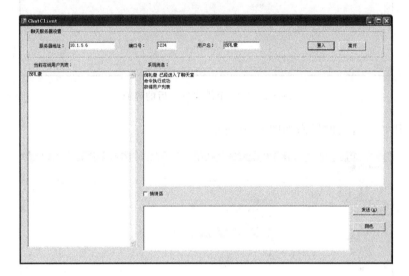

图 8-7 客户端程序界面

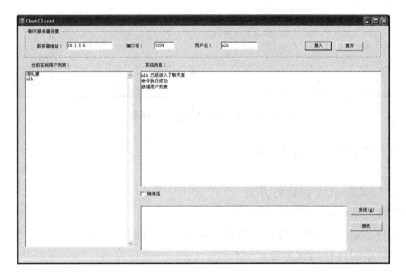

图 8-8 客户端设置后的界面

第一个用户发言后的界面如图 8-9 所示。

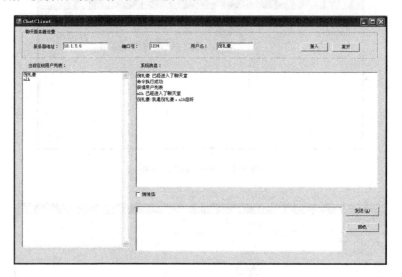

图 8-9　第一个用户发言后的界面

第二个用户发言后的界面如图 8-10 所示。

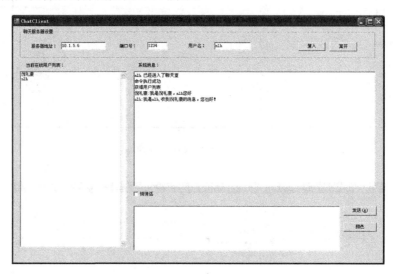

图 8-10　第二个用户发言后的界面

第一个用户收到回复后的界面如图 8-11 所示。

说明：

(1) 掌握 TcpClient 实例化的方法。

(2) 掌握通过 Stream 获取信息的方法。

(3) 掌握在 Socket 编程中客户端与服务端交互信息的实现方法。

(4) 掌握程序的运行调试方法。

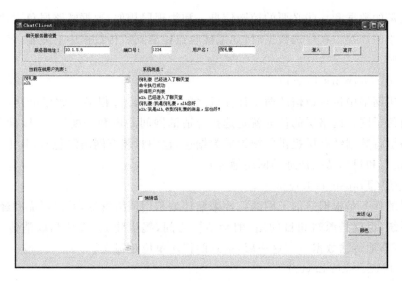

图 8-11　第一个用户收到回复后的界面

8.2　必备知识

8.2.1　TCP/IP 概述

8.2.1.1　OSI 参考模型与 TCP/IP 模型

1. OSI 参考模型

在计算机网络产生之初，每个计算机厂商都有一套自己的网络体系结构的概念，它们之间互不兼容。为此，国际标准化组织(ISO)在 1979 年成立了一个分委员会来专门研究一种用于开放系统互连的体系结构(Open Systems Interconnection，OSI)。其中，"开放"这个词表示只要遵循 OSI 标准，一个系统可以和位于世界上任何地方的，也遵循 OSI 标准的其他任何系统进行连接。这个分委员会提出了开放系统互连，即 OSI 参考模型，它定义了连接不同类型计算机的标准框架。

OSI 参考模型将计算机网络通信定义为一个七层框架模型。这七层分别是物理层、数据链路层、网络层、传输层、会话层、表示层和应用层。

各层的主要功能及其相应的数据单位如下：

1) 物理层(Physical Layer)

要传递信息就要利用一些物理媒体，如双绞线、同轴电缆等，但具体的物理媒体并不在 OSI 的七层之内，有人把物理媒体当作第 0 层，物理层的任务就是为它的上一层提供一个物理连接，以及它们的机械、电气、功能和过程特性。比如规定使用电缆和接头的类型，传送信号的电压等。在这一层，数据还没有被组织，仅作为原始的位流或电气电压处理，单位是比特。

2) 数据链路层(Data Link Layer)

数据链路层负责在两个相邻结点间的线路上无差错地传送以帧为单位的数据。每一帧包括一定数量的数据和一些必要的控制信息。和物理层相似,数据链路层负责建立、维持和释放数据链路的连接。在传送数据时,如果接收点检测到所传数据中有差错,就要通知发送方重发这一帧。

3) 网络层(Network Layer)

在计算机网络中进行通信的两个计算机之间可能会经过很多个数据链路,也可能还要经过很多通信子网。网络层的任务就是选择合适的网间路由和交换结点,以确保数据及时传送。网络层将数据链路层提供的帧组成数据包,包中封装有网络层包头,其中含有逻辑地址信息(源站点和目的站点地址的网络地址)。

4) 传输层(Transport Layer)

传输层的任务是根据通信子网的特性来最佳地利用网络资源,并以可靠和经济的方式,为两个端系统(也就是源站和目的站)的会话层之间,提供建立、维护和取消传输连接的功能,并负责可靠地传输数据。在这一层,信息的传送单位是报文。

5) 会话层(Session Layer)

会话层也称为会晤层或对话层,在会话层及以上的高层次中,数据传送的单位不再另外命名,都统称为报文。会话层不参与具体的传输,它提供包括访问验证和会话管理在内的建立和维护应用之间通信的机制。比如,服务器验证用户登录便是由会话层完成的。

6) 表示层(Presentation Layer)

表示层主要解决用户信息的语法表示问题。它将欲交换的数据从适合于某一用户的抽象语法,转换为适合于OSI系统内部使用的传送语法。即提供格式化的表示和转换数据服务。数据的压缩和解压缩、加密和解密等工作都由表示层负责。

7) 应用层(Application Layer)

应用层确定进程之间通信的性质以满足用户需要以及提供网络与用户应用软件之间的接口服务。

当然,OSI参考模型只是一个框架,它的每一层并不执行某种功能。在这个OSI七层模型中,每一层都为其上一层提供服务,并为其上一层提供一个访问接口或界面。不同主机之间的相同层次称为对等层。例如,主机A中的表示层和主机B中的表示层互为对等层,主机A中的会话层和主机B中的会话层互为对等层,等等。对等层之间互相通信需要遵守通信协议,主要通过软件来实现。每一种具体的协议一般都定义了OSI参考模型中的各个层次具体实现的技术要求,主机正是利用这些协议来接收和发送数据的。

2. TCP/IP 模型

OSI参考模型的提出是为了解决不同厂商、不同结构的网络产品之间互联时遇到的不兼容性问题。但是该模型的复杂性阻碍了其在计算机网络领域的实际应用。与此相反,由技术人员自己开发的传输控制协议/网际协议(Transfer Control Protocol/lnternetProtocol,TCP/IP)协议族模型却获得了更为广泛的应用,成为因特网的基础。实际上,TCP/IP也是目前因特网范围内运行的唯一一种协议。

TCP/IP模型是美国国防部高级研究计划局计算机网(Advanced Research Projects AgencyNetwork,ARPANET)和其后继因特网使用的参考模型。ARPANET是由美国国防部(U.S. Department ofDefense,DoD)赞助的研究网络。最初,它只连接了美国境内的四所大学,但在随后的几年中,它通过租用的电话线连接了数百所大学和政府部门。最终

ARPANET 发展成为全球规模最大的互联网络——因特网。

从名字上看,TCP/IP 包括两个协议,即传输控制协议(Transfer Control Protocol, TCP)和网际协议(Internet Protocol,IP),但实际上 TCP/IP 是一系列协议的代名词,它包括上百个各种功能的协议,如地址解析协议(ARP)、Internet 控制消息协议(ICMP)、文件传输协议等,而 TCP 和 IP 只是保证数据完整传输的两个重要协议。通常讲 TCP/IP,但实际上指的是因特网协议系列,而不仅仅是 TCP 和 IP 两个协议,所以也常称为 TCP/IP 协议族。该协议族分为 4 个层次:链路层、网络层、传输层和应用层。

1) 链路层

链路层是 TCP/IP 协议族的最低层,有时也被称作数据链路层或网络接口层,通常包括操作系统中的设备驱动程序和计算机中对应的网络接口卡,它们一起处理与电缆(或其他任何传输媒体)的物理接口。该层负责接收 IP 数据报并通过网络发送到网络传输媒体上,或者从网络上接收物理帧,抽出 IP 数据报交给 IP 层。实际上,TCP/IP 模型并没有真正描述这一层的实现,只是要求能够提供给其上层(网络层)一个访问接口,以便在其上传递 IP 分组。由于这一层次未被定义,所以其具体的实现方法也随着网络类型的不同而不同。

2) 网络层

网络层是整个 TCP/IP 协议族的核心,有时也被称为互联网层或 IP 层。该层的主要功能是把分组发往目标网络或主机。同时,为了尽快发送分组,可能需要沿不同的路径同时进行分组传递。因此,分组到达的顺序和发送的顺序可能不同,这就需要上层对分组进行排序。网络层除了完成上述功能外,还完成将不同类型的网络(异构网)进行互联的功能。除此之外,网络层还需要完成拥塞控制的功能。

在 TCP/IP 协议族中,网络层协议包括 IP(网际协议)、ICMP(因特网控制报文协议)和 IGMP(因特网组管理协议)。

3) 传输层

传输层主要为两台主机上的应用程序提供端到端的数据通信,它分为两个不同的协议:TCP(传输控制协议)和 UDP(用户数据报协议)。TCP 提供有质量保证的端到端的数据传输。若传输层使用 TCP,则该层负责数据的分组、质量控制和超时重发等,对于应用层来说,就可以忽略这些工作。UDP 则只负责简单地把数据报从一端发送到另一端。若传输层使用 UDP,则数据是否到达、是否按时到达、是否损坏都必须由应用层来控制。这两种协议各有用途,前者可用于面向连接的应用,后者则在及时性服务中有着重要的用途,如网络多媒体通信等。

4) 应用层

应用层负责处理实际的应用程序细节,主要包括超文本传输协议(HTTP)、简单网络管理协议(SNMP)、文件传输协议(FTP)、简单邮件传输协议(SMTP)、域名系统(DNS)、远程登录协议(Telnet)等。其中,有些应用层协议是基于 TCP 来实现的,如 FTP、HTTP 等,有些则是基于 UDP 来实现的,如 SNMP 等。

3. TCP/IP 工作原理

由上述 OSI 参考模型可知,在因特网上源主机的协议层与目的主机的同层通过下层提供的服务实现对话。TCP/IP 协议族模型也是按照这一原则来工作的。它们之间的对话实际上是在源主机上从上到下传递,然后穿越网络到达目的主机后再从下到上到达相应层。

请求数据从信源传输到目的信宿的过程可描述如下：

（1）在信源上，利用应用层协议（HTTP）将需传输的请求数据流传送给信源上的传输层（TCP）。

（2）信源上的传输层将应用层的请求数据流截成若干分组，并加上 TCP 首部形成 TCP 段，送交信源上的网络层（IP）。

（3）信源的网络层给 TCP 段加上包括源、目的主机 IP 地址的 IP 首部，生成一个 IP 数据报，并将 IP 数据报送交信源的链路层。

（4）信源的链路层在其 MAC 帧的数据部分装上 IP 数据报，再加上源、目的主机的 MAC 地址和 MAC 帧头，并根据其目的 MAC 地址，将 MAC 帧发往信宿或中间路由器，例如路由器 R。

（5）路由器是一个具有多个接口的网络互联设备，可以把数据从一个网络转发到另一个网络。当数据传输到路由器后，路由器将根据数据包中的目的地址进行传输路径的选择，并根据所选择的传输路径进行数据传输。通常，路由器只处理链路层和网络层的数据。

（6）当数据传输到信宿，链路层将 MAC 帧的帧头去掉，并将 IP 数据报送交信宿的网络层。

（7）信宿的网络层检查 IP 数据报首部，假如首部中校验和与计算结果不一致，则丢弃该 IP 数据报；若校验和与计算结果一致，则去掉 IP 首部，将 TCP 段送交信宿的传输层。

（8）信宿的传输层检查顺序号，判定是否是正确的 TCP 分组，然后检查 TCP 首部数据。若正确，则向信源发确认信息；若不正确或丢包，则向信源要求重发信息。

（9）信宿的传输层去掉 TCP 首部，将排好顺序的分组组成应用数据流送给信宿上相应的应用程序。这样信宿接收到来自信源的字节流，就像是直接接收到来自信源的字节流一样。

8.2.1.2 TCP/IP 基本概念

1. IP 地址

IP 地址是进行 TCP/IP 协议通信的基础，IP 地址是对连接在因特网中的设备进行唯一性标识的设备编码，与日常生活中寄信时所用的信箱号类似，以便设备之间能根据 IP 地址来识别。在因特网中，根据 TCP/IP 协议规定，在 IPv4 中，IP 地址由 32 位二进制数组成，其地址空间是 $0 \sim 2^{32}-1$。为了便于记忆，将这 32 位二进制数分成 4 段，每段 8 位，中间用小数点隔开，将每 8 位二进制数转换成一位十进制数，这样就形成了点分十进制的表示方法。例如 192.168.0.181。一个简单的 IP 地址的格式为 IP 地址＝网络地址＋主机地址，包含网络地址和主机地址两部分重要的信息。由于 IPv4 定义的有限地址空间将被耗尽，地址空间的不足必将影响因特网的进一步发展，所以在最新出台的 IPv6 中 IP 地址升至 128 位。

IP 地址共分 5 类：A 类、B 类、C 类、D 类和 E 类。其中，A 类、B 类和 C 类为基本类；D 类用于多播传送；E 类属于保留类，暂未使用。它们的格式如下所示，其中，"＊"代表网络号位数。

A 类：0	＊＊＊＊＊＊＊	××××××××	××××××××	××××××××
B 类：10	＊＊＊＊＊＊	＊＊＊＊＊＊＊＊	××××××××	××××××××
C 类：110	＊＊＊＊＊	＊＊＊＊＊＊＊＊	＊＊＊＊＊＊＊＊	××××××××
D 类：1110	××××××××	××××××××	××××××××	××××××××
E 类：1111	××××××××	××××××××	××××××××	××××××××

A 类地址的最高位必须是"0",其第一个字节为网络地址,后 3 个字节为主机地址。因此 A 类地址可拥有 126 个网络地址数,其中每个网络最多可以包含的主机数目为 $2^{24}-2$(主机地址全 1 和全 0 都属于特殊地址),即有 16 777 214 台主机。因此,A 类地址适用于超大规模的网络。

B 类地址的最高两位必须是"10",前两个字节为网络地址,后两个字节为主机地址。B 类 IP 地址中网络地址长度为 14 位,有 16 384 个网络,其中每个网络最多可以包含的主机数目为 $2^{16}-2$,即有 65 534 台主机。因此,B 类地址适用于中等规模的网络。

C 类地址的最高 3 位必须是"110",前 3 个字节为网络地址,最后一个字节为主机地址。因此,C 类地址的网络数目为 2^{21},即有 2 907 152 个网络,其中每个网络可以包含的主机数目为 $2^{8}-2$,即有 254 台主机。因此,C 类地址适用于小规模的局域网络。

D 类地址与前 3 类地址不同,它是一种特殊的 IP 地址类,应用于多播通信,因此也被称为多播地址。地址前面有 4 个引导位"1110",其余的 28 位表示多播地址,因此其地址范围为 224.0.0.0~239.255.255.255。D 类地址只能作为目的地址,不能作为源地址。

E 类地址是一般不用的实验性地址,前面包含 4 个引导位"1111",因此其地址范围为 240.0.0.0~255.255.255.255。

除上述几类地址外,还有几个特殊的地址。

网络地址:IP 地址中主机地址为 0 的地址表示网络地址。这类地址不指派给任何主机,它只保留用来定义某个网络的地址。例如,某主机的 IP 地址为 175.22.10.48,它是一个 B 类地址,则该主机所在网络的地址为 175.22.0.0。

广播地址:在 A、B、C 三类地址中,主机号全为"1"的地址为广播地址。这类地址用来同时向指定网络的所有主机发送信息。例如,如果某台主机使用 175.22.255.255 为目标地址发送数据报时,则网络地址为 175.22.0.0 的网络中的所有主机都能收到该数据报。

回送地址:在 IP 地址中,首字节数值为"127"的地址是一个保留地址,称为回送地址。例如,127.0.0.1 即为一个回送地址。该类地址用于网络测试或本机进程间通信。发送到这种地址的数据报不输出到线路上,而是立即被返回,又当作输入数据报在本机内部进行处理。例如,常用的"ping"命令,就是发送一个将回送地址作为目的地址的数据报,以测试 IP 软件能否接收和处理数据报。

2. 子网与掩码

如上所述,IP 地址最初采用的是网络地址和主机地址两级结构,然而在实际组网过程中,常常会出现使用 C 类地址时,主机编址空间不够,而使用 A 类或 B 类地址时,又会造成大量 IP 地址浪费的现象。为此,IP 地址现在多采用三级结构,即 IP 地址=网络地址+子网地址+主机地址。把每个网络的主机地址空间根据需要再进一步划分成若干个子网,则原来两级地址结构中的主机地址又细分为子网地址和主机地址,子网地址位数根据子网的实际规模来确定。具体三级结构地址的确定需要借助子网掩码来实现。

子网掩码是一个 32 位地址掩码,对应于网络地址和子网地址的地址掩码位设置为"1",而对应于主机地址的地址掩码位设置为"0"。子网掩码用于屏蔽 IP 地址的一部分以区别网络标识和主机标识,并说明该 IP 地址是在局域网上,还是在远程网上。

确定子网掩码的过程也就是划分子网的过程,通常划分步骤如下:

(1) 确定网络地址,划出网络标识和主机标识。

例如,申请到的网络号为"202.195.a.b",该网络地址为 C 类 IP 地址,网络标识为"202.195",主机标识为"a.b"。

(2) 根据需求确定子网个数。

在确定子网个数时应当考虑将来的扩展情况。例如,现在需要 12 个子网,将来可能需要 16 个子网,则至少需要用第三个字节的前 4 位来确定子网掩码,而后 4 位仍然用于主机地址。所以将前 4 位全置为"1",后 4 位全置为"0",即第三个字节为"11110000"。

(3) 得出子网掩码。

对应于网络地址和子网地址的地址掩码位设置为"1",而对应于主机地址的地址掩码位设置为"0",则子网掩码的二进制形式为"iiiiiiii.iiiiiiii.iiii0000.00000000",即为"255.255.240.0"。

3. 端口号

按照 TCP/IP 模型的描述,应用层所有的应用进程(应用程序)都可以通过传输层再传送到 IP 层,传输层从 IP 层收到数据后必须交付给指明的应用进程,因此必须给应用层的每一个应用程序赋予一个非常明确的标志。由于在因特网上使用的计算机的操作系统种类很多,不同的系统会使用不同的进程标识符,因此无法采用计算机中的进程标识符来作为标志,必须采用统一的方法对 TCP/IP 通信的应用进程进行标志。为了标识通信实体中进行通信的进程,TCP/IP 提出了协议端口(protocol port,简称端口)的概念。

端口是一种抽象的软件结构(包括一些数据结构和 I/O 缓冲区)。应用程序通过系统调用与某端口绑定(binding)后,传输层传给该端口的数据都被相应的进程所接收,相应进程发给传输层的数据也通过该端口输出。类似于文件描述符,每个端口都拥有一个叫端口号的整数描述符,用来区别不同的端口。TCP/IP 协议使用一个 16 位的整数来标识一个端口,它的范围是 0~65535。由于 TCP 协议和 UDP 协议是两个完全独立的软件模块,因此各自的端口号也相互独立。如 TCP 有一个 255 号端口,UDP 也可以有一个 255 号端口,二者并不冲突。端口号的分配通常有以下两种方法:

(1) 全局分配。这是一种集中分配方式,由一个公认权威的机构根据用户需要进行统一分配,并将结果公布于众。

(2) 本地分配。本地分配又称动态连接,即进程需要访问传输层服务时,向本地操作系统提出申请,操作系统返回本地唯一的端口号,进程再通过合适的系统调用,将自己和端口连接起来。

4. 地址解析

地址解析(Address Resolution)就是将计算机中的协议地址翻译成物理地址(或称MAC 地址,即媒体映射地址)。地址解析技术可分为以下 3 种。

(1) 表查询(Table-Lookup):该方法适用于广域网,通过建立映射数组的方法解决。当需要进行地址解析时,由软件通过查询找到物理地址。

(2) 相近形式计算(Closed-Form Computation):该方法适用于可以自行配置的网络,IP地址和物理地址相互对应。通常分配给计算机的协议地址是根据其物理地址经过仔细挑选的,使得计算机的物理地址可以由它的协议地址经过基本的逻辑和算术运算计算出来。例如:

202.195.50.1→XXX1

202.195.50.2→XXX2

可通过这种算法得到物理地址：物理地址＝协议地址 & 0xFF。

(3) 信息交换(Message Exchange)：该方式适用于LAN，是基于分布式的处理方式，即主机发送一个解析请求，以广播的形式发出，并等待网络内各个主机的响应。

TCP/IP 协议包含了地址解析协议(Address Resolution Protocol，ARP)。ARP 标准定义了两种基本信息类型：请求与响应。当一台主机要求转换一个 IP 地址时，它广播一个含有该 IP 地址的 ARP 请求，如果该请求与一台机器的 IP 地址匹配，则该机器发出一个含有所需物理地址的响应。响应是直接发给广播该请求的机器的。

在使用 ARP 的计算机上都保留了一个高速缓存，用于存放最近获得的 IP 地址到物理地址的绑定，在发送分组时，计算机先到缓存中寻找所需的绑定，如果没有，则发出一个 ARP 请求。接收方在处理 ARP 分组之前，先更新它们缓存中发送方的 IP 地址到物理地址的绑定信息，再进行响应或抛弃。

5．域名系统

在 Internet 上，既可以使用主机名标识一台主机，也可以使用 IP 地址来标识。但是在 TCP/IP 中，点分十进制的 IP 地址记起来总是不如名字那么方便，人们更愿意使用便于记忆的主机名标识符，所以就采用了域名系统(Domain Name System，DNS)来管理名字和 IP 地址的对应关系。一个系统的全域名由主机名、域名和扩展名三部分组成，各部分间使用"."分隔，例如 www.sina.com.cn。在 TCP/IP 应用中，域名系统是一个分布的数据库，由它来提供 IP 地址和主机名之间的映射信息，可以通过在程序中调用标准库函数来编程实现域名与 IP 地址之间的相互转换，这一转换过程称为"域名解析"。通过从域名地址到 IP 地址的映射，使得在日常的网络应用中，可以使用域名这种便于记忆的地址表示形式。所有的网络应用程序理论上都应该具有内嵌的域名解析机制。

域名解析的流程由以下几步构成：

(1) 客户机提出域名解析请求，并将该请求发送给本地的域名服务器。

(2) 当本地的域名服务器收到请求后，就先查询本地的缓存，如果有该记录项，则本地的域名服务器就直接把查询的结果返回。

(3) 如果本地的缓存中没有该记录，则本地域名服务器就直接把请求发给根域名服务器，然后根域名服务器再返回给本地域名服务器一个所查询域(根的子域)的主域名服务器地址。

(4) 本地服务器再向上一步返回的域名服务器发送请求，然后接收请求的服务器查询自己的缓存，如果没有该记录，则返回相关的下级域名服务器的地址。

(5) 重复第(4)步，直到找到正确的记录。

(6) 本地域名服务器把返回的结果保存到缓存，以备下一次使用，同时还将结果返回给客户机。

6．数据封装与解封装

当主机通过网络向其他设备传输数据时，首先要对数据进行打包，这一打包的过程就称为数据封装。在 TCP/IP 模型中，为了实现通信并变换信息，每一层都有各自的协议数据单元(Protocol Data Units，PDU)，通过封装使每个 PDU 附加到数据上。每个 PDU 都有其特定的名称，例如链路层——数据帧，网络层——数据包，传输层——数据段。这种 PDU 信息只能由接收方设备中的对等层读取，在读取之后，报头就被剥离，然后把数据交给上一层。

解封装则是数据封装的逆过程,当目的主机收到一个以太网数据帧时,数据就开始从协议栈中由底向上升,同时去掉各层协议加上的报文首部。每层协议都要去检查报文首部中的协议标识,以确定接收数据的上层协议。这个过程称为解封装。

8.2.2 .NET 网络编程基础

8.2.2.1 .NET 中的网络组件

C♯和 C++的差异之一,就是它本身没有类库,C♯所使用的类库是.NET 框架中的类.NET Framework SDK。因此了解并掌握.NET 框架为网络编程提供的类库是学习 C♯网络编程的前提。.NET 框架为网络开发提供了两个顶层命名空间:System.NET 和 System.Web,同时它们又包含多个子命名空间,C♯就是通过这些命名空间中封装的类和方法实现网络通信编程、Web 应用编程以及 Web Service 编程的。

上述的命名空间中,System.NET、System.NET.Sockets、System.Web 是 3 个比较常用的,它们包含一些重要的网络组件。下面分别介绍它们所包含的主要类及其功能。

System.NET 命名空间的主要类组成及功能概述如表 8-3 所示。

表 8-3 System.NET 命名空间的主要类组成及功能

类 名	功 能 概 述
DNS	提供简单域名解析功能
DnsPermission	控制对网络 DNS 服务器的访问
EndPoint	用于标识网络地址
FileWebRequest	为 WebRequest 类提供一个文件系统实现
FileWebResponse	为 WebResponse 类提供一个文件系统实现
HttpVersion	定义了由 HttpWebRequest 和 HttpWebResponse 类支持的 HTTP 版本号
HttpWebRequest	为 WebRequest 类提供特定于 HTTP 的实现
HttpWebReponse	为 WebResponse 类提供特定于 HTTP 的实现
IPAddress	提供了 IP 地址
IPEndPoint	以 IP 地址和端口号的形式代表一个网络终端
IPHostEntry	为 Internet 主机地址信息提供了容器类
ProtocolViolationException	当使用网络协议时出现错误,则将抛出由该类所代表的异常
SocketAddress	代表一个套接字地址
SocketPermission	控制在传输地址上生成或接收连接的权限
SocketPermissionAttribute	允许将 SocketPermission 的安全动作施用于使用声明安全性的代码
WebClient	为客户与 Internet 资源间的数据发送和接收提供了通用方法
WebException	当通过可插入协议访问网络时出现错误,则将抛出由该类代表的异常
WebProxy	包含 WebRequest 类的 HTTP 代理
WebRequest	代表一个到 URI 的请求
WebResponse	代表来自 URI 的响应

System.NET.Sockets 命名空间的主要类组成及功能概述如表 8-4 所示。

表 8-4　System.NET.Sockets 命名空间的主要类组成及功能

类　名	功　能　概　述
LingerOption	包含套接字延迟时间的信息，即当数据仍在发送时，套接字应在关闭后保持的时间
MulticastOption	包含了 IP 多点传送数据包的选项值
NetworkStream	为网络访问提供了基础数据流
Socket	实现了 Berkeley 套接字接口
SocketException	当出现套接字错误时，将抛出由该类所代表的异常
TCPClient	为 TCP 网络服务提供了客户连接
TCPListener	用于监听 TCP 客户连接
UDPClient	用于提供 UDP 网络服务

System.Web 命名空间的主要类组成及功能概述如表 8-5 所示。

表 8-5　System.Web 命名空间的主要类组成及功能

类　名	功　能　概　述
HttpApplication	定义了 ASP.NET 应用程序中所有应用程序对象的通用方法、属性和事件
HttpApplicationState	允许 ASP.NET 应用程序中的多个会话和请求共享全局信息
HttpBrowserCapabilities	允许服务器收集客户端浏览器的性能信息
HttpContext	封装了所有关于 HTTP 请求的特定信息
HttpException	提供了生成 HTTP 异常的手段
HttpFileCollection	为由用户上传的文件提供访问和组织手段
HttpParseException	为生成 HTTP 解析异常提供了手段
HttpPostedFile	提供了访问由客户上传的文件的方式
HttpRequest	允许 ASP.NET 读取在 Web 请求中由客户发送的 HTTP 值
HttpResponse	封装了来自一个 ASP.NET 操作的 HTTP 响应信息
HttpUtility	为处理 Web 请求时的 URL 编码和解码提供了方法
ProcessInfo	提供了当前运行的进程信息

8.2.2.2　网络编程中的常用类

1. IP 地址类

与 IP 地址相关的类有 IPAddress 类、IPHostEntry 类、IPEndPoint 类等。IPAddress 类是一个描述 IP 地址的类，主要用来存储 IP 地址。IPAddress 类的属性和方法如表 8-6 所示。

表 8-6　IPAddress 类属性和方法

属性、方法名	说　　明
Any	只读属性，提供一个 IP 地址，标识服务器应该监听所有网络接口上的客户活动
Broadcast	只读属性，提供 IP 广播地址，等价于 255.255.255.255
Loopback	只读属性，提供 IP 回送地址，等价于 127.0.0.1
None	只读属性，提供一个 IP 地址，标识不应使用网络接口
Address	获取或设置一个 IP 地址
AddressFamily	指定 IP 地址的地址族

续表

属性、方法名	说明
Equals()	比较两个 IP 地址
GetHashCode()	获取 IP 地址哈希值
HostToNetworkOrder()	将主机字节顺序值转换为网络字节顺序值
Parse()	将 IP 地址字符串转换为 IP 地址实例

IPHostEntry 类是为 Internet 主机地址信息提供容器的类,它将 DNS 主机名与一个别名数组和匹配的 IP 地址数组相关。通常 PHostEntry 类作为 DNS 类的辅助类使用。该类有如下几个属性。

(1) Aliases 属性:获取或设置与主机相关的别名清单。

(2) AddressList 属性:获取或设置与主机相关的 IP 地址。其值为 IPAddress 类型的数组,其中包含的 IP 地址用于解析 Aliases 属性中的主机名。

(3) HostName 属性:获取或设置主机的 DNS 名。包含服务器的基础主机名,如果服务器的 DNS 项定义了附加别名,则可通过 Aliases 属性使用它们。

IPEndPoint 类以 IP 地址和端口号的形式代表一个网络终端。该类中包含应用程序连接到主机服务时需要的主机和端口信息,通过组合主机的 IP 地址和端口号构成服务的一个连接点。IPEndPoint 类的属性和方法如表 8-7 所示。

表 8-7　IPEndPoint 类属性和方法

属性、方法名	说明
Address	获取或设置 EndPoint 的 IP 地址
AddressFamily	获取 IP 地址族
Port	获取或设置 EndPoint 的 TCP 端口号
MaxPort	用于指定可被赋予 Port 属性的最大值
MinPort	用于指定可被赋予 Port 属性的最小值
Create()	调用 Create() 方法,以根据套接字地址创建 EndPoint
Serialize()	调用 Serialize() 方法,将 EndPoint 信息序列化到一个 SocketAddress 实例中

2. 域名解析类

DNS 类是一个静态类,它提供了有关域名解析的操作。它将从网络主机域名系统中获取 IP 地址和主机名、WWW 域名的对应关系。它返回一个 IPHostEntry 对象以保存结果。如果返回值是多个信息,IPHostEntry 将返回主机的多个地址和别名。DNS 类的方法如表 8-8 所示。

表 8-8　DNS 类方法

属性、方法名	说明
BeginGetHostByName()	开始由主机名获得 IPHostEntry 信息,异步操作
BeginGetHostEntry()	开始由 IP 地址或主机名获得 IPHostEntry 信息,异步操作
BeginResolve()	开始请求域名解析,由 WWW 名获得 IPHostEntry 信息,异步操作
EndGetHostByName()	终止对 DNS 信息的异步请求(与 BeginGetHostByName() 对应)
EndGetHostEntry()	终止对 DNS 信息的异步请求(与 BeginGetHostEntry() 对应)

续表

属性、方法名	说明
EndResolve( )	终止对 DNS 信息解析的异步请求
GetHostByAddress( )	根据指定 IP 地址创建一个 IPHostEntry 实例
GetHostByName( )	根据主机名获取一个 IPHostEntry 实例
GetHostEntry( )	根据 IP 地址或主机名获取一个 IPHostEntry 实例
GetHostName( )	获取本地计算机的主机名
Resolve( )	将 DNS 主机名或 IP 字符串转换为 IPHostEntry 实例

DNSPermission 类控制对网络 DNS 服务器的访问。默认情况下，所有本地和 Internet 域中的应用程序都能访问 DNS 服务，并且对 Internet 应用程序无 DNS 许可。DNSPermission 类的方法如表 8-9 所示。

表 8-9　DNSPermission 类方法

属性、方法名	说明
Copy( )	创建当前实例的复制
FromXml( )	根据 XML 编码重构 DNSPermission 实例
Intersect( )	创建当前 DNSPermission 实例与指定 DNSPermission 实例的交集
IsSubsetOf( )	确定当前 DNSPermission 实例是否为指定 DNSPermission 实例的子集
IsUnrestricted( )	检查对象的许可状态
ToXml( )	使用当前的 DNSPermission 实例及其状态创建 XML 编码
Union( )	创建当前 DNSPermission 实例与指定 DNSPermission 实例的并集

3. 类使用实例

以上介绍的 IP 地址类和域名解析类是网络编程中常用的基础类。下面用一个获取主机名和 IP 地址的实例来说明上述类的使用方法。获取主机名和 IP 地址程序实例如下：

```csharp
using System;
using System.Collections.Generic;
using System.Text;
using System.Net;
namespace IPDnsTest
{
    class Program
    {
        static void Main(string[] args)
        {
            string strHostName;
            //获取本地计算机名称
            strHostName = Dns.GetHostName();
            Console.WriteLine("本地计算机名："+ strHostName);
            //由本地计算机名称获取本机 IP 地址
            IPHostEntry ipEntry = Dns.GetHostEntry(strHostName);
            IPAddress[] addr = ipEntry.AddressList;
            //显示本机 IP 地址
            for (int i = 0; i < addr.Length; i++)
```

```
            {
                Console.WriteLine("IP 地址[{0}]:{1}",i,addr[i].ToString());
                Console.WriteLine("地址类型[{0}]:{1}",i,addr[i].AddressFamily.ToString());
            }
            Console.ReadKey();
        }
    }
}
```

8.2.3 Socket 类

套接字(Socket)的概念首先是由 BSD UNIX 提出的。当时在 UNIX 编程中,引入了文件描述符(file descriptor)的概念。一个文件描述符提供了到一个文件对象的编程接口。因为 UNIX 操作系统中几乎所有的对象都定义成文件,文件描述符可以被用来在 UNIX 系统中收发数据,这些数据可以包含很多对象。因为不需要考虑所操作的文件(或设备)的类型,因此在 UNIX 中,用一个套接字表示一个网络文件描述符,编程就显得简便得多。在此基础上加利福尼亚大学 Berkeley 学院为 UNIX 开发了网络通信编程接口。但是最初它只能运行在 UNIX 操作系统,不支持 DOS 和 Windows 操作系统。随着 Windows 操作系统的日益推广,20 世纪 90 年代初,微软和第三方厂商共同制定了一套标准,即 Windows Sockets 规范,简称 WinSock。

Windows 操作系统的很多特点是从 UNIX 操作系统中借鉴而来的,网络编程也是如此。Windows Sockets 以 UNIX 中流行的 Socket 接口为范例定义了一套 Microsoft Windows 网络编程接口。Windows Sockets 规范旨在提供给应用程序开发人员一套简单的 API,并让各家网络软件供应商共同遵守。此外在特定版本 Windows 的基础上,也定义了一个二进制接口(ABI),以此来保证应用 Windows Sockets API 的应用程序能够在任何网络软件供应商的符合 Windows Sockets 协议的实现上工作。因此这份规范定义了应用程序开发人员能够使用,并且网络软件供应商能够实现的一套库函数调用和相关语义。Windows Sockets 是从 Berkeley Sockets 扩展而来的,以动态链接库的形式提供给编程人员使用。在继承了 Berkeley Sockets 主要特征的基础上,主要扩充了一些异步函数,并增加了符合 Windows 消息驱动特性的网络事件异步选择机制。Windows Sockets 1.1 和 Berkeley Sockets 都是基于 TCP/IP 协议的;Windows Sockets 2 从 Windows Sockets 1.1 发展而来,与协议无关并向下兼容,可以使用任何底层传输协议提供的通信能力,来为上层应用程序完成网络数据通信,而不用关心底层网络链路通信的情况,真正实现了底层网络通信对应用程序的透明。

Windows Sockets 规范定义并记录了如何使用 API 与 Internet 协议族(IPS,通常是指 TCP/IP)连接,尤其要指出的是,所有的 Windows Sockets 实现都支持流套接口和数据报套接接口,应用程序调用 Windows Sockets 的 API 实现相互之间的通信。Windows Sockets 又利用下层的网络通信协议功能和操作系统调用实现实际的通信工作。

套接字是通信的基石,是支持 TCP/IP 协议的网络通信的基本操作单元。可以将套接字看作不同主机间的进程进行双向通信的端点,它构成了单个主机内及整个网络间的编程界面。套接字存在于通信域中,通信域是为了处理一般的线程通过套接字通信而引进的一种抽象概念。套接字通常和同一个域中的套接字交换数据（数据交换也可能穿越域的界限，但这时一定要执行某种解释程序）。各种进程使用这个相同的域互相之间通过 Internet 协议族来进行通信。Windows Sockets 只支持一个通信域——网际域（AF-INET），这个域被使用网际协议族通信的进程所使用。

套接字可以根据通信性质分类，这种性质对于用户是可见的。应用程序一般仅在同一类的套接字间进行通信。不过只要底层的通信协议允许，不同类型的套接字间也照样可以通信。套接字有两种不同的类型：流套接字和数据报套接字。

TCP/IP 的 Socket 则提供 3 种类型的套接字。

1）流式套接字（SOCK STREAM）

提供面向连接、可靠的数据传输服务，数据无差错、无重复的发送，且按发送顺序接收。内设流量控制，避免数据流超限；数据被看作是字节流，无长度限制。文件传输协议（FTP）使用流式套接字。

2）数据报式套接字（SOCK DGRAM）

提供无连接服务，数据包以独立包形式发送，不提供无差错保证，数据可能丢失或重复，并且接收顺序混乱。网络文件系统（NFS）使用数据报式套接字。

3）原始套接字（SOCK RAW）

该接口允许对较低层协议，如 IP、ICMP 直接访问。常用于检验新的协议实现或访问现有服务中配置的新设备。

1. 套接字编程原理

1）C/S 编程模式

在 TCP/IP 网络中软硬件资源、运算能力和信息通常都是不均等的，为了能够对这些资源进行共享，需要一种机制在希望通信的进程间建立联系，为二者的数据交换提供服务，这种机制即为通信进程间的作用模式。通常，通信的两个进程间相互作用的主要模式是客户机/服务器模式（Client/Server）。在一个具有多台计算机的网络中，那些在其上运行的应用程序是为了请求另一台计算机上的服务（如访问数据库）的计算机称为客户端（Client），而处理这些服务请求（例如对数据库进行检索，将结果返回）的计算机称为服务器（Server）。客户机/服务器模式就是客户机向服务器提出请求，服务器接收到请求后，提供相应服务的一种作用模式。

客户机/服务器模式工作时要求有一套为客户机和服务器所公认的协议来保证服务能被提供（或接受）。根据不同的情况，协议可以是非对称的，也可以是对称的。在对称协议中，每一方都有可能扮演主从角色；在非对称协议中，一方被不可改变地认为是主机；另一方则是从机。

服务器软件既包括遵循 OSI 或其他网络结构的网络软件，又包括由该服务器提供给网络上的应用程序或服务软件。在服务器上执行的计算通常被称为后端处理。服务器端程序通常在一个众所周知的地址监听对服务的请求。也就是说，服务进程一直处于休眠状态，直到一个客户对这个服务的地址提出了连接请求。在这个时刻，服务程序被"唤醒"并且为客户提供服务。因此服务器方一般都是先启动的。服务器端程序执行步骤如下：

（1）打开一个通信通道并告知本地主机，它愿意在某一地址和端口上接收客户请求。

（2）等待客户请求到达该端口。

(3) 接收到重复服务请求,处理该请求并发送应答信号。接收到并发服务请求,激活一个新的进程(或线程)来处理这个客户请求。新进程(或线程)处理此客户请求,并不需要对其他请求作出应答。服务完成后,关闭此新进程与客户的通信链路,并终止。

(4) 返回第二步,等待另一客户请求。

(5) 关闭服务器。

与服务器端相对应,客户机执行的计算通常被称为前端处理。客户机端软件一般由网络接口软件、支持用户需求的应用程序以及实现某些网络功能的实用程序(如电子邮件等)组成。应用程序软件执行具体的任务,如字处理、电子表格和数据库查询等。实用程序软件通常执行几乎所有网络用户都要求的标准任务。网络接口软件提供各种数据传输服务,其执行步骤如下:

(1) 打开一个通信通道,并连接到服务器所在主机的特定端口。

(2) 向服务器发服务请求报文,等待并接收应答;继续提出请求。

(3) 请求结束后关闭通信通道并终止。

2) Socket 编程的通信方式

在利用 Socket 进行编程时先要了解以下几个概念:同步(Synchronous)、异步(Asynchronous)、阻塞(Block)和非阻塞(Unblock)。其中,同步、异步是属于通信模式的概念,而阻塞、非阻塞则属于套接字模式的概念。

通信的同步指客户机端在发送请求后,必须在服务器端有回应后才能发送下一个请求。所以这个时候的所有请求将会在服务器端得到同步。

通信的异步指客户机端在发送请求后,不必等待服务器端的回应就可以发送下一个请求,这样对于所有的请求动作来说将会在服务器端得到异步,这条请求的链路就像是一个请求队列,所有的动作在这里不会得到同步。

阻塞套接字是指执行此套接字的网络调用时,所调用的函数只有在得到结果之后才会返回,在调用结果返回之前,当前线程会被挂起,即此套接字一直阻塞在网络调用上。比如,调用 StreamReader 类的 ReadLine() 方法读取网络缓冲区的数据,如果调用的时候没有数据到达,那么此 ReadLine() 方法将一直挂在调用上,直到读到一些数据,此函数才返回。

非阻塞和阻塞的概念相对应,非阻塞套接字是指在执行此套接字的网络调用时,即使不能立刻得到结果,该函数也不会阻塞当前线程,而会立刻返回。对于非阻塞套接字,同样调用 StreamReader 类的 ReadLine() 方法读取网络缓冲区的数据,不管是否读到数据都立即返回,而不会一直挂在此函数调用上。

对象是否处于阻塞模式和函数是不是阻塞调用有很强的相关性,但是并不是一一对应的。阻塞对象上可以有非阻塞的调用方式,可以通过一定的 API 去轮询状态,在适当的时候调用阻塞函数,就可以避免阻塞。而对于非阻塞对象,调用特殊的函数也可以进入阻塞调用。函数 select 就是这样的一个例子。

在 Windows 网络通信软件开发中,最常用的方法就是异步非阻塞套接字。客户端/服务器结构的软件采用的方式就是异步非阻塞模式。在利用 C# 进行网络编程时,由于 .NET Framework SDK 对阻塞和非阻塞的工作机制进行了封装,因此不需要深入了解同步、异步、阻塞、非阻塞的原理。

3）套接字工作原理

套接字可以像 Stream 流一样被视为一个数据通道，这个通道架设在客户端应用程序和服务器端程序之间，数据的读取（接收）和写入（发送）均针对这个通道来进行。因此要通过网络进行通信，就至少需要一对套接字，其中一个运行于客户端，称为客户端套接字（ClientSocket），另一个运行于服务器端，称为服务器端套接字（ServerSocket）。当创建了这两个套接字对象之后，将这两个套接字连接起来就可以实现数据传送了。

根据连接启动的方式以及本地套接字要连接的目标，套接字之间的连接过程可以分为 3 个步骤：服务器监听、客户端请求和连接确认。

（1）服务器监听

服务器监听时服务器端套接字并不定位具体的客户端套接字，而是处于等待连接的状态，实时监控网络状态。

（2）客户端请求

客户端请求是指由客户端的套接字发出连接请求，要连接的目标是服务器端的套接字。为此，客户端的套接字必须首先描述它要连接的服务器的套接字，指出服务器端套接字的地址和端口号，然后再向服务器端套接字提出连接请求。

（3）连接确认

连接确认是指当服务器端套接字监听到（或接收到）客户端套接字的连接请求时，它就响应客户端套接字的请求，建立一个新的线程，把服务器端套接字的描述发给客户端，一旦客户端确认了此描述，连接就建立好了。而服务器端套接字继续处于监听状态，继续接收其他客户端套接字的连接请求。

4）.NET 中的 Socket 类

针对 Socket 编程，.NET 框架的 System.NET.Sockets 命名空间为需要严密控制网络访问的开发人员提供了 WinSock 接口的托管实现。其中，Socket 类是 WinSock32 API 提供的套接字服务的托管代码版本，为实现网络编程提供了大量的方法。在大多数情况下，Socket 类方法只是将数据封送到它们的本机 Win32 副本中并处理任何必要的安全检查。

Socket 类用于实现 Berkeley 套接字接口。Socket 类的构造函数原型如下：

```
public Socket(
    AddressFamily addressFamily,
    SocketType socketType,
    ProtocolType protocolType
);
```

构造函数使用 3 个参数来定义创建的 Socket 实例。AddressFamily 用来指定网络类型；SocketType 用来指定套接字类型（即数据连接方式）；ProtocolType 用来指定网络协议。3 个参数均是在命名空间 System.NET.Sockets 中定义的枚举类型。但它们并不能任意组合，不当的组合反而会导致无效套接字。例如，对于常规的 IP 通信网络，AddressFamily 只能使用 AddressFamily.InterNetwork，此时可用的 SocketType、ProtocolType 组合如表 8-10 所示。

表 8-10　IP 套接字定义组合

SocketType 值	ProtocolType 值	描述
Stream	rcp	面向连接套接字
Dgram	Udp	无连接套接字
Raw	Icmp	网际消息控制协议套接字
Raw	Raw	基础传输协议套接字

当定义了一个套接字之后,可以使用 Socket 类提供的一些公共属性来获取创建的套接字的信息。Socket 类的公共属性如表 8-11 所示。

表 8-11　Socket 类的公共属性

属性名	描述
AddressFamily	获取 Socket 的地址族
Available	获取已经从网络接收且可供读取的数据量
Blocking	获取或设置一个值,该值指示 Socket 是否处于阻塞模式
Connected	获取一个值,该值指示 Socket 是否已连接到远程主机
Handle	获取 Socket 的操作系统句柄
LocalEndPoint	获取本地终结点 EndPoint
RemoteEndPoint	获取远程终结点 EndPoint
ProtocolType	获取 Socket 的协议类型
SocketType	获取 Socket 的类型

2. Socket 类的常用方法

1) Bind(EndPoint address)

在服务器端,当一个套接字被创建后,需要将它绑定到系统的一个特定地址。可以使用 Bind() 方法来完成,其参数为一个 IPEndPoint 实例(包含 IP 地址和端口信息)。

2) Listen(int con_num)

服务器端的套接字完成了与地址的绑定后,就使用 Listen() 方法监听客户发送的连接请求。其参数 con_num 为一整型值,该值表示服务器可以接受的最大连接数目。超过这个数目的连接都会被拒绝。con_num 数值的设定会影响到服务器的运行,因为每个接受的连接都要使用 TCP 缓冲区,如果连接的数目过大,收发数据的缓存将减少。

3) Accept()

在服务器进入监听状态时,如有从客户端发来的连接请求,服务器将使用 Accept() 方法来接受连接请求。Accept() 返回一个新的套接字,该套接字包含所建立的连接的信息并负责处理本连接的所有通信。而服务器刚开始创建的套接字仍然负责监听,并在需要时调用 Accept() 接受新的连接请求。

4) Send()

当服务器接受来自客户端的连接请求后,服务器和客户端双方就可以利用 Send() 方法来发送数据。

5) Receive()

当服务器接受来自客户端的连接请求后,服务器和客户端双方就可以利用 Receive() 方法来接收数据。

6) Connect(EndPoint remoteEP)

同服务器端一样,客户端的套接字建立后也必须与一个地址绑定。在客户端使用 Connect()方法实现绑定,remoteEP 参数为所要连接的服务器端的 IPEndPoint 实例。调用 Connect()方法后,它将一直阻塞到连接建立,如果连接不成功,将返回一个异常。

7) Shutdown(SocketShutdown how)

当客户端和服务器端的通信结束时,必须关闭相应的套接字实例。可以使用 Shutdown()方法来禁止该套接字上的发送和接收,Shutdown()方法有一个枚举类型的参数,例如,SocketShutdown.Send 表示禁用发送套接字,SocketShutdown.Receive 表示禁用接收套接字,SocketShutdown.Both 表示禁用发送和接收的套接字。

8) Close()

禁止套接字上的发送和接收之后,使用 Close()方法关闭套接字连接并释放所有相关资源。这样套接字会在系统内部缓冲区处理完毕后关闭套接字并释放资源。

下面用一个简单的实例来说明创建套接字以及获取该套接字属性的使用方法。

```
using System;
using System.Collections.Generic;
using System.Text;
using System.Net;
using System.Net.Sockets;
namespace TestSocket
{
    class Program
    {
        static void Main(string[] args)
        {
            //创建 IPEndPoint 实例.
            IPAddress ipa = IPAddress.Parse("127.0.0.1");
            IPEndPoint ipep = new IPEndPoint(ipa,8080);
            //创建 Socket 实例
            Socket test_socket =
        new Socket(AddressFamily.InterNetwork, SocketType.Stream,ProtocolType.Tcp);
            Console.WriteLine("AddressFamily: {0} ",test_socket.AddressFamily);
            Console.WriteLine("SocketType: {0} ",test_socket.SocketType);
            Console.WriteLine("ProtocolType: {0} ",test_socket.ProtocolType);
            Console.WriteLine("Blocking: {0} ",test_socket.Blocking);
            //修改 Socket 实例的属性
            test_socket.Blocking = false;
            Console.WriteLine("new Blocking: {0} ",test_socket.Blocking);
            Console.WriteLine("Connected: {0}",test_socket.Connected);
            //调用 Bind()方法,使 Socket 与一个本地终结点相关联
            test_socket.BindOpep);
            IPEndPoint sock_iep = (IPEndPoint)test_socket.LocalEndPoint;
            Console.WriteLine("Local EndPoint: {0}",sockjep.ToString();
            //关闭 Socket
            test_socket.Close();
            Console.ReadKey();
        }
    }
}
```

8.2.4　TcpClient 类和 TcpListener 类

为了简化编程，.NET 提供面向 TCP 编程的相关类，主要包括 TcpClient 和 TcpListener。这些类比位于底层的 Socket 类提供了更高层次的抽象，它们封装 TCP 套接字的创建，不需要处理连接的细节。这样，在编写面向 TCP 的网络应用程序时便可以优先尝试使用 TcpClient 和 TCPListener，而不是直接使用 Socket。

1. TcpClient 类

TcpClient 类为 TCP 网络服务提供客户端连接，它构建于 Socket 类之上，以提供较高级别的 TCP 服务，即提供了通过网络连接、发送和接收数据的简单方法。用于在同步阻止模式下通过网络来连接、发送和接收流数据。另外，通过与 NetworkStream 对象的关联，使得用户可以通过流操作方式实现对网络连接状态下数据的发送和接收。

1) 创建 TcpClient 实例

TcpClient 类有 4 种构造函数的重载形式，分别对应 4 种创建实例的方法。

(1) TcpClient()：这种不带任何参数的构造函数将使用本机默认的 IP 地址并将使用默认的通信端口号 0。当然，如果本机不止一个 IP 地址时将无法选择使用。

(2) TcpClient(AddressFamily)：使用指定的地址族初始化 TcpClient 类的新实例。

(3) TcpClient (IPEndPoint)：使用本机 IPEndPoint 创建 TcpClient 的实例。其中，IPEndPoint 将网络端点表示为 IP 地址和端口号，用于指定在建立远程主机连接时所使用的本地网络接口 IP 地址和端口号。

(4) TcpClient (String, Int32)：初始化 TcpClient 类的新实例并连接到指定主机上的指定端口。因此，在 TcpClient 的构造函数中，如果没有指定远程主机名和端口号，它只是用来实例化 TcpClient，同时实现与本地 IP 地址和 Port 端口的绑定。

2) 与远程主机建立连接

如果在 TcpClient 的实例化过程中没有实现与远程主机的连接，则可以通过 Connect 方法来实现与指定远程主机的连接。Connect 方法使用指定的主机名和端口号将客户端连接到远程主机，其使用方法如下。

(1) Connect (IPEndPoint)：使用指定的远程网络终结点将客户端连接到远程 TCP 主机。

(2) Connect (IPAddress)：使用指定的 IP 地址和端口号将客户端连接到远程 TCP 主机。

(3) Connect(IPAddress[], Int32)：使用指定的 IP 地址和端口号将客户端连接到远程 TCP 主机。

(4) Connect(String, Int32)：使用指定的主机名和端口号将客户端连接到指定主机上的指定端口。

如下代码段描述了 TcpClient 实例的创建以及与指定远程主机的连接过程：

```
m_client = new TcpClient();
m_client.Connect(m_servername, m_port);
```

3) 利用 NetworkStream 实例发送和接收数据

TcpClient 类创建在 Socket 之上,提供了更高层次的 TCP 服务抽象,特别是在网络数据的发送和接收方面,TcpClient 使用标准的 Stream 流处理技术,通过使用 NetworkStream 实例的读写操作来实现网络数据的接收和发送,因此更加方便直观。但 NetworkStream 与普通流 Stream 有所不同,NetworkStream 没有当前位置概念,不支持查找和对数据流的随机访问。

该方法首先通过 TcpClient.GetStream 来返回 NetworkStream 实例,进而利用所获取的 NetworkStream 实例的读写方法 Write 和 Read 来发送和接收数据,其实现代码如下:

```
rs = new StreamReader(m_client.GetStream());   //获取接收数据的网络流实例
ws = m_client.GetStream();                      //获取发送数据的网络流实例
m_returnData = rs.ReadLine();                   //接收网络数据
Console.WriteLine(m__returnData);
ws.Write(data,0,data.Length);                   //向网络发送数据
```

4) 关闭 TCP 套接字

在与服务器完成通信后,应该调用 Close()方法释放所有的资源。

```
m_client.Close();
```

2. TcpListener 类

TcpClient 类实现了客户端编程抽象,因此构建客户端网络应用程序便可以直接使用 TcpClient 取代 Socket,更加方便易用。同样,对于服务器端应用程序的构建,C♯提供了 TcpListener 类。该类也是构建于 Socket 之上,提供了更高抽象级别的 TCP 服务,使得程序员能更方便地编写服务器端应用程序。

通常情况下,服务器端应用程序在启动时将首先绑定本地网络接口的 IP 地址和端口号,然后进入侦听客户请求的状态,以便客户端应用程序提出显式请求。一旦侦听到有客户端应用程序请求连接侦听端口,服务器端应用程序将接受请求,并建立一个负责与客户端应用程序通信的信道,即通过创建连接套接字与客户端应用程序建立连接,由连接套接字完成与客户端应用程序的数据传送操作,服务器端应用程序继续侦听更多的客户端连接请求。TcpListener 通过实例创建过程完成与本地网络接口的绑定,并由所创建的实例调用 Start 方法启动侦听;当侦听到客户端应用程序的连接请求后,根据客户端应用程序的不同请求方式,可以通过 AcceptTcpClient 方法接收传入的连接请求并创建 TcpClient 实例以处理请求,或者通过 AcceptSocket 方法接收传入的连接请求并创建 Socket 实例以处理请求,并由所创建的 TcpClient 实例或 Socket 实例完成与客户端应用程序的网络数据传输。最后,需要使用 Stop 关闭用于侦听传入连接的 Socket,同时也必须关闭从 AcceptSocket 或 AcceptTcpClient 返回的任何实例,以释放相关资源。

1) 创建 TcpListener 实例

TcpListener 类提供了 3 种构造函数的重载形式来创建 TcpListener 实例。

(1) TcpListener(port)//指定本机端口。

(2) public TcpListener(IPEndPoint)//指定本机终结点。

(3) public TcpListener(IPAddress,port)//指定本机 IP 地址及端口。

分别根据指定的侦听端口、IPEndPoint 对象(包含 IP 地址和端口号)、IPAddress 对象

和端口号来创建 TcpListener 实例，并且实现与默认端口或指定地址和端口的绑定，代码如下：

```
m_host = IPAddress.Parse(m_serverIP);
m_Listener = new TcpListener(m_host, m_port);
```

2）侦听

创建 TcpListener 实例后，便可以调用 Start 方法启动侦听，即该方法将调用 TcpListener 实例的基础 Socket 上的 Listen 方法，开始侦听客户的连接请求，代码如下：

```
m_Listener.Start();
```

3）接收连接请求

当侦听到有客户连接请求时，可以使用 AcceptSocket 或 AcceptTcpClient 接收任何当前在队列中挂起的连接请求。这两种方法分别返回一个 Socket 或 TcpClient 实例以接收客户的连接请求，代码如下：

```
TcpClient mclient = mListener.AcceptTcpClient();
```

通过返回的 Socket 或 TcpClient 实例实现与提出连接请求的客户的单独网络数据传输。

4）收发数据

如果接收连接请求时返回的是 Socket 实例，则可以用 Send 和 Receive 方法实现与客户的通信。如果返回的是 TcpClient 实例，则可以通过对 NetworkStream 的读写来实现与客户的数据通信。由于服务器可以同时与多个客户建立连接并进行数据通信，因此往往会引入多线程技术，为每个客户的连接建立一个线程，在该线程中实现与客户的数据通信，代码如下：

```
//为每个客户连接创建并启动一个线程
TcpClient m_client = m_Listener.AcceptTcpClient();
ClientHandle mhandle = new ClientHandle();
m_handle.ClientSocket = m_client;
Thread m_clientthread = new Thread(new ThreadStart(m_handle.ResponseClient));
m_clientthread.Start();
```

线程处理代码如下：

```
public void ResponseClient()
{
    if (m_clientsocket1 2null)
    {
        StreamReader rs = new StreamReader(m_clientsocket.GetStream());
        NetworkStream ws = m_clientsocket.GetStream();
        while (true)
        {
            //接收信息
            m_retumData = rs.ReadLine();
            //回送信息
            ws.Write(data,0,data.Length);
        }
```

```
            m_clientsocket.Close( );
    }
}
```

5）关闭连接

与客户程序通信完成之后，最后一步是停止侦听套接字，此时可以调用 TcpListener 的 Stop 方法来实现。

8.2.5　UdpClient 类

在 .NET 中，基于 UDP 的网络程序设计可以通过以下 4 种方法来实现：Winsock API、Winsock 非托管 API、Socket 类和 UdpClient 类。

前面两种都是直接利用操作系统或第三方提供的网络编程 API 实现，这要求编程人员必须对网络编程的底层知识有较好的了解。而 Socket 类实质上是 Winsock API 的一个包装器，使用 Socket 类进行网络程序设计与直接使用 Winsock API 类似。UdpClient 类是基于 Socket 类的较高级别抽象，提供了较高级别的 UDP 服务，较前面 3 种方法具有直观易用等优势。因此，在 .NET 环境中基于 UDP 的网络程序设计可以直接使用 UdpClient 类。

与 TcpClient 和 TcpListener 类似，UdpClient 也是构建于 Socket 类之上，提供了更高层次的 UDP 服务抽象，用于在阻止同步模式下发送和接收无连接 UDP 数据报，使用简单直观。

基于 UdpClient 的网络应用编程首先需要创建一个 UdpClient 类实例，接着通过调用其 Connect 方法连接到远程主机。当然，这两步也可以直接由指定远程主机名和端口号的 UdpClient 类构造函数完成。然后便可以利用 Send 和 Receive 方法来发送和接收数据。最后调用 Close 方法关闭 UDP 连接，并释放相关资源。

1. 创建 UdpClient 实例

UdpClient 提供了几种构造函数的重载方式来创建 UdpClient 实例，根据传入参数的不同完成不同的创建形式，如下所述。

（1）UdpClient()：以默认方式初始化 UdpClient 的新实例，IP 地址和端口号皆由系统自动指定。

（2）UdpClient(AddressFamily)：以指定的地址族初始化 UdpClient 的新实例。

（3）UdpClient(Int32)：以指定的端口号初始化 UdpClient 的新实例。

（4）UdpClient(IPEndPoint)：以指定的本地终结点初始化 UdpClient 类的新实例。

（5）UdpClient(Int32,AddressFamily)：以指定的端口号和地址族初始化 UdpClient 的新实例。

（6）UdpClient(String,Int32)：以指定的远程主机名和端口号初始化 UdpCJient 的新实例，并建立默认远程主机。其中，UdpClient(String,Int32)重载形式在完成 UdpClient 实例初始化的同时也完成了远程主机连接信息的指定。

2. 指定连接信息

因为 UDP 是无连接传输协议，所以不需要在发送和接收数据前建立远程主机连接。但可以选择使用下面两种方法之一来指定默认远程主机：

（1）使用远程主机名和端口号作为参数创建 UdpClient 类的实例。

(2) 创建 UdpClient 类的实例,然后调用 Connect 方法。

如果在创建 UdpClient 实例时没有指定远程主机信息,那么可以在发送数据前通过 UdpClient 的 Connect 方法先指定远程主机的地址和端口号,即指定连接信息。但是如果只需要接收数据,则不需要进行指定连接的操作。

对于连接信息的指定,主要包括 3 种方式:直接在 UdpClient 的构造函数中指定、通过调用 Connect 方法指定和直接在 Send 方法中指定。而 Connect 方法又有 3 种重载形式,具体如下:

(1) UdpClient.Connect(IPEndPoint):使用指定的远程主机信息建立默认远程主机。

(2) UdpClient.Connect(IPAddress,Int32):使用指定的 IP 地址和端口号建立默认远程主机。

(3) UdpClient.Connect(String,Int32):使用指定的主机名和端口号建立默认远程主机。

下面的代码段实现了 UdpClient 实例创建和连接信息指定操作:

```
IPAddress mjpA = IPAddress.Parse(m_hostIP);
m_EndPoint = new IPEndPoint(mjpA, m_port);
m_client = new UdpClient();                    //创建 UdpClient 实例
m_client.Connect(m_EndPoint);                  //指定连接信息
```

3. 数据发送和接收

UdpClient 实例创建后便可以进行数据发送和接收操作。UdpClient 中提供了 Send 方法来完成数据发送操作,其重载形式有如下 3 种。

(1) UdpClient.Send(Byte[],Int32):将 UDP 数据报发送到默认的远程主机。

(2) UdpClient.Send(Byte[],Int32,IPEndPoint):将 UDP 数据报发送到位于指定远程终结点的主机。

(3) UdpClient.Send(Byte[],Int32,String,Int32):将 UDP 数据报发送到指定的远程主机上的指定端口。

因此,数据发送操作既可以在先指定连接信息的情况下给出发送数据及其长度进行发送,也可以由 Send 方法来指定远程主机的端口信息以及发送数据和长度进行发送,代码如下:

```
m_client.Send(data,data.Length);    //在指定了连接信息后,直接给出数据及其长度进行发送在
//UdpClient 中提供了 Receive 方法来完成数据的接收操作,其声明形式如下:
byte[] Receive( refIPEndPoint remoteEP);
```

在接收缓冲区没有数据时,Receive 方法将阻止,直到数据报从远程主机到达为止。如果数据可用,则 Receive 方法将读取接收缓冲区的第一个数据报,并将数据部分作为字节数组返回。在返回数据的同时使用发送方的 IPAddress 和端口号来填充 remoteEP 参数。

如果在 Connect 方法中指定了默认的远程主机,则 Receive 方法将只接收来自该主机的数据报,其他所有数据报将被丢弃。因此,如果需要接收多播数据报,则在调用 Receive 方法之前不能利用 Connect 方法来指定连接信息,并且必须使用多播端口号来创建用于接收数据报的 UdpClient。

4. 关闭连接

使用 UdpClient 的最后一步是关闭连接,可以直接调用 UdpClient 的 Close 方法来实现。

8.3 拓展知识

多线程就像人体一样，人体一直在并行地做许多工作。例如，人可以同时呼吸、血液循环、消化食物等，视觉、触觉、嗅觉、味觉、听觉所有感觉器官均能同时工作。一辆汽车可以同时进行加速、转弯及使用空调、播放音乐。计算机也能同时做许多工作，这就是多线程思想。多线程就是将程序任务分成几个并行的子任务，各个子任务相对独立地并发执行，这样可以提高程序的性能和效率，以便最有效地使用处理器和用户的时间。

1. 进程与线程

1）进程

程序是为完成特定任务、用某种语言编写的一组指令的集合，是一段静态的代码。而进程通常被定义为一个正在运行的程序的实例，是系统进行调度和资源分配的一个独立单位。进程使用系统中的运行资源，而程序不能申请系统资源，不能被系统调度，也不能作为独立运行的单位，因此，它不占用系统的运行资源。

进程由两个部分组成。操作系统用来管理进程的内核对象（Kernel object）。内核对象是系统的一种资源，系统对象一旦产生，任何应用程序都可以开启并使用该对象。系统给予内核对象一个计数值（usage count）作为管理之用。

操作系统用来管理地址的空间。它包含所有可执行模块或 DLL 模块的代码和数据。它还包含动态内存分配的空间，如线程堆栈和堆栈分配空间。

进程可以简单地分为系统进程（包括一般 Windows 程序和服务进程）和用户进程。简单地说，凡是用于完成操作系统的各种功能的进程就是系统进程，它们就是处于运行状态下的操作系统本身；而用户进程就是由用户启动的进程。进程和程序所不同的是，程序是静止的，而进程是动态的。

2）线程

线程与进程相似，是一段完成某个特定功能的代码，是程序中的一个执行流。线程也由两个部分组成：操作系统用来管理线程的内核对象，内核对象也是系统用来存放线程统计信息的地方；另一个是线程的堆栈，它用于维护线程在执行代码时需要的所有函数的参数和局部变量。

线程总是在某个进程环境中创建，而且它的整个生命期都是在该进程中生存的。这意味着线程是在它的进程地址空间中执行代码的，并且在地址的进程空间中对数据进行操作。

典型的 Win32 应用具有两种不同类型的线程：用户界面线程（user-interface thread）和工作线程（worker thread）。用户界面线程与一个或多个窗口相关联。这些线程已有自己的消息循环，能对用户的输入作出输入响应。工作线程用于后台处理没有相关联的窗口，通常也没有消息循环。一个应用程序有多个用户界面线程和多个工作线程。工作线程比较简单，它会去后台完成一些数据处理工作。用户可以把一些不需要用户处理的事情交给此类线程去完成，任其自生自灭。这种线程对处理后台计算、后台打印很有用。

使用工作线程在后台工作是很方便的。它可以运行数据处理或进行等待。如果让它运行某种事件的发生，它也不会强迫用户和它一起等待。

3) 线程与进程的比较

一个进程就是一个执行中的程序。每一个进程都有自己独立的一块内存空间和一组系统资源。在进程概念中,每一个进程的内部数据和状态都是完全独立的。多进程是指在操作系统中能同时运行多个任务的程序。

线程是比进程更小的执行单位。一个进程在其执行过程中,可以产生多个线程。每个线程是进程内部一个单一的执行流。多线程则指的是在单个程序中可以同时运行多个不同的线程,执行不同的任务。多线程意味着一个程序的多行语句看上去像是在同一时间内同时运行。进程的特点是允许计算机同时运行两个或更多的程序;在基于线程的多任务处理环境中,线程是最小的处理单位;多个进程的内部数据和状态都是完全独立的,而多线程共享一块内存空间和一组系统资源,有可能互相影响;线程本身的数据通常只有寄存器数据,以及一个程序执行时使用的堆栈,所以线程的切换比进程的切换负担要小。

4) 线程的工作方式

AppDomain 是一个物理进程到逻辑进程的动态表示。在 AppDomain 上有一个或多个线程在执行。线程是操作系统分配处理时间的最基本单元。每个 AppDomain 用单一的线程来启动,但可以用它的任何一个线程启动其他的线程。

每个线程都在维护异常句柄、调度优先权和系统在它即将调度时用来保存线程 context 的数据结构集合。每个线程 context 包括线程执行时的机器寄存器组和堆栈,堆栈包含该线程的进程的地址空间。

强占式多任务的操作系统从进程里引起多线程的并发执行。在一台多处理器的计算机上,操作系统能够像多个线程一样在多个处理器上并发执行。

多任务操作系统将可用的处理时间分配给那些需要处理的进程和线程。强占式多任务操作系统将时间片分配给它执行的线程。当当前线程的执行时间到了,它就会挂起。这时允许其他线程开始调入执行。系统在线程中来回切换时,它将保存强占式线程的 context,并将队列里的下一个线程恢复以前的 context。

时间片的长度由操作系统和处理器决定。因为时间片比较小,多个线程似乎在同时执行。这就像在多个处理器的系统上执行。然而,在一个应用程序中使用多线程必须注意,因为如果线程太多,系统性能将大大下降。线程处理在设计应用程序时还要考虑资源要求和潜在的冲突。为了避免冲突,必须对共享资源进行同步或控制对共享资源的访问。

5) 线程的优点

要提高对用户的响应速度并且处理所需数据以便几乎同时完成工作,使用多个线程是一种最为强大的技术。

对应用程序设计人员来说,线程的好处是能够使用多个线程在应用程序中同时运行。例如,一个进程有和用户(如键盘和鼠标)交互的用户界面线程和工作线程,当用户界面线程等待用户输入时,工作线程去完成其他的任务。如果给用户界面线程更高的优先级,程序会给用户更多的响应。在没有用户输入时,工作线程可以更加有效地利用处理器。

有多个线程的进程能够用线程管理互斥的任务,比如给用户提供一个界面和完成后台计算。创建一个多线程的进程能够方便地让程序并发执行几个类似的或相同的任务。

2. C#中多线程的开发

在.NET 中编写的程序将被自动分配一个线程。.NET 的运行时环境的主线程由 Main()方法来启动应用程序,而且.NET 的编译语言有自动的垃圾收集功能,这个垃圾收集发生在另外一个线程里面,所有的这些都是在后台发生的,我们只是感觉到默认情况下,只有一个线程来完成所有的程序任务。但是更多的情况下,我们必须根据自己的需要,添加更多的线程让程序更好地协调工作。在.NET 基础类库的 System.Threading 命名空间中,提供了大量的类和接口支持多线程程序设计所需要实现的功能,包括线程的创建、启动、停止以及多线程同步等。下面分别介绍常用的线程操作和同步技术。

1) 线程操作

System.Threading.Thread 类是创建并控制线程,设置其优先级并获取其状态最为常用的类。该类以对象的方式封装了特定应用程序域中给定的程序执行路径,类中提供许多线程操作的常用方法。下面以 Thread 类为例介绍具体的线程操作方法。

线程的控制操作一般包括以下几个方面。

(1) 创建线程

创建一个线程就是实例化一个 Thread 类的对象,Thread 类的构造函数带有一个 ThreadStart 类型的参数,这是一个委派用于传递线程的入口方法,创建 ThreadStart 对象时需要一个静态方法或实例方法作为参数。示例如下:

```csharp
using System;
using System.Collections.Generic;
using System.Text;
using System.Threading;
namespace FirstThread
{
    class Program
    {
        static void Main(string[] args)
        {
            Thread t1 = new Thread(new ThreadStart(Thread1));    //创建线程
            t1.Start();                                           //启动线程
        }
        public static void Thread1()
        {
            Console.WriteLine("This is a Thread test!");
        }
    }
}
```

(2) 启动线程

启动线程很简单,只需要调用 Thread 类的 Start 方法,如上例所示。

(3) 休眠线程

线程的休眠是让当前的线程进入一定时间的休眠状态,时间一到线程将继续执行。通过 Thread 类的 Sleep 方法来实现线程的休眠。Thread 类中有两个重载的 Sleep 方法:一个带有 int 类型的参数,用于指定休眠的毫秒(ms)数;另一个带有 TimeSpan 类型的参数,指定休眠的时间段。示例如下:

```
Thread.Sleep(1000);                          //线程休眠 1000 毫秒
TimeSpan WaitTime = new TimeSpan(0,0,0,0,1000);
Thread.Sleep(WaitTime);                      //线程休眠按天小时分钟秒毫秒计
```

（4）挂起线程

线程的挂起是暂停线程，如果不再启动线程，它将永远保持暂停状态。只有当前运行的线程才可以被挂起，对已经挂起的线程实施挂起没有作用，因此在使用 Suspend 方法前，一般要先检查该线程是否正在运行。通常是查询 Thread 的 ThreadState 属性值。示例如下：

```
if (t1.ThreadState == ThreadState.Running)   //判断线程是否正在运行
    t1.Suspend();
```

（5）继续线程

已经挂起的线程可以使用 Thread 类的 Resume 方法继续运行。如果没有被挂起的线程使用该操作将不起作用，所以使用 Resume 方法前，一般也先判断线程是否已经被挂起。示例如下：

```
if (t1.ThreadState == ThreadState.Suspended) //判断线程是否已被挂起
    t1.Resume();
```

（6）终止线程

在终止线程之前，一般先判断线程的 IsAlive 属性，确认该线程是否处于活动状态，处于活动状态的线程才可以使用 Thread 类的 Abort 方法进行终止。示例如下：

```
if (t1.IsAlive)        //判断线程是否处于活动状态
    t1.Abort();
```

2）线程同步

在包含多个线程的应用程序中，线程间有时会共享存储空间，当两个或多个线程同时访问同一共享资源时，必然会出现冲突问题。比如，一个线程可能尝试从一个文件中读取数据，而另一个线程则尝试在同一个文件中修改数据。在这种情况下，数据可能变得不一致。针对这种问题，通常需要让一个线程彻底完成其任务后，再运行下一个线程；或者要求一个线程对共享资源访问完全结束后，再让另一个线程访问该资源，必须保证一个共享资源一次只能被一个线程使用。实现此目的的过程称为线程同步。

在 C♯.NET 中提供了多种实现线程同步的方法，如加锁（Lock）、监视器（Monitor）、互斥体（Mutex）等。

（1）加锁（Lock）

实现多线程同步的最直接办法就是加锁，就像服装店的试衣间一样，当一个顾客进去试衣时把试衣间门锁上，其他顾客必须等他出来后才能进去试衣。C♯语言的 lock 语句就可以实现这个功能。它可以把一段代码定义为互斥段，在一个时刻内只允许一个线程进入执行，而其他线程必须等待。其基本格式如下：

```
lock (expression) statement_block
```

其中，expression 代表要加锁的对象，必须是引用类型。一般地，如果要保护一个类的实例成员，可以使用 this；如果要保护一个静态成员，或者要保护的内容位于一个静态方法中，可以使用类名,格式为 lock(typeof(类名)){}。"statement_block"代表共享资源,在一个时刻内只能被一个线程执行。

(2) 监视器(Monitor)

Monitor 的功能和 lock 有些相似,但是它比 lock 功能更灵活、更强大。Monitor 相当于服装店试衣间的开门人,他管着试衣间的钥匙,而线程好比是要使用试衣间的顾客,他要进入试衣间之前,必须先从看门人手上获取钥匙,试衣出来以后,需要把钥匙还给看门人,看门人可以把它交给下一个正在等待进入试衣间的顾客。在这个过程中,顾客会出现 3 种状态,分别对应于多线程程序中线程的状态,如表 8-12 所示。

表 8-12 顾客与线程状态

顾 客 状 态	线 程 状 态
已经获得钥匙的顾客	正在使用共享资源的线程
准备获取钥匙的顾客	位于就绪队列中的线程
排队等待的顾客	位于等待队列中的线程

在.NET 平台下,命名空间 System.Threading 中的 Monitor 类封装了像试衣间看门人那样监视共享资源的功能。由于 Monitor 类是一个静态的类,不能使用它来定义对象,它的所有方法都是静态的。Monitor 类通过使用 Enter 方法向单个线程授予获取锁定对象的钥匙来控制对对象的访问,该钥匙提供限制访问代码块(通常称为临界区,由 Monitor 类的 Enter 方法标记临界区的开头,Exit 方法标记临界区的结尾)的功能。当一个线程拥有对象的钥匙时,其他任何线程都不能获取该钥匙。

(3) 互斥体(Mutex)

互斥体通过只向一个线程授予对共享资源的独占访问权,如果一个线程获取了互斥体,则要获取该互斥体的第二个线程将被挂起,直到第一个线程释放该互斥体。在命名空间 System.Threading 中的 Mutex 类代表了互斥体,Mutex 类继承于 WaitHandle 类,该类代表了所有的同步对象。Mutex 类用 WaitOne( )方法来请求互斥体的所有权,用 ReleaseMutex()方法来释放互斥体的所有权。

3. 基于多线程的编程实例

有时,当某一个线程进入同步方法后,共享变量并不满足它所需要的状态,该线程需要等待其他线程将共享变量改为它所需要的状态后才能往下执行。由于此时其他线程无法进入临界区,所以就需要该线程放弃监视器,并返回到排队状态等待其他线程交回监视器。"生产者和消费者"问题就是这一类典型的问题,设计程序时必须解决:生产者比消费者快时,消费者会漏掉一些数据没有取到的问题;消费者比生产者快时,消费者又存在取相同数据的问题。对于这一问题,通常通过设置一个中间类来解决。该类负责对共享变量的读写,读写共享变量的方法需要使用同步控制技术。同时,两个线程之间还需要一个信号变量,以此来通知对方"我操作完了,该你了。"。

通过该信号变量来表明线程所需要的共享变量是否已经满足要求,若不满足还需等待。

下面用一个模拟吃苹果的实例说明 C#中多线程的实现方法。要求开发一个程序实现如下情况:一个家庭有 3 个孩子,爸爸妈妈不断削苹果往盘子里面放,老大、老二、老三不断从盘子里面取苹果吃。盘子的大小有限,最多只能放 5 个苹果,并且爸妈不能同时往盘子里面放苹果，妈妈具有优先权。3个孩子取苹果时，盘子不能为空，3人不能同时取，老三优先权最高，老大最低。老大吃的最快，取的频率最高，老二次之。

程序设计了4个类：EatAppleSmp类、Productor类、Consumer类和Dish类。其中，Dish类是中间类，包含共享数据区和放苹果、取苹果的方法，这两个方法利用lock语句实现了同步控制。

模拟吃苹果实例的代码如下：

```csharp
using System;
using System.Collections.Generic;
using System.Text;
using System.Threading;
namespace ThreadSample
{
    class EatAppleSmp
    {
        public EatAppleSmp( )
        {
            Thread th_mother, th_father, th_young, th_middle, th_old;
            Dish dish = new Dish(this, 30);
            Productor mother = new Productor("妈妈", dish);
            Productor father = new Productor("爸爸", dish);
            Consumer old = new Consumer("老大", dish, 1000);
            Consumer middle = new Consumer("老二", dish, 1200);
            Consumer young = new Consumer("老三", dish, 1500);
            th_mother = new Thread(new ThreadStart(mother.run));
            th_father = new Thread(new ThreadStart(father.run));
            th_old = new Thread(new ThreadStart(old.run));
            th_middle = new Thread(new ThreadStart(middle.run));
            th_young = new Thread(new ThreadStart(young.run));
            th_mother.Priority = ThreadPriority.Highest;       //设置优先级
            th_father.Priority = ThreadPriority.Normal;
            th_old.Priority = ThreadPriority.Lowest;
            th_middle.Priority = ThreadPriority.Normal;
            th_young.Priority = ThreadPriority.Highest;
            th_mother.Start( );
            th_father.Start( );
            th_old.Start( );
            th_middle.Start( );
            th_young.Start( );
        }
        static void Main(string[] args)
        {
            EatAppleSmp mainstart = new EatAppleSmp( );
        }
    }
    class Dish
    {
        int f = 5;                                              //盘子最多只能放5个苹果
        EatAppleSmp oEAP;
        int EnabledNum;                                         //可放苹果总数
        int n = 0;
        public Dish(EatAppleSmp oEAP, int EnabledNum)
```

```csharp
        {
            this.oEAP = oEAP;
            this.EnabledNum = EnabledNum;
        }
        public void put(string name)
        {
            lock (this)                                         //同步控制放苹果
            {
                while (fH 0)                                    //苹果已满,线程等待
                {
                    try
                    {
                    System.Console.WriteLine(name + "正在等待放入苹果");
                    Monitor.Wait(this);
                    }
                    catch (ThreadInterruptedException)
                    {
                    }
                }
                f = f - 1;                                      //削完一个苹果放一次
                n = n + 1;
                System.Console.WriteLine(name + "放 1 个苹果");
                Monitor.PulseAll(this);
                if(n > EnabledNum) Thread.CurrentThread.Abort();
            }
        }
        public void get(string name)
        {
            lock (this)                                         //同步控制取苹果
            {
                while(f == 5)
                {
                    try
                    {
                        System.Console.WriteLine(name + "等待取苹果");
                        Monitor.Wait(this);
                    }
                    catch (ThreadInterruptedException)
                    {
                    }
                }
                f = f + 1;
                System.Console.WriteLine(name + "取苹果吃…");
                Monitor.PulseAll(this);
            }
        }
}
class Productor
{
    private Dish dish;
    private string name;
    public Productor(string name, Dish dish)
    {
        this.name = name;
```

```csharp
            this.dish = dish;
            public void run( )
            {
            while (true)
            {
                dish.put(name);
                try
                 {
                     Thread.Sleep(600);                              //削苹果时间
                 }
                catch (ThreadInterruptedException)
                {
                }
            }
        }
    }
    class Consumer
    {
        private string name;
        private Dish dish;
        private int timelong;
        public Consumer(string name, Dish dish, int timelong)
        {
            this.name = name;
            this.dish = dish;
            this.timelong = timelong;
        }
        Public void run( )
        {
            While(true)
            {
                Dish.get(name);
                Try
                {
                    Thread.Sleep(timelong);
                }
                Catch(ThreadInterruptedException)
                {
                }
            }
        }
    }
```

8.4 本章小结

本章首先介绍了 OSI 参考模型与 TCP/IP 模型结构,介绍了 TCP/IP 常用的几个基本概念,如 IP 地址、子网掩码、端口号等,并举例说明了 TCP/IP 的工作原理;其次介绍了 .NET 中的网络组件,System.NET 命名空间及其常用类;接下来介绍了套接字的基本概念及其工作原理;最后说明了 C#中的多线程编程方法及其应用实例。

8.5 单元实训

实训目的：
（1）熟练掌握 Windows 窗体应用程序的设计方法。
（2）掌握网络通信编程涉及的对象。
（3）掌握 C♯中 TCP/IP 编程的基本方法。

实训参考学时：
4 学时

实训内容：
（1）设计 WinForm 应用程序用于获取指定主机名的 IP 地址，结果如图 8-12 所示。
（2）编写一个可以通过因特网对弈的"吃棋子"游戏。功能要求：

① 服务器可以同时服务多桌，每桌允许两个玩家通过因特网对弈。

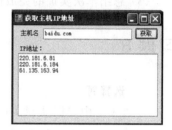

图 8-12 获取指定主机名的 IP 地址

② 允许玩家自由选择坐在哪一桌的哪一方。如果两个玩家坐在同一桌，双方应都能看到对方的状态。两个玩家均单击"开始"按钮，游戏就开始了。

③ 某桌游戏开始后，服务器以固定的时间间隔同时在 15×15 的棋盘方格内向该桌随机地发送黑白两种颜色的棋子位置，客户端程序接收到服务器发送的棋子位置和颜色后，在 15×15 棋盘的相应位置显示棋子。

④ 玩家坐到游戏桌座位上后，不论游戏是否开始，该玩家都可以随时调整服务器发送棋子的时间间隔。

⑤ 游戏开始后，客户端程序响应鼠标单击。每当玩家单击了某个棋子，该棋子就会从棋盘上消失，同时具有相应颜色的玩家得 1 分。注意，如果玩家单击了对方颜色的棋子，则对方得 1 分。

⑥ 如果两个相同颜色的棋子在水平方向或垂直方向是相邻的，那么就认为这两个棋子是相邻的。这里不考虑对角线相邻的情况。如果相同颜色的棋子出现在相邻的位置，游戏就结束了。该颜色对应的玩家就是失败者。

⑦ 同一桌的两个玩家可以聊天。

实训难点提示：
对于实训(1)，需要添加以下命名空间：

```
using System.Net;
```

核心代码如下：

```
private void button1_Click(object sender, EventArgs e)
{
    textBox2.Text = "";
    try
```

```
        {
            IPHostEntry hostInfo = Dns.GetHostEntry(textBox1.Text.Trim());
            foreach (IPAddress ipadd in hostInfo.AddressList)
            { textBox2.Text += ipadd.ToString() + "\r\n";}
        }
        catch (Exception ex)
        {
            MessageBox.Show(ex.Message.ToString());
        }
}
```

实训报告：

(1) 书写各题的核心代码。

(2) 总结网络通信编程的主要类、方法、属性。

(3) 总结本次实训的完成情况，并撰写实训体会。

习题 8

一、选择题

1. 在 C#中，MS 提供了（　　）命名空间，里面包含了 Socket 类。

   A. System.Net.Sockets　　　　　B. System.Ne

   C. System.Threading　　　　　　D. System.Collections.Specialized

2. TCP 最主要的特点是（　　）。

   A. 是一种基于连接的协议（类似于打电话）

   B. 保证数据准确到达

   C. 保证各数据到达的顺序与数据发出的顺序相同

   D. 传输的数据无消息边界

3. 在同步工作方式下，TcpListener 类常用的方法是（　　）。

   A. AcceptTcpClient；　　　　　　B. Start

   C. Stop　　　　　　　　　　　　D. Play

4. 在.NET 中，提供异步处理功能的有（　　）。

   A. 文件 I/O、流 I/O、套接字 I/O

   B. 网络

   C. 远程处理信道（HTTP、TCP）和代理

   D. 使用 ASP.NET 创建的 XML Web Services

   E. ASP.NET Web 窗体

   F. 使用 MessageQueue 类的消息队列

   G. BackgroundWorker 等组件

二、填空题

1. System.NET.Sockets 命名空间主要有 _____、_____、_____、_____、_____ 等类。

2. Socket 编程中，连接创建完毕，就可以使用其 _____ 或 _____ 方法将数据发送

到 Socket；同样使用其_____或_____方法从 Socket 中读取数据。在 Socket 使用完毕后，应使用其_____方法禁用 Socket，并使用_____方法关闭 Socket。

3．Socket 编程需要引入的命名空间有_____和_____。

4．UdpClient 类是提供用户数据报 UDP 网络服务的。UdpClient 类提供了一些简单的方法，用于在阻塞同步模式下发送和接收无连接 UDP 数据报。因为 UDP 是无连接传输协议，所以不需要在发送和接收数据前建立远程主机连接。但可以选择使用下面两种方法之一来建立默认远程主机：

（1）使用远程_____和_____作为参数创建 UdpClient 类的实例。

（2）创建 UdpClient 类的实例，然后调用_____方法。

三、简答题

1．使用同步 TCP 编写服务器端应用程序的一般步骤是什么？

2．TcpClient 类和 TcpListener 类均封装了底层的套接字，并分别提供了对套接字进一步封装后的同步和异步操作的方法，降低了 TCP 应用编程的难度，请写出它们各自的作用。

3．TcpClient 类的常用属性有哪些？在同步工作方式下，TcpClient 类常用方法有哪些？

4．网络通信的方式有哪些？

5．使用 Mutex 同步技术改写多线程代码实例。

第 9 章 多媒体应用

本章学习目标
(1) 掌握通过 C# 设计 GIF 动画播放器程序的方法。
(2) 掌握通过 C# 设计 MP3 播放器程序的方法。
(3) 掌握图像动画 ImageAnimator 对象。
(4) 掌握 Windows Media Player 控件的用法。
(5) 掌握 Visual C# .NET 2010 中加载 ActiveX 控件的方法。

9.1 典型项目及分析

典型项目一：GIF 动画播放器的设计与实现

【项目任务】
用 Visual Studio 2010 工具实现一个 GIF 动画播放器程序。

【学习目标】
进一步掌握 Visual Studio 2010 程序开发步骤,学会图像动画 ImageAnimator 的运用,掌握 ImageAnimator 对象的常用方法。

【知识要点】
(1) Visual Studio 2010 窗体应用程序开发步骤。
(2) 图像动画 ImageAnimator 对象的运用。
(3) ImageAnimator 对象的常用方法。

【实现步骤】
(1) 选择菜单栏中的"文件"→"新建"→"项目"(快捷键：Ctrl+Shift+N),打开"新建项目"对话框,项目类型选择 Visual C#,模板选择"Windows 窗体应用程序"选项,名称为"09_1"。
(2) 设置好各个参数后,单击"确定"按钮,就可以创建 Windows 窗体应用程序,然后设置 Text 属性为"利用 ImageAnimator 对象实现 GIF 动画",如图 9-1 所示。
(3) 添加框架控件。单击工具箱中的 GroupBox 控件,在窗体中添加该控件,并设置其 Text 属性为"GIF 动画",BackColor 属性为 Transparent,如图 9-2 所示。
(4) 在窗体中添加 3 个按钮,设置它们的属性及位置后效果如图 9-3 所示。

第9章 多媒体应用

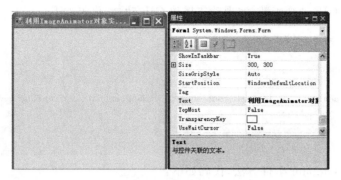

图 9-1 设置窗体属性

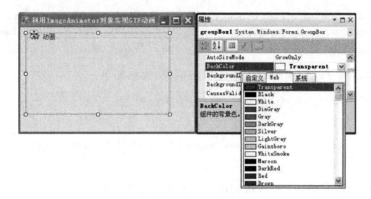

图 9-2 添加框架控件

图 9-3 添加按钮

(5) 添加代码。

双击窗体,进入代码视图,首先定义公用变量并赋值,代码如下:

```
//定义 Bitmap 对象,并赋予指定的 GIF 动画.
Bitmap bitmap = new Bitmap(Application.StartupPath + "\\mygif.gif");
bool current = false;           //定义布尔型全局变量,并赋值为假
```

自定义动画帧发生更改时的方法 OnFrameChanged,代码如下:

```
private void OnFrameChanged(object o, EventArgs e)
{
    this.Invalidate();
}
```

自定义播放 GIF 动画函数,实现动态播放 GIF 动画,代码如下:

```
public void PlayImage()
{
    if (!current)
    {
        ImageAnimator.Animate(bitmap, new EventHandler(this.OnFrameChanged));
        current = true;
    }
}
```

重写窗体的 OnPaint 事件方法,代码如下:

```
protected override void OnPaint(PaintEventArgs e)
{
    e.Graphics.DrawImage(this.bitmap,new Point(20,25));      //绘出 GIF 动画
    ImageAnimator.UpdateFrames();                             //调用 UpdateFrames 方法
}
```

双击"播放动画"按钮,添加该按钮的单击事件,代码如下:

```
private void button1_Click(object sender, EventArgs e)
{
    PlayImage();              //调用 PlayImage 方法
    ImageAnimator.Animate(bitmap,new EventHandler(this.OnFrameChanged));   //播放 GIF 动画
}
```

双击"停止动画"按钮,添加该按钮的单击事件,代码如下:

```
private void button2_Click(object sender, EventArgs e)
{
    ImageAnimator.StopAnimate(bitmap,new EventHandler(this.OnFrameChanged));   //停止播放
                                                                                //动画
}
```

双击"退出程序"按钮,添加该按钮的单击事件,代码如下:

```
private void button3_Click(object sender, EventArgs e)
{
this.Close();
}
```

(6) 运行程序。

按 F5 键或单击工具栏上的"启动调试"按钮,运行程序,就会自动加载指定的 GIF 动画,单击 "播放动画"按钮,就可以播放 GIF 动画,如图 9-4 所示。

单击"停止动画"按钮,GIF 动画就停止播放。单击"退出程序"按钮,就可以关闭程序。

说明:

利用图像动画 ImageAnimator 对象可以进行动画处理,这类动画是包含基于时间的帧的图像,即 GIF 动画效果。该对象常用方法意义如下。

(1) Animate 方法。

图 9-4 播放 GIF 动画

该方法可以将多帧图像显示为动画,即实现 GIF 动画,其语法结构如下:

```
public static void Animate(System.Drawing.Image image, System.EventHandler
    onFrameChangedHandler)
```

各参数意义如下。

① image:要动画处理的 System.Drawing.Image 对象。

② onFrameChangedHandler:一个 EventHandler 对象,它指定在动画帧发生更改时调用的方法。还要注意,该方法没有返回值。

(2) CanAnimate 方法。

该方法返回一个布尔值,该值指示指定图像是否包含基于时间的帧,即判断是否可以播放 GIF 动画,其语法结构如下:

```
public static bool CanAnimate(System.Drawing.Image image)
```

各参数意义如下。

① Image:要测试的 System.Drawing.Image 对象。

② 如果指定图像包含基于时间的帧,则此方法返回 true,否则返回 false。

(3) StopAnimate 方法。

该方法可以停止播放 GIF 动画,其语法结构如下:

```
public static void StopAnimate(System.Drawing.Image image, System.EventHandler
    onFrameChangedHandler)
```

各参数意义如下。

① image:要停止动画处理的 System.Drawing.Image 对象。

② onFrameChangedHandler:一个 EventHandler 对象,它指定在动画帧发生更改时调用的方法。还要注意,该方法没有返回值。

(4) UpdateFrames 方法。

该方法可以使帧在指定的图像中前移。新帧在下一次呈现图像时绘制,此方法只适用于包含基于时间的帧的图像,其语法结构如下:

```
public static void UpdateFrames(System.Drawing.Image image)
```

各参数意义如下。

① image:要为其更新帧的 System.Drawing.Image 对象。

② 该方法没有返回值。

典型项目二:MP3 播放器的设计与实现

【项目任务】

用 Visual Studio 2010 工具实现一个 MP3 播放器程序。

【学习目标】

进一步掌握 Visual Studio 2010 程序开发步骤,掌握 Windows Media Player 控件运用方法,能开发 MP3 播放程序。

【知识要点】

（1）Visual Studio 2010 窗体应用程序开发步骤。

（2）掌握 Windows Media Player 控件运用方法。

（3）掌握加载 ActiveX 控件的方法。

【实现步骤】

（1）选择菜单栏中的"文件"→"新建"→"项目"（快捷键：Ctrl＋Shift＋N），打开"新建项目"对话框，项目类型选择 Visual C#，模板选择"Windows 窗体应用程序"选项，名称为"MP3"。

（2）设置好各参数后，单击"确定"按钮，就可以创建 Windows 窗体应用程序，然后设置 Text 属性为"利用 Windows Media Player 控件实现 MP3 播放"，如图 9-5 所示。

图 9-5　设置窗体属性

（3）添加框架控件。单击工具箱中的 GroupBox 控件，在窗体中添加该控件，并设置其 Text 属性为"MP3 音乐选择和控制"，如图 9-6 所示。

图 9-6　添加框架控件

（4）添加列表框。单击工具箱中的 ListBox 控件，在窗体中添加该控件，调整其大小及位置后效果如图 9-7 所示。

（5）添加打开对话框公用控件。单击工具箱中的 OpenFileDialog 控件，然后按下鼠标左键在窗体上绘制，就可以添加到应用程序中。

（6）添加文件夹浏览公用控件。单击工具箱中的 FolderBrowserDialog 控件，然后按下鼠标左键在窗体上绘制，就可以添加到应用程序中。

（7）加载 Windows Media Player 控件，然后在窗体中添加该控件，调整其大小及位置后效果如图 9-8 所示。

图 9-7　添加列表框

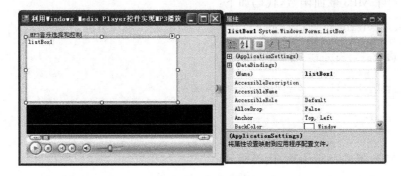

图 9-8　添加 Windows Media Player 控件

（8）在窗体中添加 5 个按钮，设置它们的属性及位置后效果如图 9-9 所示。

图 9-9　添加按钮

（9）添加代码。

双击窗体，首先导入 System.IO 命名空间，从而实现文件和文件夹的基本操作，代码如下：

```
using System.IO;
```

定义公用变量和变量数组，实现 MP3 歌曲的个数统计和存储 MP3 歌曲名等相应信息，代码如下：

```csharp
private string[] playlist = new string[10000];    //字符串数组
private int num;                                   //MP3 歌曲的个数
```

自定义添加 MP3 歌曲函数,代码如下:

```csharp
public void AddFile(string path)           //自定义 AddFile 方法
{
    if (num < 10000)                       //歌曲数量不超过 10000
    {
        num++;
        playlist[num] = path;
    }
}
```

自定义删除 MP3 歌曲函数,代码如下:

```csharp
public void DelFile(int selectNum)         //自定义 DelFile 方法
{
    for (int i = selectNum; i <= num - 1; i++)
    {
        playlist[i] = playlist[i + 1];
    }
    num--;
}
```

自定义 MP3 歌曲目录函数,代码如下:

```csharp
private void AddFiles(string path, ListBox listbox1)    //自定义 AddFiles 方法
{
    DirectoryInfo dir = new DirectoryInfo(path);
    foreach (FileInfo f in dir.GetFiles("*.mp3"))
    {
        AddFile(f.FullName);
        string strTmp = Convert.ToString(num);
        for(int i=1;i<= 5 - strTmp.Length; i++)
            strTmp += ' ';
        strTmp += " -- " + f.Name;
        this.listBox1.Items.Add(strTmp);
    }
    foreach(DirectoryInfo f in dir.GetDirectories())
    {
        AddFiles(f.FullName, listBox1);
    }
}
```

自定义 MP3 歌曲播放函数,代码如下:

```csharp
public void PlaySong(int selectNum)
{
    axWindowsMediaPlayer1.URL = playlist[selectNum];
}
```

双击窗体,添加窗体的加载事件,代码如下:

```csharp
ListBox1.Items.CopyTo(playlist, 0);
num = 0;
```

双击"设置MP3目录"按钮,添加该按钮的单击事件,代码如下:

```csharp
private void button1_Click(object sender, EventArgs e)
{
    folderBrowserDialog1.SelectedPath = "d:\\";              //设置初始打开路径
    folderBrowserDialog1.ShowNewFolderButton = true;
    folderBrowserDialog1.Description = "请选择音乐文件目录";    //显示新建文件夹按钮
    folderBrowserDialog1.ShowDialog();
    AddFiles(folderBrowserDialog1.SelectedPath,ListBox1);     //调用AddFiles方法
}
```

双击"添加MP3歌曲"按钮,添加该按钮的单击事件,代码如下:

```csharp
private void button2_Click(object sender, EventArgs e)
{
    openFileDialog1.Filter = "*.mp3|*.mp3";
    if(this.openFileDialog1.ShowDialog() == DialogResult.OK)    //调用打开文件对话框
    {
        string path = this.openFileDialog1.FileName;
        FileInfo f = new FileInfo(path);
        AddFile(f.FullName);
        string strTmp = Convert.ToString(num);
        for(int i = 1;i <= 5 - strTmp.Length;i++)
            strTmp += ' ';
        strTmp += " -- " + f.Name;
        this.ListBox1.Items.Add(strTmp);
    }
}
```

双击"播放MP3歌曲"按钮,添加该按钮的单击事件,代码如下:

```csharp
private void button3_Click(object sender, EventArgs e)
{
    int Selectone;
    if(ListBox1.SelectedIndex < 0)
        Selectone = 1;
    else
        Selectone = ListBox1.SelectedIndex + 1;
    if(ListBox1.Items.Count < 0)
        ListBox1.SelectedIndex = 0;
    PlaySong(Selectone);
}
```

双击"停止MP3歌曲"按钮,添加该按钮的单击事件,代码如下:

```csharp
axWindowsMediaPlayer1.URL = "";
```

双击"删除MP3歌曲"按钮,添加该按钮的单击事件,代码如下:

```csharp
private void button5_Click(object sender, EventArgs e)
{
    if(ListBox1.SelectedIndex >= 0)
    {
        DelFile(ListBox1.SelectedIndex + 1);
        ListBox1.Items.RemoveAt(ListBox1.SelectedIndex);
```

```
        }
    }
```

(10) 运行程序。

按 F5 键或单击工具栏上的"启动调试"按钮,运行程序,单击"设置 MP3 目录"按钮,弹出"浏览文件夹"对话框,即可设置 MP3 音乐初始目录,如图 9-10 所示。

设置好 MP3 音乐初始目录,单击"确定"按钮,就可以把该目录中的 MP3 音乐添加到列表框中。选择 MP3 音乐,单击"播放 MP3 歌曲"按钮,就可以听到悦耳的音乐,如图 9-11 所示。

图 9-10 "浏览文件夹"对话框   图 9-11 播放 MP3 歌曲

单击"停止 MP3 歌曲"按钮,就可以停止 MP3 音乐的播放。选择 MP3 音乐文件,单击"删除 MP3 歌曲"按钮,就可以删除该音乐文件。

单击"添加 MP3 歌曲"按钮,弹出"打开"对话框,如图 9-12 所示。

图 9-12 "打开"对话框

选择要添加的 MP3 歌曲,然后单击"打开"按钮,就可以把该文件添加到列表框中。

说明:

(1) Visual C♯.NET 2010 提供了 3 个 ActiveX 多媒体播放控件,分别是 Microsoft Animation Control 控件、Shockwave Flash Object 控件和 Windows Media Player 控件。利用这 3 个控件可以播放常见的音频和视频等基本的多媒体信息。

Windows Media Player 控件可以播放 Windows 中的多种媒体文件格式，如 MIDI、MP3、AVI。

（2）在 Visual C♯.NET 2010 中加载 ActiveX 控件的方法。

建立项目后，在工具箱上右击，在弹出的菜单中选择"选择项"命令，弹出"选择工具箱项"对话框，再单击"COM 组件"选项卡，选中 Windows Media Player 复选框，如图 9-13 所示。

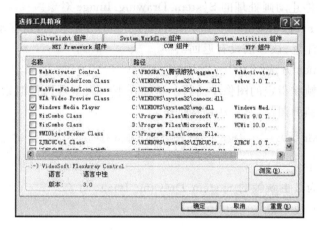

图 9-13 添加 ActiveX 控件

9.2 必备知识

9.2.1 ImageAnimator 类——动画设计

利用图像动画 ImageAnimator 对象可以进行动画处理，这类动画是包含基于时间的帧的图像，即 GIF 动画效果。该对象常用方法意义如下。

1. Animate 方法

该方法可以将多帧图像显示为动画，即实现 GIF 动画，其语法结构如下：

```
public static void Animate(System.Drawing.Imageimage,System.EventHandleronFrameChangedHandler)
```

各参数意义如下。

（1）image：要动画处理的 System.Drawing.Image 对象。

（2）onFrameChangedHandler：一个 EventHandler 对象，它指定在动画帧发生更改时调用的方法。还要注意，该方法没有返回值。

2. CanAnimate 方法

该方法返回一个布尔值，该值指示指定图像是否包含基于时间的帧，即判断是否可以播放 GIF 动画，其语法结构如下：

```
public static bool CanAnimate(System.Drawing.Image image)
```

各参数意义如下。

（1）Image：要测试的 System.Drawing.Image 对象。

（2）如果指定图像包含基于时间的帧，则此方法返回 true，否则返回 false。

3. StopAnimate 方法

该方法可以停止播放 GIF 动画，其语法结构如下：

```
public static void StopAnimate(System.Drawing.Image image, System.EventHandler onFrameChangedHandler)
```

各参数意义如下。

（1）image：要停止动画处理的 System.Drawing.Image 对象。

（2）onFrameChangedHandler：一个 EventHandler 对象，它指定在动画帧发生更改时调用的方法。还要注意，该方法没有返回值。

4. UpdateFrames 方法

该方法可以使帧在指定的图像中前移。新帧在下一次呈现图像时绘制，此方法只适用于包含基于时间的帧的图像，其语法结构如下：

```
public static void UpdateFrames(System.Drawing.Image image)
```

各参数意义如下。

（1）image：要为其更新帧的 System.Drawing.Image 对象。

（2）该方法没有返回值。

9.2.2　Windows Media Player 控件的使用

Windows Media Player 控件常用的属性及功能如下。

（1）FullScreen 属性：设置多媒体播放器是否全屏显示，如果设置为 true，则全屏显示，如果设置为 false，则按初始设置大小显示。

（2）Location 属性：设置该控件在窗体中的 X、Y 坐标位置。

（3）Size 属性：设置该控件的宽度与高度大小。

（4）URL 属性：用来设置多媒体播放的路径或地址。

（5）Visible 属性：设置该控件是否可见，如果设置为 true，则可见，设置为 false，则不可见。

（6）AllowDrop 属性：设置控件是否可以拖动，如果设置为 true，则可以拖动，设置为 false，则不可以拖动。

9.3　拓展知识

DirectShow 是一个 Windows 平台上的流媒体框架，提供了高质量的多媒体流采集和回放功能。它支持多种多样的媒体文件格式，包括 ASF、MPEG、AVI、MP3 和 WAV 文件，同时支持使用 WDM 驱动或早期的 VFW 驱动来进行多媒体流的采集。DirectShow 整合了其他的 DirectX 技术，能自动地侦测并使用可利用的音视频硬件加速，也可以支持没有硬件加速的系统。

DirectShow 大大简化了媒体回放、格式转换和采集工作。但与此同时，它也为用户自定义的解决方案提供了底层流控制框架，从而使用户可以自行创建支持新的文件格式或其他用途的 DirectShow 组件。

【例 9-1】 利用 DirectShow 创建一个多媒体播放器。

分析：

设计一个 DirectShow 多媒体播放器，应先了解对应的方法。

设计步骤如下：

（1）新建 Windows 窗体应用程序。

（2）按图 9-14 添加控件：一个面板控件（panel）、一个图像列表控件（imageList）、一个工具条控件（toolBar）、一个菜单控件（menuItem）、一个定时器控件（timer），并将这些控件调整到合适的位置，设计界面如图 9-14 所示。

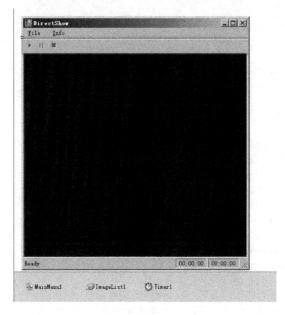

图 9-14 程序布局界面

（3）编写代码。

① 在代码顶部导入命名空间：

```
using QuartzTypeLib;
```

② 添加常量：

```
private const int WM_APP = 0x8000;
private const int WM_GRAPHNOTIFY = WM_APP + 1;
private const int EC_COMPLETE = 0x01;
private const int WS_CHILD = 0x40000000;
private const int WS_CLIPCHILDREN = 0x2000000;
private FilgraphManager m_objFilterGraph = null;
private IBasicAudio m_objBasicAudio = null;
private IVideoWindow m_objVideoWindow = null;
private IMediaEvent m_objMediaEvent = null;
private IMediaEventEx m_objMediaEventEx = null;
private IMediaPosition m_objMediaPosition = null;
```

```
private IMediaControl m_objMediaControl = null;
private System.Windows.Forms.MenuItem menuItem5;
enum MediaStatus { None, Stopped, Paused, Running };
private MediaStatus m_CurrentStatus = MediaStatus.None;
```

③ 定义方法 Dispose( )、CleanUp( )、WndProc( )、UpdateStatusBar( )、UpdateToolBar( )：

```
protected override void Dispose( bool disposing )
{
    CleanUp();
    if( disposing )
    {
        if (components != null)
        {
            components.Dispose();
        }
    }
    base.Dispose( disposing );
}

private void CleanUp()
{
    if (m_objMediaControl != null)
        m_objMediaControl.Stop();
    m_CurrentStatus = MediaStatus.Stopped;
    if (m_objMediaEventEx != null)
        m_objMediaEventEx.SetNotifyWindow(0, 0, 0);
    if (m_objVideoWindow != null)
    {
        m_objVideoWindow.Visible = 0;
        m_objVideoWindow.Owner = 0;
    }
    if (m_objMediaControl != null) m_objMediaControl = null;
    if (m_objMediaPosition != null) m_objMediaPosition = null;
    if (m_objMediaEventEx != null) m_objMediaEventEx = null;
    if (m_objMediaEvent != null) m_objMediaEvent = null;
    if (m_objVideoWindow != null) m_objVideoWindow = null;
    if (m_objBasicAudio != null) m_objBasicAudio = null;
    if (m_objFilterGraph != null) m_objFilterGraph = null;
}

protected override void WndProc( ref Message m)
{
    if (m.Msg == WM_GRAPHNOTIFY)
    {
        int lEventCode;
        int lParam1, lParam2;
        while (true)
        {
            try
            {
                m_objMediaEventEx.GetEvent(out lEventCode, out lParam1, out lParam2, 0);
                m_objMediaEventEx.FreeEventParams(lEventCode, lParam1, lParam2);
                if (lEventCode == EC_COMPLETE)
```

```csharp
                    {
                        m_objMediaControl.Stop();
                        m_objMediaPosition.CurrentPosition = 0;
                        m_CurrentStatus = MediaStatus.Stopped;
                        UpdateStatusBar();
                        UpdateToolBar();
                    }
                }
                catch (Exception)
                {
                    break;
                }
            }
        }
        base.WndProc(ref m);
    }

    private void UpdateStatusBar()
    {
        switch (m_CurrentStatus)
        {
            case MediaStatus.None   : statusBarPanel1.Text = "Stopped"; break;
            case MediaStatus.Paused : statusBarPanel1.Text = "Paused "; break;
            case MediaStatus.Running: statusBarPanel1.Text = "Running"; break;
            case MediaStatus.Stopped: statusBarPanel1.Text = "Stopped"; break;
        }
        if (m_objMediaPosition != null)
        {
            int s = (int) m_objMediaPosition.Duration;
            int h = s / 3600;
            int m = (s - (h * 3600)) / 60;
            s = s - (h * 3600 + m * 60);
            statusBarPanel2.Text = String.Format("{0:D2}:{1:D2}:{2:D2}", h, m, s);
            s = (int) m_objMediaPosition.CurrentPosition;
            h = s / 3600;
            m = (s - (h * 3600)) / 60;
            s = s - (h * 3600 + m * 60);
            statusBarPanel3.Text = String.Format("{0:D2}:{1:D2}:{2:D2}", h, m, s);
        }
        else
        {
            statusBarPanel2.Text = "00:00:00";
            statusBarPanel3.Text = "00:00:00";
        }
    }

    private void UpdateToolBar()
    {
        switch (m_CurrentStatus)
        {
            case MediaStatus.None   : toolBarButton1.Enabled = false;
                                      toolBarButton2.Enabled = false;
                                      toolBarButton3.Enabled = false;
                                      break;
```

```
                case MediaStatus.Paused: toolBarButton1.Enabled = true;
                                        toolBarButton2.Enabled = false;
                                        toolBarButton3.Enabled = true;
                                        break;

                case MediaStatus.Running:toolBarButton1.Enabled = false;
                                        toolBarButton2.Enabled = true;
                                        toolBarButton3.Enabled = true;
                                        break;

                case MediaStatus.Stopped:toolBarButton1.Enabled = true;
                                        toolBarButton2.Enabled = false;
                                        toolBarButton3.Enabled = false;
                                        break;
    }
}
```

④ 添加 menuItem2、menuItem4、menuItem5 控件的 Click 事件,代码如下:

```
private void menuItem2_Click(object sender, System.EventArgs e)
{
    OpenFileDialog openFileDialog = new OpenFileDialog();
    openFileDialog.Filter = "Media Files| *.mpg;*.avi;*.wma;*.mov;*.wav;*.mp2;*.mp3|All Files| *.*";
    if (DialogResult.OK == openFileDialog.ShowDialog())
    {
        CleanUp();
        m_objFilterGraph = new FilgraphManager();
        m_objFilterGraph.RenderFile(openFileDialog.FileName);
        m_objBasicAudio = m_objFilterGraph as IBasicAudio;
        try
        {
            m_objVideoWindow = m_objFilterGraph as IVideoWindow;
            m_objVideoWindow.Owner = (int) panel1.Handle;
            m_objVideoWindow.WindowStyle = WS_CHILD | WS_CLIPCHILDREN;
            m_objVideoWindow.SetWindowPosition(panel1.ClientRectangle.Left,
                panel1.ClientRectangle.Top,
                panel1.ClientRectangle.Width,
                panel1.ClientRectangle.Height);
        }
        catch (Exception)
        {
            m_objVideoWindow = null;
        }
        m_objMediaEvent = m_objFilterGraph as IMediaEvent;
        m_objMediaEventEx = m_objFilterGraph as IMediaEventEx;
        m_objMediaEventEx.SetNotifyWindow((int) this.Handle,WM_GRAPHNOTIFY, 0);
        m_objMediaPosition = m_objFilterGraph as IMediaPosition;
        m_objMediaControl = m_objFilterGraph as IMediaControl;
        this.Text = "DirectShow - [" + openFileDialog.FileName + "]";
        m_objMediaControl.Run();
        m_CurrentStatus = MediaStatus.Running;
        UpdateStatusBar();
```

```csharp
        UpdateToolBar();
    }
}
private void menuItem4_Click(object sender, System.EventArgs e)
{
    this.Close();
}
private void menuItem5_Click(object sender, System.EventArgs e)
{
    Form2 dlg = new Form2();
    dlg.ShowDialog();
}
```

⑤ 添加窗体 Form1 的 SizeChanged 事件,代码如下:

```csharp
private void Form1_SizeChanged(object sender, System.EventArgs e)
{
    if (m_objVideoWindow != null)
    {
        m_objVideoWindow.SetWindowPosition(panel1.ClientRectangle.Left,
            panel1.ClientRectangle.Top,
            panel1.ClientRectangle.Width,
            panel1.ClientRectangle.Height);
    }
}
```

⑥ 添加 toolBar1 的 ButtonClick 事件,代码如下:

```csharp
private void toolBar1_ButtonClick(object sender, system.Windows.Forms.ToolBarButtonClickEventArgs e)
{
    switch(toolBar1.Buttons.IndexOf(e.Button))
    {
        case 0: m_objMediaControl.Run();
            m_CurrentStatus = MediaStatus.Running;
            break;
        case 1: m_objMediaControl.Pause();
            m_CurrentStatus = MediaStatus.Paused;
            break;
        case 2: m_objMediaControl.Stop();
            m_objMediaPosition.CurrentPosition = 0;
            m_CurrentStatus = MediaStatus.Stopped;
            break;
    }
    UpdateStatusBar();
    UpdateToolBar();
}
```

⑦ 添加 timer1 的 Tick 事件,代码如下:

```csharp
private void timer1_Tick(object sender, System.EventArgs e)
{
    if (m_CurrentStatus == MediaStatus.Running)
```

```
        {
            UpdateStatusBar();
        }
}
```

(4) 执行程序。

程序运行结果如图 9-15 所示。

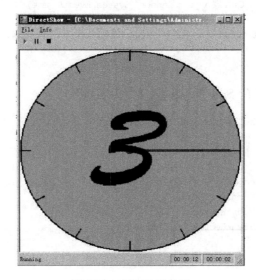

图 9-15 程序运行界面

9.4 本章小结

通过本章的学习,应掌握在 .NET 框架中选择合适的对象进行图形图像编程,编写音频、视频播放程序,熟悉其中的属性与方法,给项目添加 ActiveX 控件。

9.5 单元实训

实训目的:

(1) 熟练掌握 Windows 窗体应用程序的设计方法。

(2) 掌握多媒体编程涉及的对象。

(3) 掌握 C♯ 中定时器的应用。

实训参考学时:

2 学时

实训内容:

创建 Windows 窗体应用程序,设计 Flash 播放器,程序运行结果如图 9-16 所示。

实训难点提示:

计时器的使用,核心代码如下:

图 9-16　程序运行结果

```
private void Form1_Load(object sender, EventArgs e)
{
        this.timer1.Enabled = true;            //计时器可用
}

private void timer1_Tick(object sender, EventArgs e)
{
        this.panel1.Left = this.panel1.Left + 10;
        if (this.panel1.Left > this.Width + 10)
        {
            this.panel1.Left = - this.panel1.Width;
        }
}
```

实训报告：

（1）书写各题的核心代码。

（2）简述各种实现多媒体编程的异同点。

（3）试分析 Windows 窗体应用程序对应的项目文件夹的内容及功能。

（4）总结本次实训的完成情况，并撰写实训体会。

习题 9

一、选择题

1. Windows Media Player 控件可以播放 Windows 中多种格式多媒体文件，包括（　　）。

　　A. MIDI　　　B. MP3　　　C. AVI　　　D. MIDI、MP3 和 AVI 等

2. 关于 Windows Media Player 的各种属性与方法设置，MediaPlayer.Play()、MediaPlayer.Pause()、MediaPlayer.SetCurrentEntry(lWhichEntry)、MediaPlayer.Next()、MediaPlayer.Previous()、MediaPlayer.PlayCount = 0、MediaPlayer.Stop()中，表示循环播放的是（　　）。

　　A. MediaPlayer.Play()　　　　B. MediaPlayer.SetCurrentEntry(lWhichEntry)

　　C. MediaPlayer.Next()　　　　D. MediaPlayer.PlayCount = 0

二、填空题

1. 在.NET 框架中，使用_____对象可以动态地绘制图形图像；利用_____对象可以设计制作 GIF 动画效果；利用_____控件也可以制作不同的动画效果。

2. 利用ActiveX控件可以设计制作_____、_____、_____播放器和屏幕保护程序。

3. ImageAnimator对象常用方法有_____、_____、_____和_____。

三、问答题

1. 程序中Application.StartupPath的含义是什么？在本程序中，如果要求实现用户自定义播放动画功能，该如何改进？

2. 以加载Windows Media Player为例，写出C♯项目中添加ActiveX控件的用法。

3. C♯面向对象编程中方法如何重载？